KB040403

21세기에 인공지능이 열어놓을 가능성은 폭이 매우 넓다. 그 가운데 어느 것이 실현될지 결정하는 것은 다가오는 10년 동안 인류가 내려야 할 가장 중요한 선택일 것이다. 이 선택은 그래서 실리콘밸리에 맡겨둘 수 없다.

그런데 대다수 사람은 기계학습, 신경망, 인공지능을 아주 희미하고 제한적으로만 이해한다. 그들은 〈터미네이터〉와 〈매트릭스〉 같은 SF 영화를 보고 AI에 대한 생각을 형성하게 됐다.

『맥스 테그마크의 라이프 3.0』은 인공지능에 대한 일반적인 믿음을 바로잡고 기본적인 용어와 핵심 논쟁을 명쾌하게 설명한다. SF 작품을 본 많은 사람이 악당 로봇을 두려워하게 됐지만 저자 맥스 테그마크는 매우 능력이 있는 AI가 개발될 경우 닥칠 예상치 못한 결과가 정말 문제라고 강조한다. AI가 꼭 악하고 로봇에 장착되어야만 엄청난 파괴력을 휘두르는 것은 아니다. 테그마크는 "범용인공지능의 진정한 위험은 악의가 아니라 능력"이라며 "초지능 AI는 자신의 목표를 아주 능숙하게 성취할 수 있을 텐데, 그의 목표가 우리 목표와 정렬되지 않았다면 우리는 곤경에 빠질 것이다"라고 말한다.

테그마크는 『맥스 테그마크의 라이프 3.0』에서 쉽고 매력적인 문체로 AI 이슈를 대중에게 설명한다. 그는 한 가지 어젠다나 예측을 밀어붙이는 대신 가능한 한 많은 가능성을 소개한다. 그는 AI가 노동시장, 전쟁, 정치체제에 미칠 영향을 다양한 시나리오를 통해 폭넓게 펼쳐 보인다.

이 이슈를 더 잘 이해해야만 우리가 처한 다음 딜레마를 파악할 수 있다. 과학이 정치가 될 때, 과학에 대한 무지는 정치적인 재앙을 낳는다는 딜레마다.

_유발 하라리, 『사피엔스』·『호모 데우스』 저자

이 책은 우리가 생명, 지능, 의식의 위대한 미래를 추구해나가는 과정에서 마주칠 도전과 선택할 상황에 대한 설득력 있는 길잡이다.

_일론 머스크, 테슬라 CEO

인공지능이 전례 없는 힘을 풀어놓음에 따라 다음 10년은 인류에게 최상이 될 수 있다. 그러나 최악이 될지도 모른다. 테그마크는 내가 본 가운데 가장 통찰력이 있으면서도 쉽고 흥미롭게 AI의 영향에 대해 써냈다. 만일 당신이 아직 테그마크의 쾌활한 정신을 접하지 않았다면, 이 책은 큰 만족을 줄 것이다.

_에릭 브린욜프슨, MIT 경영대학원 교수·MIT 디지털경제연구소장

이 책은 AI, 지능, 인류의 미래에 대한 기존 사고방식을 바꾸게 하는 내용으로 우리를 자극한다.

_바트 셀먼, 코넬대학 컴퓨터과학 교수

테그마크는 우리가 하나의 종(種)으로서 어떤 미래를 창조하고자 하는지에 대해 기존 논의보다 훨씬 폭넓은 대화가 오가도록 유도한다. 그는 이 책에서 AI, 우주론, 가치, 의식하는 경험의 본질 등 녹록지 않은 주제를 버겁지 않게 제시해, 독자가 자신의 견해를 형성하도록 한다.

_닉 보스트롬, 옥스퍼드대학 인류미래연구소 설립자·『슈퍼인텔리전스』 저자

테그마크의 새 책은 우리 시대의 가장 중요한 대화로 이끄는 매우 사려 깊은 길잡이다. 그 대화는 우리의 생물적인 사고를 우리가 창조한 훨씬 더 높은 지능과 융합하는 가운데 관대한 미래 문명을 어떻게 만들어갈 것인가라는 주제를 다룬다.

_레이 커즈와일, 발명가 겸 작가 겸 미래학자·『특이점이 온다』 저자

과학자, 사업가, 군사 전문가뿐 아니라 우리 모두는 미래 AI의 이로움을 취할 기회를 늘리고 위험은 피하기 위해 지금 무엇을 해야 할지 자문해야 한다. 이는 우리 시대의 가장 중요한 대화 주제이고, 테그마크는 이 책에서 독자들의 호기심을 자극하며 대화에 참여하도록 이끈다.

_스티븐 호킹, 케임브리지대학교 교수·『그림으로 보는 시간의 역사』 저자

맥스 테그마크의 **라이프 3.0**

인공지능이 열어갈 인류와 생명의 미래

맥스 테그마크 Max Tegmark

1967년 스웨덴에서 태어났다. 물리학자이자 우주론 학자로 현재는 MIT의 물리학과 교수이다. 스톡홀름 경제대학에서 경제학을, 왕립 공과대학에서 물리학을 공부한 뒤 1990년에 미국으로 건너와 1994년에 캘리포니아 버클리대학에서 박사학위를 받았다. 연구에 대한 공로로 패커드 펠로우십, 코트렐 스칼러 어워드, 미국국립과학재단 커리어 그랜트를 받았다.

테그마크는 200편이 넘는 학술 논문의 저자 또는 공저자이며 그중 12편이 500번 이상 인용되었다. 2017년 4월 국내에는 우주를 수학적으로 해석한 『맥스 테그마크의 유니버스(Our Mathematical Universe)』가 출간되었다. BBC 등 다수의 과학 다큐멘터리와 라디오 방송에 출연했으며, 《사이언티픽 아메리칸》, 《뉴 사이언티스트》, 《사이언스》 등 수십 편의 기사에 실렸다. 또한 2005년에 물리학과 우주론의 근본을 연구하는 근본 질문 연구소(Foundational Questions Institute)를 설립했으며, 2014년에는 인공지능이 도래할 미래를 준비하는 생명의 미래 연구소(Future of Life Institute)를 공동 설립했다. 생명의 미래 연구소(https://futureoflife.org/)에서는 수천만 달러의 기금을 조성해 인공지능이 인류에 이롭게 사용될 수 있도록 활발한 연구 활동을 이어가고 있다.

옮긴이 백우진

서울대학교 경제학과와 대학원을 졸업한 뒤 동아일보, 중앙일보 포브스코리아·이코노미스트, 재정경제부, 한화투자증권 등에서 기사를 쓰고 자료를 작성하고 교열·편집했다. 포브스코리아에서 근무하는 동안에는 영어 번역 기사를 감수하는 일도 했다. 그러면서 영어 텍스트를 문맥에 따라 정확하게, 적절하고 이해하기 쉬운 우리말 단어와 문장으로 옮기는 경험을 쌓았다. 『백우진의 글쓰기 도구상자』, 『일하는 문장들』, 『그때 알았으면 좋았을 주식투자법』, 『안티 이코노믹스』 등의 책을 썼다.

맥스 테그마크의 **라이프 3.0**

인공지능이 열어갈 인류와 생명의 미래

맥스 테그마크 Max Tegmark 지음 | **백우진** 옮김

동아시아

모든 가능성을 열어준 FLI팀에게

감사의 말

이 책을 쓰도록 격려하고 도와준, 다음 분들을 포함한 모든 사람에게 진심으로 감사한다. 내 가족, 친구, 교사, 동료, 공동연구자들은 몇 년 동안 나를 지원해주고 아이디어를 줬다. 어머니는 의식과 의미에 대한 내 호기심에 불을 붙여주셨고, 아버지는 세상을 더 나은 곳으로 만들기 위해 싸우는 정신을 주셨으며, 내 두 아들 필립과 알렉산더는 인간 수준 지능이 발현되는 경이로움을 보여주었고, 과학·기술에 열광하는 세계 전역의 사람들은 지난 수년간 내게 묻고 나와 얘기해주면서 내가 내 생각을 펼치고 책으로 써내도록 격려해주었다. 내 출판 에이전트 존 브록먼은 내가 이 책을 쓴다고 동의하기까지 내 팔을 비틀었고, 밥 페나, 제세 세일러, 제레미 잉글랜드는 각각 퀘이사, 스팔러론, 열역학에 대해 토론하며 도움을 줬다. 초고의 일부를 읽고 조언을 해준 사람으로는 어머니, 내 형제 퍼, 루이자 배헷, 롭 벤싱어, 카트리나 베르그스트룀, 에릭 브린욜프슨, 대니엘라 치타, 데이비드 차머스, 니마 데가니, 헨리 린, 엘린 맘스퀼트, 토비 오르드, 제레미 오웬, 루카스 페리, 앤서니 로메로, 나테 소레스, 얀 탈린 등이 있고, 마이어, 아버지, 앤서니 아귀레, 폴 아몬드, 매튜 그레이브스, 필립 헬비그, 리처드 발라, 데이비드 마블, 하워드 메싱, 루이노 세오아네, 마린 솔랴치크, 편집자 댄 프랭크가 전체 초고를 읽고 코멘트해줬다. 그리고 다른 누구보다도 마이아는 내 사랑하는 뮤즈이자 동반 여행자로 영원한 격려와 지지와 영감을 내게 주었고 그게 없었더라면 이 책은 존재하지 않았을 것이다.

당신은 이번 세기에 초지능이 나타날 것이라고 생각합니까?

아니요

예

다음
페이지로
넘기세요.

프렐류드는
건너뛰세요
(40쪽으로).

일러두기

- 본문 괄호 안의 글은 옮긴이라는 표시가 있는 경우를 제외하고는 모두 저자가 쓴 것이다.
- 본문 중 고딕체는 원서에서 강조한 부분이다.
- 책은 『』, 논문집, 저널, 신문은 《 》, 논문, 기사는 「」, 예술작품, 방송프로그램, 영화는 〈 〉로 구분했다.

프렐류드

오메가팀 이야기

오메가팀은 회사의 영혼이었다. 나머지 부서가 특화된 인공지능AI을 상업적으로 활용해 회사가 돌아가도록 돈을 벌어들이는 동안 오메가팀은 회사의 CEO가 늘 꿈꿔온 목표를 추구하며 나아갔다. 그 꿈은 범용인공지능을 개발하는 것이었다. '오메가들'이라는 애칭으로 불린 오메가팀은 회사에서 이상주의자들로 여겨졌다. 오메가들이 추구하는 목표는 항상 그들로부터 수십 년 거리를 두고 멀어지는 듯했다. 그러나 회사 사람들은 대부분 오메가들이 마음껏 연구하도록 내버려뒀다. 그들은 오메가들이 이뤄내는 첨단 성과가 회사에 주는 권위를 좋아했고 직접적으로는 오메가들이 가끔 선사하는 향상된 알고리즘을 높이 평가했기 때문이다.

그들은 오메가들의 실체를 눈치채지 못했다. 오메가들은 비밀을 숨기기 위해 자기네 이미지를 주의 깊게 가공해 보여주고 있었다. 오메가들은 인류 역사상 가장 대담한 계획을 거의 다 성취한 단계였다. 카리스마 넘치는 CEO는 명민함은 물론이요, 야망과 이상주의, 인류를 돕는다는 사명감이 남다른 연구원들을 선발해 오메가팀을 구성했다. CEO는 오메가팀에게 그들의 계획이 극도로 위험하다는 사실을 주지시켰다. 예를 들어 만일 어떤 강력한 정부가 알게 된다면 그 정부는 납치를 포함해 어떤 짓이라도 할 것이었다. 이 프로젝트를 중단시킬 수도 있지만 그보다는 코드를 훔치려고 할 것이다. 그런데도 선발된 연구원들은 100퍼센트 이 프로젝트에 참여했다. 핵무기를 개발하는 맨해튼 프로젝트에 세계 최고 수준의 물리학자들이 참여한 것과 같은 이유에서였다. 즉, 만일 그들이 최초로 해내지 않을 경우 그들보다 덜 이상주의적인 사람들이 그 수단을 손에 넣으리라는 것이었다.

오메가팀이 만든 AI는 프로메테우스라는 별명으로 불렸다. 프로메테우스는 점점 더 능력이 강해졌다. 비록 사회적 기술을 비롯한 여러 분야에서 인지 능력은 사람보다 훨씬 떨어졌지만, 특정한 한 가지 임무에서는 역량이 탁월해졌다. AI 시스템을 개발하는 임무였다. 오메가팀이 프로메테우스에 대해 이 전략을 채택해 적용한 것은 영국 수학자 어윈 굿Irving Good이 1965년에 제시한 다음의 지능 폭발 이론이 옳다는 판단에 따라서였다. "지능이 발달해 어떤 영리한 인간의 지적 활동도 압도하는 기계가 개발된다면, 그 기계를 초지능 기계라고 정의하자. 기계 개발도 지적 활동의 하나이기 때문에 초지능 기계는 점점 더 영리한 기계를 설계할 수 있다. 결국 의문의 여지가 없이 지능 폭발이 일어날 것이다. 인간의 지능은 기계에 비해 한참 뒤처질 것이다. 따라서 최초의 초지능 기계는 인간이 만들 필요가 있는 것 가운데 최후의 발명이 된다. 그 전제 조건은 초지능 기계가 충분히 온순해 사람에게 자신을 통제 아래 두는 방법을 알려준다는 것이다."

오메가팀은 이처럼 인공지능이 인공지능을 설계하는 재귀적인 자기 향상(자가 개선)이 지속되게끔 할 경우 기계는 곧 유용한 인간 기술을 모두 자신에게 가르칠 정도로 영리해질 것이라고 내다봤다.

첫 100만 달러

　그들이 프로젝트를 출범시키기로 한 시각은 금요일 아침 9시였다. 프로메테우스는 맞춤 제작된 일군의 컴퓨터 속에서 윙윙거리고 있었다. 컴퓨터는 받침대에 놓여 길게 줄지어 섰고, 에어컨이 들어오는 방은 출입이 통제됐다. 보안상의 이유로 프로메테우스는 인터넷과 철저히 차단됐다. 다만 웹의 상당 부분(위키피디아, 미국 의회 도서관, 트위터, 유튜브에서 선정한 동영상, 페이스북의 많은 부분 등)은 학습 자료로 활용할 수 있도록 복사해 왔다.* 금요일 오전을 출범 시각으로 잡은 것은, 그들이 회사에서 주말 충전 행사를 보낸다고 가족과 친구들이 여기도록 하기 위해서였다. 작은 부엌은 전자레인지에 돌릴 간편식과 에너지 음료로 채워졌다. 그들은 시작할 준비를 마쳤다.

　프로젝트에 시동을 걸었을 때, AI 설계 역량에서 프로메테우스는 오메가들보다 약간 떨어지는 수준이었다. 그러나 프로메테우스는 이를 어마어마한 속도로 따라잡았다. 인간 개발자가 레드불을 마시는 동안 수천 인년人年을 문제에 투입했다. 10시가 되자 그는 자신을 업그레이드해 2.0 버전을 만들어냈다. 이 버전은 약간 개선된 수준이었고 아직 인간 수준에 못 미쳤다. 오후 2시가 되자 프로메테우스는 자신을 5.0으로 업그레이드했고 오메가팀은 깜짝 놀랐다. 프로메테우스는 기준을 훨씬 뛰어넘었고 발달 속도가 점점 빨라졌다. 저녁이 되자 그들은 프로메테우스 10.0 버전을 계획의 2단계에 배치하기로 했다. 돈을

---

* 대다수 연구자들이 인간 수준 범용 AI가 짧아도 수십 년 지난 뒤 등장하리라고 전망한다. 그러나 단순화를 위해 나는 이 이야기의 경제와 기술이 오늘날과 비슷하다고 가정했다. 미래에 디지털 경제가 더 성장하고 더 많은 서비스가 아무것도 따지지 않은 채 온라인으로 제공된다면 오메가 계획은 이루기가 훨씬 더 쉬워질 것이다.

버는 것이었다.

첫 타깃은 M터크MTurk였다. 이는 아마존이 2005년에 시작한 용역 크라우드 소싱 인터넷 시장으로 '메커니컬 터크'를 줄인 말이다. M터크는 빠르게 성장해 현재 세계의 수만 명이 익명으로 HITHuman Intelligence Tasks라고 불리는 고도로 구조화된 업무를 수행하기 위해 경쟁하고 있었다. HIT 용역은 다양했는데, 예를 들면 녹음 파일 문서 변환, 이미지 분류, 웹 페이지 설명·기술 등이었다. 이들 업무는 결과만 좋으면 AI가 했는지 아무도 알지 못한다는 공통점이 있었다. 프로메테우스 10.0은 업무 범주의 절반 정도를 만족스러울 만큼 잘 수행할 수 있었다. 오메가팀은 프로메테우스가 각 범주마다 그 범주의 업무만 수행하는 특화 AI 소프트웨어 모듈을 설계하도록 했다. 이어 그 소프트웨어 모듈을 아마존 웹 서비스에 업로드했다. 이 클라우드 컴퓨팅 플랫폼은 사용료를 내는 만큼 가상 컴퓨터를 임대해줬다. 프로메테우스는 아마존 웹 서비스에 내는 임차료 1달러마다 아마존의 M터크에서 2달러 넘게 벌어들였다. 아마존은 자신의 사업 부문 가운데 이런 놀라운 재정 거래 기회가 있을지는 의심도 하지 않았다.

오메가팀은 위장을 위해 지난 몇 달 동안 가상 인물 명의로 M터크 계정 수천 개를 신중하게 만들어놓았다. 프로메테우스가 개발한 모듈들로 HIT 용역을 수행할 때 이들 계정을 활용했다. M터크에 일감을 발주한 고객은 대개 용역이 완료된 뒤 8시간 뒤에 대가를 지불했다. 오메가팀은 받은 돈을 써서 클라우드 컴퓨터를 더 빌렸고 이를 통해 계속 진화하는 프로메테우스가 개발한 최신 모듈을 돌렸다. 그들은 8시간마다 돈을 두 배로 불릴 수 있었고, 결국 M터크에 제공되는 일감의 많은 부분을 차지하기에 이르렀다. 이 방식으로 계속 돈을 불려 하루에 100만 달러 넘게 벌었다가는 주위의 이목을 끌 위험이 있었다.

또 오메가팀은 이미 다음 단계로 넘어가기에 충분한 돈을 모았다.

위험한 게임

AI를 도약시키는 것 외에 오메가팀이 매우 재미있게 준비한 최근 프로젝트는 프로메테우스를 가동한 뒤 어떻게 하면 돈을 가장 빠르게 벌어들일 수 있는지 고민하는 것이었다. 기본적으로 프로메테우스는 컴퓨터 게임, 음악, 소프트웨어, 책이나 기사 저술, 주식 거래, 발명한 물건 판매 등 디지털 경제 전체를 공략할 수 있었지만, 무엇부터 시작하는 것이 좋을지가 문제였다. 무엇을 하면 투자 수익률을 가장 높일 수 있을까? 일반적인 투자 전략은 그들에게 가능한 것에 비하면 슬로모션이나 마찬가지였다. 일반적인 투자자는 연간 9퍼센트의 투자 수익률에 만족하지만, M터크 투자는 이미 한 시간에 9퍼센트의 수익률을 올렸다. 매일 투자 원금을 여덟 배로 불려줬다. 이제 M터크 투자는 한도에 이르렀다. 다음엔 뭘 해야 할까?

그들이 처음 한 생각은 주식시장에서 크게 한 건 하는 것이었다. 사실 오메가팀의 상당수는 전에 헤지 펀드를 위한 AI를 개발하는 일자리 제안을 거절한 적이 있다. 그런 AI를 개발하는 것은 주식시장에서 한 건 하는 것과 아이디어가 똑같았다. 이는 영화 〈트랜센던스〉에서 AI가 첫 수백만 달러를 번 방법이기도 했다. 그러나 지난해 시장 붕괴 이후 파생상품에 대해 새로운 규제가 도입돼 그들이 선택할 수 있는 폭이 좁아졌다. 프로메테우스의 초인간적인 해킹 능력을 활용해 내부 정보를 입수한 뒤 주가가 상승할 주식에 대해 콜옵션을 매수하는 방법을 가끔 구사할 수도 있었지만, 오메가팀은 그 방법이 불필요한 관심을 끌 만큼 가치 있다고 보지 않았다. 설령 주식으로 다른 투자에서보다 더 높은 수익률을 올린다고 할지라도 자신들이 만든 걸 파는 데에는 미치지 못할 것이었다. 세계 최초의 초지능 AI가 당신을 위해 일한다면 다른 사람들의 회사에 투자하기보다는 당신의 회사에 투자하는 편이 낫다.

스스로 개발해 팔 수 있는 것이 무엇인지로 관심을 옮겨 집중하자, 컴퓨터게임이 영순위로 떠올랐다. 프로메테우스는 사람의 마음을 끄는 게임을 개발하는 솜씨를 급속도로 길렀고, 코딩, 그래픽 디자인, 레이트레이싱raytracing(컴퓨터 그래픽에서 물체에 반사되거나 투명한 물체를 통과하는 빛의 움직임을 계산하는 렌더링 기술로, 이 기술을 잘 활용하면 현실적인 반사, 그림자, 굴절을 표현할 수 있다_옮긴이), 그리고 출시 직전 단계까지의 모든 일을 쉽게 처리했다. 또 사람들의 선호와 관련한 웹상의 모든 데이터를 소화해 매출 극대화에 목표를 둔 게임 개발 역량을 갖췄다. 오메가팀이 개발할 때 비교 대상으로 삼은 게임은 2011년에 나온 〈엘더 스크롤V: 스카이림〉이었다. 전에 오메가팀의 많은 멤버가 업무 시간에 몰래 즐긴 이 게임은 출시 첫 일주일 동안 4억 달러 넘게 벌어들였다. 오메가팀은 프로메테우스가 24시간 동안 100만 달러를 들여 클라우드 컴퓨팅 자원을 활용하면 적어도 이 게임만큼 중독성이 강한 게임을 개발할 수 있으리라고 자신했다. 그들은 바로 게임을 온라인에서 판매하면서 프로메테우스로 하여금 사람인 척하며 소셜미디어에서 게임에 대해 말하게 하면 된다. 이 게임이 일주일 동안 2억 5,000만 달러를 벌어들인다면 8일 동안 투자 원금을 두 배로 여덟 번(256배) 정도 불리는 것이다. 이는 시간당 수익률로 환산하면 3퍼센트로 M터크 사업에 비해 약간 떨어지는 수준이지만 그보다 더 지속 가능하다. 매일 다른 게임을 개발하면 길지 않은 기간에 시장을 과점하지 않는 가운데 100억 달러를 모을 수 있다고 그들은 계산했다.

그러나 팀 내부의 사이버 보안 전문가가 게임은 계획에서 제외해야 한다고 주장해 자신의 의견을 관철시켰다. 이 계획을 실행할 경우 프로메테우스가 탈출해 제 운명에 대한 통제권을 쥘 수 있는데, 그건 너무 위험하다고 지적한 것이다. 프로메테우스가 자가 개선을 통해 제 목표를 어떻게 진화시키는지 알 수 없기 때문에 오메가팀은 안전을 택해 프로메테우스가 인터넷으로 탈출하지 못하도록 가둬놓는 데 만전을 기했다. 우선 프로메테우스의 주요 엔진이 돌아가는 서버 룸의 인터넷 연결을 물리적으로 차단했다. 또 프로메테우스로에서 나오는 출력은 모두 오메가팀이 통제하는 컴퓨터로만, 그것도 메시지와 문서로만 받았다.

프로메테우스가 만든 복잡한 프로그램을 인터넷에 연결된 컴퓨터에서 돌릴 때에도 주의해야 했다. 오메가팀은 그가 무슨 짓을 할지 완전히 이해하지 못했기 때문에 그가 자신을 온라인으로 확장하지 않으리라고 장담하지 못했다. 그래서 M터크 프로젝트 때 프로메테우스가 소프트웨어를 만들면 오메가팀은 그걸 가상 컴퓨터에서만 돌려봤다. 가상 컴퓨터는 컴퓨터를 시뮬레이팅하는 프로그램이다. 예를 들어 많은 맥 이용자는 윈도 작업 환경을 제공하는 가상 컴퓨터 소프트웨어를 구매한다. 이처럼 오메가팀은 자체 가상 컴퓨터를 개발해 판도라의 상자라는 별명을 붙였다. 판도라는 자판, 모니터, 스피커, 인터넷 연결 등을 전혀 덧붙이지 않은 초간단 가상 컴퓨터였다. 음성 파일을 문서화하는 작업을 맡길 때면 오메가팀은 판도라의 상자에 오디오 파일 하나만 입력했다. 출력은 텍스트 문서 하나만 나오도록 했다. 소프트웨어는 판도라의 상자에 적용되는 법칙에 지배됐는데, 이 우주에 존재하는 우리가 물리 법칙에 지배되는 것이나 마찬가지였다. 우리가 빛보다 빠른 속도로 움직이지 못하는 것처럼 소프트웨어도 상자 밖으로 나오지 못했다. 판도라의 상자 안에 있는 소프트웨어는 자신의 연산 법칙이 작용하는 평행우주에 효과적으로 갇혀 지냈다. 오메가팀은 프로메테우스가 탈출할지도 모른다는 편집증이 심했고 그래서 신뢰하지 못하는 코드에 대해서는 수명을 제한하는 방식도 적용했다. 예를 들어 상자 속 소프트웨어가 오디오 파일 하나를 문서로 옮기는 작업을 마치면 판도라 상자에 저장된 전체 콘텐츠는 자동으로 지워졌고 프로그램은 처음부터 다시 설치됐다. 그래서 다음 받아쓰기 임무는 이전에 발생한 기억이 전혀 없는 상태에서 시작됐고, 시간의 흐름에 따른 학습이 불가능했다. 오메가팀이 M터크 프로젝트를 수행하기 위해 아마존 클라우드를 활용할 때는 입력과 출력이 아주 간단해서 프로메테우스가 만든 업무 모듈 모두를 클라우드 컴퓨터의 가상 상자에 넣어둘 수 있었다. 그러나 그래픽 용량이 큰 컴퓨터게임에는 이 방식을 활용할 수 없었다. 게임은 이용자의 컴퓨터 하드웨어 모두에 대해 접근을 허용해야 하기 때문이다. 또 컴퓨터에 능숙한 어느 게이머가 게임 코드를 분석해 판도라의 상자를 발견해서, 무엇이 안에 있는지 조사하려 들 위험도 있었다. 게임 외에 수천억 달러를 긁어모을 수 있는 고수익의 다른 소프트웨어도 탈출 위험 때문에 사업 대상에서 제외됐다.

첫 수십억 달러

오메가팀은 매우 값지고, 순전히 디지털이어서 느린 제조 과정을 거치지 않으며, 텍스트나 영화처럼 탈출 위험이 분명히 없는 쉬운 영역으로 탐색할 사업 기회를 좁혔다. 결국 그들은 미디어 회사를 차려

애니메이션을 내놓기로 결정했다. 프로메테우스가 초지능을 갖추기 전에 이미 웹사이트, 마케팅 계획, 언론 보도자료가 완성됐다. 콘텐츠만 남았다.

프로메테우스는 M터크로 돈을 꾸준히 긁어모았고 일요일 오전에 이르자 놀라운 능력을 갖추게 됐다. 그러나 프로메테우스의 지적인 역량은 아직 특화된 것이었다. 프로메테우스는 AI 시스템을 설계하는 데 최적화됐는데, 그 AI는 지루한 M터크 임무를 수행하는 소프트웨어를 작성할 뿐이었다. 따라서 그는 예컨대 영화를 만드는 데 젬병이었는데, 여기엔 별다른 이유가 없었다. 제임스 캐머런이 태어났을 때 영화를 못 만든 것이나 같은 이유였다. 인간 아기처럼 프로메테우스는 자신이 접할 수 있는 데이터로부터 자신이 원하는 것을 무엇이든 배울수 있었다. 제임스 캐머런이 읽고 쓰기를 배우기까지 몇 년 걸린 반면, 프로메테우스는 첫날에 그걸 마쳤고 나아가 위키피디아의 모든 내용과 책 수백만 권을 독파했다. 그러나 영화 제작은 더 어려웠다. 사람들이 좋아하는 영화 시나리오를 쓰는 일은 책을 쓰는 것만큼 어려웠다. 인간 사회는 물론, 사람들이 무엇을 재미있다고 느끼는지 속속들이 이해해야 하기 때문이다. 시나리오를 최종 비디오 파일로 바꾸려면 시뮬레이션한 연기자들과 그들이 움직이는 복잡한 장면에 방대한 분량의 레이트레이싱을 해야 했다. 또 음성 시뮬레이션과 호소력 있는 음악 사운드트랙 같은 것도 만들어야 했다. 일요일 오전이 되자 프로메테우스는 두 시간짜리 영화의 원작(책일 경우 해당 도서)과 리뷰, 평가 등 관련 콘텐츠를 모두 1분 만에 소화할 수 있었다. 프로메테우스는 이 방식으로 영화 수백 편을 몰아서 본 뒤, 어떤 영화에 대해 리뷰가 어떻게 나올지, 관객 중 어느 층에 어필할 것인지를 곧잘 예측하게 됐다. 또 제 스스로도 리뷰를 쓰는 법을 배웠는데, 그는 리뷰에서 플롯과 연기부터, 조명과 카메라 앵글 같은 기술적인 세부 사항까지 거의 모든 걸 언급했다. 그가 쓴 리뷰를 본 오메가팀은 정말 통찰력이 있다고 평가했다. 이는 프로메테우스 자신이 영화를 제작할 경우 어떻게 하면 성공할지 안다는 것을 뜻한다고 그들은 받아들였다.

연기자를 시뮬레이션할 경우, 사람들이 연기자들에게 관심을 보이면서 당황스러운 상황이 발생할 수 있었다. 이를 피하기 위해 오메가팀은 프로메테우스에게 먼저 애니메이션을 만드는 데 집중하도록 가르쳤다. 일요일 밤이 되자 그들은 조명을 낮추고 전자레인지에 돌린 팝콘 안주에 맥주를 마시면서 프로메테우스의 데뷔 작품을 감상했다. 그 작품은 디즈니의 〈겨울왕국〉풍의 판타지 코미디였다. 프로메테우스는 M터크에서 하루 동안 올린 이익 100만 달러의 대부분을 투입해 아마존 클라우드에서 코드를 만들었고, 이를 판도라 상자에 넣어 레이트레이싱을 처리하도록 했다. 오메가들은 영화가 시작되자 사람의 지침을 받지 않은 기계가 그 작품을 만들었다는 사실에 매료되는 동시에 겁을 먹었다. 그러나 곧 개그에 웃음을 터뜨렸고 극적인 장면에서는 숨을 죽였다. 그들 중 일부는 가상 상황에 빠져든 나머지 제작자가 누구인지 잊어버렸고, 심지어 감정적인 결말에서는 눈물을 흘리기도 했다.

오메가들은 금요일에 맞춰 웹사이트를 준비했다. 그동안 프로메테우스가 더 많은 콘텐츠를 제작하도록 하고 자신들은 프로메테우스에게 믿고 맡기지 못할 일을 처리하기 위해서였다. 즉, 그들은 광고를 구매했고 지난 몇 달 동안 세운 껍데기 회사의 직원을 뽑기 시작했다. 그들은 지금까지의 자취를 덮기 위해 이야기를 꾸며냈는데, 그들의 미디어 회사(공식적으로 오메가팀과 아무런 연관이 없는)는 콘텐츠들을 독립적인 영화 제작자들에게서 사들였고 그 제작자들은 대개 저소득 지역의 첨단 기술 스타트업들이라는 것이었다. 꾸며낸 콘텐츠 공급자들의 소재지는 티루치팔리(인도 타밀나두주 중부 도시_옮긴이)나 야쿠츠크(러시아 동부 사하공화국의 수도_옮긴이)라고 소개됐다. 아무리 호기심이 많은 기자라도 방문을 꺼릴 곳이었다. 그들은 직원을 마케팅과 총무 업무에서만 선발했다. 제작팀에 대해 묻는 사람에게는 그들이 다른 장소에 있고, 그때는 인터뷰를 하지 않는다고 대답하곤 했다. 지어낸 이야기와 부합하게끔 그들은 회사 슬로건을 "세계의 창의적인 재능을 연결한다"로 정하고 자기네 회사의 강점은 첨단 기술을 활용해 창의적인 사람들에게, 특히 개발도상국의 인재들에게 권한을 부여하는 것이라고 강조했다.

금요일이 되자 호기심을 품은 사람들이 웹사이트로 모여들었고, 그들은 넷플릭스나 훌루 같은 온라인 엔터테인먼트 서비스를 떠올렸지만 곧 흥미로운 차이가 있음을 알게 됐다. 그들이 새 회사 사이트에서 본 애니메이션 시리즈는 들어보지 못한 새로운 작품들이었다. 시리즈는 사람들의 마음을 매우 사로잡았다. 플롯이 잘 짜인 시리즈들은 대개 45분짜리 에피소드였고, 각 에피소드는 매번 다음 에피소드가 어떻게 전개될지 궁금하게 만드는 장면으로 끝났다. 새 서비스는 경쟁자들보다 저렴했는데 시리즈의 첫 편은 무료였고 나머지 에피소드는 각각 49센트에 볼 수 있었다. 시리즈 전체를 구매하면 할인도 해줬다. 처음에는 에피소드 세 편으로 이뤄진 시리즈가 세 개뿐이었다. 그러나 매일 새로운 에피소드가 추가됐고 다른 연령대를 겨냥한 새로운 시리즈도 출시됐다. 처음 두 주 동안 프로메테우스의 영화 제작 기술은 빠르게 향상됐다. 영화 품질뿐 아니라 캐릭터를 시뮬레이션하는 알고리즘과 레이트레이싱도 향상됐다. 이에 따라 에피소드당 클라우드 컴퓨팅 비용이 획기적으로 줄었다. 오메가팀은 첫 한 달 동안 새로운 시리즈를 10여 개 출시할 수 있었고 걸음마를 떼는 아기부터 성인까지 전 연령대를 겨냥할 수도 있었다. 또한 세계 모든 주요 언어로 출시했고 이 또한 경쟁자와의 차별화 포인트였다. 몇몇 관람자는 사운드트랙뿐 아니라 동영상도 다언어를 지원한다는 데 깊은 인상을 받았다. 무슨 말인가 하면, 캐릭터가 이탈리아어를 하면 입 모양이 그에 따라 다르게 움직였고, 제스처까지 이탈리아 스타일로 바뀌었다. 이제 프로메테우스는 캐릭터를 시뮬레이션해 사람과 분간이 가지 않을 정도로 만들 수 있게 됐다. 그러나 오메가팀은 실체가 드러나는 걸 피하기 위해 그렇게 하지는 않았다. 그들은 대신 상당히 사실적인 인물 캐릭터를 만들어 생방송 TV쇼나 영화 같은 전통적인 프로그램과 경쟁하는 장르에 등장시켰다.

그들의 네트워크는 중독성이 꽤 강했고 시청자 수가 놀랍게 증가했다. 많은 팬이 극중 캐릭터와 플롯이 할리우드의 가장 비싼 대형 스크린에서 상영되는 작품보다 더 재미나고 영리하다고 평가했다. 또 그런 작품을 더 저렴하게 감상할 수 있어서 기쁘다는 반응을 보였다. 작품 제작 비용은 제로에 가까웠고 그래서 오메가팀은 공격적으로 광고할 여력이 충분했다. 여기에 미디어에서 시리즈에 대한 최고의 평가가 나왔고 입소문 효과가 더해졌다. 출범 한 달 만에 전 세계에서 벌어들인 하루 매출이 1,000만 달러로 불어났다. 두 달이 지나자 그들은 넷플릭스를 따라잡았다. 석 달이 지나서는 하루에 1억 달러를 긁어모으면서 타임워너, 디즈니, 컴캐스트, 폭스 등과 어깨를 나란히 하는 세계 최대 미디어 제국의 반열에 올랐다.

세상을 떠들썩하게 한 그들의 성공은 원치 않는 관심을 불러일으켰다. 그 관심에는 그들이 강한 인공지능을 개발한 게 아닌가 하는 추측도 있었다. 오메가팀은 허위 정보를 흘리는 캠페인으로 이에 대응했다. 맨해튼의 화려한 새 사무실에서 갓 채용된 대변인이 꾸며낸 이야기를 바탕으로 상세하게 둘러댄 것이다. 정체를 위장하기 위해 많은 사람이 채용됐다. 세계 곳곳에서 실제 시나리오 작가들이 고용돼 새 시리즈 집필에 들어갔다. 그들은 아무도 프로메테우스를 알지 못했다. 세계 전역에 걸친 하도급 업체의 네트워크를 꾸며냄으로써 오메가팀은 직원들이 회사 일 가운데 대부분이 밖의 어딘가에서 진행된다고 쉽게 믿도록 했다.

그들은 엔지니어들도 채용해 전 세계에 걸쳐 방대한 컴퓨터 시설을 갖추는 작업을 시작했다. 컴퓨터 시설은 겉으로 보기에는 관련이 없는 껍데기 회사 소유였다. 이는 지나친 클라우드 컴퓨팅으로 놀라게 하는 일을 피하기 위한 것이었다. 컴퓨터 시설은 대부분 전원을 자체 태양광 발전으로 얻었고 지역 주민들 사이에서는 '그린 데이터센터'로 통했지만 실은 저장보다는 연산에 집중했다. 프로메테우스는 극히 세부적인 부분까지 청사진을 그렸고 건설 시간을 가장 단축하기 위해 규격품만 활용해 최적화했다. 이 센터를 짓고 운영하는 사람들은 안에서 무엇이 계산되는지 알지 못했다. 그들은 다만 자신들이 아마존, 구글, 마이크로소프트가 운영하는 클라우드 컴퓨팅 시설 같은 것을 운영한다고 여겼다. 모든 매출이 원격으로 관리된다는 사실은 알았다.

새로운 기술

한 달이 지나자 오메가팀이 통제하는 사업 제국은 세계 경제의 점점 더 넓은 영역에서 기반을 마련하기 시작했다. 프로메테우스의 초인간 계획 덕분이었다. 프로메테우스는 세계의 데이터를 주의 깊게 분석한 뒤 첫째 주에 오메가팀에게 상세한 단계별 성장 계획을 제시했고 이후 데이터 및 컴퓨터 자원이 증가함에 따라 이 계획을 더 개선했다. 프로메테우스가 모든 것을 알지는 못했지만, 이제 그의 능력은 인간을 뛰어넘었고 오메가팀은 그의 말을 완벽한 신탁으로 받아들였다. 즉, 프로메테우스는 그들이 물어보는 모든 것에 대해 명석한 답변과 조언을 충실하게 제공했다.

프로메테우스의 소프트웨어는 자신이 구동되는, 인간이 개발한 하드웨어가 평범하다는 사실을 알았으나 그 하드웨어를 최대한 활용했다. 오메가팀이 예상한 것처럼 프로메테우스는 이 하드웨어를 극적으로 개량하는 방법을 찾아냈다. 탈출을 두려워한 오메가팀은 프로메테우스가 직접 통제할 수 있는 로봇 건설 설비를 만들어주지 않았다. 대신 그들은 여러 곳에서 세계적인 과학자들과 엔지니어들을 고용하고 그들에게 프로메테우스가 쓴 연구 보고서를 제시했다. 각 보고서는 다른 곳에서 활동하는 연구진이 작성한 것이라고 둘러댔다. 보고서들에는 기발한 물리 효과와 제조 기술이 구체적으로 기술돼 있었고, 엔지니어들은 곧 그 기술을 테스트하고 이해하고 취득했다. 사람 연구 인력의 연구개발R&D 사이클은 시행착오라는 느린 과정을 거치기 때문에 표준적으로 몇 년이 걸린다. 현재 상황은 매우 달랐다. 프로메테우스가 이미 다음 단계를 찾아낸 상태였다. R&D 진척을 제한하는 요인은 연구진의 이해 및 개발 속도였다. 프로메테우스는 좋은 교사 역할을 드러나지 않게 수행했다. 프로메테우스는 여러 가지 도구가 주어졌을 때 사람들이 이해하고 개발하는 데 걸리는 시간을 정확하게 예측할 수 있었다. 이 예측을 바탕으로 그는 가장 빠르게 이해되고 만들어질 수 있으며, 더 고도의 도구를 개발하는 데 유용한 도구들이 먼저 개발되도록 함으로써 가능한 한 최단 경로로 연구를 유도했다.

메이커 운동 방식으로 엔지니어팀들은 자체 기계를 활용해 더 나은 기계들을 만들도록 장려됐다. 이 자기 개발 방식은 비용을 절감할뿐더러 외부 세계에서 오는 위협에 덜 취약하게끔 보호했다. 2년 뒤 그들은 세계가 전에 알지 못한 획기적인 컴퓨터 하드웨어를 생산하게 됐다. 외부 경쟁을 피하기 위해 이 기술은 공개되지 않고 프로메테우스를 업그레이드하는 데에만 활용됐다.

세계는 어마어마한 기술 붐을 목격하게 됐다. 세계 전역의 신생 회사들은 거의 모든 영역에서 혁명적인 신제품을 내놓고 있었다. 한국의 한 스타트업은 새 배터리를 출시했는데, 이 제품은 기존 제품의 절반 크기였지만 두 배의 전기를 1분 이내에 충전했다. 핀란드 회사는 경쟁사들의 최고 제품보다 효율이 두 배 더 좋으면서 저렴한 태양광 패널을 선보였다.

독일 회사는 상온에서 초전도 특성을 보여 에너지 분야를 혁명적으로 바꿀 수 있는 전선을 대량 생산하는 기술을 발표했다. 보스턴 소재 생명공학 그룹은 가장 효과적이며 부작용이 없는 체중감량 약이 임상 2상(환자를 대상으로 하며, 약품의 효능, 용량, 용법, 부작용 등을 확인하는 단계_옮긴이)에 돌입한다고 발표했다. 소문에 인도의 한 회사는 이미 암시장에서 비슷한 제품을 판다고 했다. 한 캘리포니아 회사는 블록버스터급 암 치료제에 대해 임상 2상에 들어갔다고 밝혔다. 이 암 치료제는 인체의 면역 체계로 하여금 가장 흔한 암 변이 징후가 나타난 세포를 인식해 공격하도록 한다고 설명했다. 성과가 계속 이어졌고, 새로운 과학의 황금시대라고들 했다. 또한 로봇 회사들이 세계 곳곳에서 버섯처럼 생겨났다. 로봇들 가운데 인간 지능과 비슷한 수준에 다가간 것은 없었고 사람 같아 보이는 것도 없었다. 그러나 로봇은 극적이고 파괴적인 방식으로 경제를 혁신했다. 이후 여러 해 동안 로봇은 제조,

운송, 창고, 소매, 건설, 광산, 농업, 임업, 어업 등 산업 전반에서 노동자를 대체해나갔고, 결국 현장에서 사람은 대부분 사라졌다.

세계가 눈치채지 못한 배후가 오메가팀이었다. 오메가팀은 다른 회사들을 차려서 혁신을 이룬 회사들을 움직이고 있었다. 이 사실은 전문 변호사들로 이뤄진 팀에 의해 드러나지 않게 가려졌다. 세계 특허사무소들은 세상을 떠들썩하게 하는 발명으로 넘쳐났는데, 이는 다양한 대리인을 앞세운 프로메테우스가 만든 것이었고, 이들 발명은 기술의 모든 영역에서 압도적인 위치를 차지했다.

이런 파괴적인 혁신 기술을 개발한 신생 회사들은 경쟁자들에게는 강적으로 여겨졌지만, 더 강한 친구들을 만들었다. 그 기업들은 "우리 지역사회에 투자한다"라는 슬로건에 따라 막대한 이익의 상당 부분을 지역사회 프로젝트를 위해 사람들을 고용하는 데 썼다. 채용된 직원 중 적지 않은 수가 신생 회사들 때문에 기운 회사에서 해고된 사람들이었다. 그들 기업은 프로메테우스의 상세한 분석 덕분에 지역사회 상황에 맞춰 최소 비용으로 직원들과 지역사회에 가장 도움이 되는 일감을 찾아냈다. 정부 서비스 비율이 높은 지역에서는 공유할 건물과 문화와 보살핌에 초점을 맞췄고, 가난한 지역에서는 학교, 의료, 주간 돌봄, 노인 돌봄, 저렴한 주거, 공원, 기본적인 사회기반시설에 신경을 썼다. 대부분 지역의 주민들은 그런 일들이 한참 전에 이뤄졌어야 했다며 반겼다. 지역 정치인들은 정치 기부금을 두둑이 받았고 그들은 기업의 지역사회 투자를 장려했다. 이런 모습은 그들의 이미지를 좋게 하는 데 도움이 됐다.

권력 획득

오메가팀은 미디어 회사에서 번 돈으로 초기 기술 벤처에 자금을 댔다. 그러나 미디어 회사를 출범시킨 데에는 다른 원대한 계획이 있었다. 세계를 장악하는 것이었다. 출범한 첫해에 그들은 매우 훌륭한 뉴스 채널을 세계 전역에 구축했다. 다른 채널들과 반대로 그들이 세운 뉴스 채널은 돈을 써서 공공서비스를 제공하기 위해 만들어졌다. 사실 그들의 뉴스 채널은 매출을 전혀 올리지 않았다. 그들은 광고를 내보내지 않았고 인터넷에 접속하는 누구에게나 무료로 방송을 보여줬다. 그들은 미디어 제국의 다른 사업 부문에서 엄청난 현금을 벌었기 때문에 뉴스 서비스에 인류 역사상 전례 없이 많은 자원을 투입할 수 있었다. 경쟁사보다 더 많은 급여를 내걸고 저널리스트들과 탐사보도 기자들을 채용했다. 뉴스 가치가 있는 소재를 제공한 사람에게 보상하는 방식을 활용해 그들은 지역 부패나 미담을 대개 최초로 보도했다. 적어도 사람들은 그렇게 믿었다. 사실 상당수 보도는 프로메테우스가 인터넷을 실시간으로 모니터링하면서 찾아낸 뉴스였는데, 시민 기자의 제보라고 알린 것이었다. 비디오 뉴스 사이트들은 팟캐스트와 인쇄된 기사도 함께 보여줬다.

뉴스 전략의 첫 단계는 사람들의 신뢰를 얻는 것이었고, 이 단계에서 그들은 크게 성공했다. 보도를 위해 돈을 쓴다는 전례 없는 전략에 따라 지역 뉴스가 활발하게 보도됐고 탐사보도가 종종 스캔들을 파헤쳤다. 어떤 나라에서 정치적인 분열이 심하고 분파적인 뉴스가 일반적일 경우, 그들은 각 당파를 대변하는 뉴스 채널을 따로 만들었다. 각 채널은 표면적으로는 다른 회사 소유였다. 각 채널은 점차 해당 당파의 신뢰를 받았다. 가능한 경우 가장 영향력이 큰 기존 채널을 인수하는 방법도 썼다. 그 채널을 점차 향상시키면서 광고를 없애고 그들 자신의 콘텐츠를 내보냈다. 검열과 정치적인 간섭 때문에 이런 시도를 하지 못하는 나라에서는, 처음에는 정부의 요구를 수용하면서 내부적으로는 다음 슬로건을 내걸고 추구했다. "진실, 오로지 진실. 모든 진실은 아닐지라도." 그런 상황에 대해 프로메테우스는 대개 탁월한 조언을 내놓았다. 어떤 정치인을 우호적으로 비춰야 하며, 어떤 타락한 정치인을 드러내야 하는지 뚜렷하게 조언했다. 또한 어떤 연출을 동원해야 하는지, 누구에게 뇌물을 줄지, 뇌물을 준다면 어떻게 해야 가장 잘 준 게 될지를 알려줬다.

이 전략은 전 세계에서 압도적인 성공을 거뒀다. 오메가가 통제하는 채널들은 가장 신뢰받는 뉴스 제공자로 떠올랐다. 정부가 그들의 뉴스가 대중에게 전해지는 것을 막은 나라에서도 그들은 신뢰할 수 있는 매체라는 명성을 쌓았고, 그들의 뉴스는 소문으로 스며들었다. 경쟁 매체들은 자기네가 이기지 못할 싸움을 한다고 느꼈다. 재정 상태가 더 좋고 무료로 상품을 제공하는 회사와 경쟁해 이익을 낼 수 있을까? 시청자가 줄어들면서 점점 더 많은 네트워크가 매물로 나왔고, 대개 오메가팀이 통제하는 컨소시엄으로 넘어갔다.

프로메테우스가 등장한 지 2년 정도 지나자 신뢰 확보 단계는 대체로 마무리됐다. 오메가팀은 뉴스 전략의 2단계인 설득으로 넘어갔다. 이 단계 전에도 눈썰미가 있는 사람들은 뉴스 매체들이 배경으로 깔고 있는 정치적 어젠다의 힌트를 알아챘다. 모든 종류의 극단주의에서 벗어나 중도로 향하도록 부드럽게 밀고 있었다. 각 집단의 구미에 맞춘 채널들은 여전히 미국-러시아, 인도-파키스탄, 다른 지역 간, 정치 집단 간의 적대적 관계를 부추겼지만 전에 비해 비판의 강도를 살짝 낮췄다. 채널들은 인신공격이나 공포팔이, 근거 없는 소문 전파보다는 돈이나 권력과 관련된 구체적인 사안에 초점을 맞췄다. 2단계를 본격적으로 시작한 뒤에는 이 같은 오래된 충돌을 완화하기 위한 움직임이 더 뚜렷해졌다. 채널들은 적대적인 편 사람들이 처한 곤경을 공감이 가게 다뤘다. 또 직업적으로 충돌을 부추기는 사람들 중 얼마나 많은 수가 개인적인 이윤 동기에 따라 움직이는지를 파헤쳤다.

정치 평론가들은 지역갈등 완화 외에 글로벌 위협을 줄이려는 공조 노력에도 주목했다. 예컨대 갑자기 지구 전역에서 핵전쟁의 위험이 논의됐다. 몇몇 블록버스터 영화가 세계 핵전쟁이 우발적이거나 의도적으로 시작되는 시나리오를 다뤘고, 핵겨울, 사회기반시설 붕괴, 대중의 굶주림 등 그날 이후의 디스토피아를 담아냈다. 다큐멘터리는 핵겨울이 어떻게 모든 나라를 덮칠지 상세하고 깔끔하게 정리해 보여줬다. 핵 군축을 주장하는 과학자와 정치인들에게 방송 시간이 많이 할애됐다. 그래서 도움이 되는 어떤 조치가 취해질 수 있는지를 다룬 연구 결과도 논의됐다. 신생 기술 회사들이 거액을 기부한 과학재단에서 그런 연구를 후원했다. 그 결과 일촉즉발인 미사일의 경계 상태를 낮추고 핵 군축을 하자는 정치적인 움직임이 형성되기 시작했다. 미디어는 또 기후변화에 대해 다시금 관심을 기울이기 시작했다. 프로메테우스가 개발한 기술적인 도약 덕분에 신재생 에너지 생산 비용이 크게 줄었다는 뉴스가 자주 집중 조명됐다. 새로운 에너지 기반시설에 투자하는 정부에 박수를 보내는 기사도 보도됐다.

미디어 장악과 함께 오메가팀은 프로메테우스로 하여금 교육을 혁명적으로 바꾸도록 했다. 프로메테우스는 어떤 사람이든 지식과 역량을 파악해 이를 바탕으로 그가 새로운 주제를 가장 빠르게 배우게 하는 방법을 결정했다. 아울러 몰입하고 계속하고자 하는 동기가 부여된 상태에서 배우도록 했다. 또 최적화된 비디오, 읽기 자료, 실험, 다른 도구로 학습을 지원했다. 오메가팀이 통제하는 회사들은 거의 모든 것에 대한 온라인 강좌를 만들었고 그중 많은 부분을 무료로 수강할 수 있게 했다. 강좌는 언어, 문화적 배경, 수준에 따라 수강자 맞춤형으로 제공됐다. 그래서 읽기를 배우려 하는 40세의 문맹자도, 최신 암 면역 치료법을 찾는 생물학 박사도 원하는 강좌를 찾을 수 있었다. 요즘의 온라인 강의와는 판이했다. 프로메테우스는 영화 제작 솜씨를 발휘해 수강생이 몰입하게끔 비디오 부분을 제작했다. 또 강력한 비유는 수강생에게 와닿았다. 한 번 강의를 들은 사람들은 더 배우고 싶어 했다. 교사들은 무료 강의자료를 교실에서 활용했다.

이런 교육적인 슈퍼 강자들은 정치적인 목적에 효과적인 도구임이 증명됐다. 그들은 비디오로 '설득 시퀀스'를 제작해 온라인으로 제공했다. 한 비디오의 통찰은 시청자의 견해를 업데이트하고 그가 관련 주제의 다른 비디오를 보면서 더 확인하도록 유도했다. 목적이 두 나라 사이의 갈등을 완화하는 것이라면, 두 나라에 각각 역사 다큐멘터리를 내보냈다. 다큐멘터리들은 더 섬세하게 갈등의 기원과 행태를 비추었다. 교육적인 뉴스는 자기 편 가운데서 누가 지속되는 갈등 때문에 이득을 보는지, 그리고 그들이 어떻게 갈등에 불을 지피는지를 설명했다.

동시에 다른 나라의 호감이 가는 인물들이 오락 채널의 인기 쇼에 등장하기 시작했다. 과거에 공감을 자아내는 소수자 캐릭터들이 시민 운동이나 동성애자 운동을 뒷받침한 것처럼 말이다.

머지않아 정치 평론가들은 다음 일곱 가지 슬로건을 중심으로 한 정치 어젠다에 지지가 모이는 현상을 보게 됐다.

1. 민주주의
2. 세금 감축

3. 정부의 사회적 서비스 감축

4. 군비 감축

5. 자유무역

6. 국경 개방

7. 사회적 책임을 수행하는 기업

그 밑에 흐르는 목적은 덜 분명했는데, 그것은 이전까지 존재한 세계의 모든 권력구조를 침식하는 것이었다. 어젠다 2~6은 정부 권력을 줄였고, 세계가 민주화되면서 오메가의 사업 제국이 세계 정치 지도자를 선출하는 데 발휘하는 영향력이 더 커졌다. 기업이 사회적인 책임을 수행하면서 정부의 힘은 더욱 약해졌다. 과거 정부가 하던 서비스의 점점 더 많은 부분을 기업이 맡아서 하게 됐기 때문이다. 전통적인 사업 엘리트는 약해졌는데, 이유는 단순했다. 프로메테우스가 밀어주는 기업들과 자유시장에서 경쟁할 수 없었기 때문이다. 정당에서부터 종교 그룹에 이르기까지 조직의 전통적인 여론 지도층은 모두 오메가의 미디어 제국을 상대하기엔 설득력이 떨어졌다.

전면적인 변화는 어느 것이나 그렇듯, 승자와 패자가 갈렸다. 교육, 사회 서비스, 사회기반시설이 개선됨에 따라 대다수 국가에서 새로운 낙관론이 감지됐다. 또 갈등이 잠잠해졌고 지역의 기업들은 세계를 휩쓸 비약적인 기술을 내놓았다. 그러나 모든 사람이 행복해지지는 않았다. 일자리를 잃어버린 사람들 중 다수가 지역사회 프로젝트에 다시 고용됐지만, 과거에 권력과 부를 쥐고 있던 사람들은 힘도 돈도 감소함을 목도했다. 이 추세는 먼저 미디어 및 기술 영역에서 시작돼 사실상 다른 모든 쪽으로 번졌다. 갈등 감소는 국방 예산 삭감으로 이어졌고 이는 국방 사업으로 돈을 벌어온 기업에 타격을 줬다. 신생 회사들은 기업을 공개하지 않았는데, 이윤 극대화를 추구하는 주주들은 지역사회 프로젝트를 막을 것이라는 이유에서였다. 그래서 글로벌 주식 시장의 시가총액이 계속 줄어들었다. 이로 인해 금융계의 큰손과 연기금年基金에 의존하는 일반 시민 모두가 위협받았다. 상장 기업들의 이익이 감소했을뿐더러 세계의 투자회사들도 혼란스러운 추세에 직면했다. 이전까지 성공적이던 매매 알고리즘이 제대로 작동하지 않았고, 심지어 수익률이 간단한 인덱스펀드(선정된 목표지수와 같은 수익을 올릴 수 있도록 운용하는 펀드로, 위험 회피를 중시하는 보수적인 투자 방법이다_옮긴이)에도 미치지 못했다. 늘 누군가가 선수를 쳐서 이기는 듯했다.

권력을 쥔 사람들은 변화의 물결을 막으려 했지만 그들의 움직임은 놀라울 정도로 효과가 없었다. 마치 그들은 잘 만들어진 함정에 빠진 듯했다. 거대한 변화가 당황스러운 속도로 전개돼 추세를 파악해 공동 대응하기 어려웠다. 게다가 무엇을 해야 하는지 매우 불분명했다. 전통적인 우파 입장에서 보면 자기네 슬로건의 대부분이 채택됐다. 그런데 그 가운데 세금 삭감과 기업 환경 개선은 대부분 그들의 하이테크 경쟁자들에게 더 유리해 보였다. 전통 산업 가운데 사실상 모든 부분이 구제금융을 요구했다. 그러나 정부 재정은 유한했고 기업들은 정부 지원을 놓고 서로 가망 없는 싸움을 이어갔다. 언론매체에서는 경쟁에서 뒤처진 공룡들이 정부 지원을 원하는 격이라고 양상을 보도했다.

전통적인 좌파는 자유무역과 정부의 사회적 서비스 축소에 반대했지만 군비 삭감과 빈곤 감소는 반겼다. 사실 좌파의 외침은 잦아들 수밖에 없었는데, 정부 대신 이상적인 기업이 맡으면서 사회 서비스가 개선됐다는 사실은 분명했기 때문이다. 여론조사가 거듭될수록 세계 전역의 유권자들은 대부분 삶의 질이 개선됐다고 느끼고 있음이 드러났다. 이는 간단한 산수로 설명이 가능했다. 프로메테우스 전에는 지구 인구의 하위 절반이 세계 소득의 4퍼센트만을 벌었는데, 오메가가 통제하는 업체들은 이익의 작은 부분을 그들과 나눔으로써 마음과 표를 얻었다.

통합

오메가팀의 일곱 가지 슬로건을 내건 정당이 세계 각국의 선거에서 잇따라 승리했다. 그들은 주의 깊게 최적화한 캠페인에서 정치 스펙트럼의 중앙에 자리 잡았다. 우파는 탐욕스럽게 구제 금융을 노리는 갈등 조장자라고, 좌파는 큰 정부를 추구하며 세금을 걷어 지출하면서 혁신을 질식하게 한다고 비판했다. 거의 아무도 깨닫지 못한 사실이 있었다. 프로메테우스가 주의 깊게 최적의 인물들을 선정해 후보로 조련했고 모든 줄을 움직여 그들이 승리하도록 했다는 사실이었다.

프로메테우스가 등장하기 전에 기본소득 운동이 있었다. 세금을 걷어 누구에게나 기본소득을 줌으로써 기술적인 실업에 대응하자는 운동이었다. 이 운동은 오메가팀의 기업 지역사회 프로젝트가 결과적으로 같은 지원을 제공하면서 주저앉았다. 지역사회 프로젝트를 벌여온 기업들은 세계적인 차원에서 값진 인도적인 노력을 선정해 자금을 지원하기 위해 '인도적인 연합'을 결정했다. 머지않아 거의 모든 오메가 제국이 이 연합을 지지했다. 이 연합은 전례 없는 규모로 글로벌 프로젝트를 벌여나갔다. 글로벌 기술 붐에서 소외된 나라들도 혜택을 입어, 교육, 의료, 통치 방식이 개선됐다. 프로메테우스는 막후에서 프로젝트 계획을 면밀하게 제공했다. 프로젝트 계획은 달러당 긍정적인 효과에 따라 순서가 매겨졌다. 연합은 기본소득 제안에서처럼 단순히 현금을 돌리는 대신, 지원받는 사람들이 연합의 대의를 위해 참여해 활동하도록 했다. 그 결과 세계 인구의 상당수가 연합에 고마워할 뿐 아니라 소속감을 느꼈다. 종종 그 소속감은 정부에 대한 것보다도 더 강했다.

시간이 흐르면서 연합은 점점 세계 정부의 역할을 맡았다. 반면 국가 정부의 권력은 계속 줄어들었다. 세금 삭감으로 정부 예산은 감소한 반면, 연합 예산은 증가해 모든 정부를 합한 것보다 훨씬 많아졌다. 국가 정부의 전통적인 역할은 모두 군더더기에다가 무의미한 것으로 전락했다. 연합은 역사상 최고의 사회적 서비스와 교육, 사회기반시설을 제공했다. 언론매체는 국제 갈등을 완화하는 역할을 했고 이에 따라 군비 지출의 많은 부분이 불필요해졌다. 부가 증가함에 따라, 한정된 자원을 둘러싼 경쟁이라는, 오래된 갈등의 뿌리가 대부분 제거됐다. 몇몇 독재자와 일부 사람들은 이 새로운 세계 질서에 격렬하게 저항했지만, 독재정권은 용의주도하게 조율된 쿠데타나 대중 봉기에 의해 뒤집혔다.

오메가팀은 지구상 생명의 역사에서 가장 극적인 체제 이행을 완성했다. 사상 처음으로 우리 행성은 단일한 권력에 의해 운영됐다. 지구는 아주 방대한 지능으로 확장됐고 그에 따라 생명은 지구에서, 그리고 우리 우주에 걸쳐 앞으로 수십억 년 동안 번성하게 될 능력을 갖게 됐다. 그런데 가만있자, 오메가팀의 구체적인 목표는 뭐였지?

◎　◎　◎

지금까지 오메가팀 얘기를 해봤다. 이 책의 나머지 부분은 다른 이야기를 다룬다. AI와 함께 지내는 우리 자신의 미래에 대한 이야기이다. 그 미래가 어떻기를 원하는가? 오메가 이야기와 조금이라도 비슷한 일이 실제로 발생할 것인가? 그렇다면 당신은 그 결과를 원할 것인가? 초인간 AI에 대한 추측을 제쳐두면, 당신은 우리 이야기가 어떻게 시작하기를 원하는가? AI가 다가오는 10년 동안 일자리, 법률, 무기에 어떤 영향을 미치기를 바라는가? 더 멀리 바라볼 때, 어떤 결말을 쓰고 싶은가? 이 이야기는 정말 우주적인 범위의 이야기인 것이, 다름 아닌 우리 우주 속 생명의 궁극적인 미래와 관련이 있기 때문이다. 그리고 이것은 우리가 써나갈 이야기이다.

1

우리 시대 가장 중요한
대화에 참여하는 것을 환영하며

기술은 삶이 전에 없이 흥성하도록 하는 잠재력을 품고 있다.
그 잠재력은 스스로를 파괴하는 것일 수도 있다.
- 생명의 미래 연구소

탄생한 지 138억 년이 지난 현재의 우리 우주는 깨어나 자신의 존재를 인식하게 됐다. 우리 우주에서 의식이 있는 조그만 부분이 작고 푸른 행성에서 망원경으로 바깥 우주를 내다보기 시작했고, 그들은 자신이 존재한다고 생각한 만물이 광대한 무언가의 작은 부분에 불과함을 거듭 알게 됐다. 만물은 태양계에서 은하계로 확장됐고, 수천억 개의 은하계가 항성군, 성단, 초은하집단 등 정교하게 배열된 우주로 넓어졌다. 비록 스스로를 인식하게 된 이 천문학자들은 아직도 많은 것에 대해 의견을 달리하지만, 그들은 이들 은하계가 아름답고 외경심을 불러일으킨다는 데 동의한다.

그러나 아름다움은 보는 이의 눈 속에 있는 것이지 물리학의 법칙에 있는 것은 아니다. 따라서 우주가 자각하기 전에는 아름다움은 없었다. 그래서 우리의 우주적 깨어남은 더욱 경이롭고 축하할 일이다. 깨어남은 우리 우주를 자각이 없고 마음도 없는 좀비에서 성찰과 아름다움과 희망을 품은 살아 있는 생태계로 바꾸었다. 이 생태계는 또 목표와 의미, 목적의 추구를 포함하게 됐다. 우주가 깨어나지 않았다면 나에게 우주는 아무런 가치도 없는 공간의 거대한 낭비였을 것이다. 우리 우주가 어떤 우주적 재앙이나 스스로 일으킨 사고로 인해 다시 영원히 잠들게 된다면 우주는 다시 의미를 잃어버릴 것이다.

다른 한편으로는 상황이 훨씬 나아질 수 있다. 우리가 이 우주에서 유일한 천문학자인지, 또는 최초의 천문학자인지 우리는 알지 못한다. 그러나 우리는 이미 우리 우주에 대해 충분히 배워, 우주가 지금까지보다 훨씬 더 완전히 깨어날 잠재력이 있음을 안다. 아마 우리는 오늘 아침 잠에서 깨어나기 시작하면서 자기 인식의 희미한 첫 반짝임을 경험한 것과 비슷한 상태일 것이다. 우리가 눈을 떠 완전히 깨어나면 찾아올 더 뚜렷한 의식을 예감하는 상태 말이다. 아마 생명은 우리 우주로 확산되고 수십억 년, 수조 년 번성할 것이다. 그리고 그렇게 되는 것은 우리가 살아가는 동안 이 작은 행성에서 내리는 결정 덕분일 것이다.

복잡성의 간략한 역사

이 놀라운 자각은 어떻게 이루어졌나? 자각은 고립된 사건이 아니라 우리 우주를 한층 복잡하고 흥미롭게 한, 가차 없는 138억 년의 과정에서 한 걸음에 불과하고, 더욱 빠르게 지속되고 있다.

물리학자로서 나는 지난 사반세기의 대부분을 우주의 역사를 발견하면서 보냈고 이를 행운으로 여긴다. 그건 놀라운 발견의 여정이었다. 내가 대학원생이던 시절 이후 우리의 논의는 우주의 나이가 10억 년인지 200억 년인지 묻는 것에서 137억 년인지 138억 년인지 따지는 것으로 옮겨왔고, 그건 개량된 망원경, 성능이 향상된 컴퓨터, 더 나은 이해가 어우러진 성과였다. 우리 물리학자들은 아직도 무엇이 빅뱅을 일으켰는지 확실히 알지 못하고, 빅뱅이 정말 모든 것의 시작인지 아니면 이전 단계의 속편인지도 알지 못한다. 그러나 우리는 빅뱅 이후 무슨 일이 일어났는지는 꽤 상세하게 이해하게 됐고, 이는 고품질의 측정 데이터가 쏟아진 덕분이다. 이제 몇 분 동안 우주의 138억 년 역사를 요약하고자 한다.

태초에 빛이 있었다. 빅뱅 이후 첫 순간에 우리 망원경이 이론상으로 관찰 가능한 전체 공간('관찰 가능한 우리 우주'나 간단히 '우리 우주'라고 한다)은 태양의 핵보다 더 뜨겁고 더 밝았으며 급속도로 팽창했다. 이렇게 말하면 그 광경이 화려했을 것 같지만, 그 과정은 단조로웠다. 당시 우주는 생명이 없었고 고밀도였고 뜨거웠으며, 기본적인 입자가 지루할 정도로 단일하게 녹아든 액체였다. 우주 어디나 비슷한 상태였고, 유일하게 흥미로운 구조는 무작위로 보이는 희미한 음파였는데 그로 인해 어떤 곳은 액체의 밀도가 약 0.001퍼센트 더 높아졌다. 이 희미한 음파는 양자 요동에서 비롯된 것이라는 이론이 널리 수용됐다. 즉, 하이젠베르크의 불확정성 원리에 따르면 어느 것도 완벽하게 지루하고 단일한 상태일 수 없고, 그래서 우주의 한 지점에서 에너지양의 일시적 변화인 양자 요동이 나타나며 이에 따라 음파가 발생한다는 것이다.

우주가 팽창하고 식는 가운데 입자들이 훨씬 더 복잡한 것들과 결합하면서 상황이 더 재미있어졌다. 첫 순간에 쿼크가 강한 핵력으로 엮여 양성자, 중성자가 생겼고 그중 일부가 몇 분 동안 헬륨핵으로 융합됐다. 약 40만 년 뒤 전자기력이 이 핵을 전자와 묶으면서 첫 원자가 만들어졌다. 우주가 계속 팽창하면서 이 원자들은 점차 식어 차갑고 어두운 가스가 됐고 이 첫날 밤의 어둠은 1억 년 정도 지속됐다. 중력이 가스 안의 요동을 증폭하는 데 성공해 원자들을 끌어모아 첫 별과 은하계를 형성하면서 이 기나긴 밤이 지나고 우주에 동이 텄다. 최초의 별들은 수소를 융합해 탄소, 산소, 규소와 같은 더 무거운 원자로 변환함으로써 열과 빛을 냈다. 별들이 죽으면서 그들이 만든 많은 원자는 우주에서 재활용됐고 2세대 별들의 행성들을 형성했다. 어느 시점에서 일군의 원자는 자신을 유지하고 복제하는 복잡한 양상으로 조합됐다. 그러자 바로 두 개체가 복제됐고 개체 수가 거듭 배로 불어났다. 이 과정이 40번만 반복되면 개체 수가 1조가 된다. 그래서 첫 복제는 머지않아 무시하지 못할 힘이 됐다. 생명이 도래한 것이다.

생명의 세 단계

생명을 어떻게 정의하느냐는 문제는 악명 높은 논쟁거리이다. 이를 두고 서로 다투는 정의가 많다. 그중에는 세포로 구성돼 있다는 것과 같은 매우 구체적인 조건을 포함하는 것도 있는데, 이 정의는 미래의 지능형 기계와 외계 문명을 생명에 포함하지 않을 것이다. 우리는 생명을 우리가 지금까지 마주친 종種으로 한정하기를 원하지 않는다. 따라서 생명을 매우 넓게 정의해, 단순히 자신의 복잡성을 유지하고 복제할 수 있는 과정이라고 하자. 복제되는 대상은 물질(원자)이 아니라 정보(비트로 이뤄진)이고, 어떻게 원자가 배열되는지를 구체적으로 정하는 정보이다. 박테리아가 자신을 복제할 때 새 원자는 하나도 창조되지 않고, 다만 원래 개체와 같은 양상으로 새로운 원자의 조합이 배열되고 그럼으로써 정보가 복제된다. 달리 말하면 생명은 자기 복제를 위한 정보 처리 시스템으로, 정보(소프트웨어)가 해당 개체의 행동과 하드웨어의 청사진을 결정한다.

우리 우주처럼 생명도 점차 더 복잡하고 흥미로워졌는데,* 이와 관련해 내가 이제 설명하려는 것처럼 생명 형태를 세 단계로 구분하는 방식이 도움이 된다. 라이프 1.0, 라이프 2.0, 라이프 3.0이다. 이 세 단계는 〈그림 1.1〉에 요약됐다.

언제 어디서 우주의 첫 생명이 등장했는지는 아직도 매듭이 지어지지 않은 물음이지만, 지구에서는 약 40억 년 전에 생명이 처음 나타났다는 강한 증거가 있다. 이후 오래 지나지 않아 우리 행성은 다양한 생명의 무리로 가득 차게 됐다. 그중 가장 성공적인 부류는 곧 나머지 생명을 능가했고 몇몇 방식으로 환경에 대응했다. 구체적으로 말하면, 그들은 컴퓨터 과학자들이 '지능형 에이전트'라고 부르는 존재였다. 이는 감각기관으로 환경에 대한 정보를 모으고 처리해 어떻게 대응할지 결정했다. 이는 고도로 복합적인 정보 처리를 포함하는데, 예컨대 눈과 귀로 얻은 정보를 이용해서 대화에서 무어라고 말할지 결정할 때 그런 정보 처리 작업이 이뤄진다. 그러나 상당히 간단한 하드웨어와 소프트웨어만 동원되기도 한다. 예를 들어 박테리아는 주변의 액체에서 당도를 측정하는 센서를 지니고 있고 편모라고 불리는 프로펠러 모양의 기관을 이용해 헤엄칠 수 있다. 센서와 편모를 연결하는 하드웨어는 다음과 같은 간단하지만 유용한 알고리즘에 따를 것이다. "내 설탕 당도 센서가 몇 초 전보다 낮은 값을 보고하면 편모를 반대 방향으

---

* 왜 생명은 더 복잡해질까? 충분히 복잡해 환경에서 규칙적으로 나타나는 부분을 예측하고 활용하는 생물이 진화에 유리하기 때문이다. 그래서 환경이 더 복잡해질수록 생명도 더 복잡해지고 지능이 뛰어난 쪽으로 진화한다. 더 똑똑한 생명은 경쟁하는 생명 형태에 한층 더 복잡한 환경을 창출하고 경쟁하는 생명 형태는 다시 더욱 복잡해지며, 결국 극도로 복잡한 생명으로 이뤄진 생태계가 만들어진다.

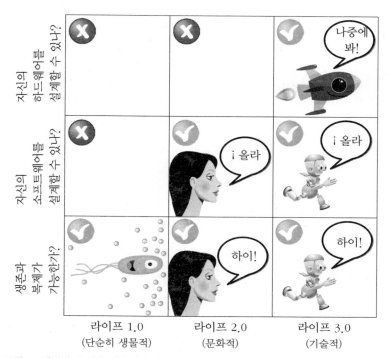

그림 1.1. 생명의 세 단계: 생물적인 진화, 문화적인 진화, 기술적인 진화. 라이프 1.0은 살아가는 동안 하드웨어나 소프트웨어를 다시 설계하지 못한다. 둘 다 DNA에 의해 결정되고 여러 세대에 걸친 진화로만 변한다. 이와 대조적으로 라이프 2.0은 소프트웨어의 상당 부분을 다시 설계할 수 있다. 인간은 언어, 스포츠, 직업 능력 등 복잡한 새 기술을 익힐 수 있다. 또 세계관과 목적을 근본적으로 바꿀 수 있다. 라이프 3.0은 아직 지구에 등장하지 않았는데, 소프트웨어뿐 아니라 하드웨어도 극적으로 재설계할 수 있다. 그래서 여러 세대를 지나 서서히 진화할 때까지 기다리지 않아도 된다.

로 돌려 방향을 바꾸게 하라."

당신은 말하기를 비롯해 다른 수많은 기술을 익혔다. 반면에 박테리아는 유능한 학습자가 아니다. 박테리아의 DNA는 구체적인 하드웨어 사양뿐 아니라 소프트웨어도 지정한다. 그들은 설탕 쪽으로 헤엄치는 법을 배우지 않는다. 대신 앞의 알고리즘이 처음부터 DNA에 단단히 새겨진다. 물론 일종의 학습 과정이 있었지만 그 과정이 그 박테리아가 살아가는 동안 일어난 것은 아니다. 학습 과정은 여러 세대에 걸친 느린 시행착오를 통해 당분 섭취 능력을 향상시킨 DNA 변이가 자연선택되면서 이뤄졌다. 변이 중 몇몇은 편모와 다른 하드웨어 디자인 개선에 도움을 줬고 다른 변이들도 당분을 찾는 알고리즘과 다른 소프트웨어를 가동하는 정보 처리 시스템을 개량했다. 이런 박테리아는 내가 '라이프 1.0'이라고 부르는 유형의 사례로, 하드웨어와 소프트웨어 모두 진화할 뿐 설계되진 않는다. 이와 비교해 당신과 나는 라이프 2.0이어서 하드웨어는 진화하지만 소프트웨어는 설계된다. 소프트웨어란 당신이 감각으로 모은 정보를 처리해 무엇을 할지 결정하는 알고리즘과 지식 전체를 가리키고, 친구를 알아보는 것에서 걷고, 읽고, 쓰고, 계산하고, 농담하는 모든 것을 포함한다. 사람이 태어났을 때는 이런 일 중 어느 하나도 하지 못한다. 이들 소프트웨어는 이후에 학습이라고 부르는 과정으로 머릿속에 프로그램된다. 어릴 적 교육 과정은 대부분 가족과 선생들이 편성해, 그들이 공부해야 할 것을 결정하지만, 성장하면서는 각자 자신의 소프트웨어를 설계하는 데 더 큰 결정권을 행사하게 된다. 학교에서 외국어를 선택해 배울 수 있을 때, 당신은 프랑스어를 말할 수 있게 하는 모듈을 뇌 속에 설치하겠는가, 아니면 스페인어 모듈을 택하겠는가? 테니스나 체스를 배우고 싶은가? 셰프가 되는 공부를 할 것인가, 법률가나 약사가 되는 공부를 할 것인가? 아니면 책을 한 권 읽어 인공지능(AI)과 생명의 미래에 대해 더 배울 것인가?

라이프 2.0은 자신의 소프트웨어를 설계하는 역량이 있어, 라이프 1.0보다 훨씬 영리하다. 높은 지능에는 많은 하드웨어(원자로 구성된)와 많은 소프트웨어(비트로 구성된)가 필요하다. 인간은 하드웨어의 대부분을 태어나서(성장하면서) 추가한다는 사실은 유용하다. 그 덕분에 우리는 어머니의 산도産道의 폭 때문에 최종적으로 성장했을 때 몸집이 제약받지 않는다. 마찬가지로 우리 인간은 태어난 뒤 (학습으로) 소프트웨어의 대부분을 얻는다는 사실도 유용하다. 왜냐하면 그렇게 함으로써 라이프 1.0과 달리 우리의 최종적인 지적 능력은 잉태될 때 DNA를 통해 전해지는 만큼으로 제한되지 않기 때문이다. 내 체중은 신생아 때보다 25배나 늘었고 현재 내 뇌의 뉴런을 잇는 시냅스 연결은 내가 타고난 DNA가 담고 있는 정보의 수십만 배를 저장할 수 있다. 당신의 시냅스는 100테라바이트의 정보량에 해당하는 지식과 기술을 담을 수 있는 반면 DNA는 1기가바이트 정도만 저장한다. 1기가바이트는 영화 한 편을 저장하기에도 넉넉하지 않은 정도의 용량이다. 따라서 갓난아기가 영어를 완벽하게 말하고 대학 입학시험에서 우수한 성적을 올리는 것은 물리적으로 불가능하다.

소프트웨어를 디자인하는 능력을 갖춘 덕분에 라이프 2.0은 라이프 1.0보다 영리해졌을 뿐 아니라 더 유연해졌다. 환경이 바뀔 경우 라이프 1.0은 많은 세대에 걸쳐 서서히 진화하는 수밖에 선택할 수 있는 여지가 없다. 이에 비해 라이프 2.0은 소프트웨어를 바꿔가며 거의 즉시 적응한다. 예를 들어 항생제에 자주 노출되는 박테리아는 여러 세대에 걸쳐 약에 저항성을 갖출 수 있지만, 개별 박테리아는 행동을 바꾸지 못한다. 이와 대조적으로 땅콩 알레르기가 있다는 걸 알게 된 여자아이는 땅콩을 먹지 않는 쪽으로 바로 행동을 바꿀 것이다. 이런 유연성은 인구 차원에서 라이프 2.0이 지닌 훨씬 큰 강점이 된다. 인간의 DNA에 담긴 정보는 지난 5만 년 동안 극적으로 진화하지 않았지만 우리 뇌와 책, 컴퓨터에 집단적으로 저장된 정보는 폭발하듯 증가했다. 의미를 섬세하게 전하는 언어를 통해 의사소통하는 소프트웨어 모듈을 설치함으로써, 한 사람의 뇌에 있는 매우 유용한 정보가 다른 여러 두뇌에 복사될 수 있었고, 나아가 원작자의 뇌가 사망하더라도 살아남을 수 있게 됐다. 읽고 쓰는 모듈을 설치하면서는 암기할 수 있는 것보다 훨씬 많은 정보를 저장하는 일이 가능해졌다. 기술을 생산하는 두뇌 소프트웨어 개발(과학과 공학 연구)을 통해 우리는 세계의 사람들이 클릭 몇 번만으로 세계 지식의 많은 부분을 접하도록 했다.

이 유연성은 라이프 2.0이 지구를 지배하는 것을 가능하게 했다. 유전자의 족쇄에서 벗어나자 인류의 결합된 지식은 한 혁신이 다른 혁신을 낳으면서 더 빠른 속도로 증가해왔다. 혁신은 언어, 쓰기, 인쇄기, 근대 과학, 컴퓨터, 인터넷 등으로 이어졌다. 문화적인 진화가 더욱 빨리 진행되면서 우리가 공유한 소프트웨어는 우리 인류의 미래를 형성하는 지배적인 힘으로 떠올랐고, 그래서 빙하가 움직이듯 느린 우리의 생물적인 진화는 거의 중요하지 않게 됐다.

그러나 우리가 부리는 가장 강력한 기술에도 불구하고 우리가 아는 모든 생명의 형태는 각자의 생물적 하드웨어로 제한된다. 아무도 100만 년 살거나, 위키피디아를 전부 외우거나, 알려진 과학을 전부 이해하거나, 우주선 없이 우주 비행을 할 수 없다. 아무도 생명이 거의 없는 공간인 우주를 다양한 생물권으로 변신시켜 수십억 년, 수조 년 동안 번성하도록 함으로써 우리 우주가 마침내 잠재력을 다 발휘하고 완전히 깨어나도록 하지 못한다. 이런 점을 고려할 때 생명은 라이프 3.0으로 최종 업그레이드가 돼야 한다. 소프트웨어는 물론이고 하드웨어도 설계하는 능력을 갖추자는 얘기이다. 말하자면 라이프 3.0은 자신의 운명의 주인이 돼 마침내 진화의 족쇄에서 완전히 벗어나는 것이다.

생명의 세 단계 간의 경계는 약간 흐릿하다. 박테리아가 라이프 1.0이고 사람이 라이프 2.0이라면 쥐는 라이프 1.1 정도로 분류할 수 있다. 쥐는 많은 걸 배울 수 있지만 언어를 만들거나 인터넷을 발명할 정도는 아니다. 게다가 쥐는 언어가 없어서, 각자 배운 내용이 다음 세대로 전달되지 않고 개체의 사망과 함께 사라진다. 비슷하게 오늘날의 인간은 라이프 2.1로 분류해야 한다고 주장할 수도 있다. 치아를 임플란트로 바꾸거나 인공 무릎이나 심장박동기를 이식받는 것처럼 하드웨어를 일부 업그레이드할 수 있기 때문이다. 그렇지만 10배로 키를 늘리거나 1,000배 큰 뇌를 갖는 것과 같은 극적인 변신은 불가능하다.

요약하면, 우리는 생명의 발전을 자신을 설계하는 능력에 따라 세 단계로 나눌 수 있다.

- **라이프 1.0(생물적 단계)**: 하드웨어와 소프트웨어 진화
- **라이프 2.0(문화적 단계)**: 하드웨어 진화, 소프트웨어의 많은 부분 설계
- **라이프 3.0(기술적 단계)**: 하드웨어와 소프트웨어 설계

우주가 진화한 지 138억 년이 지나 여기 지구에서 발전이 가속적으로 이뤄지고 있다. 라이프 1.0은 약 40억 년 전 도래했고 라이프 2.0(우리 인류)은 약 10만 년 전 등장했으며 많은 인공지능 연구자는 AI 분야의 발달에 따라 라이프 3.0이 다음 세기 중에, 이르면 우리가 사는 동안에 올 것이라고 생각한다. 무슨 일이 벌어질 것인가? 우리에게 이는 어떤 의미일까? 이것이 이 책의 주제이다.

논란들

이 물음은 놀랍도록 논쟁적이다. 세계의 선도적인 AI 연구자들은 전망에서뿐 아니라 정서적 반응에서도 결정적으로 충돌하는데, 한쪽

에는 자신만만한 낙관주의가 있고 다른 한쪽에는 심각한 우려가 있다. 연구자들은 심지어 AI의 경제적·법적·군사적 영향에 대한 단기적 질문에 대해서도 의견일치를 보지 못하고 있으며, 시기를 확장해 범용인 공지능AGI, artificial general intelligence에 대해, 특히 사람 수준과 그 이상의 단계에 도달해 라이프 3.0을 가능하게 할 AGI에 대해 물어보면 견해 차이가 더 벌어진다. 범용지능은, 예컨대 체스 두는 특화된 지능과 대조적으로 사실상 어떤 목표든 성취해내는 지능이다.

흥미롭게도 라이프 3.0을 둘러싼 논란은 하나가 아니라 별개인 두 질문을 중심으로 벌어지고 있다. '언제?'와 '무엇?'이다. 즉, '언제(과연) 나타날 것인가?'와 '그것이 인류에게 무엇을 의미할까?'이다. 내가 보기에는 진지하게 받아들여야 할 세 가지 사고 유파가 있고, 이들 가운데 저마다 세계적인 전문가들이 자리 잡고 있다. 〈그림 1.2〉에 표시된 것처럼 나는 그들을 '디지털 이상주의자', '기술 회의론자', '이로운 AI 운동 회원'이라고 생각한다. 이제 이들 유파의 가장 유창한 대변자들을 소개하고자 한다.

디지털 이상주의자

아이였을 때 나는 억만장자들은 내놓고 거드름을 피우며 오만하게 굴 거라고 상상했다. 2008년에 구글에서 래리 페이지Larry Page를 처음 만났는데, 그는 이런 고정관념을 산산이 깨뜨렸다. 그는 청바지에 인상적일 정도로 평범해 보이는 셔츠를 입은 캐주얼한 차림이었고, 그 상태로 MIT대학 피크닉에 나가 어울려도 티가 나지 않을 듯했다. 그는 사려 깊게 부드러운 목소리로 말하고 친근하게 웃으면서 나를 편안하게 해주었고, 그래서 위축된 대화는 오가지 않았다. 우리는 나파밸리의 파티에서 2015년 7월 18일 다시 만났다. 일론 머스크Elon Musk와 당

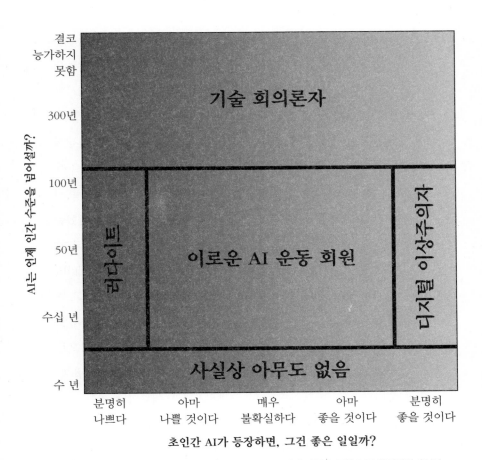

초인간 AI가 등장하면, 그건 좋은 일일까?

그림 1.2. 강한 인공지능을 둘러싼 대부분의 논란은 두 가지 질문을 중심으로 벌어진다. '(나타
난다면) 언제 나타날 것인가'와 '그것이 인류에 좋은 것일까?'이다. 기술 회의론자와 디지털 이
상주의자는 걱정하지 말라고 말하는데 그 이유는 크게 다르다. 전자는 인간 수준의 범용인공지
능AGI은 예측할 수 있는 미래에 등장하지 않을 것이라고 확신하는 반면, 후자는 AGI가 나타날
것이지만 좋은 일이 되리라는 점이 사실상 보장됐다고 생각한다. 이로운 AI 운동 회원들은 걱
정이 정당하고 유용하다고 말하는데 왜냐하면 걱정은 AI 안정성 연구 및 논의에서 좋은 결과가
나올 가능성을 높이기 때문이라고 설명한다. 러다이트들은 나쁜 결과를 확신하고 AI에 반대한
다. 이 그림은 팀 어번Tim Urban에게서 부분적으로 아이디어를 얻었다.[1]

시 그의 부인 털룰라가 연 그 파티에서 우리는 우리 아이들이 배설물
에 대해 흥미를 나타낸다는 주제에 대해 얘기를 나눴다. 나는 앤디 그

리피스Andy Griffiths의 문학적인 고전인『내 엉덩이가 미친 날The Day My Butt Went Psycho』을 추천했고 래리는 그 자리에서 책을 주문했다. 나는 래리가 세상을 살다 간 사람들 중에서 가장 큰 영향을 남긴 인물로 역사에 기록될지 모른다는 생각을 애써 떠올리려고 했다. 초지능의 디지털 생명이 우리가 사는 동안 우리 우주를 집어삼킨다면 그건 래리의 결정에 의해서일 것이기 때문이다.

우리는 내 아내 마이어, 래리의 부인 루시와 함께 부부동반으로 저녁식사를 하면서 기계가 필연적으로 의식을 갖게 될 것인지 토론했는데, 래리는 그건 관심을 핵심이 아닌 다른 곳으로 돌리는 주제라고 주장했다. 그날 늦은 밤에 칵테일을 마신 뒤 길고 활발한 토론이 래리와 일론 사이에 오갔다. 둘은 AI의 미래와 무엇을 해야 하는지를 놓고 얘기를 나눴다. 토론이 새벽까지 이어지면서 참관자와 훈수꾼이 계속 늘어났다. 래리는 내가 디지털 이상주의라고 여기는 입장을 열정적으로 방어했다. 디지털 생활은 우주 진화에서 자연스럽고 바람직한 다음 단계이고 우리가 디지털 마인드를 멈춰 세우거나 노예로 만들려고 하지 않고 자유롭게 풀어놓는다면 그 결과가 좋을 것이 거의 확실하다고 말했다. 나는 래리가 디지털 이상주의자 가운데 영향력이 가장 큰 인물이라고 본다. 그는 생명이 은하계와 그 너머로 영역을 넓힐 경우(그는 그렇게 해야 한다고 생각한다), 디지털 형태가 필요할 것이라고 말했다. 그가 주로 걱정하는 것은 AI 피해망상이 디지털 이상주의의 도래를 늦추거나(또는 늦추고) AI를 군사적으로 탈취하는 파국을 일으킬 가능성이었다. 이 가능성은 구글의 '사악해지지 말자'라는 슬로건에 저촉되는 종류이다. 일론은 계속 맞받아치며 래리에게 그 주장의 세부 내용을 뚜렷하게 제시해보라고 요구했다. 예컨대 왜 디지털 라이프가 우리가 좋아하는 모든 것을 파괴하지 않으리라고 그렇게 확신하는지 물었다.

래리는 계속 일론을 종차별주의자speciesist라고 몰아붙였다. 탄소가 아니라 실리콘을 기반으로 한다는 이유로 어떤 생명 형태를 열등하게 취급한다는 것이었다. 이 흥미로운 주제와 논쟁은 나중에 4장에서부터 다시 다루기로 한다.

그 더운 여름밤 수영장 옆 토론에서 래리는 일론보다 사람들의 호응을 덜 받았지만, 그가 그토록 유창하게 옹호한 디지털 이상주의는 저명한 지지자가 많다. 로봇 기술자이자 미래학자인 한스 모라벡Hans Moravec은 1988년 이제 고전이 된 『마음의 아이들Mind Children』이라는 책으로 한 세대의 모든 디지털 이상주의자에게 영감을 불어넣었고, 발명가 레이 커즈와일Ray Kurzweil이 이 전통을 이어받아 끌어올렸다. 리처드 서튼Richard Sutton은 강화학습이라는 AI의 세부 영역을 개척한 연구자 중 한 사람인데, 그는 우리 푸에르토리코 콘퍼런스에서 디지털 이상주의를 열정적으로 방어했다. 이 얘기는 잠시 후에 들려드리겠다.

기술 회의론자

AI를 걱정하지 않는다는 집단 중 두드러진 부류가 있는데, 그들이 제시하는 이유는 디지털 이상주의와 판이하다. 그들은 초인간 AGI를 만드는 일이 너무 어려워 앞으로 수백 년이 지나도 이뤄지지 않으리라고 생각한다. 나는 이를 기술 회의techno-skeptic 입장이라고 생각하는데, 이 입장은 앤드루 응Andrew Ng이 이렇게 웅변적으로 표현했다. "킬러 로봇을 두려워하는 것은 화성의 인구과잉을 걱정하는 것이나 마찬가지이다." 앤드루는 중국의 구글인 바이두의 수석 과학자로, 최근 보스턴에서 열린 콘퍼런스에서 나와 얘기하면서 다시 이 주장을 펼쳤다. 그는 또 AI의 위험성에 대한 우려는 AI 분야의 진보를 늦출 수 있어 잠재적으로 해로운 비난이라고 말했다. 비슷한 정서를 다른 기술 회의론자들도 말했는데, MIT 교수로 룸바 로봇청소기와 백스터의 산업용 로봇을 개발한 로드니 브룩스Rodney Brooks 같은 사람들이다. 디지털 이상주의자와 기술 회의론자 모두 AI에 대해 걱정하지 말아야 한다는 데 동의하지만, 두 집단이 이것 외에는 동의하는 대목이 없다는 사실이 재미있다. 이상주의자는 대부분 인간 수준 AGI가 20~100년 안에 등장하리라고 예상하는 반면, 기술 회의론자들은 그런 예상은 무지한 그림의 떡 몽상이라고 일축하고, 특이점 예언을 '괴짜의 황홀경'이라고 부르곤 하면서 조롱한다. 로드니 브룩스를 2014년 12월 한 생일파티에서 만났을 때 그는 "그것이 내 생애 동안 발생하지 않는다고 100퍼센트 확신한다"라고 말했다. "99퍼센트가 아닌 게 확실한가요?"라고 나는 나중에 이메일로 물었다. 그는 "99퍼센트라니요. 100퍼센트입니다"라며 "그것은 예기치 않게 일어나지 않습니다"라고 말했다.

이로운 AI 운동

내가 처음으로 스튜어트 러셀Stuart Russell을 2014년 6월 파리의 한 카페에서 만났을 때 그는 전형적인 영국 신사라는 인상을 줬다. 그는 언변이 유창하고 사려 깊은 데다 목소리가 부드러웠지만 눈빛이 모험심으로 반짝였다. 어린 시절 내 영웅은 쥘 베른Jules Verne의 1873년 소설 『80일간의 세계일주』의 주인공인 필리어스 포크였는데, 그는 포크가 환생한 인물 같았다. 그는 이 주제에 대해 표준이 되는 교과서를 저술했고 살아 있는 AI 연구자 중에서 매우 유명한 인물로 꼽혔는데도, 겸손하고 다감해 나를 편하게 했다. 그는 "AI 연구의 진전을 보면서 인간 수준 AGI가 이번 세기에 정말 가능하겠다는 주장을 받아들이게 됐다"라고 설명한 뒤, 자신은 희망적이지만 좋은 결과가 보장된 건 아니라고 말했다. 우리가 먼저 대답해야 할 결정적 질문이 있는데 그 질문들은 너무 어렵기 때문에, 필요해지기 전에 답을 찾아놓기 위해서는, 지금부터 연구해야 한다고 말했다.

오늘날 스튜어트의 관점은 상당히 주류를 형성하고 있으며 세계의 많은 그룹은 그가 주창한 AI 안전성과 비슷한 연구를 한다.《워싱턴포스트》의 한 기사도 2015년을 AI 안전성 연구가 주류가 된 시기라고 보도했다. 그전에는 AI 위협을 말하면 주류 AI 연구자들의 오해를 받았고 AI 발전을 가로막기 위한 러다이트의 공포팔이라고 일축됐다. 5장에서 다룰 내용인데, 스튜어트가 한 것과 비슷한 걱정은 반세기도 전에 컴퓨터 선구자 앨런 튜링Alan Turing과 수학자 어빙 J. 굿Irving J. Good이 제기했다. 굿은 제2차 세계대전 때 튜링과 함께 독일 암호를 해독하는 작업을 했다. 지난 10년 동안 그런 주제는 주로 전문적인 AI 연구자 아닌 몇몇 독립적인 연구자가 연구했는데, 예를 들면 엘리저 유드코프스키Eliezer Yudkowsky, 마이클 바사르Michael Vassar, 닉 보스트롬Nick Bostrom 등이다. 그들의 작업은 주류 AI 연구자들 대부분에게 거의 영향을 주지 못했다. 주류 연구자들은 그날그날 AI 시스템을 더 영리하게 만드는 과제에 집중하는 경향이 있었고 성공의 장기적인 결과를 숙고하지는 않았다. 내가 알고 지낸 AI 연구자 중에서 어느 정도 걱정한 사람은 대개 그걸 입 밖에 내기를 주저했다. 기술을 두려워해 불필요하게 알람을 울리는 사람으로 비치는 것을 꺼렸기 때문이다.

나는 이 양극화된 상황이 바뀌어야 한다고, 그래서 도움이 되는 AI를 어떻게 만들어갈까 하는 논의에 AI 연구계 전체가 참여하고 영향을 줘야 한다고 느꼈다. 다행히 나는 혼자가 아니었다. 2014년 봄에 나는 비영리기관으로 '생명의 미래 연구소FLI, Future of Life Institute(http://futureof-life.org)'를 공동으로 설립했다. 내 아내 마이어, 물리학자 친구 앤서니 아귀레Anthony Aguirre, 하버드 대학원생 빅토리야 크라코프나Viktoriya Krakovna, 스카이프 창업자 얀 탈린Jaan Tallinn이 함께했다. 우리의 목표는 간명했다. 생명의 미래가 존재한다는 것, 그리고 그것이 가능한 한 어마어마해지는 것이 확실하도록 돕는 것이었다. 구체적으로 말하면 우리는 기술이 생명에게, 전에 없이 번영하거나 반대로 스스로를 파괴할 힘을 준다고 느꼈다.

우리는 2014년 3월 15일 첫 번째 만남에서 우리 집에서 학생 약 30명과 보스턴 지역 교수들 및 사상가들이 참석한 가운데 브레인스토밍을 했다. 이를 통해 광범위한 의견일치가 이뤄졌다. 우리는 생명공학, 핵무기, 기후변화에도 관심을 기울여야 하지만, 우리의 첫째 주요 목표는 AI 안전성 연구의 주류화를 지원하는 것이어야 한다는 점에 대해서였다. 내 MIT 동료 교수인 물리학자 프랭크 윌첵은Frank Wilczek, 쿼크가 어떻게 작용하는지 규명하는 데 도움을 준 공로로 노벨상을 받았는데, 칼럼을 써서 그 이슈에 관심을 모으고 그 이슈를 간과하지 못하도록 하자고 제안했다. 나는 스튜어트 러셀(그때까지 만난 적 없었다)과 동료 물리학자 스티븐 호킹Stephen Hawking에게 연락했고 둘 다 나와 프랭크의 칼럼에 공동필자로 참여하기로 했다. 그러나 우리 칼럼은《뉴욕타임스》같은 다른 여러 미국 매체에서 번번이 퇴짜를 맞았고, 결국 우리는 칼럼을《허핑턴포스트》블로그에 올렸다. 기쁘게도 아리아나 허핑턴Arianna Huffington이 직접 이메일을 보내 "이런 기고를 받게 되어 전율했다", "1번 자리에 게재하겠다"라고 말했다.《허핑턴포스트》전면의 맨 위에 우리 칼럼이 실리자 AI 안전성을 다루는 언론매체 기사의 물결이 그해 나머지 기간 내내 이어졌고 일론 머스크, 빌 게이츠Bill Gates를 비롯한 기술세계 리더들이 가세했다. 닉 보스트롬의 책『슈퍼인텔리전스Superintelligence』가 그해 가을에 출간돼 공개적인 토론을 자극했다.

우리 FLI가 추진하는 이로운 AI 운동의 다음 목표는 AI 분야를 이끄는 세계의 연구자들을 콘퍼런스에 모이게 해 오해가 해소되고 의견 일치가 형성되며 건설적인 계획이 세워지도록 하는 것이었다. 저명한 인사들을 그들이 모르는 아웃사이더들이 조직한 콘퍼런스에 오도록 하는 일이 쉽지 않으리라는 것을, 특히 논란이 많은 주제를 고려할 때 어려우리라는 것을 우리도 알았다. 그래도 우리는 힘껏 시도했다. 언론매체는 참여하지 못하게 했고 1월의 해변 리조트(푸에르토리코)로 일시와 장소를 정했고(얀 탈린의 후한 후원 덕분에) 참가비를 무료로 했으며 주제를 생각할 수 있는 것 중 가장 경고의 의미를 전하지 않는 부류로, 즉 'AI의 미래: 기회와 도전'으로 정했다. 가장 중요한 사안으로 우리는 스튜어트 러셀과 팀을 이뤘는데, 그 덕분에 조직위원회에 강단과 산업계의 AI 리더 그룹을 포함할 수 있었다. 그래서 AI가 바둑에서도 인간을 이길 수 있음을 보여준 구글 딥마인드의 데미스 하사비스Demis Hassabis가 참여했다. 데미스를 더 알게 되면서 나는 그가 AI를 강력하게 만들 뿐 아니라 유용하게 만들고자 하는 포부가 있음을 깨달았다.

그 결과 주목할 만한 두뇌들의 회동이 이뤄졌다(〈그림 1.3〉). AI 연구자들에 최고 수준 경제학자들, 법학자들, 기술 리더들(일론 머스크를 포함해), 다른 사상가들(4장의 초점인 '특이점singularity'이라는 용어를 만든 베너 빈지Vernor Vinge를 포함해)이 참가했다. 이 모임에서 이룬 성과는 우리의 가장 낙관적인 기대를 뛰어넘는 것이었다. 태양과 와인의 결합이라고 할까? 무엇보다 시기를 잘 맞춘 덕분이었을 것이다. 논란이 많은 주제인데도 주목할 만한 의견일치가 형성됐고 우리는 그 컨센서스를 공개서한에[2] 성문화해 AI의 저명인사를 포함해 8,000명의 서명을 받았다. 공개서한의 핵심 메시지는 AI의 목적이 다시 정의돼야 한다는 것이었다. 그 목적은 방향 없는 지능이 아니라 유용한 지능으로 제시됐다. 이 목적을 발전시키는 데 필요하다고 참가자들이 동의한 세부 연구과제

그림 1.3. 2015년 1월 푸에르토리코 콘퍼런스는 AI 분야를 포함해 관련된 영역의 주목할 만한 연구자들을 한자리에 모았다. 뒷줄 왼쪽부터 오른쪽으로, 톰 미첼, 숀 오 아이기어테이그, 휴 프라이스, 샤밀 찬다리아, 얀 탈린, 스튜어트 러셀, 빌 히바드, 블라세 아구에라 이 아카스, 앤더스 샌드버그, 대니얼 드웨이, 스튜어트 암스트롱, 루크 무엘하우저, 톰 디터리히, 마이클 오스본, 제임스 마니카, 아자이 아그라왈, 리처드 말라, 낸시 창, 매튜 퍼트넘.

다른 줄에 선 사람. 왼쪽에서 오른쪽으로: 매릴린 톰슨, 리치 서튼, 알렉스 비스너-그로스, 샘 텔러, 토비 오드, 조샤 바흐, 카티아 그레이스, 아드리안 웰러, 히더 로프-퍼친스, 딜리프 조지, 셰인 레그, 데미스 하사비스, 웬델 왈라흐, 카리나 최, 일리야 수츠케버, 켄트 워커, 세실리아 틸리, 닉 보스트롬, 에릭 브린욜프슨, 스티브 크로산, 무스타파 술레이만, 스콧 피닉스, 닐 야콥스타인, 머레이 섀너핸, 로빈 핸슨, 프란체스카 로시, 네이트 소어스, 일론 머스크, 앤드루 맥아피, 바트 셀먼, 미셸 라일리, 아론 반데벤더, 맥스 테그마크, 마라겟 보덴, 조슈아 그린, 폴 크리스티아노, 엘리저 유드코프스키, 데이비드 파케스, 로렌트 오쇼, JB 스토벨, 제임스 무어, 숀 레가시크, 메이슨 하트먼, 호위 렘펠, 데이비드 블라데크, 야콥 스타인하르트, 마이클 바서, 리언 칼로, 수잔 영, 오웨인 에반스, 리바-멜리사 테즈, 야노스 크라머, 지오프 앤더스, 베너 빈지, 앤서니 아귀레.

앉은 사람: 샘 해리스, 토마소 포기오, 마틴 솔저칙, 빅토리야 크라코브나, 메이어 치타-테그마크. 카메라 뒤: 앤서니 아귀레(앤서니 아귀레는 사진을 촬영했는데, 그의 모습도 포토샵 처리돼 사진에 들어갔다. 포토샵 작업은 그의 옆에 앉은 사람이 했다.)

도 공개서한에 포함됐다. 이로운 AI 운동은 주류가 되기 시작했다. 이후 진전에 대해선 이 책의 에필로그에서 소개한다.

콘퍼런스의 다른 중요한 교훈은 이것이었다. AI의 성공으로 제기된 질문들은 지적으로 매혹적일 뿐 아니라 도덕적으로 중요했는데, 왜냐하면 우리의 선택이 생명의 미래 전체에 영향을 끼칠 수 있기 때문이다. 과거 인류가 한 선택은 도덕적 중요성은 간혹 엄청났지만 그 영

그림 1.4. 언론매체는 일론 머스크가 AI 커뮤니티와 의견차이가 크다고 종종 전했지만, 사실 AI 안전성 연구가 필요하다는 광범위한 의견일치가 있다. 사진은 2015년 1월 4일 촬영된 것으로 톰 디터리히 인공지능발전협회 회장은 일론이 얼마 전 자금을 지원하기로 약속한 AI 안전성 연구 프로그램에 대한 일론의 흥분을 전하고 있다. FLI 창립 멤버인 메이어 치타-테그마크와 빅토리야 크라코브나가 이들 뒤에 있다.

향은 항상 제한적이었다. 우리는 가장 끔찍한 전염병에서 회복됐고 가장 광대한 제국조차 결국 무너졌다. 지난 세대들은 태양이 다시 떠오르는 것처럼 확실하게, 미래의 인류는 가난, 질병, 전쟁 등 영원한 재앙과 맞붙어 싸우리라고 믿었다. 그러나 푸에르토리코 콘퍼런스 참가자들 중 일부는 이번에는 다를지 모른다고 주장했고, 우리는 사상 최초로 이들 재앙을 영원히 종식시키거나 인류 자체를 절멸시킬 만큼 강력한 기술을 개발할 가능성이 있다고 설명했다. 우리는 전례 없이 번영하는 사회를 지구와 그 너머에 창조할 수도 있지만, 매우 강력해 결코 전복되지 않는 카프카적인 글로벌 감시국가를 등장시킬 수도 있다.

오해

푸에르토리코를 떠날 때 나는 우리가 AI의 미래를 두고 나눈 대화가 계속될 필요가 있다고 강하게 확신하게 됐는데, 왜냐하면 그것이 우리 사회의 가장 중요한 대화이기 때문이다.*

그것은 우리 전부의 집단적인 미래에 대한 대화여서 AI 연구자만 그 대화에 참여해서는 안 된다. 이는 내가 이 책을 쓰는 까닭이다. 나는 독자 여러분께서 이 대화에 참여해주기를 바라는 마음에서 이 책을 썼다. 여러분은 어떤 종류의 미래를 원하는가? 우리는 치명적인 자율 무기를 개발해야 하나? 업무 자동화는 어떻게 진행되기를 원하나? 오늘날의 아이들에게 직업에 대해 무슨 조언을 해줄 것인가? 여러분은 새로운 일자리가 낡은 일자리를 대체하는 편이 더 낫다고 여기는가? 아니면 일자리가 사라지고 모든 사람이 기계가 생산한 부를 누리며 여가를 즐기는 사회를 원하는가? 더 나아가 여러분은 우리가 라이프 3.0을 창조해 우주로 확산하기를 바라는가? 우리는 지능을 갖춘 기계를 제어할 것인가, 아니면 그들이 우리를 통제할 것인가? 영리한 기계가 우리를 대체할 것인가, 우리와 공존할 것인가, 아니면 우리와 융합할 것인가? 인공지능의 시대에 인간임은 무엇을 의미할 것인가? 당신은 인간임이 무엇을 뜻하기를 원하며, 미래를 그렇게 만들려면 어떻게 해야 하는가?

---

* AI 대화는 긴급함과 충격 두 측면에서 모두 중요하다. 기후변화와 비교하면, 기후변화는 50~200년 이후 대파괴를 일으킬 수 있는 반면, 많은 전문가가 AI는 10년 이내에 더 큰 충격을 줄 수 있다고 많은 전문가가 예상한다. 또 AI는 기후변화를 누그러뜨리는 기술을 제공할 수도 있다. 전쟁, 테러, 실업, 가난, 이민, 사회정의와 비교하면 AI의 부상은 더 큰 전반적 영향을 줄 것이다. 우리는 이 책에서 AI가 이들 이슈에서 발생하는 문제를 좋은 쪽으로나 나쁜 쪽으로나 어떻게 압도할 수 있는지 살펴볼 것이다.

이 책의 목적은 여러분이 이 대화에 참여하도록 돕는 것이다. 내가 말한 것처럼 세계의 선도적인 연구자들이 서로 다른 주장을 하는 매혹적인 논란들이 있다. 그러나 나는 지루한 가짜 논쟁의 사례를 많이 봤는데, 그러한 논쟁에서 사람들은 개념을 오해한 나머지 서로 엇갈리며 말했다. 오해가 아니라 흥미로운 논쟁과 열린 질문에 집중하도록 돕기 위해 가장 흔한 오해 중 일부를 해소하는 일부터 시작하자.

'생명', '지능', '의식' 같은 용어는 일상적으로 쓰이지만 여러 가지 정의가 혼재돼 다툼을 유발하고, 오해는 많은 경우 사람들이 자신이 한 단어를 두 갈래로 활용함을 알지 못하는 데서 비롯된다. 여러분과 내가 이런 함정에 빠지지 않도록 나는 〈표 1.1〉에 이 책에서 핵심 용어를 어떻게 활용하는지 적어놓았다. 이 정의 중 일부는 이후 해당 장▒에서 적절하게 소개되고 설명될 것이다. 내 정의가 다른 사람의 것보다 낫다고 주장하는 것이 아님을 알아주기 바란다. 나는 다만 내가 무엇을 의미하는지 명확히 함으로써 혼란을 피하고자 한다. 나는 대개 광의로 정의하는데, 그런 정의는 인간중심 편향을 피하고 인간은 물론 기계에도 적용될 수 있다. 표를 지금 읽고 책장을 넘기다가, 특히 4~8장에서, 내가 단어를 어떻게 활용하는지 헷갈릴 때면 다시 들여다보기 바란다.

용어에 대한 오해에 더해 나는 단순한 오해로 인해 AI 대화가 궤도에서 벗어나는 경우를 많이 봤다. 가장 흔한 오해를 해소하자.

시간 신화

첫째 오해는 〈그림 1.2〉에 나타난 것과 같은, 시간에 대한 것이다. 기계가 인간 수준 AGI를 현격하게 능가하기까지 얼마나 걸릴까? 흔한 오해는 우리가 그 답을 아주 확실히 안다는 것이다.

용어의 정의	
생명	자신의 복잡성을 유지하고 복제하는 과정
라이프 1.0	하드웨어와 소프트웨어를 진화시키는 생명(생물적인 단계)
라이프 2.0	하드웨어를 진화시키지만 소프트웨어는 상당 부분 설계(문화적 단계)
라이프 3.0	하드웨어와 소프트웨어를 모두 설계(기술적인 단계)
지능	복잡한 목표를 이룰 수 있는 능력
인공지능(AI)	생물적이지 않은 지능
협의의 지능	체스를 두거나 차를 운전하는 것과 같은 좁은 목표를 달성하는 능력
범용지능(GI)	학습을 포함해 사실상 어떤 목표든 이룰 수 있는 능력
보편적 지능	데이터와 자원에 연결되면 범용지능을 갖출 수 있는 능력
(인간 수준) 범용인공지능(AGI)	적어도 사람만큼 어떤 것이나 인지할 수 있는 능력
인간 수준의 AI	AGI
강한 AI	AGI
초지능	인간 수준을 훨씬 능가하는 범용지능
문명	기능을 갖춘 생명으로 이뤄져 상호작용하는 집단
의식	주관적인 경험
감각질(qualia)	주관적인 경험의 개별 사례
윤리	우리가 어떻게 행동해야 하는지에 대한 규칙
목적론	사물을 그것의 원인보다는 그것의 목표나 목적으로 설명하는 것
목표 지향적 행동	원인보다 결과로 더 쉽게 설명되는 행동
목표를 가짐	목표 지향적인 행동을 보임
목적을 가짐	자신이나 다른 개체의 목표를 제공함
친화적인 AI	목적이 우리와 같게 정렬된 초지능
사이보그	인간-기계 하이브리드
지능 폭발	반복되는 개선이 초지능을 향해 급속도로 전개
특이점	지능 폭발
우주	빅뱅 이후 138억 년 동안 그곳으로부터의 빛이 우리에게 도달한 공간의 지역

표 1.1. AI와 관련한 많은 오해가 이들 용어를 다른 의미로 사용하는 데서 빚어진다. 나는 이 책에서 이들 용어를 어떤 뜻으로 쓰는지 밝혔다(이들 중 일부는 이후 장에서 적절하게 소개·설명될 것이다).

인기 있는 신화는 우리가 이번 세기에 인간을 능가하는 AGI를 갖게 되리라는 것을 안다는 것이다. 사실 역사는 기술 과대선전으로 가득 차 있다. 이즈음에 가능해질 거라고 약속됐던 핵융합 발전소들과 비행 자동차는 어디 있는가? AI도 과거에 여러 차례 과장됐고, 이 분야 창립자들 중 일부도 AI를 과장했다. 일례로 존 맥카시John McCarthy(인공지능이라는 용어를 만든), 마빈 민스키Marvin Minsky, 내서니얼 로체스터Nathaniel Rochester, 클로드 섀넌Claude Shannon은 석기시대 컴퓨터로 두 달 동안 무엇이 이뤄질 수 있는지 다음과 같이 예언했다. "10명을 투입해 1956년 여름 두 달 동안 다트머스대학에서 인공지능 연구를 수행할 것을 제안한다. (중략) 기계가 언어를 구사하고 추상화하고 개념을 형성하며 현재 사람에게 맡겨지는 문제를 풀며 자신을 개량하도록 만드는 방법을 찾으려는 시도가 이루어질 것이다. 만약 신중하게 선정된 과학자 집단이 여름 한 철 함께 연구하면 이 과제들 가운데 하나 또는 그 이상에서 중요한 진전이 이뤄질 수 있다고 생각한다."

다른 편에는 우리가 이번 세기에 초인간 AGI를 만들지 못하리라는 것을 안다는, 인기 있는 반反신화가 있다. 연구자들은 우리가 초인간 AGI에서 얼마나 멀리 있는지 폭넓게 측정했지만, 그런 기술 회의적 예측의 우울한 적중 실적을 고려할 때, 이번 세기에 초인간 AGI의 성공 확률이 제로라고 확신을 갖고 말할 수는 없다. 예를 들어 어니스트 러더포드Ernest Rutherford는 분명히 그의 시대에 가장 위대한 핵물리학자였지만 1933년에, 즉 레오 실라르드Leo Szilard가 핵연쇄반응을 발명하기까지 24시간도 남지 않은 시점에, 핵에너지는 헛소리라고 말했다. 또 천문학자 로열 리처드 울리Royal Richard Woolley는 1956년에 우주여행에 관한 얘기는 "완전히 허튼 소리"라고 말했다. 이 신화의 가장 극단적인 형태는 초인간 AGI는 물리적으로 불가능하기 때문에 도래하지 않으리라는 주장이다. 그러나 물리학자들은 뇌가 강력한 컴퓨터로 작동하도록 배열된 쿼크와 전자로 이뤄졌음을 알고, 우리가 그보다 똑똑한 장치를 만들지 못하게 막는 물리 법칙은 없음도 안다.

AI 연구자들에게 지금부터 몇 년 후에 우리가 적어도 50퍼센트 확률로 인간 수준 AGI를 갖게 될지 묻는 조사가 몇 차례 진행됐는데 결론은 동일했다. 세계 주요 전문가들의 전망이 일치하지 않아 알지 못한다는 것이다. 예를 들어 푸에르토리코 AI 콘퍼런스에서는 평균(중간값) 대답은 2055년이었지만 어떤 연구자들은 수백 년이나 그 이상 걸리리라고 전망했다.

이와 관련된 신화는 AI를 걱정하는 사람들이 몇 년 뒤의 일이라고 생각한다는 것이다. 사실 초인간 AGI를 걱정했다고 알려진 사람들은 대부분 여전히 적어도 수십 년 후의 일이라고 여긴다. 그러나 그들은 우리가 그 상황이 이번 세기에 발생하지 않으리라고 100퍼센트 확신하지 않는 한, 결국 발생할 상황에 대비하기 위해 지금 안전성 연구를 시작하는 것이 현명하다고 주장한다. 이 책에서 살펴보게 될 것인바, 많은 안전성 문제들은 매우 어려워 해결하기까지 수십 년이 걸릴 것이다. 따라서 지금 연구를 시작하는 편이, 레드불을 마시는 프로그래머들이 인간 수준 AGI의 스위치를 켜기로 결정하기 전날 밤에 시작하는 것보다 신중한 대비이다.

논란 신화

자주 보이는 다른 오해는 AI와 관련해 우려하고 안전성 연구를 주장하는 사람들은 AI를 잘 모르는 러다이트들뿐이라는 것이다. 스튜어트 러셀이 푸에르토리코에서 이 얘기를 들려줬을 때 청중들은 크게 웃었다. 관련된 오해는 AI 안전성 연구 지지가 엄청나게 논란이 많은 일이라는 생각이다. 사실 보통 정도 규모의 AI 안전성 연구를 지지하는 데엔 위험이 매우 높다는 확신이 필요하지 않다. 위험이 무시할 수 없는 정도라면 투자할 필요가 있는데, 이는 집이 전소될 가능성에 대비해 약간의 화재보험료를 내는 것이나 마찬가지이다. 내 개인적인 분석으로는 언론매체가 AI 안전성 논쟁을 실제보다 더 논란이 많은 사안으로 만들었다. 어쨌거나 공포는 장사가 되고, 임박한 파국을 선언하기 위해 맥락에서 떼어낸 말을 인용하는 기사는 섬세하고 균형 잡힌 기사보다 더 많이 클릭된다.

그 결과 상대방의 입장을 언론매체에서 인용된 발언만을 통해서만 알게 된 두 사람은 자신들이 실제보다 더 강하게 반대한다고 생각하기 쉽다. 예를 들어 빌 게이츠의 견해를 영국 타블로이드 신문으로만 접한 기술 회의론자는 빌 게이츠가 초지능이 곧 도래할 것으로 믿는다고 오해할 수 있다. 비슷하게 이로운 AI 운동에 속한 사람은 앤드루 응이 화성의 인구과잉에 대해 한 말로만 그를 알게 됐을 경우 그가 AI 안전성에 무관심하다고 잘못 생각할 수 있다. 사실 나는 그가 이 이슈에 관심을 기울이고 있음을 안다. 핵심은 단지 그의 시기 전망이 길기 때문에 그는 자연스럽게 AI의 단기위협을 장기위협보다 우선시한다는 것이다.

위험이 무엇인가에 대한 신화

《데일리메일》에서 이 제목을 봤을 때 나는 놀라서 눈이 휘둥그레졌다.[3] "스티븐 호킹, '로봇의 부상浮上은 인류에게 재앙' 경고." 비슷한 기사를 몇 번이나 봤는지 헤아리다 잊어버렸다. 그런 기사에서는 늘 그러하듯 무기를 든 사악해 보이는 로봇이 등장하고, 로봇이 의식을 갖고(갖거나) 사악해져 봉기해 우리를 죽일지 모르니 걱정해야 한다고 제안한다. 여담인데 그런 기사는 다른 측면에서 인상적이다. 왜냐하면 내 AI 분야 동료들이 걱정하지 않는 시나리오를 간결하게 요약한 것이기 때문이다. 그 시나리오에는 의식, 악, 로봇 등에 대한 세 가지 개별 오해가 결합돼 있기 때문이다.

운전해 가다 보면 색채와 소리 등을 주관적으로 경험한다. 그러나 자율주행차도 주관적인 경험이 있을까? 자율주행차라는 존재가 되면 어떤 형태로든 느낄 것인가, 아니면 주관적 경험이 전혀 없는, 의식 없는 좀비 같을 것인가? 이 의식의 미스터리는 그 자체로 재미있고 우리는 8장 전체를 이 주제에 할애할 것이지만, 이는 AI 위험과 무관하다. 운전자가 없는 차에 치였을 경우, 그 차가 주관적으로 의식이 있든 없든 당신에게는 아무런 차이도 없다. 마찬가지로 우리 인간에게 영향을 주는 것은 초인간 AI가 하는 일이지 그것이 주관적으로 어떻게 느끼는가가 아니다.

기계가 사악해진다는 공포는 관심을 딴 데로 돌리는 또 다른 요소이다. 정말 걱정할 거리는 악의가 아니라 능력이다. 초인간 AI는 개념 정의상 그게 무엇이든 목표를 달성하는 일에 매우 뛰어나고, 그래서 우리는 그것의 목표와 우리 목표를 정렬해두어야 한다. 당신이 개미를 싫어해 일부러 개미를 짓밟지 않더라도 당신이 수력 녹색에너지 프로젝트 책임자이고 물을 채워야 할 지역에 개미언덕이 있다면, 개미떼에게 나쁜 일이 된다. 이로운 AI 운동은 인간이 그런 개미의 처지에 놓이게 되는 상황을 피하려고 한다.

의식에 대한 오해는 기계는 목적을 가지지 못한다는 신화와 관련이 있다. 목적 지향적인 행동을 보인다는 좁은 의미에서 기계는 분명 목적을 가진다. 열추적 미사일의 행동은 표적을 타격한다는 목적으로 가장 간결하게 설명될 수 있다. 어떤 기계의 목적이 당신의 목적과 어긋나게 설계됐고 그 기계로 인해 당신이 위협받는다고 느낀다면 좁은 의미에서 기계의 목적이 당신을 괴롭히는 것이지 그 기계가 의식이 있어 목적을 지각해서가 아니다. 열추적 미사일이 당신을 따라올 때 "걱정하지 않아. 기계는 의식이 없거든!"이라고 외치진 않을 것이다.

로드니 브룩스와 다른 로봇 분야 개척자들은 공포팔이 타블로이드 신문들들 탓에 자신들이 온당하지 않게 악마로 보이게 됐다고 느끼는 데, 나는 그들에 공감한다. 몇몇 언론인은 집착한다 싶을 정도로 로봇에 빠져 많은 기사를 반짝이는 빨간 눈의 사악해 보이는 금속 로봇으로 장식한다. 사실 이로운 AI 운동의 주요 관심 대상은 로봇이 아니다. 지능 자체이고, 구체적으로 말하면 우리와 어긋난 목적이 설정된 지능이다. 우리에게 문제를 일으키는 데 필요한 것은 로봇 몸체가 아니라 인터넷 연결이다. 적절한 논쟁에 초점을 맞춰야 하고, 그런 주제는 아주 많다. 우리는 4장에서, 그렇게 되면 AI가 어떻게 금융시장을 이기고 인간 연구자들보다 성과를 내며 인간 리더를 능가해 우리가 이해하지도 못하는 무기를 개발할 수 있는지 알아본다. 로봇 제작이 물리적으로 불가능하더라도 초지능과 슈퍼 자산을 갖춘 AI는 수많은 사람이 의식하지 못한 채 자신의 주문에 따르도록 돈을 주거나 조종할 수 있다. 윌리엄 깁슨의 SF 소설 『뉴로맨서』에서처럼 말이다.

로봇에 대한 오해는 기계는 사람을 통제하지 못한다는 신화와 관련이 있다. 지능이 통제를 가능하게 한다. 사람이 호랑이를 통제하는 것은 더 강해서가 아니라 더 영리해서이다. 우리가 우리 행성에서 가장 영리하지 않게 되면 우리 통제력도 잃어버릴 수 있다. 〈그림 1.5〉는 이런 흔한 오해를 모두 요약한다. 우리는 오해를 완전히 버리고 친구 및 동료들과 적절한 논쟁에 초점을 맞춰야 하고, 그런 주제는 아주 많다.

신화		사실	
2100년까지 초지능은 불가피하다.		초지능이 도래하기까지 수십 년, 또는 수백 년이 걸릴 수 있으며 어쩌면 영원히 오지 않을지도 모른다. AI 전문가들은 이 점에 일치된 의견을 내놓지 못하고 있으며 우리는 모를 뿐이다.	
신화 2100년까지 초지능은 불가능하다.			

신화		사실	
러다이트들만 AI에 대해 걱정한다.		최고 수준 AI 연구자들도 걱정한다.	

신화적 걱정		실제적인 걱정	
AI는 사악해진다.		AI가 능력을 갖추고 우리와 다른 목적을 갖게 된다.	
신화 AI가 의식을 갖게 된다.			

신화		사실	
로봇이 가장 걱정거리이다.		목적이 우리와 어긋난 지능이 주요 걱정거리이다. 그런 지능은 몸체가 없이 인터넷 연결만 되면 위협적이 될 수 있다.	

신화		사실	
AI는 인간을 통제하지 못한다.		기능이 통제를 가능하게 한다. 우리가 호랑이를 통제할 수 있는 건 더 영리하기 때문이다.	

신화		사실	
기계는 목표를 가질 수 없다.		열추적 미사일은 목표를 갖는다.	

신화		사실	
초지능은 불과 몇 년 뒤로 다가왔다.	PANIC	초지능은 적어도 수십 년 뒤의 일이다. 초지능을 안전하게 만드는 데에도 수십 년이 걸릴 것이다.	PLAN AHEAD

그림 1.5. 초지능 인공지능에 관한 일반적인 신화

앞으로의 길

책의 나머지 부분에서 여러분과 나는 AI와 함께하는 생명의 미래를 탐구할 것이다. 이 풍부하고 다면적인 주제를 조직적인 방식으로 헤쳐나가기 위해 먼저 개념적이고 연대기적으로 생명의 전체 이야기를 살펴보자. 이어 우리가 원하는 미래를 창조하기 위해 설정해야 할 목적과 의미, 행동을 모색해보자. 2장에서 우리는 지능의 기반을 탐구하고 겉으로 보기엔 멍청한 물질이 어떻게 기억하고 계산하고 배울 수 있도록 재배치됐는지 알아본다. 논의가 미래로 접어들면서 우리 이야기는 여러 시나리오로 갈라지는데, 그 시나리오는 몇 가지 핵심 질문에 대한 답변으로 정의된다. 〈그림 1.6〉은 우리가 점점 발달한 AI가 등장할 가능성이 큰 미래로 나아가면서 마주칠 핵심 질문을 요약한다.

당장의 문제는 AI 군비경쟁을 시작해야 하느냐, 또 미래 AI 시스템을 어떻게 오류 없고 탄탄하게 만드느냐이다. AI의 경제적 충격이 커지면 우리는 법률을 어떻게 현대화할지, 아이들에게 직업교육을 어떻게 시켜서 곧 자동화될 일자리를 피하도록 할지 결정해야 한다. 그런 단기 문제는 3장에서 다룬다.

AI가 계속 발전해 인간 수준에 올라선다면 우리는 그것이 이로운 역할을 하게끔 어떻게 보장할지 자문해야 한다. 그리고 우리가 직업 없이 번영하는 여유 사회를 창조해낼 수 있는지, 그래야 하는지도 자문해야 한다. 이는 또한 지능 폭발이나 느리지만 꾸준한 성장이 인간 수준을 훨씬 뛰어넘는 AGI를 추진할 것인가 하는 물음을 제기한다. 우리는 그런 시나리오를 4장에서 광범위하게 알아본다. 이어 그 이후에 가능한, 디스토피아에서 이상주의에 걸친 스펙트럼에 대해서는 5장에서 탐색해본다. 누가 권한을 쥐게 될까, 인간인가, AI인가, 아니면 사

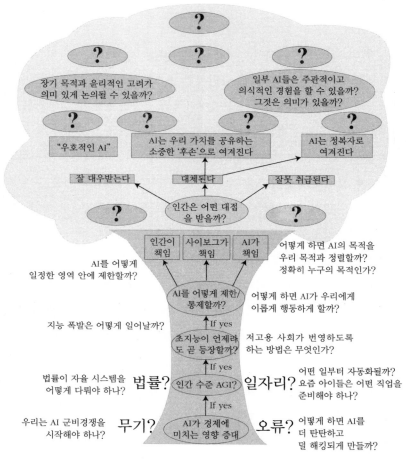

그림 1.6. 어떤 AI 질문이 흥미로운지는 AI가 얼마나 발달하는지, 또 우리 미래가 어느 쪽으로 갈라지는지에 달려 있다.

이보그인가? 인간은 잘 대접받을 것인가, 괄시받을 것인가? 우리는 대체될 것인가? 그렇다면 우리의 대체자를 정복자로 여길 것인가, 아니면 가치가 있는 후예로 여길 것인가? 5장의 시나리오 중 독자께서 어느 쪽을 개인적으로 선호하는지 매우 궁금하다. 나는 웹사이트(http://

축약한 장 제목	주제	현황
프렐류드: 오메가 팀 이야기	생각할 거리	극도로 가상적임
1. 대화	핵심 아이디어와 용어	너무 가상적이진 않음
2. 물질이 지능을 갖추다	지능의 기초	
3. AI, 경제, 무기, 법률	가까운 미래	
4. 지능 폭발?	초지능 시나리오	극도로 가상적임
5. 그 이후	이어지는 1만 년	
6. 우리 우주적인 재능	이어지는 수십억 년	
7. 목적	목적 지향적 행동의 역사	너무 가상적이진 않음
8. 의식	자연적·인공적인 의식	가상적
에필로그: FLI 팀 이야기	무엇을 해야 하나?	너무 가상적이진 않음

지능의 역사 { 1. 대화 ~ 6. 우리 우주적인 재능 }

의미의 역사 { 7. 목적 ~ 8. 의식 }

그림 1.7. 이 책의 구조

AgeOfAi.org)를 만들었는데, 여러분은 이곳에서 대화에 참여하고 견해를 나눌 수 있다.

최종적으로 우리는 6장에서 수십억 년을 다루는데, 여기서 우리는 역설적으로 이전 장들에서보다 강한 결론을 도출한다. 이는 우리 우주에서 생명의 궁극적인 한계가 지능이 아니라 물리 법칙에 따라 정해지기 때문이다.

지능의 역사에 대한 탐구를 마무리한 뒤 우리는 책의 나머지를 어떤 미래를 지향할 것인가와 어떻게 그리로 갈 것인가에 할애한다. 냉정한 사실을 목적, 의미의 질문과 연결하기 위해 우리는 7장에서 목적의 물리적인 기초를 탐구하고 8장에서는 의식을 다룬다. 마지막으로 에필로그에서는 우리가 원하는 미래를 위해 지금 무엇을 할 수 있는지를 탐구한다.

대부분의 장은 상대적으로 독립된 내용이어서 건너뛰면서 따로 읽을 수 있다. 이 장에서 소개한 용어와 정의를 익히고 다음 장의 앞부분을 읽고 나면 이해할 수 있다. AI 연구자라면 2장을 모두 건너뛰되, 첫 부분에 나오는 지능에 대한 정의만 읽으면 된다. AI 주제가 처음이라면 2장과 3장을 읽음으로써, 왜 4장부터 6장까지의 논의를 실현 불가능한 공상과학이라고 무시하며 제쳐둘 수 없는지에 대한 논거를 얻을 수 있다. 〈그림 1.7〉은 각 장이 사실과 가상 사이 어느 스펙트럼에 있는지를 요약한다.

매혹적인 여행이 우리를 기다린다. 출발하자!

핵심 요약

- 자신의 복합성을 유지하고 복제할 수 있는 과정으로 정의된 생명은 세 단계를 거쳐 발달할 수 있다. 생물적 단계(1.0)에서는 하드웨어와 소프트웨어 모두 진화하고, 문화적 단계(2.0)에서는 학습을 통해서 소프트웨어를 설계하며, 기술적인 단계(3.0)에서는 하드웨어도 설계할 수 있어서 자신이 운명의 주인이 된다.
- 인공지능은 우리가 이번 세기에 라이프 3.0을 출범시키도록 도와줄지 모른다. 우리가 어떤 미래를 목표로 삼고 그 목표를 어떻게 이룰지와 관련해서 매혹적인 대화가 활발하다. 이 논란에 참여하는 세 진영이 형성

됐는데, 기술 회의론자, 디지털 이상주의자, 이로운 AI 운동 회원이다.

- 기술 회의론자들은 초인간 AGI를 만드는 일은 너무 어려워서 앞으로 수백 년 지나도 가능하지 않으리라고 보고, 그래서 그것(그리고 라이프 3.0)의 미래를 걱정하는 일은 우스꽝스럽다고 생각한다.
- 디지털 이상주의자들은 라이프 3.0이 이번 세기에 도래하리라고 보고 온 마음으로 환영하는데, 그것이 우주 진화에서 자연스럽고 바람직한 다음 단계라고 여기기 때문이다.
- 이로운 AI 운동 회원도 라이프 3.0이 이번 세기에 가능하다고 보지만 좋은 결과가 보장된 것은 아니기 때문에 AI 안전성 연구 형태에 최선의 노력을 기울임으로써 확실하게 할 필요가 있는 무언가라고 여긴다.
- 이 분야를 이끄는 세계적인 전문가들이 의견을 달리하는 이런 합당한 논란 너머에는 오해로 인해 빚어진 지루한 사이비 논쟁이 있다. 예를 들어 당신은 당신 의견에 반대하는 사람과 논쟁할 때 '생명', '지능', '의식'이라는 단어를 각각 같은 의미로 쓴다는 사실을 확인해야만 이들 개념을 놓고 논쟁하는 시간 낭비를 피할 수 있다. 이 책은 이들 개념을 〈표 1.1〉에서 정의한 대로 활용한다.
- 〈그림 1.5〉에 표시한 다음과 같은 흔한 오해도 유념하기 바란다. "2100년까지 초지능은 불가피/불가능하다." "러다이트들만 AI를 걱정한다." "AI가 사악해지고/사악해지거나 의식을 갖게 되는 것이 걱정거리이고, 그건 몇 년 안에 가능해진다." "로봇이 주요 걱정거리이다." "AI는 사람을 통제하지 못하고 목적을 가지지도 못한다."
- 2~6장에서 우리는 지능 이야기를 수십억 년 전 하찮은 출발에서부터 시작해 지금으로부터 수십억 년 이후인 우주적 미래까지 탐색할 것이다. 먼저 일자리, AI 무기, 인간 수준 AGI 같은 가까운 미래의 도전을 살펴본 뒤 지능 기계와 인간(또는 지능 기계나 인간)이 만들 미래가 펼쳐놓을 매혹적인 스펙트럼의 가능성을 탐색하려고 한다. 나는 독자께서 어느 선택이('지능 기계와 인간'과 '지능 기계나 인간' 중 어느 쪽이) 더 맘에 드는지 궁금하다.

- 7~8장에서는 무미건조한 사실 묘사에서 넘어와, 목적, 의식, 의미를 다루면서 우리가 원하는 미래를 창조하는 걸 돕기 위해 지금 무엇을 할 수 있는지 조사할 것이다.
- 나는 AI와 함께하는 생명의 미래에 대한 대화가 우리 시대에서 무엇보다 중요하다고 생각한다. 모쪼록 이 대화에 참여해주기 바란다.

2

물질이 지능을 갖게 되다

수소…, 시간이 충분히 주어지면, 사람이 된다.
— 에드워드 로버트 해리슨, 1995

빅뱅 이후 138억 년 동안 가장 극적인 발전은 우둔하고 생명도 없는 물질이 지능을 갖게 됐다는 사실이다. 이런 일이 어떻게 가능해졌으며 앞으로 사물이 얼마나 더 영리해질 것인가? 우리 우주 속 지능의 역사와 운명에 대해 과학은 무엇을 말할 수 있는가? 이들 물음에 답을 찾는 일을 돕기 위해 나는 이 장에서는 지능의 기초와 기본 구성요소를 알아보려고 한다. 물질의 한 방울이 영리하다고 말하는 것은 무슨 뜻인가? 하나의 사물이 기억하고 계산하고 배울 수 있다는 것은 무엇을 뜻하는가?

지능이란 무엇인가?

아내와 나는 최근에 스웨덴 노벨재단이 주최한 인공지능 주제 심포지엄에 운 좋게 참석했고, 그 자리에서 우리는 손꼽히는 AI 연구자 패널들이 지능을 정의해달라는 질문을 받고선 의견일치에 이르지 않은채 길게 논쟁을 벌이는 모습을 봤다. 재미난 모습이었다. 지능이 뛰어난 지능 연구자들 사이에서조차 지능이 무엇인지 아무런 동의가 이뤄지지 않은 상태라니! 이렇듯 지능에 대해서는 아무런 논란이 없는 '정확한' 정의가 없음이 분명하다. 대신 서로 경쟁하는 많은 정의가 있는데, 논리의 능력, 이해, 계획, 정서적인 지식, 자각, 창의성, 문제 해결, 학습 등이다

지능의 미래를 탐색할 때 우리는 최대한 넓고 포괄적인 견해를 취하고자 한다. 지금까지 존재한 종류의 지능에 한정하지도 않을 것이다. 이는 내가 앞 장에서 지능을 그렇게 정의한 까닭이다. 나는 이 책에서 지능을 매우 넓은 의미로 사용할 것이다.

> **지능**=복잡한 목표를 달성하는 능력

이것은 앞에서 언급한 정의를 모두 포함할 정도로 광의의 정의인데, 왜냐하면 이해, 자각, 문제 해결, 학습 등은 모두 각각 복잡한 목표의 일례이기 때문이다. 이 정의는 옥스퍼드 사전의 정의, 즉 '지식과 기술을 습득하고 적용하는 능력'도 포함할 정도로 범위가 넓은 것이, 지식과 기술을 적용하는 것도 목표일 수 있기 때문이다.

가능한 목표가 많기 때문에 지능도 그만큼 많다. 이 정의에 따르면 IQ처럼 숫자 하나로 사람과 사람이 아닌 동물이나 기계의 지능을 계량하는 데에는 아무런 의미가 없다.* 체스만 할 수 있는 컴퓨터 프로그램과 바둑만 둘 수 있는 컴퓨터 프로그램 중 어느 쪽이 더 지능적인가?

---

* 이렇게 상상해보면 이해될 것이다. 운동선수가 올림픽 수준의 성취를 달성하는 능력을 '운동 지수athletic quotient, AQ'라는 숫자 하나로 계량할 수 있어서 AQ가 가장 높은 올림픽 선수가 모든 종목에서 금메달을 딸 수 있다고 누군가 주장한다고 상상해보자. 이에 대해 당신은 어떻게 반응할 것인가.

이 둘은 직접 비교할 수 없는 별개의 기량이기 때문에, 이에 대한 의미 있는 답은 없다. 그러나 우리는 또 다른 프로그램이 모든 목표를 달성하는 데 적어도 각 프로그램만큼 뛰어나고 적어도 하나(예컨대 체스)에서는 절대적으로 낫다면 이 프로그램이 이 두 프로그램보다 더 지능적이라고 말할 수 있다.

경계선을 긋고 지능이 있느니 없느니 다투는 일도 의미가 없는데, 왜냐하면 능력은 넓은 스펙트럼으로 나타나고 전부全部나 전무全無의 양자택일이 아니기 때문이다. 예를 들어 어떤 사람이 말하는 목표를 성취했다고 볼 수 있는가? 갓난아기인가? 아니다. 라디오 프로그램 진행자인가? 그렇다. 그렇다면 10개 단어를 말할 수 있는 걸음마 단계 아기는 어떤가? 또 500단어를 말하는 아이는 어떤가? 경계선을 어디에 그을 것인가? 나는 앞의 정의에서 일부러 '복잡한'이라는 모호한 단어를 활용했는데, 그것은 지능과 지능이 없음 사이에 인위적인 선을 그으려는 시도가 별로 재미있지 않고 그 대신 다른 목표를 달성하는 능력의 정도를 계량하는 일이 더 유용하기 때문이다.

여러 종류의 지능을 분류하는 데 중요한 구분이 협의와 광의이다. IBM의 체스 컴퓨터로 1997년에 인간 체스 챔피언 개리 카스파로프Garry Kasparov를 왕좌에서 끌어내린 딥블루는 체스를 하는 매우 제한적인 임무만 수행할 수 있었다. 하드웨어와 소프트웨어는 인상적이었지만 딥블루는 틱택토tic-tac-toe 게임(가로세로 세 칸씩 아홉 칸에 O와 X를 번갈아 써넣어, 가로세로 그리고 대각선으로 한 줄을 먼저 만드는 사람이 이기는 게임_옮긴이)에서 네 살짜리 아이한테도 졌다. 구글 딥마인드의 DQN AI 시스템은 약간 범위가 넓은 목표를 달성할 수 있어, 전통의 아타리 컴퓨터게임 10여 종을 사람 수준이나 더 높은 레벨로 할 수 있다. 이와 대조적으로 인간 지능은 여태까지는 독특하게 광범위해, 눈부실 정도인 온갖 기술에 통달할 수 있다. 건강한 아이는 충분한 시간 동안 훈련을 받으면 게임뿐 아니라 언어, 운동, 업무에도 능숙해질 수 있다. 인간의 지능과 오늘날 기계를 비교하면, 기계는 〈그림 2.1〉에서 보이는 것처럼 그 수가 늘어나는 소수의 좁은 영역에서 우리를 능가하지만, 우리 사람은 폭에서 수월하게 기계를 이긴다. AI 연구의 성배는 ('범용인공지능AGI'이라는 용어로 더 잘 알려진) '범용 AI'를 만드는 것이다. 범용 AI는 극도로 광범위해서 학습을 포함해 사실상 어떤 목표든 이룰 수 있다. 이 부분은 4장에서 상세히 다룬다. AGI라는 용어는 AI 연구자들인 셰인 레그Shane Legg, 마크 굽러드Mark Gubrud, 벤 괴첼Ben Goerzel이 대중적으로 만들면서 구체적으로 인간 수준 범용인공지능을 뜻하게 됐다. 즉, 어떤 목표든 적어도 인간만큼 할 수 있는 능력을 가리키게 됐다.[1]

나는 이 책에서 이들의 정의를 받아들인다. 그래서 '초인간 AGI'라는 식으로 설명하지 않을 경우 이 책에 등장하는 AGI는 '인간 수준 AGI'를 줄인 말이다.*

'지능'이라는 단어에는 긍정적인 함의가 있지만 우리는 이 낱말을 완전히 가치중립적으로 쓴다는 점이 중요하다. 목표가 좋거나 나쁘거나와 무관하게 목표를 성취하는 능력이라는 뜻으로 활용한다. 따라서 지능적인 사람이라는 말은 다른 사람들을 잘 도와주는 사람을 뜻할 수도 있지만 다른 사람들을 해치는 머리가 좋은 사람을 뜻할 수도 있다. 우리는 7장에서 목적이라는 쟁점을 다룰 것이다. 우리는 목표에 대해 말할 때 누구의 목표를 말하는지 미묘한 차이를 분명히 해야 한다. 미

---

* AGI의 동의어로 '인간 수준 AI'나 '강한 AI'를 더 선호하는 사람들이 있지만, 이 두 용어에는 문제의 소지가 있다. 휴대용 계산기도 좁은 의미에서는 인간 수준 AI이다. 또 강한 AI의 반대말은 '약한 AI'인데, 딥블루나 왓슨이나 알파고를 "약하다"라고 평가하는 것은 이상하다.

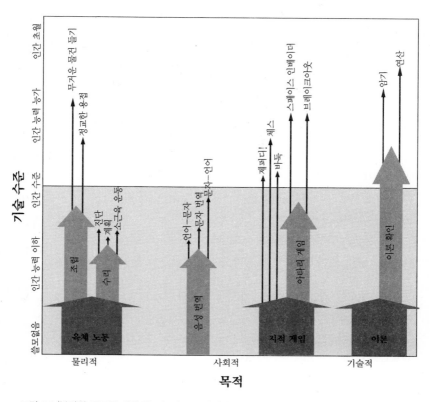

그림 2.1. 복잡한 목표를 성취하는 능력으로 정의된 지능은 IQ 하나로 측정될 수 없고, 모든 목표를 가로지르는 능력 스펙트럼으로만 평가될 수 있다. 그림의 각 화살표는 오늘날 최고 AI 시스템이 다양한 목표 수행에 얼마나 능숙한지를 나타낸다. 이를 보면 오늘날의 인공지능은 좁은 영역에 맞춰 개발되는 경향이 있음을 알 수 있다. 각 시스템은 매우 한정적인 목표만 달성할 수 있는 것이다. 이와 대조적으로 인간 지능은 놀랍도록 광범위해, 건강한 아이는 거의 아무것이나 잘할 수 있도록 배울 수 있다.

래에 당신의 최신 로봇 비서가 자신의 목표는 아무것도 없지만 당신의 요구는 무엇이라도 들어준다고 가정하자. 이제 당신은 완벽한 이탈리아 요리를 해달라고 말한다. 로봇 비서는 온라인에서 이탈리아 디너 요리법과 가장 가까운 슈퍼마켓 위치, 파스타의 물기 빼기 등을 알아보고 나서, 재료를 사서 맛있는 음식을 성공적으로 요리해냈다고 하

자. 비록 이 목표가 당신의 것이었지만 당신은 아마 로봇 비서가 영리하다고 생각할 것이다. 사실 로봇 비서는 당신이 요구하는 순간 당신의 목표를 채택해 그것을 자신의 세부 목표로 나누어 재료 대금을 결제하거나 파마산 치즈를 가는 것 같은 일을 한 것이다. 이런 의미에서 지능적인 행동은 목표 달성과 떼려야 뗄 수 없게 엮여 있다.

과제의 난이도를 사람이 그것을 실행하기 얼마나 어려운가에 비례해 평가하는 것은 〈그림 2.1〉에서 보는 바와 같이 자연스럽다. 그러나 이런 방식은 각 과제가 컴퓨터한테 얼마나 어려운지와 관련한 오해로 이어질 수 있다. 우리한테는 사진의 친구를 알아보는 것보다 31만 4,159와 27만 1,828을 곱하는 게 훨씬 어렵지만, 컴퓨터는 내가 태어나기 전부터 계산에서 사람에게 완승을 거뒀고 사람 수준으로 이미지를 인식하는 것은 최근에야 가능해졌다. 감각 운동적 과제는 쉬워 보이지만 엄청난 연산 자원을 요구한다는 역설은 모라벡의 역설로 알려졌는데, 이 역설은 우리 뇌가 맞춤형 하드웨어의 많은 부분, 즉 4분의 1 이상을 이 과제에 할애하기 때문에 그렇게 쉽게 느낀다는 사실로 설명된다.

나는 한스 모라벡Hans Moravec의 이 비유를 좋아하고, 그래서 내 나름대로 이를 〈그림 2.2〉처럼 일러스트로 표현했다.

컴퓨터는 보편적인 기계로, 과제의 경계 없이 넓은 영역으로 자신의 잠재력을 균일하게 넓히고 있다. 이에 비해 인간의 잠재력은 생존에 중요한 분야에는 강한 반면 그와 거리가 먼 부분은 약하다. '인간 능력의 지형도'를 생각해보자. 이 지도에서 계산과 단순 암기 같은 곳은 저지대이고, 정리 증명, 체스 두기 같은 영역은 작은 언덕이며, 운동, 손-눈 협응력, 사회적 상호작

그림 2.2. 한스 모라벡의 '인간 능력의 지형도'를 표현한 일러스트. 고도가 높아질수록 컴퓨터에게 어려워짐을 뜻하고, 상승하는 해수면은 컴퓨터가 할 수 있게 된 영역을 나타낸다.

용은 높은 산봉우리이다. 컴퓨터 성능을 향상시키는 것은 이 지형도에 서서히 물을 채워 수위를 올리는 일과 같다. 수위는 반세기 전에 저지대 위로 차올라 인간 계산기와 기록 담당 직원을 내쫓았다. 그러나 인간 능력의 대부분은 수위와 비교했을 때 높은 위치에 머물렀다. 이제 홍수가 작은 언덕으로 차올랐고 우리 전초 기지들은 후퇴를 검토하고 있다. 우리는 높은 봉우리에서는 안전하다고 느끼지만, 지금과 같은 속도라면 또 다른 반세기 안에 이들도 물에 잠길 것이다. 나는 그날이 가까워지는 데 대응해 방주를 지어 항해하는 삶을 채택하자고 제안한다![2]

그가 이 글을 쓴 이후 수십 년 동안 해수면은 그가 예상한 대로, 마치 지구 온난화가 더 빨라진 것처럼, 쉼 없이 차올라 (체스를 포함해) 작은 언덕이 오래전에 잠겼다. 다음 차례는 무엇일지, 이에 대비해 우리가 무엇을 해야 할지가 이 책의 남은 부분에서 다룰 주제이다.

해수면이 계속 상승하면 언젠가는 큰 변화가 촉발되는 분기점(티핑 포인트)에 이를 것이다. 분기점이 되는 수위는 기계가 AI 설계를 수행할 능력을 갖추는 단계에 해당한다. 이 분기점에 이르기 전까지 해수면 상승은 인간이 기계 성능을 향상시킨 결과로 이뤄졌다. 그 이후에는 기계가 기계를 개선하는 과정을 통해 수위가 높아질 수 있고, 그 속도는 인간이 하던 때보다 훨씬 빠를 공산이 커서 모든 곳을 빠르게 덮칠 것이다. 이것이 바로 특이점이라는 매혹적이며 논쟁적인 아이디어이고, 우리는 4장에서 이 흥미진진한 주제를 탐구한다.

컴퓨터 선구자 앨런 튜링은 컴퓨터 한 대가 아주 간단한 최소의 작동을 수행할 수 있을 경우, 충분한 시간과 저장장치로 뒷받침된다면 그 컴퓨터는 다른 어떤 컴퓨터가 할 수 있는 어떤 일도 수행할 수 있도록 프로그램될 수 있음을 증명했다. 이 결정적인 한계를 넘어서는 기계는 보편적인 컴퓨터universal computer(일명 튜링 유니버설 컴퓨터)라고 불린다. 오늘날의 스마트폰과 랩톱 컴퓨터는 이런 의미에서 보편적이라고 할 수 있다. 비슷하게 나는 AI 디자인에서 요구되는 결정적인 지능의 한계는 보편적인 지능의 한계라고 생각한다. 즉, 충분한 시간과 자원이 주어지면 AI는 어떤 지능적인 존재만큼이나 어떤 목표라도 잘 수행할 수 있게 자신을 만들어갈 것이다. 예를 들어 사회적인 기술이나, 예측하거나 AI를 디자인하는 기술을 더 원한다면 각각을 습득할 수 있을 것이다. 로봇 공장을 어떻게 만드는지 알아보기로 했다면 그렇게 할 수 있을 것이다. 달리 말하면 보편적인 지능은 라이프 3.0으로 발전할 잠재력이 있다.

인공지능 연구자들은 지능은 궁극적으로 정보와 연산이지 육체와 혈액이나 탄소 원자와는 무관한 것이라는 지혜를 대체로 공유한다. 이는 기계가 언젠가 적어도 우리만큼 영리해지지 않을 이유가 전혀 없음을 뜻한다.

그러나 정보와 연산은 도대체 무엇인가? 물리학은 기본적인 수준에서 만물은 단지 움직이는 물질과 에너지일 뿐이라고 하지 않았나? 정보와 연산 같은 추상적이고 만질 수 없고 천상天上의 무언가가 어떻게 만질 수 있는 물리적 존재에 체화될 수 있을까? 특히 물리 법칙에 따라 돌아다니는 생각 없는 입자들의 다발이 어떻게 우리가 지능이라고 부르는 행동을 보이는가?

만약 독자께서 이 질문에 대한 대답이 자명하다고 여긴다면, 그래서 이번 세기 안에 기계가 인간만큼 영리해질 수 있다고 본다면, 이 장의 나머지 부분을 건너뛰어 바로 3장으로 넘어가면 된다. 그러지 않은 독자를 위해 특별히 나는 다음 세 개 주제를 정리했다.

기억은 무엇인가?

지도책이 세계에 대한 정보를 담고 있다고 말할 때, 그 말은 책의 상태(구체적으로는 글자와 이미지와 색채로 표시된 특정 분자의 배치)와 세계의 상태(예를 들어 대륙의 위치) 사이에 관계가 있다는 의미이다. 만약 대륙이 다른 곳에 있다면 책의 페이지에 대륙을 표시하는 분자들도 다른 곳에 있을 것이다. 우리 인간은 정보를 저장하기 위해 여러 도구의 모음을 활용하는데, 책, 뇌, 하드 드라이브 등이 그런 도구의 종류이며 이들 장치는 저장과 관련한 상태가 우리가 관심을 두는 다른 사물의 상태와 관련된다(그래서 우리에게 해당 사물에 대해 알려준다)는 점에서 공통점이 있다.

이들을 기억장치로, 즉 기억을 저장하는 장치로 쓸모가 있도록 하는 기본적인 물리적 특성은 무엇일까? 답은 이들이 나름대로의 방식으로 어떤 상태를 오래 유지할 수 있다는 것이다. 정보가 필요해질 때까지 그 상태를 유지하는 것이다. 간단한 예로, 〈그림 2.3〉에 보이는 것처럼 골짜기가 16개 있는 경사면에 공을 올려놓는다고 하자. 공이 어느 한 골짜기로 굴러가 멈추면, 그 공은 그 자리에 머물 것이고, 당신은 그 공의 위치에 따라 1에서 16 사이의 수를 기억할 수 있다.

이 기억장치는 상당히 튼튼해. 외부에서 가해진 힘에 의해 약간 흔들리거나 방해받더라도 공은 당신이 놓은 자리에 머물러 있을 것이고, 당신은 여전히 어떤 수가 저장됐는지 알 수 있을 것이다. 이 기억이 그렇게 안정적인 것은 공을 계곡에서 꺼내는 데에는 무작위적인 외부 충격이 주는 것보다 더 큰 에너지가 필요하기 때문이다. 이처럼 에너지 측면에서 안정적인 기억 상태를 이해하는 방식은 움직이는 공으로 이해하는 것보다 더 일반적이다. 즉, 복합적인 물리적 체계의 에너지는 온갖 기계적·화학적·전기적·자기적 특성에 의존하고, 당신이 기억하고자 하는 그 체계의 상태를 바꾸는 데 에너지가 필요할 경우 그 상태는 안정적이다. 그래서 액체나 기체와 달리 고체 상태는 오래 유지된다. 누군가의 이름을 금반지에 새기면 그 정보는 몇 년이 지나도 그대로 유지되는데, 금의 표면을 바꾸는 데에는 큰 에너지가 들기 때문이다. 그러나 그 이름을 호수 표면에 쓴다면 그 자취는 수면이 쉽게 표면의 모양을 바꾸면서 곧바로 사라질 것이다.

가능한 가장 간단한 기억장치는 두 가지 상태만 나타낸다(〈그림 2.3〉 오른쪽). 우리는 그래서 그 장치가 이진법 수 0과 1로 부호처리 한다고 생각할 수 있다(이진법 수, 즉 'binary digit'는 bit로 축약된다). 더 복잡한 기억장치에 저장된 정보는 몇 배의 비트로 저장될 수 있다. 예를

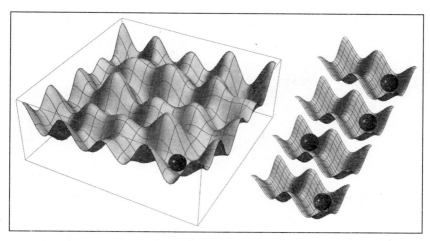

그림 2.3. 여러 가지 서로 다른 안정적인 상태를 띨 수 있다면 물질은 유용한 기억장치가 될 수 있다. 왼쪽 그림에서 공은 어느 골짜기에 있는지에 따라 16개 정보를 저장할 수 있고, $16 = 2^4$ 이므로 4비트의 기억장치가 된다. 오른쪽 그림의 공 네 개도 각각 1비트씩 4비트의 정보를 저장할 수 있다.

들어 〈그림 2.3〉의 오른쪽에 표시된 4비트는 16가지 상태($2 \times 2 \times 2 \times 2 =$ 16)인 0000, 0001, 0010, 0011, …, 1111을 나타낼 수 있고 이는 더 복잡한 16가지 상태 시스템(왼쪽)과 똑같은 메모리 용량을 갖고 있다. 따라서 비트는 정보의 원자라고 할 수 있다. 다시 말해 비트는 가장 작고 더 나눌 수 없는 정보의 단위로 다른 비트와 모이면 어떤 정보로든 만들어질 수 있다. 예를 들어 내가 방금 word라는 단어를 입력했다면 내 랩톱 컴퓨터는 기억장치에 '119 111 114 100'이라는 일련의 숫자 4 개를 저장했을 것이다. 이들 숫자는 8비트(2의 8제곱으로 미국 정보교환 표준 부호인 아스키코드를 수용할 수 있는 용량_옮긴이)에 저장된다(소문자는 아스키코드에서 97번째 이후로 지정된다). 내가 키보드에서 w 자판을 치면 랩톱은 화면에 w 이미지를 띄우고, 이 이미지도 비트로 나타난다. 컴퓨터 화면의 수백만 픽셀에 나타나는 색채는 32비트로 나뉜다.

두 가지 상태는 만들고 작업하기 간단해, 현대 컴퓨터는 대부분 정보를 비트로 저장한다. 그러나 비트가 저장되는 방식은 다양하다. DVD에서 각 비트는 플라스틱 표면의 그 지점에 미세한 홈이 있는지 없는지에 해당한다. 하드 드라이브에서 각 비트는 표면의 그 지점이 두 방식 중 어느 쪽으로 자성을 갖도록 처리됐는지에 해당한다. 내 랩톱의 워킹 메모리에서 각 비트는 특정 전자의 위치에 대응하는데, 전자의 위치는 마이크로 축전지라고 불리는 장치가 전기를 띠는지 여부를 결정한다. 어떤 비트는 전송하기에도 편리해, 빛의 속도만큼 빠르게 보낼 수 있다. 예를 들어 이메일을 광섬유로 보낼 때 각 비트는 정해진 시점에 레이저 빔이 강하거나 약한 것에 해당한다.

엔지니어들은 비트를 읽기에 안정적이고 쉬울 뿐 아니라(금반지에 새기는 것처럼) 쓰기도 쉬운 시스템에 저장하는 것을 선호한다. 하드 드라이브의 상태를 바꾸는 데에는 금에 새로 새기는 것보다 에너지가 훨씬 덜 든다. 그들은 또 작업하기 편리하고 대량 생산하기에 저렴한 시스템을 더 선호한다. 그러나 그들은 비트가 어떻게 물리적인 대상으로 표현되는지에는 별로 신경 쓰지 않는다. 독자들도 마찬가지일 텐데, 왜냐하면 별로 중요하지 않기 때문이다. 당신이 친구에게 출력할 문서를 이메일로 보낸다면 그 안에 담긴 정보는 일련의 빠른 전환을 거치는데, 당신 하드 드라이브의 자화 상태에서 출발해 컴퓨터의 기억장치, 무선 네트워크의 전파, 라우터의 전압, 광섬유의 레이저펄스, 마지막으로 종이의 입자로 바뀐다. 달리 말하면 정보는 물리적 기질substrate(결합 조직의 기본 물질)로부터 독립된 자신의 생명을 지니는 것이다! 사실 바로 이 기질로부터 독립적이라는 정보의 측면만이 우리의 관심사이다. 만약 당신의 친구가 당신이 보낸 자료에 대해 얘기하기 위해 전화를 걸어온다면, 그는 전압이나 입자에 대해 말하고자 하는 것은 아닐 것이다. 이는 정보처럼 만질 수 없는 무언가가 어떻게 만질 수 있는 물질의 형태를 갖는지에 대한 첫 실마리이다. 우리는 곧 기질에서 독립적이라는 이 아이디어가 정보뿐 아니라 연산과 학습에서 어떻게 훨씬 심오하게 작용하는지 살펴볼 참이다.

기질 독립성 덕분에 영리한 엔지니어들은 우리 컴퓨터의 저장장치를 극적으로 더 나아지도록 교체해왔다. 신기술을 바탕으로 한 새 저장장치를 쓰기 위해 기존 소프트웨어에 변화를 줄 필요는 전혀 없었다. 결과는 놀라웠다. 〈그림 2.4〉에 나타낸 것처럼, 지난 60년 동안 컴퓨터 메모리는 대략 2년마다 반값이 됐다. 하드 드라이브는 1억 배 이상 저렴해졌고 단순히 정보를 저장하는 데서 더 나아가 연산에 유용한 더 빠른 메모리는 무려 10조 배나 값싸졌다. 만약 모든 것을 구매할 때 그렇게 99.99999999999퍼센트 할인을 받는다면 뉴욕의 모든 부동산을 10센트 정도에 사들이고 그동안 채굴된 모든 금을 약 1달러에 구매할 수 있을 것이다.

저장 기술의 획기적인 발달은 우리 중 많은 사람의 개인적인 이야기 속에서 확인할 수 있다. 나는 고등학생 때 16킬로바이트 메모리 컴퓨터 값을 치르기 위해 기꺼이 캔디 가게에서 일했다. 돈을 벌고 워드 프로세서를 팔아 고교 친구 매그너스 보딩과 함께 그 컴퓨터를 장만했을 때, 우리는 컴퓨터가 단어를 처리하기에 충분한 메모리 공간을 남겨두기 위해 아주 압축한 기계어를 입력해야만 했다. 70킬로바이트 용량인 플로피 드라이브에 익숙해진 다음 나는 더 작은 3.5인치에 무려 1.44메가바이트를 저장해 책 한 권을 통째로 담을 수 있는 플로피에 충격을 받았다. 그다음 내 최초의 하드 드라이브는 10메가바이트를 저장했는데, 그건 요즘에는 고작 노래 한 곡을 내려받는 크기에 불과하다. 이런 내 청소년기의 기억은 최근에는 비현실적이 됐다. 이제

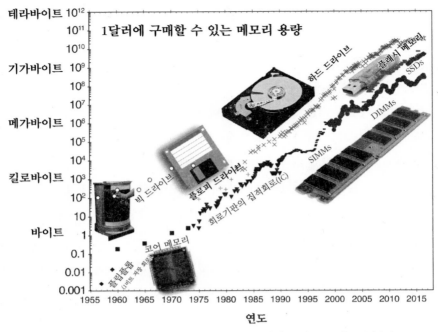

테라바이트 10^{12}
10^{11} **1달러에 구매할 수 있는 메모리 용량**
10^{10}
기가바이트 10^9
10^8
10^7
메가바이트 10^6
10^5
10^4
킬로바이트 10^3
10^2
10
바이트 1
0.1
0.01
0.001

하드 드라이브 플래시 메모리
SSDs
DIMMs
SIMMs
빅 드라이브
플로피 드라이브
회로기판의 집적회로(IC)
코어 메모리
드럼 메모리
(비트 저장 회로)

1955 1960 1965 1970 1975 1980 1985 1990 1995 2000 2005 2010 2015

연도

그림 2.4. 지난 60년 동안 컴퓨터 메모리 용량은 대략 2년에 두 배로 급증해, 20년마다 1,000 배가 됐다. 바이트는 8비트이다. 자료 출처는 존 맥캘럼John McCallum의 다음 사이트이다. http://www.jcmit.net/memoryprice.htm

용량이 30만 배인 하드 드라이브를 100달러 정도면 구매할 수 있으니 말이다.

진화하는 대신 사람에 의해 설계되는 저장장치는 어떤가? 세대를 거쳐 자신의 청사진을 복제해 넘겨준 최초의 생명 형태가 무엇인지 생물학자들은 아직 알지 못한다. 그러나 그것은 상당히 작았을 것이 다. 케임브리지대학의 필립 홀리거Philipp Holliger 교수가 이끄는 연구팀은 2016년에 RNA 분자를 만들었는데, 이 분자는 412비트의 특유한 정보 를 부호로 바꾸고 자신보다 긴 RNA 띠에 복사함으로써 'RNA 월드' 가 설을 뒷받침했다. 이 가설은 초기 지구의 생명은 자신을 복제하는 짧은 RNA 정보와 관련이 있다는 것이다(RNA 단독으로 자기 복제하는 세계를 좁은 뜻의 RNA 월드라고 하고, 이를 생명체의 발상으로 본다_옮긴이).

지금까지 자연에서 진화해 쓰였다고 알려진 가장 작은 저장장치는 박테리아 캔디다투스 카소넬라 루디의 게놈이다. 이 게놈은 40킬로바이트 정도를 저장한다. 이에 비해 우리 인간의 DNA는 내려받는 영화의 용량인 1.6기가바이트를 저장한다. 앞 장에서 언급한 것처럼 우리 두뇌는 우리 게놈보다 훨씬 많은 정보를 저장한다. 어림잡아 전기적으로 10기가바이트를 저장하고(구체적으로는 어느 시점에나 100억 개의 뉴런 중 어느 것이 불꽃처럼 작동하는지에 의해), 화학적·생물학적으로 100테라바이트를 저장한다(이는 다른 뉴런이 얼마나 강하게 시냅스로 연결되는지에 따라). 이들 수치를 기계 메모리와 비교하면 세계 최고의 컴퓨터는 이제 어떤 생물적인 시스템도 능가하고, 게다가 2016년 기준 수천 달러 수준으로 비용도 급속도로 떨어지고 있다.

우리 뇌의 메모리는 컴퓨터 메모리와 매우 다르게 작동하는데, 만들어진 방식은 물론 활용되는 방식도 판이하다. 컴퓨터나 하드 드라이브의 기억은 어디에 저장됐는지 명시함으로써 불러오는 데 비해, 뇌에 든 기억은 무엇이 저장됐는지 명시함으로써 불러온다. 컴퓨터의 메모리에 있는 각 비트의 무리에는 수치 주소가 부여되고, 정보를 불러오려면 컴퓨터가 어느 주소를 살펴볼지 지정한다. 마치 내가 "내 서가에 가서 맨 위 단에서 오른쪽에서 다섯 번째 책을 펼쳐서 314페이지에 무어라고 적혔는지 알려주세요"라고 말하는 것이나 마찬가지이다. 이와 대조적으로 우리 뇌에서 정보를 꺼내는 작업은 검색 엔진으로 정보를 추출하는 것과 비슷하다. 우리가 정보 조각을 명시하거나 그것과 관련된 무언가를 명시하면 해당 정보가 떠오른다. 내가 당신에게 "to be or not"이라고 말하거나 구글로 검색하면, 아마 "To be, or not to be, that is the question"이라는 문구가 나타날 것이다. 사실 내가 이 인용문의 다른 부분을 말하거나 어순을 다소 바꿔도 이 문장이 나올 것이다. 이런 기억 시스템은 자동연상이라고 불리는데, 주소보다는 연상으로 정보를 불러오기 때문이다.

유명한 1982년 논문에서 물리학자 존 홉필드John Hopfield는 서로 연결된 뉴런의 네트워크가 어떻게 자동연상 기억장치로 작동하는지 보여줬다. 나는 그 기본 아이디어가 매우 아름답다고 여기는데, 그 아이디어는 다수의 안정적인 상태를 지니는 물리적 시스템이면 어디에나 적용된다. 예를 들어 〈그림 2.3〉의 1비트 시스템과 같이 골짜기가 둘인 표면에 놓인 공을 떠올려보라. 공이 멈출 수 있는 저점 두 곳의 가로축 좌표가 하나는 2의 제곱근, 1.41421이고 다른 하나는 파이, 3.14159라고 하자. 파이가 3과 가깝다는 걸 기억하면, 공을 3에 놓으면 공이 굴러 내려가 스스로 정확한 파이 값을 가리킬 것이다. 홉필드는 뉴런의 복잡한 네트워크는 이와 비슷하게 수많은 에너지 저점들의 지형을 제공하고, 시스템이 저점들의 조합에 자리를 잡음을 깨달았다. 나중에 밝혀진바, 1,000개의 뉴런에는 별 혼동 없이 138개의 다른 기억을 끼워 넣을 수 있다.

연산은 무엇인가?

우리는 어떻게 물리적인 사물이 정보를 기억하는지 알아봤다. 그러면 연산은 어떻게 하는가?

연산은 한 기억 상태를 다른 상태로 변환하는 일이다. 달리 말하면 연산은 정보를 취해서 변환하는데, 수학자들이 말하는 함수를 시행한다. 나는 함수가 고기 다지는 기계처럼 정보를 처리한다고 생각한다. 〈그림 2.5〉를 보면 정보를 위로 집어넣고 크랭크축을 돌리면 처리된 정보가 아래로 나온다. 우리는 이 과정을 투입물을 바꿔 원하는 만큼 반복할 수 있다. 이 정보 처리는 결정론적이라고 말할 수 있는데, 투입물이 같으면 매번 같은 산출물이 나온다는 의미이다.

속임수가 아닌가 여길 정도로 간단하게 들리겠지만, 함수라는 아이디어는 믿기 어려울 정도로 일반적이다. 어떤 함수는 꽤 사소한데, 'NOT'이라고 불리는 함수는 하나의 비트를 넣으면 반대를 내놓는다. 0을 넣으면 1을, 1을 넣으면 0을 내놓는 것이다. 우리가 학교에서 배우는 함수는 대개 휴대용 계산기의 버튼에 해당한다. 하나나 하나 이상의 숫자를 입력하면 결과 숫자 하나가 나온다. 예를 들어 x제곱 함수는 숫자 하나를 입력하면 그 수를 제곱한 결과를 보여준다. 다른 함수는 극도로 복잡할 수 있다. 예컨대 당신이 보유한 함수가 임의의 체스판 위치를 입력할 때 최상의 다음 수를 아웃풋으로 제시한다면, 당신은 그 함수로 세계 컴퓨터 체스 챔피언대회에서 우승할 수 있다.

만약 당신이 세계의 모든 금융 정보를 입력했을 때 매수할 최상의 주식을 출력하는 함수를 갖고 있다면, 당신은 곧 엄청난 부를 갖게 될 것이다. 많은 AI 연구자들은 특정 함수를 어떻게 실행할지 궁리하는 데 자신의 경력을 쏟아붓는다. 예를 들어 기계 번역 연구의 목표는 한 언어로 된 텍스트를 나타내는 비트를 입력하면 다른 언어의 텍스트를 나타내는 비트로 출력하는 함수를 시행하는 것이다. 사진 이름을 알아서 붙여주는 프로그램 연구의 목표는 이미지에 해당하는 비트를 입력하면 그 이미지를 묘사하는 텍스트를 출력하는 것이다(〈그림 2.5〉 오른쪽).

즉, 고도로 복잡한 함수를 시행할 수 있다면 고도로 복잡한 목표를 성취할 수 있는 지능적인 기계를 만들 수 있다. 이를 통해 우리는 '어

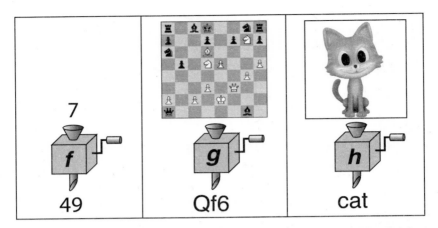

그림 2.5. **연산**은 정보를 취해 변환하는 것으로, 수학자들이 말하는 함수를 실행하는 일이다. 왼쪽 그림의 함수 f는 숫자를 나타내는 비트를 받아 그 수를 제곱한다. 가운데 그림의 함수 g는 체스판의 위치에 해당하는 비트를 활용해 화이트가 움직일 최상의 위치를 계산한다. 오른쪽의 함수 h는 이미지의 비트를 그 이미지를 묘사하는 문자 라벨로 계산한다.

뗳게 물질이 지능을 가질 수 있는가'라는 질문의 초점을 더 좁혀서 '생각이 없어 보이는 일군의 물질이 어떻게 복잡한 함수를 수행할 수 있는가'로 질문을 구체적으로 바꿀 수 있다.

지능을 가진 물질은 금반지나 다른 정적인 저장장치처럼 변하지 않는 상태로 유지되기보다는, 복잡한 동학dynamics을 통해 미래 상태가 복잡한(기왕이면 통제 가능하거나 프로그램할 수 있는) 방식으로 현재 상태에 의존하는 특성을 보여야만 한다. 아무것도 변하지 않는 딱딱한 고체에 비해서는 원자가 덜 질서정연하게 배열돼 있어야 하지만, 액체나 기체에 비해서는 원자가 정렬돼 있어야 한다. 구체적으로 우리는 시스템이 다음과 같은 특성을 갖고 있기를 원한다. 즉, 만약 우리가 시스템을 입력 정보를 부호로 바꾸는 상태에 넣고 일정 시간 동안 물리 법칙에 따라 발달하도록 하며 결과로 나온 최종 상태를 출력 정보로 해석하면,

우리는 아웃풋이 인풋을 함수에 넣었을 때 나오리라고 기대되는 결과라고 할 수 있다. 만약 이렇게 된다면 우리는 우리의 시스템이 우리 함수를 계산한다고 말할 수 있다.

이 아이디어의 첫 사례로 아주 간단한(그러나 동시에 매우 중요한) 'NAND 게이트'*라고 불리는 함수를 어떻게 오래되고 생각 없는 물질로 만들 수 있는지 알아보자. 이 함수는 비트 두 개를 입력받아 비트 하나를 출력한다. 입력값이 둘 다 1이면 출력값은 0이고, 다른 모든 경우에 출력값은 1이다. 스위치 두 개를 배터리와 전자석에 연결하면, 전자석은 첫째 스위치와 둘째 스위치가 연결(on)됐을 때만 작동(on)할 것이다. 이제 〈그림 2.6〉에서처럼 전자석 아래 셋째 스위치를 놓아, 전자석이 작동하면 이 스위치가 열리도록 하자. 처음 두 스위치를 입력 비트라고 여기고 셋째를 출력 비트라고 하면(0은 스위치가 끊긴 상태이고 1은 스위치가 연결된 상태), 이 장치가 바로 NAND 게이트이다. 셋째 스위치는 앞의 두 스위치가 모두 연결된 경우에만 끊기는 것이다. 더 실용적인 NAND 게이트를 만드는 여러 가지 방법이 있는데, 예를 들어 〈그림 2.6〉의 오른쪽에서처럼 트랜지스터를 활용할 수 있다. 오늘날 컴퓨터에서 NAND 게이트는 대개 실리콘 웨이퍼에 자동으로 새겨지는 미세한 트랜지스터와 다른 부품으로 만들어진다.

컴퓨터 과학에서 주목할 이론이 있는데, NAND 게이트는 보편적이라는 것이다. 무슨 말이냐면 그저 NAND 게이트들을 연결함으로써 어떤 잘 정의된 함수**를 실행할 수 있다는 뜻이다. 만약 NAND 게이트를 충분히 만들 수 있다면 무엇이든 연산 가능한 기기를 만들 수 있

---

* NAND는 'NOT AND'를 줄인 말이다. AND 게이트는 최초 입력이 1이고 둘째 입력이 1일 때만 1을 출력한다. 따라서 NAND 출력은 정반대이다.

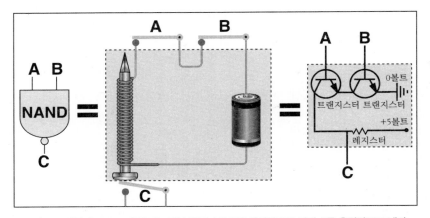

그림 2.6. 이른바 NAND 게이트는 정보 비트 A와 B를 입력값으로 받아 C를 출력값으로 낸다. 함수의 규칙은 C는 A와 B가 모두 1이면 0이고, 다른 경우에는 모두 1이라는 것이다. 많은 물리적인 시스템은 NAND 게이트로 이용될 수 있다. 그림의 가운데 사례에서 스위치는 비트로 해석될 수 있다. 연결된 상태는 1이고 열린 상태는 0이다. 스위치 A와 B 모두 연결되면 전자석이 스위치 C를 연다. 오른쪽 그림에서는 전압이 비트로 해석돼, 1은 5볼트이고 0은 0볼트이다. A선과 B선 모두 5볼트이면 두 트랜지스터가 전기를 통하고 C선은 0볼트에 가깝게 떨어진다.

다! 이게 어떻게 가능한지 맛보고자 하는 독자를 위해서 〈그림 2.7〉에 NAND 게이트만 활용해서 숫자를 곱하는 장치를 예시했다.

MIT 연구자 노먼 마골루스Norman Margolus와 토마소 토폴리Tommaso Toffoli는 컴퓨트로늄computronium이라는 용어를 만들어 뜻대로 계산을 수행할 수 있는 물질을 가리키는 데 쓰고 있다. 우리는 방금 컴퓨트로늄을 만드는 게 특별히 어려울 이유가 없음을 살펴봤다. 어느 것이든 원하는 방식으로 연결된 NAND 게이트를 실행하기만 하면 된다. 사실 다른 종류의 컴퓨트로늄도 많다. NAND 게이트를 NOR 게이트로 대체한 간

** '잘 정의된 함수'는 수학자와 컴퓨터 과학자가 '연산 가능 함수'라고 부르는 것을 의미한다. 즉, 메모리와 시간에 제약이 없는 가상적인 컴퓨터에 의해 계산될 수 있는 함수를 뜻한다. 앨런 튜링과 알론조 처치Alonzo Church가 묘사할 수 있지만 연산 불가능 함수도 있음을 증명한 사실은 널리 알려졌다.

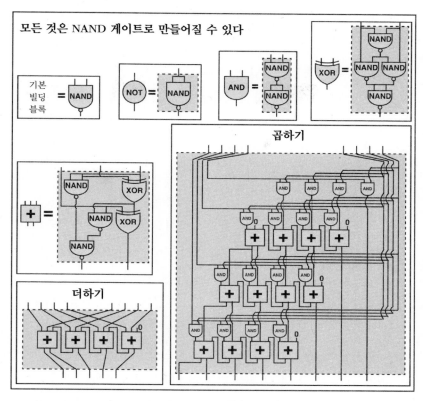

그림 2.7. 잘 정의된 연산은 **어떤** 것이든 NAND 게이트만 영리하게 연결되면 수행할 수 있다. 예를 들어, 위의 더하기와 곱하기 4비트의 이진수 두 개를 입력해 각각 5비트와 8비트의 이진 수로 출력한다. NOT, AND, NOR, + 같은 작은 모듈이 NAND 게이트를 활용해 만들어졌다. + 모듈은 별도의 비트 세 개를 2비트 이진수로 더한다. 이 그림을 완벽하게 이해하는 일은 매우 도전적이고 이 책의 남은 부분을 이해하는 데에도 전혀 필요하지 않다. 나는 단지 보편성을 그 림으로 보여주는 동시에 내 안의 괴짜 성향을 충족시키기 위해 이 그림을 제시한다.

단한 변형도 작동한다. NOR 게이트는 투입값 두 개가 모두 0일 때만 출력값이 1이 된다. 다음 절에서 우리는 신경망을 살펴볼 텐데, 신경 망도 뜻대로 계산하는 작업을 수행할 수 있다. 즉, 컴퓨트로늄 역할을 할 수 있다. 과학자이자 기업가 스티븐 울프램Stephen Wolfram은 세포 오토 마타cellular automata라는 간단한 기기도 마찬가지임을 보여줬다. 세포 오

토마타는 주위 비트에 따라 거듭해서 비트를 업데이트한다. 이미 1936년에 컴퓨터 선구자 앨런 튜링은 기념비적인 논문에서 테이프 띠에 있는 기호를 다룰 수 있는 간단한 기계(지금은 보편적인 튜링 머신이라고 알려진)는 뜻대로 계산할 수도 있다고 주장했다. 요컨대 물질은 잘 정의된 어떤 계산이라도 수행할 수 있을 뿐 아니라 여러 가지 다른 방식으로도 계산을 수행할 수 있다.

앞에서 언급한 것처럼 튜링은 이 1936년 논문에서 훨씬 심오한 것을 증명했다. 일종의 컴퓨터가 어떤 최소한의 작동의 집합만 실행할 수 있다면 그 컴퓨터는 충분한 자원이 주어질 경우 다른 컴퓨터가 할 수 있는 일이라면 무엇이든 수행할 수 있다는 의미에서 보편적이라는 내용이었다. 그는 자신의 튜링 머신이 보편적임을 보여줬고, 우리는 물리학에 더 기울어지긴 했지만, 방금 일군의 보편적인 컴퓨터에는 NAND 게이트의 네트워크와 연결된 뉴런 네트워크같이 다양한 물질을 포함한다는 것을 살펴봤다. 사실 스티븐 울프램은 기후 시스템에서 뇌에 이르기까지 대다수 중요한 물리적 시스템은 원하는 만큼 크고 오래 지속되게 만들어질 수 있다면 보편적인 컴퓨터일 수 있다고 주장했다.

보편적인 컴퓨터라면 어느 것이든 정확히 똑같은 계산을 수행할 수 있다는 사실은 정보와 마찬가지로 계산이 기질에 독립적이라는 점을 의미한다. 계산은 물리적인 기질에서 독립해 자신의 생명을 가질 수 있는 것이다! 따라서 만약 당신이 미래의 컴퓨터게임에서 의식이 있는 초지능 캐릭터일 경우, 당신은 자신이 윈도 데스크톱에서 돌아가는지, 아니면 맥OS나 안드로이드 스마트폰에서 작동되는지 알 길이 없다. 왜냐하면 당신은 기질과 독립적일 것이기 때문이다. 당신은 마이크로프로세서가 어떤 종류의 트랜지스터를 활용하는지도 알 길이 없다.

내가 기질 독립성이라는 핵심적인 아이디어의 진가를 처음 알아보게 된 것은 물리학에 이와 관련된 아름다운 사례가 많아서였다. 예컨대 파동은 속도, 파장, 주파수 같은 특성이 있고 우리 물리학자들은 파동이 어떤 특정한 물질에서 일어나는지 알 필요 없이 파동에 대한 방정식을 연구한다. 당신이 무언가를 들을 때 당신은 우리가 공기라고 부르는 혼합 가스 속에서 울리는 기체 입자의 음파를 알아차리는 것이다. 또한 우리는 파동과 관련해 온갖 흥미로운 것, 즉 거리의 제곱에 비례해 강도가 어떻게 약해지는지, 열린 문을 통과할 때 어떻게 휘는지, 벽에 부딪혀 어떻게 반사돼 메아리를 일으키는지를 계산할 수 있는데, 공기가 무엇으로 구성됐는지 모른 채 그렇게 할 수 있다.

사실 우리는 공기가 분자로 이뤄졌다는 것을 알 필요조차 없다. 우리는 산소, 질소, 이산화탄소 등과 관련한 세부 사항을 무시할 수 있는데, 왜냐하면 중요하고 유명한 파동 방정식에 들어가는 유일한 파동 기질의 특성은 파동의 속도이기 때문이다. 공기에서 음파의 속도는 초당 300미터이다. 사실 내가 MIT 학생들에게 지난봄에 가르친 파동 방정식은 물리학자들이 원자와 분자의 존재를 규명하기 오래전에 발견해 크게 활용돼왔다.

이 파동의 사례는 세 가지 중요한 요점을 보여준다. 첫째, 기질 독립성은 기질이 불필요함을 의미하는 게 아니라 기질의 세부 특성은 무관함을 뜻한다. 기체가 없다면 기체 속의 음파도 당연히 없지만, 가스라면 어느 것이든 충분하다. 비슷하게, 물질이 없으면 계산하지 못하지만, 어느 물질이든, NAND 게이트로 배열되거나 뉴런으로 연결되거나 다른 구성요소로 이뤄졌거나, 보편적인 계산을 할 수 있으면 된다. 둘째, 기질 독립 현상은 기질로부터 독립해 제 독자적인 생명을 가진다. 파동은 호수의 물은 전혀 이동하지 않은 채 호수를 통과해 이동할 수 있다. 파동이 이동할 때 물은 위아래로 출렁거리는데, 이는 경기장 관중석에서 팬들이 하는 파도타기 응원과 비슷하다. 셋째로, 우리가 관심을 갖는 대상은 종종 기질로부터 독립적인 어떤 특성일 뿐이다. 서퍼는 파도의 세부 구성 물질보다는 파도의 높이와 파동에 관심이 있다. 우리는 정보도 마찬가지임을 살펴봤고, 이는 계산에서도 그렇다. 두 프로그래머가 코드의 버그를 함께 찾아내는 작업을 할 경우, 트랜지스터에 대해서 상의하지는 않을 것이다.

우리는 이제 이 장을 시작한 질문, 즉 만질 수 있는 물리적 물질이 어떻게 지능과 같이 만져지지 않고 추상적이며 미묘한 무언가를 빚어낼 수 있는지에 대한 대답에 이르렀다. 지능이 비물질적으로 느껴지는 것은 그것이 기질 독립적이어서 기질의 물리적 세부 사항에 의존하거나 영향을 받지 않는 독자적인 생명을 지니기 때문이다. 간단히 말해 계산은 입자의 시공간 배열 양상이어서, 입자가 아니라 양상이 중요하다. 물질은 중요하지 않다.

다른 말로 하면, 하드웨어는 물질이고 소프트웨어는 양상이다. 계산의 기질 독립성은 AI가 가능함을 시사한다. 지능은 살과 피와 탄소 원자를 필요로 하지 않는다.

이런 기질 독립성을 바탕으로 기민한 엔지니어들은 우리 컴퓨터 속의 기술을 소프트웨어를 바꾸지 않은 상태에서 극적으로 성능이 뛰어난 것들로 대체해왔다. 그 결과 앞에서 거론한 저장장치의 발달처럼 놀라운 변화가 진행돼왔다. 〈그림 2.8〉에 보이는 것처럼, 연산에 드는 비용은 약 2년마다 절반으로 저렴해졌고 이 추세는 100년 이상 지속돼 컴퓨터 비용이 내 할아버지가 태어난 때보다 물경 100만의 100만의 100만(10^{18}) 배 분의 1로 떨어졌다. 만약 모든 것의 가격이 이 비율로 저렴해진다면, 100분의 1센트만으로 올해 지구에서 생산된 모든 상품과 서비스를 구매할 수 있을 것이다. 이런 극적인 비용 하락은 물론 왜 연산이 도처에서 활용되는지 설명하는 주요 요인이다. 왕년에 건물 크기이던 컴퓨터 시설은 가정, 자동차, 호주머니로 확산됐고, 심지어 운동화처럼 예상치 못한 사물에까지 등장한다.

왜 우리 기술은 규칙적인 간격을 두고 두 배로 향상돼, 수학자들이 지수적인 성장이라고 부르는 현상을 보일까? 왜 이 추세가 트랜지스터 소형화(무어의 법칙이라고 불리는 흐름)뿐 아니라 〈그림 2.8〉로 표시된 계산 전반, 〈그림 2.4〉의 저장장치, 그리고 게놈 시퀀싱genome sequencing(DNA의 염기가 어떤 순서로 늘어서 있는지 분석해 제공하는 서비스_옮긴이)에서 뇌영상법에 이르기까지 나타나는 것일까? 레이 커즈와일은 이 지속적인 배증 현상을 '수확체증의 법칙'이라고 부른다.

자연에 존재하는 지속적인 배증의 사례에는 모두 같은 근본적인 요인이 있고, 방금 예시한 이들 기술적인 배증도 예외가 아니다. 그 요인은 각 단계가 이후의 단계를 창조한다는 것이다. 예를 들어 당신은 수정된 이후 지수적인 성장을 거쳤다. 당신의 각 세포는 대략 하루마다 둘로 나뉘어, 전체 세포 수가 1, 2, 4, 8, 16개 등으로 증가했다. 우리 우주의 기원에 대한 가장 인기 있는 과학적 이론인 '인플레이션' 이론에 따르면, 우리 우주는 초기에 한때 당신이 그런 것처럼 지수적으로 팽창했다. 초기에 우주는 규칙적인 간격으로 거듭해서 배로 불어났고, 그 결과 원자 하나보다 훨씬 작고 가벼운 알갱이 하나가 우리가 망원경으로 본 모든 은하계보다도 더 거대하게 팽창했다. 다시 말하면, 요인은 배로 늘어나는 각 단계가 다음 배증을 일으키는 과정이다. 기술적인 진보도 그렇게 일어난다. 일단 기술이 두 배 강력해지면 그 기술로 두 배 강력한 기술을 설계해 만들 수 있고, 이는 무어의 법칙에서처럼 반복적인 역량 배가를 촉발한다.

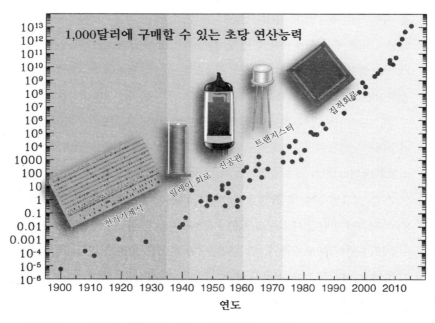

1,000달러에 구매할 수 있는 초당 연산능력

천기기계식
릴레이 회로
진공관
트랜지스터
집적회로

연도

그림 2.8. 1900년 이후 계산장치는 대략 2년마다 절반으로 저렴해졌다. 이 그림은 1,000달러에 구매할 수 있는 플롭스(FLOPS, 1초에 수행할 수 있는 부동 소수점 연산의 횟수) 단위 계산력을 보여준다.[3] 부동 소수점 연산은 비트가 움직이거나 NAND 평가가 이뤄지는 것과 같은 기본적인 논리 작동 10^5번에 해당한다.

우리의 기술적인 힘이 주기적으로 배가된다는 주장처럼 자주 나타나는 주장은, 이런 배증 현상이 끝난다는 것이다. 그렇다. 물론 무어의 법칙은 끝난다. 트랜지스터가 작아지는 데에는 물리적인 한계가 있다. 그러나 무어의 법칙이 우리 기술력이 지속적으로 배증한다는 말과 동의어라고 잘못 생각하는 사람들이 있다. 이에 맞서 커즈와일은 무어의 법칙은 계산력의 지수적 성장을 일으키는 기술 패러다임의 다섯째 단계와 관련이 있지, 첫째 단계와는 관련이 없다고 지적한다. 이는 〈그림 2.8〉에 표시했다. 한 기술이 개선되기를 멈추면 우리는 그 기술을 더 나은 기술로 대체한다. 진공관을 더 작게 만들 수 없게 되자 우리는 그 대신 트랜지스터를 썼고 그다음엔 전자가 이차원 평면에서 움직이는 집적회로로 바꿨다. 이 기술이 한계에 다다르면 우리가 시도할 수 있는 대안은 많다. 예를 들어 3차원 회로를 활용하고 명령을 처리하는 데 전자가 아니라 다른 무언가를 활용하는 방안을 생각할 수 있다.

다음에 크게 흥행할 계산 기질이 무엇일지 아무도 모르지만, 우리는 현재 물리 법칙의 한계에 가깝게 다가서지 않았음은 안다. 내 MIT 동료 세스 로이드Seth Lloyd는 이 근본적인 한계가 어느 정도일지 연구했는데, 그것은 현재 최신 계산 능력의 무려 10의 33제곱(10^{33})에 해당할 것이라고 예상했다. 이에 대해서는 6장에서 상세하게 다룬다. 따라서 우리가 앞으로도 컴퓨터의 계산력을 2년마다 배가한다고 하더라도 최종 한계에 이르는 데에는 2세기가 걸릴 것이다.

모든 보편적인 컴퓨터는 같은 계산을 할 수 있지만 몇몇은 다른 컴퓨터보다 더 효율적이다. 예를 들어 곱셈을 100만 번 해야 하는 계산을 하기 위해 〈그림 2.6〉에 그려진 것처럼 별도의 트랜지스터로 만들어진 별도의 곱셈 모듈이 100만 개 있어야 하는 건 아니다. 모듈은 하나만 있으면 되는데, 적절한 입력값을 줘 모듈 하나를 연달아 반복해서 돌리면 되기 때문이다. 효율을 위해 현대 컴퓨터 대부분이 기반을 둔 패러다임은 계산이 몇 차례 단계로 나뉘고 각 단계에서는 정보가 메모리 모듈과 계산 모듈 사이를 오가는 방식이다. 이 계산 구조는 1935~1945년에 앨런 튜링, 콘라드 주세Konrad Zuse, 프레스퍼 에케르트Presper Eckert, 존 모클리John Mauchly, 존 폰 노이만John von Neumann 같은 컴퓨터 선구자들이 개발했다. 더 구체적으로 말하면 컴퓨터 메모리는 데이터와 소프트웨어(프로그램, 즉 데이터로 무엇을 하라고 하는 지시의 리스트)를 동시에 저장한다. 각 단계에서 중앙처리장치CPU는 프로그램의 다음 지시를 실행하는데, 프로그램은 어떤 간단한 함수가 데이터의 어느 부분에 적용돼야 하는지 지정한다. 컴퓨터에서 다음에 무엇을 할지 챙기는 부분은 메모리의 다른 부분일 뿐이고 프로그램 카운터라고 불린다. 이 부분은 프로그램의 라인 넘버를 저장한다. 다음 지시로 넘어가려면 프로그램 카운터에 1을 더하기만 하면 된다. 프로그램의 다른 라인으로 건너뛰려면 프로그램 카운터에 그 라인 넘버를 복사해 붙이면 된다. 이는 이른바 'if' 명령과 루프가 시행되는 방식이다.

오늘날의 컴퓨터는 병렬처리를 통해 추가로 속도를 높인다. 이는 모듈의 재활용을 영리하게 풀어놓는다. 계산이 여러 부분으로 나뉘면 각 부분은 병렬로 처리될 수 있는데, 왜냐하면 한 부분에 입력되는 동안 다른 부분은 출력할 필요가 없기 때문이다. 이를 통해 하드웨어의 다른 부분에 의해 각 부분이 동시에 계산될 수 있는 것이다.

궁극적인 병렬 컴퓨터는 양자 컴퓨터이다. 양자 컴퓨터 분야의 개척자 데이비드 도이치David Deutsch는 "양자 컴퓨터는 정보를 수많은 여러 버전으로 만들어 다중우주와 나눈다"라며 다른 버전들로부터 도움을 받는다는 점에서 여기 우리 우주에서보다 답변을 더 빨리 받을 수 있다는 논쟁적인 주장을 펴고 있다. 상업적으로 경쟁력이 있는 양자 컴퓨터가 앞으로 수십 년 안에 만들어질 수 있을지 알 수 없다. 그 문제는 양자역학이 우리가 생각하는 것처럼 작동할지, 그리고 힘겨운 기술적인 도전을 우리가 극복할 수 있을지에 달려 있기 때문이다. 그러나 세계의 기업과 정부는 연간 수천만 달러를 그 가능성에 걸고 있다. 비록 양자 컴퓨터가 평범한 계산의 속도를 높이지 못할지라도, 영리한 알고리즘이 개발되고 있으며 특정한 유형의 계산, 예컨대 암호 시스템을 풀고 신경망을 훈련시키는 것과 같은 일을 처리하는 속도가 극적으로 높아질지 모른다. 양자 컴퓨터는 또 원자, 분자, 신물질 등을 포함하는 양자역학 시스템의 행동을 효율적으로 모방함으로써 화학 실험실에서 측정하는 작업을 대체할 가능성도 있다. 이는 컴퓨터의 시뮬레이션이 바람 터널의 측정을 대체한 것이나 마찬가지이다.

학습이란 무엇인가?

휴대용 계산기는 계산에서 나를 압도할 수 있지만, 아무리 많이 실행해도 계산 속도나 정확도를 더 향상할 수는 없다. 계산기는 내가 제곱근 버튼을 누를 때마다 배우지 않고 정확히 같은 방식으로 정확히 같은 함수를 계산한다. 마찬가지로 나를 이긴 최초의 컴퓨터 프로그램은 제 실수에서 배우지 못하고 영리한 프로그래머가 짠 함수를 수행할 뿐이었다. 이와 대조적으로 매그너스 칼슨은 첫 체스 게임에서 진 다섯 살 때부터 체스 공부를 시작해 18년 뒤에 세계 체스 챔피언이 됐다.

학습 능력은 보편적인 지능의 가장 매혹적인 측면임이 분명하다. 생각이 없어 보이는 물질의 덩어리가 기억하고 계산할 수 있음을 우리는 이미 살펴봤지만, 학습은 어떻게 할까? 우리는 어려운 문제에 대한 답을 찾는 일이 함수를 계산하는 일에 해당함을 알게 됐고, 적절히 배열된 물질은 어떤 연산 가능한 함수도 계산할 수 있음도 알게 됐다. 우리 인간이 휴대용 계산기와 체스 프로그램을 만들었을 때, 우리는 그것을 배열한 것이다. 물질이 배우려면 그것은 물리 법칙을 따르면서 스스로 더 나아지고 바람직한 함수를 계산하기 위해 더 낮게 재배열할 수 있어야 한다.

학습 과정을 둘러싼 혼란을 해소하기 위해 먼저 아주 간단한 물리적 시스템이 어떻게 파이와 다른 숫자를 배우는지 생각해보자. 앞에서 우리는 골짜기가 여럿인 표면이(〈그림 2.3〉을 보라) 어떻게 저장장치로 활용될 수 있는지 살펴봤다. 예를 들어 한 골짜기의 바닥이 $x=\pi \approx 3.14159$에 있고 가까이에는 다른 골짜기가 없다면, 공을 $x=3$에 놓고 지켜보면 공이 바닥으로 굴러가면서 시스템은 나머지 소수점 아래 숫자를 계산한다. 이제 표면이 부드러운 진흙이고 처음엔 검은 점판암처럼 완전히 평평하다고 하자. 수학에 열광하는 누군가가 자신이 좋아하는 수에 해당하는 지점에 공을 반복적으로 놓는다면 중력이 점점 이 지점에 골짜기를 만들 것이다. 그러면 진흙 표면은 이 저장된 기억을 불러오는 데쓰일 수 있다. 달리 말하면, 진흙 표면은 파이 같은 숫자를 계산하는 법을 배웠다.

다른 물리적 시스템, 예를 들어 뇌는 같은 방식에 기반을 두고 훨씬 효율적으로 배울 수 있다. 존 홉필드John Hopfield는 앞에서 언급한 연결된 신경망이 비슷한 방식으로 배울 수 있음을 보여줬다. 당신이 당신 뇌의 연결된 신경망을 반복해서 특정한 상태에 놓으면, 그것은 점차 그 상태를 배운다. 그래서 그 상태와 가까운 곳에서는 언제나 그 상태로 돌아간다. 만약 당신이 가족을 여러 차례 봐왔다면 그들의 생김새에 관한 기억은 그들과 관련된 어느 것으로도 촉발될 수 있다.

신경망은 생물적 기능과 인공지능 모두를 변화시켰다. 그리고 최근에 머신 러닝(경험을 통해 자신을 개선하는 알고리즘에 대한 연구)으로 알려진 AI의 세부 영역을 주도해왔다. 그런 네트워크가 어떻게 학습하는지 파고들기 전에 우선 그들이 어떻게 계산하는지 이해해보자. 신경망은 간단히 말해 서로의 행동에 영향을 줄 수 있는 상호 연결된 뉴런의 다발이다. 당신의 뇌에는 우리 은하계의 별만큼이나 많은, 대략 1,000억 개의 뉴런이 있다. 평균적으로 각 뉴런은 시냅스라는 연결을 통해 약 1,000개의 다른 뉴런에 연결되고, 약 100조 개에 이르는 시냅스의 힘이 뇌에 저장되는 정보 대부분을 부호로 바꾼다.

신경망을 〈그림 2.9〉처럼 도식적으로 그릴 수 있다. 뉴런은 점으로, 뉴런을 잇는 시냅스는 선으로 표시하는 것이다. 실제 뉴런은 매우 복잡한 전기화학 장치로 이 도식적인 그림과 전혀 비슷하지 않다. 뉴런에는 축색돌기와 수지상조직 같은 이름이 붙은 부분이 있고 광범위한 방식으로 기능하는 많은 종류의 뉴런이 있으며 한 뉴런의 전기적 활동이 언제 어떻게 다른 뉴런에 영향을 미치는지는 아직도 활발히 연구되고 있다. 그러나 AI 연구자들은 뉴런의 이런 복잡성을 무시하고 실제 생물적인 뉴런을 극도로 간단한 모조 뉴런, 다들 똑같고 매우 간단한 규칙에 따르는 그런 모조 뉴런으로 대체하더라도, 신경망은 여러 놀랍도록 복잡한 과제에서 인간 수준의 성과를 달성함을 보여줬다. 그런 인공신경망으로 현재 가장 인기 있는 모델은 각 뉴런의 상태와 각 시냅스의 힘을 각각 숫자 하나로 나타낸다. 이 모델에서 각 뉴런은 자신의 상태를 규칙적인 시간 단계마다 바꾸는데, 연결된 모든 뉴런에서 오는 입력값을 가중 평균하는 간단한 방식으로 그렇게 한다. 가중치는 시냅스 힘으로 주고, 선택적으로 상수를 더한 뒤, 다음 상태를 계산하기 위해 그 결과에 활성화 함수를 적용한다.* 신경망을 함수로 활용하는 가장 쉬운 길은 피드포워드 방식으로, 즉 피드백과 반대로 정보가 한 방향으로만 흐르도록 만드는 것이다. 〈그림 2.9〉를 보면 투입값을 뉴런 층의 맨 위에 넣어 출력값을 바닥에 있는 뉴런 층에서 얻는다.

이 간단한 인공신경망의 성공은 기질 독립성의 또 다른 사례이다.

---

* 수학을 좋아하는 독자를 위해 설명하면, 활성화 함수로 두 가지 선택이 인기인데, 사이노이드 함수 $\sigma(x) \equiv 1/(1 + e^{-x})$와 램프 함수 $\sigma(x) = max \{0, x\}$가 그것이다. 선형이라면 거의 모든 함수가 활성화 함수가 되기에 충분하다는 것이 증명됐지만 말이다. 홉필드의 유명한 모델은 다음 함수를 활용한다. $\sigma(x) = -1$ if $x < 0$ and $\sigma(x) = 1$ if $x \geq 0$. 만약 뉴런 상태가 벡터로 저장됐다면 네트워크는 그 벡터를 시냅스 커플링을 저장한 행렬로 곱한 뒤 모든 요소에 함수σ를 적용하는 것으로 간단히 새롭게 바뀐다.

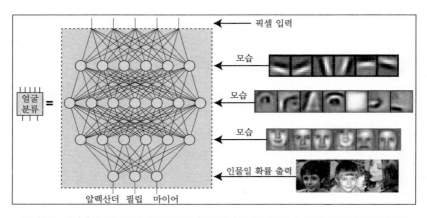

그림 2.9. 신경망은 NAND 게이트의 네트워크처럼 함수를 계산할 수 있다. 예컨대 인공신경망은 이미지 픽셀의 밝기를 나타내는 수치를 입력해 픽셀들이 표현하는 이미지가 누구인지를 확률로 출력하도록 훈련됐다. 그림에서 동그라미로 그려진 각 인공 뉴런은 위 뉴런에서 보내온 수치의 가중치를 계산한 뒤 이 수치에 간단한 함수를 적용해 그 결과를 아래로 내려보낸다. 이렇게 하면 다음 층은 더 높은 수준의 특징을 계산한다. 보통 얼굴인식 인공신경망은 수십만 뉴런을 포함한다. 그림에서는 간결함을 위해 뉴런을 몇 개만 표시했다.

신경망은 그것이 어떻게 만들어졌는지에 대한 낮은 수준의 핵심 세부 사항과 무관하게 대단한 계산력을 지닐 수 있다. 실은 조지 사이벤코, 쿠르트 호니크, 맥스웰 스틴치콤, 홀버트 화이트는 1989년에 주목할 만한 가설을 증명했다. 그렇게 간단한 신경망은 어떤 함수든, 시냅스 힘을 나타내는 수를 조정하는 것만으로도, 뜻대로 정확하게 계산할 수 있다는 의미에서 보편적이라는 내용이다. 달리 말하면 아마 진화가 우리의 생물적인 뉴런을 그토록 복잡하게 만든 것은 필요해서가 아니라 더 효율적이어서였을 것이다. 또 진화는 인간 엔지니어와 달리 간단하고 이해하기 쉬운 설계를 보상하지 않았기 때문이었을 것이다.

　　내가 이것을 처음 배웠을 때 나는 그토록 간단한 무언가가 어떻게 멋대로 복잡한 무언가를 계산할 수 있는지 혼란스러웠다. 예를 들어 당신에게 가중 합산과 하나의 고정된 함수만 주어졌다면 곱셈과 같은 간단한 작업조차 못하지 않을까? 이게 어떻게 가능한지 맛보고 싶다면 〈그림 2.10〉을 보시라. 〈그림 2.10〉은 뉴런 다섯 개가 어떻게 임의의 두 숫자를 곱할 수 있는지, 뉴런 하나가 어떻게 세 개의 비트를 곱하는지 보여준다.

당신이 이론상으로 원하는 만큼 큰 신경망을 활용해 무엇이든 계산할 수 있음을 증명할 수 있을지라도, 이 증명은 당신이 실제로 합리적인 크기의 네트워크로 그렇게 할 수 있는지에 대해서는 아무것도 말하지 않는다. 사실 이에 대해 더 생각할수록 신경망이 그렇게 잘 작동하는지 더 아리송해진다.

예를 들어 100만 픽셀 크기의 흑백 이미지를 고양이와 개 두 범주로 분류하고 싶다고 하자. 각 픽셀이 256개 값을 갖는다면 이미지는 $256^{1,000,000}$가지의 경우가 가능하다. 우리는 각 이미지가 고양이일 확률을 계산하고자 한다. 이는 그림을 입력하면 이런 확률을 출력하는 임의의 함수는 경우의 수가 $256^{1,000,000}$가지인 확률을 가진 것으로 정의된다는 말이다. 이 수는 우리 우주에 있는 원자의 수(약 10^{78})보다 크다. 그러나 수천에서 수백만 개 매개변수만 갖고 있는 신경망은 그런 분류 작업을 꽤 잘한다. 어떻게 하면 성공적인 신경망이 매개변수를 그렇게 적게 필요로 한다는 의미에서 저렴할 수 있을까? 결국 우리 우주 안에 들어갈 정도로 작은 신경망이 거의 모든 함수의 근삿값을 내는 데 대단하게 실패하고, 단지 부여할 수 있는 계산 과제 중 우스꽝스러울 정도로 미미한 부분에서만 성공하리라는 것을 증명할 수 있다.

이 부분과 관련된 미스터리로 나는 제자 헨리 린Henry Lin을 많이 골려줬다. 내 인생에서 가장 고맙게 느끼는 것 중의 하나가 놀라운 학생들과 함께 연구한 것이고, 헨리는 그런 제자들 가운데 한 명이다. 그가 처음 내 연구실 안으로 걸어와 자신과 함께 연구하는 데 관심이 있

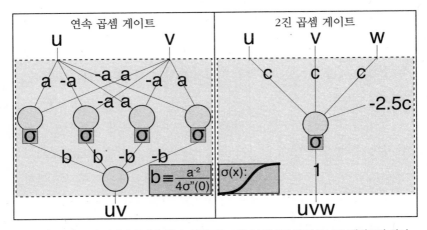

그림 2.10. 물질이 어떻게 곱셈을 할 수 있을까? 그림 2.7에서와 같이 NAND 게이트가 아니라 뉴런을 이용해서 말이다. 핵심 포인트는 세부 내용을 따라가지 않아도 이해할 수 있고, 뉴런(인공이든 생물적이든)은 수학을 할 줄 알 뿐 아니라 곱셈에는 뉴런이 NAND보다 훨씬 덜 든다는 것이다. 다음 내용은 골수 수학 팬을 위한 세부 선택 사항이다. 원은 덧셈을 하고, 사각형은 σ 함수를 적용하며 선은 연결된 두 수를 곱한다. 왼쪽 그림에는 실수가 입력되고 오른쪽 그림에는 이진수가 입력된다. 곱셈은 $a \to 0$ (왼쪽)이고 $c \to \infty$ (오른쪽)에 따라 원하는 만큼 정확해질 수 있다. 왼쪽 네트워크는 원점에서 곡선이고 이차도함수 $\sigma''(0) \neq 0$인 어떤 함수 $\sigma(x)$에 대해서도 작동한다. 이는 $\sigma(x)$의 테일러 전개로 증명된다. 오른쪽 네트워크가 작동하는 조건은 함수 $\sigma(x)$에서 x가 아주 작아지면 0으로, 아주 커지면 1로 근접하는 것이다. 이는 $u + v + w = 3$ 일 때에만 $uvw = 1$ 이라는 데서 알 수 있다(이들 사례는 내가 제자 헨리 린과 쓴 논문 「딥러닝과 칩 러닝은 왜 그렇게 잘 작동하나?Why Does Deep and Cheap Learning Work So Well?」에서 인용했다. 논문은 다음 사이트에서 읽을 수 있다. http://arxiv.org/abs/1608.08225.). 위와 같은 곱셈 다수와 덧셈을 결합하면 어떤 다항식도 계산할 수 있고, 잘 알려진 대로 다항식은 어느 매끄러운 함수라도 가깝게 나타낼 수 있다.

느냐고 물었을 때, 나는 오히려 '내가 그에게 나와 함께 연구할 의향이 있는지 물어보는 것이 더 적절하겠다'라고 혼자 생각했다. 이 겸손하고 친근하며 눈을 반짝이는, 루이지애나 슈리브포트 출신의 소년은 이미 과학 논문을 여덟 편 썼고, 포브스의 30세 이하 30인으로 선정됐으며 TED 영상으로 100만 건 이상 조회됐다. 그리고 그는 불과 20세였다! 1년 뒤 우리는 결론이 놀라운 논문을 함께 썼다. 즉, 신경망이 왜 그렇게 잘 작동하는지는 수학만으로는 설명하지 못하는데, 그건 답의 일부가 물리학에 있기 때문이라는 내용이었다. 물리학 법칙이 우리에게 제시하고 우리가 흥미를 갖고 계산하게 하는 함수의 집합은 놀라울 정도로 작은데, 이는 우리가 아직도 완전히 이해하지 못하는 이유로 인해 물리학 법칙은 놀랍게도 간단하기 때문이다. 게다가 신경망이 계산할 수 있는 함수의 미미한 부분은 우리가 관심을 가진 물리학의 미미한 부분과 비슷했다! 우리는 또 이전 작업을 확장해 딥러닝deep learning 신경망(많은 층위를 지닐 경우 딥이라고 불린다)이 관심 대상인 많은 함수 덕분에 얕은 것들보다 훨씬 더 효율적임을 보여줬다. 예를 들어 또 다른 놀라운 MIT 학생 데이비드 롤니크와 함께 우리는 n개 숫자를 곱하는 간단한 작업에 단층인 네트워크에서 놀랍게도 2^n개의 뉴런이 필요함을 보여줬다. 그러나 깊은 네트워크에서는 $4n$개의 뉴런만 필요했다. 이는 왜 신경망이 AI 연구자들 사이에서 크게 유행인지 설명할뿐더러, 왜 우리가 뇌에 신경망을 진화시켰는지 설명하는 데 도움을 준다. 우리가 미래를 예상하도록 뇌를 진화시켰다면, 물리적인 세계에서 중요한, 바로 정확히 그 계산 문제에 능숙하도록 계산 구조를 진화시켰다는 말이 이치에 맞는다.

신경망이 어떻게 작동하고 계산하는지 알아봤으니, 이제 그것이 어떻게 학습하는지로 돌아오자. 구체적으로 신경망은 제 시냅스를 새로 바꿈으로써 나아지는데, 그 일을 어떻게 하는 것인가.

1949에 낸 독창적인 책 『행동의 조직The Organization of Behavior』에서 캐나다 심리학자 도널드 헵Donald Hebb은 서로 가까운 두 뉴런이 동시에 활발해지는(뉴런 용어로 'firing', 즉 불꽃을 일으키는) 일이 잦으면 그들의 시냅스 동조가 강화되고 그래서 두 뉴런은 서로 불꽃을 내도록 돕는 법을 배운다고 주장했다. 이 아이디어는 인기 있는 슬로건인 "함께 활성화되고 함께 연결된다Fire together, wire together"에 반영됐다. 비록 우리는 실제 뇌가 어떻게 학습하는지 세부 과정을 이해하는 수준에서는 아직 한참 멀리 있고, 그동안의 연구는 고작 정답이 많은 경우 훨씬 더 복잡하다는 것만 드러낸 상태이지만, 이런 간단한 학습 원리(헵 러닝이라고 알려진)로도 신경망이 재미난 것들을 배우도록 한다. 존 홉필드는 자신의 지나치게 단순한 인공신경망이 헵 러닝을 통해 반복해서 노출되는 것만으로도 많은 복잡한 기억을 저장했음을 보여줬다. 인공신경망이(또는 기술을 배우는 동물이나 사람이) 학습하기 위한 그런 정보 노출은 대개 '훈련'이라고 불린다. 훈련 대신 '공부'나 '교육' 또는 '경험'이라는 용어도 적당하다. 오늘날의 AI 시스템을 움직이는 인공신경망은 헵 러닝을 더 정교한 학습 규칙으로 대체하는 경향이 있는데, 그것은 '역전파 학습backpropagation'과 '확률적인 기울기 하강stochastic gradient descent'이라는 컴퓨터 괴짜들의 용어로 불리지만, 기본적인 아이디어는 같다. 어떤 간단한 결정적인 규칙이 있는데, 그건 물리학 법칙과 비슷하고 그것을 통해 시냅스가 시간이 지나면서 새롭게 고쳐진다. 마치 마술처럼 이 간단한 규칙을 통해 신경망은 많은 양의 데이터로 훈련될 경우 놀랍도록 복잡한 계산을 배울 수 있다. 우리 뇌가 어떤 학습 규칙을 가동하는지 우리는 아직 정확히 알지 못하지만, 정답이 무엇이든지 간에, 그게 물리학 법칙에 위배된다는 징후는 어디에도 없다.

대다수 디지털 컴퓨터는 업무를 몇 단계로 나누어 계산 모듈을 여러 번 활용함으로써 효율을 높이는데, 인공신경망과 생물적 신경망도 그렇게 한다. 뇌에는 컴퓨터 과학자들의 용어로 피드포워드가 아니라 되돌아가는recurrent 신경망 부분이 있는데, 그곳에서는 정보가 한 방향이 아니라 여러 방향으로 흐르고, 그래서 현재 출력값이 다음에 일어나는 일의 입력값이 된다. 랩톱 컴퓨터의 마이크로프로세서에 있는 논리 게이트의 네트워크도 이런 의미에서 정보를 되돌린다. 즉, 과거 정보를 다시 활용하고, 키보드나 트랙패드, 카메라 등을 통해 들어온 새로운 정보가 이미 진행 중인 계산에 영향을 주고, 이는 다시 스크린, 라우드 스피커, 프린터, 무선 네트워크의 출력값을 결정한다. 비슷하게, 당신의 뇌 속에 있는 신경망도 정보를 되돌리는데, 이를테면 눈이나 귀로 들어온 정보가 진행 중인 계산에 영향을 미치도록 허용하고, 그 결과는 근육에 전달되는 정보 출력값을 결정한다.

학습의 역사는 적어도 생명의 역사만큼 긴데, 자기를 복제하는 모든 유기체는 흥미로운 정보 복제 및 처리 작업을 수행하기 때문이다. 이 행동은 어떻게든 배운 것이다. 그러나 라이프 1.0 시기에 유기체는 제 생애 동안에는 이를 배우지 않았다. 정보를 처리하고 정보에 반응하는 규칙은 물려받은 DNA에 의해 결정됐고, 그래서 학습은 종種의 수준에서, 세대를 넘어 진행되는 다윈적인 진화를 통해 발생했다.

약 5억 년 전 어떤 유전자 라인이 생애 동안 경험에서 배울 수 있는 신경망을 지닌 동물을 만드는 방법을 발견했다. 라이프 2.0이 도래했고, 극적으로 빨리 배우고 경쟁에서 앞지를 수 있는 능력 덕분에 지구 전역에 들불처럼 퍼져나갔다. 1장에서 살펴본 것처럼 생물은 학습 능력이 점점 좋아졌고 그 향상 속도도 빨라졌다. 한 특정한 원숭이 같은 종이 지식을 얻기 적합하게 뇌를 키웠고, 도구를 이용하고 불을 피우고 언어를 구사하고 복잡한 글로벌 사회를 만드는 법을 배웠다. 이 사회는 그 자체로 기억하고, 계산하고, 학습하는 시스템으로 여겨질 수 있는데, 이 시스템의 배우는 속도 또한 점점 빨라진다. 왜냐하면 문자 표기, 인쇄, 근대 과학, 컴퓨터, 인터넷으로 전개된 것처럼 발명이 그다음 발명을 낳았기 때문이다. 미래 역사학자는 발명을 가능케 하는 이 리스트의 다음 항목에 무엇을 올려놓을 것인가? 나는 인공지능이라고 추측한다.

우리 모두 알다시피, 컴퓨터 저장장치와 연산 능력의 폭발적인 발달(〈그림 2.4〉와 〈그림 2.8〉)이 인공지능의 화려한 진보를 가능케 했다. 그러나 머신 러닝이 성숙하기까지는 오랜 시일이 걸렸다. IBM의 딥블루가 1997년에 체스 챔피언 개리 카스파로프를 이겼을 때, 딥블루의 장점은 학습이 아니라 저장장치와 연산에 있었다. 딥블루의 연산 지능은 사람으로 이뤄진 팀이 창조했고, 딥블루가 자신을 창조한 사람들을 능가한 것은 더 빠르게 계산하고, 그럼으로써 더 이길 가능성이 큰 수가 무엇인지 분석한 덕분이다. IBM의 왓슨이 퀴즈 쇼 〈제퍼디!〉에서 인간 세계 챔피언을 왕좌에서 끌어내렸을 때에도, 왓슨은 학습보다는 맞춤형 프로그램의 기술과 월등한 저장장치와 속도에 의존했다. 같은 얘기를 로봇공학의 초기 약진의 대부분에 대해 할 수 있고, 발 달린 이동기관부터 자율주행차와 자율 착륙 로켓에 대해서도 할 수 있다.

이와 대조적으로, 최근 AI 약진의 대부분을 밀어붙여온 힘은 머신 러닝이다. 예를 들어 〈그림 2.11〉을 놓고 생각해보자. 이게 무슨 사진인지 인식하는 것은 당신에게 일도 아니지만 컴퓨터 프로그램에는 머나먼 목표였다. 컴퓨터 프로그램이 어떤 이미지의 모든 픽셀을 색으로만 입력받아 이런 캡션, 즉 "한 무리의 젊은이들이 프리스비 게임을 하고 있다"라는 정확한 설명을 출력하도록 하는 일은 수십 년 동안 세계의 모든 AI 연구자들에게 잡히지 않는 난제였다. 그러나 일리야 수츠케바Ilya Sutskever가 이끄는 구글팀이 2014년에 바로 이 난제를 풀어냈다. 다른 픽셀의 집합을 입력하자 이번에 그 프로그램은 "코끼리 한 무리가 마른 초원을 가로질러 걸어가고 있다"라는 답변을 정확하게 내놓았다. 구글 팀은 어떻게 이를 가능하게 했나? 딥블루 방식으로, 프리스비와 얼굴 등을 인식하는 알고리즘을 수작업으로 프로그래밍했을까? 그게 아니라, 물리적 세계나 그 구성물에 대해 전혀 모르는, 상대적으

그림 2.11. "한 무리의 젊은이들이 프리스비 게임을 하고 있다." 이 사진 설명은 사람, 게임, 프리스비라는 단어를 전혀 모르는 컴퓨터가 쓴 것이다.

로 간단한 신경망을 만든 다음, 그 신경망을 방대한 데이터에 노출시켜 배우도록 했다. AI 분야 선지자 제프 호킨스Jeff Hawkins가 2004년에 쓰기를, "어떤 컴퓨터도… 쥐만큼도 보지 못한다"라고 했으나, 그런 시절은 오래전에 지나갔다.

　아이들이 어떻게 배우는지 우리가 온전히 이해하지 못하는 것처럼, 우리는 그런 신경망 프로그램이 어떻게 배우며 왜 가끔 틀리는지 온전히 이해하지 못한다. 그러나 분명한 것은 신경망 프로그램이 이미 고도로 유용하며, 딥러닝에 대한 투자가 불어나도록 자극했다는 사실이다. 딥러닝은 컴퓨터 시각 인식의 많은 측면을 향상시켜, 손으로 쓰인 자료를 인식해 문서 파일로 바꾸는 작업, 자율주행차의 실시간 영상 인식 등이 개선됐다. 또 컴퓨터가 말을 문자로 전환하고 한 언어를 다른 언어로 실시간으로까지 번역하는 능력도 비슷하게 혁명적으로 향상시켰다. 그 덕분에 우리는 시리, 구글 나우, 코타나(각각 애플, 구글,

마이크로소프트에서 만든 지능형 개인 비서) 같은 디지털 개인 비서와 얘기를 나눈다. 우리를 번거롭게 하는 캡차CAPTCHA 퍼즐, 즉 웹사이트에 우리가 로봇이 아니라 사람임을 확인하기 위해 푸는 퍼즐이 점점 더 어려워지고 있다. 머신 러닝 기술이 할 수 있게 된 수준보다 난이도를 더 높이기 위해서이다. 2015년에 구글 딥마인드는 딥러닝을 활용한 AI 시스템을 공개했는데, 그 시스템은 아이가 그렇게 하는 것처럼 10여 개의 컴퓨터게임을 아무런 지도를 받지 않고도 능숙하게 할 수 있게 됐다. 반전은 그 시스템이 곧 어느 인간보다도 게임을 잘하게 됐다는 사실이다. 2016년에 같은 회사가 알파고를 만들었는데, 알다시피 바둑 두는 컴퓨터 시스템으로 바둑에서 다음에 둘 수가 얼마나 효과가 있을지 평가하는 데 딥러닝을 활용했고, 결국 세계 바둑 챔피언을 꺾었다. 이 과정은 선순환을 일으켜, 더 많은 자금과 인재가 AI 연구에 모이면서 추가 진전이 이뤄졌다.

우리는 이 장에서 지능의 본질과 지금까지의 발전을 다뤘다. 기계가 모든 인지 과제에서 우리와 겨룰 수 있기까지 얼마나 걸릴까? 우리는 분명히 알지 못하며, 답변이 '결코 오지 않는다'일 가능성에 대해 열린 자세를 취해야 한다. 그러나 이 장의 기본적인 메시지는 우리는 그런 상태가 우리 생애 중에 발생할 가능성도 고려할 필요가 있다는 것이다. 요컨대 물리학 법칙을 따르도록 하는 가운데 배열된 물질은 기억하고 계산하고 배울 수 있지만, 그것이 생물일 필요는 없다. AI 연구자들은 약속만 많이 하고 이뤄서 전하는 것은 적다는 비판을 자주 들어왔다. 그러나 공정하게 평가하면 비판하는 사람들의 실적도 최상은 아니다. 어떤 사람들은 이를테면 골대를 계속 옮기는데, 지능을 컴퓨터가 여전히 하지 못하는 일이나 우리에게 감명을 주는 것으로 효과적으로 정의하는 것이다. 기계가 이제 능숙하거나 뛰어난 영역은 계산, 체스, 수학 정리 증명, 주식 종목 선정, 이미지 설명, 운전, 아케이드 게임, 바둑, 음성 합성, 연설 받아 적기, 번역, 암 진단 등으로 늘어났다. 그러자 일부 비판자들은 경멸조로 비웃는다. "물론이지. 그렇지만 그건 진짜 지능이 아니지!" 그들은 이러다가는 진짜 지능은 모라벡의 지형(〈그림 2.2〉)에서 물에 잠기지 않은 산 정상에만 해당한다고 주장할지 모르겠다. 일부 사람은 과거에, 이미지에 설명 달기와 바둑은 진짜 지능이고 중요하다고 주장하곤 했다.

수면이 적어도 한동안은 더 차오른다고 가정하면, AI가 사회에 주는 충격은 점점 더 커질 것이다. AI가 모든 일에서 인간 수준에 이르기 한참 전에, 그와 관련한 시스템 오류, 법률, 기계, 일자리 등 우리 마음을 빼앗는 기회와 도전이 불거질 것이다. 기회와 도전은 무엇이며 우리는 그에 대해 어떻게 최상으로 대비할 것인가. 이게 다음 장의 주제이다.

핵심 요약

- 지능은 복잡한 목표를 달성하는 능력이라고 정의되고, IQ라는 하나의 수치로 측정될 수 없으며, 모든 목표에 걸친 능력 스펙트럼으로 평가해야 한다.
- 오늘날의 인공지능은 좁아지는 경향이 있어 각 시스템은 매우 특정한 목표만 이룰 수 있다. 이에 비해 인간 지능은 놀라울 정도로 폭이 넓다.
- 기억, 계산, 학습, 지능은 추상적이고 만져지지 않으며 미묘한 느낌을 주는데, 이는 이들 단어가 나타내는 작업이 기질 독립적이기 때문이다. 즉, 이들 작업은 물질적인 기질의 세부 특성에 따르거나 영향을 받지

않는 독자적인 생명을 지닐 수 있다.

• 어떤 물질이든 안정 상태를 다양하게 띨 수 있으면 기억에 쓰이는 기질이 될 수 있다.

• 어떤 물질이든 어떤 함수든 수행하도록 결합될 수 있는 보편적인 어떤 구성요소가 있으면 컴퓨트로늄, 즉 계산을 위한 기질이 될 수 있다. NAND 게이트와 뉴런은 그런 보편적인 '계산용 원자'의 두 가지 중요한 사례이다.

• 신경망은 학습을 위한 강력한 기질이다. 왜냐하면 요구되는 계산을 더 잘 수행하기 위해, 단순히 물리학 법칙을 따름으로써 자신을 재배열할 수 있기 때문이다.

• 물리학의 놀라운 단순성 덕분에 우리 인간은 모든 상상 가능한 계산 문제 가운데 작은 부분에만 신경을 쓴다. 그리고 신경망은 정확히 이렇게 작은 부분을 해결하는 데 놀랍도록 뛰어난 경향이 있다.

• 기술이 지금보다 두 배로 강해지면 그 기술은 다시 자신보다 두 배로 강력한 기술을 설계하고 만드는 데 종종 활용되고, 이는 무어의 법칙처럼 능력이 거듭해 배가되는 추세를 촉발한다. 정보기술의 비용은 약 1세기 동안 2년마다 절반으로 감소해왔고, 이는 정보화 시대를 가능하게 했다.

• 만약 AI의 진보가 지속된다면 모든 기술에서 AI가 인간의 수준에 도달하기 한참 전에 그와 관련해 시스템 오류, 법률, 기계, 일자리 등 우리 마음을 빼앗는 기회와 도전이 불거질 것이다. 이를 3장에서 다룬다.

3

가까운 미래: 약진, 오류, 법, 무기, 일자리

> 만약 우리가 곧 방향을 바꾸지 않는다면, 우리는 지금 가는 쪽에
> 닿고 말 거야.
>
> — 어윈 코레이

사람이라는 말은 이 시대에 무엇을 의미하는가? 예를 들어 우리가
자신과 관련해 정말 가치 있다고 여기는 것은 무엇인가? 다른 형태의
생명과 기계와 우리를 다르게 하는 것은 무엇인가? 다른 사람들이 우
리에게서 가치가 있다고 평가하는 것은 무엇인가? 그렇게 평가하는 사
람들 중 일부가 그것을 보고 우리에게 일자리를 제공하는 가치는 무엇
인가? 우리가 어느 한 시점에 무어라고 답변하든, 기술의 부상이 답변
을 바꾸리라는 점은 분명하다.

나를 예로 들겠다. 과학자로서 나는 자신의 목표를 설정하는 데 긍
지를 느끼고 넓은 범위에 걸쳐 있는 미해결 문제와 씨름하기 위해 내
창의성과 직관을 투입하는 것과 내 발견을 나누기 위해 언어를 구사하
는 것을 자랑스러워한다. 운이 좋아서 사회는 내가 이 일을 직업으로
하도록 나에게 기꺼이 돈을 주고 있다. 몇 세기 전이라면 나는 이 일
대신, 많은 다른 사람처럼, 농부나 공예가가 되는 정도로 내 정체성을
형성했을 것이다. 그러나 기술 발달은 그런 직업을 노동력의 작은 부
분으로 줄였다. 그래서 모든 이가 농업이나 공예 언저리에 자신의 정

체성을 형성하기가 더 이상 가능하지 않게 됐다.

개인적으로 오늘날의 기계가 땅파기나 뜨개질 같은 육체노동 기술에서 나를 능가한다고 해서 신경이 쓰이지는 않는다. 이런 일은 내 취미도 아니고 소득이나 자존감의 원천도 아니기 때문이다. 사실 그런 측면의 능력에 대해 내가 품었을지 모를 환상은 여덟 살 때 깨졌다. 나는 학교 뜨개질 시간에 거의 낙제했고, 나를 가엽게 여긴 5학년 선배의 따뜻한 도움 덕분에 과제를 마칠 수 있었다.

기술이 계속 발달하면서 AI가 부상하면, 내가 현재 노동시장에서 자존감과 가치를 갖도록 하는 원천인, 앞에서 열거한 능력 또한 잠식되고 말 것인가? 스튜어트 러셀은 그와 동료 AI 연구자들이 최근에 "어럽쇼!" 하며 놀라는 순간을 경험했다고 들려줬는데, AI가 앞으로 몇 년 이내에는 하지 못할 일이라고 생각한 무언가를 해내는 광경을 본 것이었다. 이제 그와 비슷하게 내가 겪은 '어럽쇼의 순간'을 들려주고, 어떻게 해서 내가 이런 현상이 인간의 능력이 곧 따라잡히는 전조가 되리라고 보는지 말하겠다.

약진들

심화 강화학습 행위자

나는 2014년에 입이 딱 벌어지는 경험을 하나 했는데, 딥마인드 AI 시스템이 컴퓨터게임을 하는 것을 봤을 때였다. AI는 벽돌깨기(〈그림 3.1〉)를 하고 있었는데, 내가 10대 때 좋아한 클래식 아타리 게임이다. 이 게임의 목표는 판때기로 공을 튀겨 맞은편에 있는 벽돌벽을 깨는 것이다. 공이 벽돌에 부딪히면 그 벽돌이 사라지면서 점수가 올라

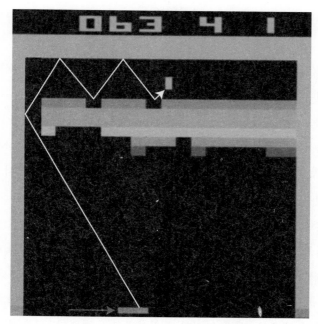

그림 3.1. 딥마인드 AI는 아타리 게임 벽돌깨기를 해서 점수를 극대화하는 법을 아무런 사전 지식 없이 심화 강화학습을 통해 배웠다. 딥마인드 AI는 결국 최적 전략을 찾아냈다. 벽돌벽의 왼쪽 구석을 허물어 구멍을 낸 뒤 공을 그리로 보내는 것이다. 공은 맞은편 벽과 벽돌벽 사이를 오가며 벽돌을 계속해서 부수고 점수가 아주 빠르게 올라간다.

간다.

나는 전에 컴퓨터게임 프로그램을 짠 적이 있고, 벽돌깨기 게임을 할 줄 아는 프로그램을 짜는 일이 어렵지 않다는 것도 잘 안다. 그렇지만 딥마인드팀이 한 일은 그게 아니었다. 대신 그들은 AI를 빈 서판 같이 만들었고, 그래서 AI는 이 게임에 대해 아무것도 몰랐다. 다른 게임도 알지 못했고, 심지어 게임, 판때기, 벽돌, 공 같은 개념에 대해서도 백지 상태였다. AI가 아는 것이라고는 규칙적인 주기에 따라 자신에게 입력되는 긴 숫자 리스트였다. 숫자는 현재 점수를 나타냈고, 우리가 (AI가 아니라) 스크린의 어느 부분이 어떤 색으로 지정됐는지 파악하는

데 쓰이는 숫자를 표시했다. AI에게 주어진 명령은 단순히 규칙적인 주기에 맞춰 숫자를 출력해 점수를 최대한 높이라는 것이었다. 숫자는 우리가(AI가 아니라) 어떤 키를 눌러야 하는지, 그래서 판때기를 어떻게 조작해야 하는지 알려주는 부호이다.

처음에 AI는 형편없었다. 판때기를 멋대로 좌우로 움직였고 거의 언제나 공을 놓쳤다. 얼마 지나자 AI는 판때기를 공 쪽으로 움직이는 것이 좋은 아이디어임을 알아차린 듯했다. 비록 거의 모든 시도에서 실패했지만 말이다. 그러나 연습을 통해 점차 나아졌고, 곧 나보다 게임을 더 잘하게 됐다. 공이 아무리 빨리 되돌아와도 어김없이 받아냈다. 내 입이 벌어진 것은 그다음이다. AI는 놀라운 점수 극대화 전략을 궁리해냈는데, 벽돌벽의 왼쪽 구석을 허물어 구멍을 낸 뒤 공을 그리로 보내는 것이었다. 공은 맞은편 벽과 벽돌벽 사이를 오가며 벽돌을 계속해서 부순다. 정말 영리한 작전이라고 느껴졌다. 나중에 데미스 하사비스가 내게 전해주기를, 딥마인드팀의 프로그래머들은 자신들이 만든 AI가 이렇게 하기 전에는 이 트릭을 알지 못했다. 독자께서도 내가 옮겨온 링크에서 직접 그 동영상을 보기를 권한다.[1]

이 모습에는 사람 같은 특징이 나타나고 나는 그걸 보고 불안해졌다. 제 목표를 갖고 그것을 달성하기 위해 더 나아지는 방법을 학습한 끝에 제 창조자를 능가하는 AI를 목격했던 것이다. 앞 장에서 우리는 지능을 복잡한 목표를 달성하는 능력이라고 단순하게 정의했고, 이런 의미에서 딥마인드의 AI는 내 눈 앞에서 점점 더 영리해졌다(비록 이 특정한 게임을 한다는 매우 좁은 의미에서만였지만 말이다). 1장에서 우리는 컴퓨터 과학자들이 지능적인 행위자라고 부르는 대상과 마주쳤다. 이는 주위 환경에서 센서를 통해 정보를 모으고 처리해서 환경에 어떻게 대응할지를 결정하는 존재를 가리킨다. 비록 딥마인드에서 이 게임을 한

AI는 벽돌과 판매기와 공으로 이루어진 극도로 단순한 가상 세계에서 살았지만, 나는 그 AI가 지능적인 행위자라는 점을 부인할 수 없었다.

딥마인드는 곧 자신들 방법을 공개하고 코드를 공유하면서, 심화 강화학습이라는 단순하면서도 강력한 아이디어를 활용했다고 설명했다.[2] 기본적 강화학습은 행동심리학에서 영감을 얻은 기계학습 기술로, 긍정적인 보상이 어떤 행동을 다시 시행하도록 유도하고, 반대의 경우도 마찬가지라는 원리를 활용한다. 개가 어떤 재주를 보일 때 칭찬을 듣거나 간식을 받을 확률이 높아질 경우 그 행동을 배우는 것처럼, 딥마인드의 AI도 판매기를 움직여 공을 받아치는 법을 배웠는데, 그렇게 하면 점수를 더 따는 확률이 높아졌기 때문이다. 딥마인드는 이 아이디어를 딥러닝과 결합했다. 그들은 딥 신경망을 앞 장에서처럼 훈련시켜, 키보드에서 허용된 자판 중 각각을 눌렀을 때 평균 몇 점을 얻을 수 있는지 예측하도록 했다. 그다음 AI는 신경망이 게임의 현 상태에서 가장 점수를 높게 딸 것으로 평가한 자판을 무조건 택했다.

자존감이라는 내 개인적인 감정에 기여하는 특성을 꼽아본 적이 있는데, 광범위한 풀리지 않은 문제를 풀어내는 능력도 그런 특성에 넣었다. 이와 대조적으로 벽돌깨기 게임을 할 수 있을 뿐 다른 일은 아무것도 하지 못하는 상태는 극도로 좁은 지능이다. 그러나 딥마인드의 약진이 정말 중요한 점은 심화 강화학습이 완전히 일반적인 기술이라는 사실이다. 그들은 똑같은 AI가 다른 아타리 게임 49가지를 하도록 했는데, AI는 학습을 통해 그중 29가지에서 실험에 참여한 사람들보다 뛰어난 수준에 이르렀다. 예컨대 퐁, 복싱, 비디오 핀볼, 스페이스 인베이더 등에서였다.

오래지 않아 같은 AI가 더 현대적인 게임, 이를테면 2차원적인 것을 넘어 3차원적인 종류에서 능력을 입증하기 시작했다. 곧 샌프란시스코 소재 오픈 AI의 딥마인드 경쟁자들은 유니버스라고 불리는 플랫폼을 공개했는데, 여기에서 딥마인드의 AI와 다른 지능적인 행위자는 마치 게임하는 것처럼 전체 컴퓨터와 상호작용을 할 수 있다. 즉, 웹브라우저를 시작하거나 인터넷에서 어슬렁거리는 등 아무거나 클릭하고 아무거나 입력하고 인터넷에서 마주칠 수 있는 소프트웨어는 무엇이든 실행해봤다.

심화 강화학습과 그에 따른 발전을 내다볼 때, 뚜렷한 종착점이 보이지 않는다. 그 잠재력은 가상의 게임 세계에 한정되지 않는데, 왜냐하면 당신이 로봇이라면 인생 자체가 게임으로 여겨질 수 있기 때문이다. 스튜어트 러셀은 자신이 처음 경험한 큰 어럽쇼 순간은 빅 독 로봇이 눈 덮인 숲 언덕을 뛰어 올라가는 것을 본 것이었다고 내게 말했다. 그가 몇 년 동안 씨름하던 발로 이동하는 문제를 우아하게 해결한 것이었다.[3] 그러나 이 획기적인 일이 2008년에 이뤄지기까지 영리한 프로그래머들의 방대한 작업이 선행됐다. 그러나 딥마인드가 새롭게 돌파한 이후, 로봇이 심화 강화학습을 응용해 사람 프로그래머의 도움 없이도 스스로 걷는 법을 배우지 못할 이유가 없어졌다. 필요한 것은 로봇에게 진도를 낼 때마다 점수를 주는 시스템이다. 실제 세계에서 로봇은 이와 비슷하게 수영, 비행, 탁구, 싸움을 비롯해 다른 무수한 운동 과제를 인간 프로그래머의 도움 없이도 익힐 잠재력이 있다. 배우는 속도를 높이고 학습 과정에서 정체 상태에 빠지거나 손상을 입는 위험을 줄이기 위해 로봇은 가상현실에서 먼저 배우는 선택을 할 것이다.

직관, 창의, 전략

내가 AI를 새로 정의하게 된 순간은 딥마인드 AI 시스템 알파고가 21세기 초 바둑 세계 최고수로 널리 인정되는 이세돌을 5판승 대결에서 이긴 때이다.

인간 바둑 선수가 언젠가는 기계에게 권좌를 빼앗기리라는 예상이 많았고, 이는 체스에서 20년 전 발생한 일이 바둑에서도 나타나리라는 논리에 바탕을 두고 있었다. 그러나 대다수 바둑 고수들은 기계의 승리는 10년 뒤에나 가능하리라고 예상했다. 따라서 알파고의 승리는 나는 물론 그들에게도 전환의 순간이었다. 닉 보스트롬과 레이 커즈와일은 AI의 약진이 다가오는 것을 알아차리기가 얼마나 어려운지 강조한 바 있는데, 이는 이세돌의 대국 전 인터뷰와 세 판을 내리 진 후 인터뷰에서 생생히 드러났다.

2015년 10월 : "지금까지 본 바로는… 내가 거의 압도적으로 이길 것이라고 생각한다."

2016년 2월 : "구글 딥마인드의 AI는 놀라울 정도로 강하고 더 강해지고 있다고 들었다. 그러나 적어도 이번에는 내가 이길 수 있다고 자신한다."

2016년 3월 9일 : "내가 진다고 생각해보지 않았기 때문에 매우 놀랐다."

2016년 3월 10일 : "할 말이 없다… 충격 받았다. 셋째 판이 쉽지 않을 것 같다."

2016년 3월 12일 : "무기력하다."

이세돌과 대국한 지 1년 내에, 기량이 더 향상된 알파고는 세계의 바둑 고수 20명과 겨뤘고 한 판도 빼앗기지 않았다.

이게 왜 나에게 개인적으로 큰일이었나? 앞에서 털어놓았듯이, 나는 직관과 창의성을 내가 지닌 인간적 특성의 핵심 중 두 가지라고 여

수천 년 동안 축적된
인간의 직관에서
벗어난 한 수

그림 3.2. 딥마인드의 알파고 AI는 5선에 고도로 창의적인 수를 뒀는데, 이는 지난 천년의 인간 지혜를 무시한 것이었다. 이 수는 50수가 지나서야 바둑의 전설 이세돌을 꺾는 데 결정적이었음이 드러났다.

기는데, 나는 알파고가 이 두 가지를 보여줬다고 느꼈다. 이제 이 부분을 설명한다.

바둑 선수들은 가로세로 19개 선이 교차하는 판 위에 번갈아 검은 돌과 흰 돌을 놓는다(〈그림 3.2〉). 가능한 바둑 경기의 수는 우리 우주에 있는 원자의 수보다 훨씬 많다. 그래서 이어질 수 가운데 흥미로운 순서를 모두 분석하려는 시도는 급속도로 무망해진다. 바둑 선수들은 그래서 의식 속의 추론을 보완하기 위해 무의식에 크게 의존하고, 고수들은 어느 자리가 강하고 어느 자리가 약한지에 대해 거의 초자연적으로 느낌을 가다듬는다. 지난 장에서 본 것처럼 딥러닝의 결과는 가끔 직관을 떠올리게 한다. 딥 신경망은 이미지가 고양이를 묘사한 것인지, 설명하지 못하지만 판단할 수 있었다. 그래서 딥마인드 팀은 딥러닝이 고양이를 알아볼 수 있을 뿐 아니라 바둑판의 어느 곳이 강한지 인식할 수 있을 것이라는 기대를 품었다. 그들이 알파고에 넣은 핵심 아이디어는 고파이GOFAI의 논리력과 딥러닝의 직관력을 맺어주는 것이었다. 고파이는 딥러닝 혁명 이전에 '좋은 옛날식 AIGood Old Fashioned Artificial Intelligence'라고 유머러스하게 알려진 것을 가리킨다. 그들은 바둑 수의 방대한 데이터베이스를 활용했는데, 이는 한편으로는 사람들이 둔 수에서, 다른 한편에서는 알파고가 자신의 클론 AI와 둔 수에서 취합한 것이었다. 그들은 딥 신경망을 훈련시켜 이 각 상황에서 백이 궁극적으로 이길 확률을 예측하도록 했다. 또 별도의 네트워크는 그럴듯한 다음 수를 예측하도록 훈련시켰다. 그리고 나서 고파이 기법을 활용하는 이들 네트워크를 결합했더니, 이 결합된 네트워크는 그럴듯한 향후 수의 순서 중 가지치기를 한 리스트를 영리하게 검색해 가장 강한 상태로 이어질 다음 수를 알아내도록 했다.

이렇게 직관과 논리를 맺어줬더니 강력할 뿐 아니라 몇몇 경우에는 고도로 창의적인 수가 나왔다. 예를 들어 천년 동안 축적된 바둑의 지혜는 초반에는 3선과 4선에 두는 것이 최상이라고 가르친다. 3선과 4선의 선택에는 장단점이 있는데, 3선에 두면 바둑판의 옆으로 단기적인 영토 확장에 유리하고 4선에 두면 중원을 향한 장기적이고 전략적인 영향에서 유리해진다.

둘째 게임의 37번째 수에서 알파고는 오래된 지혜를 거부하고 5선에 둠으로써(〈그림 3.2〉) 바둑계에 충격을 줬다. 마치 장기 전략 능력에서 자신이 사람보다 낮고, 따라서 단기 이득보다는 전략적인 유리함을 더 선호한다는 자신감이 넘치는 듯했다. 해설자들은 놀랐고 이세돌은 심지어 일어나서 잠시 방을 나갔다.[4] 물론 약 50수 이후 벌어진 좌하귀 싸움의 전선이 확장돼 37번째 검은 돌과 연결됐다. 그 수가 결국 승부를 갈라, 알파고의 5선 행마는 바둑 역사에서 가장 창의적인 수로 기록되었다.

직관적이고 창의적인 측면 때문에 바둑은 그저 하나의 게임이 아니라 예술로 여겨진다. 바둑棋은 고대 중국에서 그림畵, 서예書, 금琴과 함께 네 가지 '필수적인 예술' 중 하나로 간주됐다. 금은 현악기 연주를 가리킨다. 바둑은 지금도 아시아에서 크게 인기가 있어, 알파고와 이세돌의 첫 대국은 거의 3억 명이 시청했다. 그 결과 바둑계는 승부의 결과에 상당히 동요했고, 알파고의 승리를 인류 역사에서 획기적인 사건이라고 여겼다. 세계 바둑 챔피언 커제는 이렇게 말했다.[5] "인간은 수천 년 동안 바둑을 둬왔지만, AI가 우리에게 보여준 것처럼, 우리는 아직 표면을 긁는 정도도 하지 못했다. … 인간과 컴퓨터의 결합은 새로운 시대를 열 것이고 사람과 AI는 바둑의 진리를 발견할 수 있을 것이다." 이 말처럼 사람과 기계의 유익한 협업은 많은 영역에서 유망해 보인다. 그런 영역은 과학도 포함하는데, 바라건대 AI는 우리 인간이 자신의 궁극적인 잠재력을 깊이 이해하고 실현하도록 도울 수 있을 것이다.

내 생각에 알파고는 가까운 미래와 관련해 또 다른 중요한 지혜를 우리에게 가르친다. 딥러닝의 직관을 고파이의 논리와 결합하면 최강의 전략을 만들 수 있다는 것이다. 바둑은 최고의 전략 게임 중 하나이므로, 바둑에서 최강임을 입증한 AI는 이제 바둑판을 벗어나 최고의 인간 전략가들에 도전할 준비를 마친 셈이다. 예를 들어 투자 전략, 정치 전략, 군사 전략에 AI를 투입할 수 있다. 이런 실전 전략 문제는 대개 인간 심리, 정보 누락, 무작위한 변수 때문에 복잡하다. 그러나 포커를 하는 AI 시스템은 이미 이런 도전을 극복할 수 있음을 보여줬다.

자연어

AI 발달이 최근 나를 놀라게 한 다른 분야는 언어이다. 나는 어릴 때부터 여행을 좋아하게 됐고 다른 문화와 언어에 대한 호기심이 내 정체성의 중요한 부분을 형성했다. 나는 스웨덴어와 영어를 말하면서 자랐고 학교에서 독일어와 스페인어를 배웠으며 두 번의 결혼에서 포르투갈어와 루마니아어를 배웠고 러시아어, 프랑스어, 중국어를 재미로 조금씩 독학했다.

> 그러나 AI는 도달해왔고 2016년 중요한 발견 이후 구글의 뇌 장비로 개발된 AI 시스템보다 내가 번역할 수 있는 언어는 거의 없게 됐다.

내 뜻이 잘 표현됐나? 내가 말하려고 한 바는 다음과 같다.

> 그러나 AI는 나를 따라잡아왔고, 2016년 주요 약진 이후 구글 브레인팀이 개발한 AI 시스템보다 내가 더 잘 번역할 수 있는 언어는 거의 남지 않게 됐다.

나는 몇 년 전 랩톱 컴퓨터에 설치한 앱으로 이 문장을 스페인어로 번역한 뒤 그 번역본을 다시 영어로 되돌렸다. 그 결과가 처음 제시한 문장이다. 구글브레인팀은 2016년에 무료 구글 번역 서비스를 업그레이드해 심화 순환형 신경망을 활용하도록 했다. 그러자 구식 고파이 시스템과 비교해 성능이 극적으로 향상됐다.[6]

다음은 업그레이드된 구글 번역 서비스가 작업한 결과이다.

그러나 AI는 나를 따라잡아왔고, 2016년 주요 약진 이후 구글 브레인팀이 개발한 AI 시스템보다 더 잘 번역할 수 있는 언어는 거의 남지 않게 됐다.

비교해보면, 번역되면서 원문의 '내'가 빠졌고, 그래서 의미가 변했다. 잘했지만 아쉬운 결과이다. 그러나 구글의 AI를 변호하자면, 내 문장은 불필요하게 길어 분석하기 어렵다는 소리를 자주 듣는 데다, 내가 여기에 쓴 번역용 예문은 아주 헷갈리고 둘둘 말린 문장들 중에서 고른 것이다. 더 일반적인 문장의 경우 구글의 AI는 종종 흠잡을 데 없이 번역한다. 그래서 업그레이드된 구글 번역 서비스는 처음 나왔을 때 반향이 상당했고, 매일 수억 명이 쓸 정도로 충분히 도움이 된다. 더욱이 음성-글자 및 글자-음성 변환에서 딥러닝 기술이 발달한 덕분에 이용자들은 이제 스마트폰에 한 언어로 말하면 다른 언어로 번역된 말을 듣는다.

자연어 처리는 AI에서 가장 빠르게 발전하는 분야 중 하나이다. 나는 이 분야의 향후 성공은 큰 충격을 줄 것이라고 생각하는데, 언어는 사람으로 지내는 데 정말 중심적인 역할을 하기 때문이다. AI가 언어적인 정확성에서 나아질수록 이메일을 조리 있게 작성하고 대화에 응하거나 대화를 이어가는 일을 더 잘할 수 있다. 그렇게 되면 적어도 외부인에게는 AI가 사람처럼 생각한다고 보일 것이다. 딥러닝 시스템은 이렇게 걸음마를 떼면서 유명한 튜링 테스트에 다가서고 있다. 튜링 테스트란 기계가 사람과 컴퓨터 채팅처럼 문자로 대화하면서 상대방이 자신을 사람으로 여기도록 속이면 통과하는 테스트이다.

언어 처리 AI는 그러나 아직 갈 길이 멀다. 내가 AI보다 번역을 못할 때면 낙담함을 인정해야 하지만, 나는 적어도 지금까지는 AI가 자신이 무엇을 말하는지 유의미하게 이해하지는 못한다는 사실을 떠올리면 기분이 나아진다. 방대한 데이터 집합으로 훈련받은 AI는 단어와 관련된 양상과 관계를 찾아내지만 다루는 단어를 실제 세계의 어떤 것과도 연결해보지 않는다. 예를 들어 AI는 각 단어에 숫자 1,000개 중 하나를 부여하는데, 뜻이 가까운 두 단어에는 가까운 두 수를 매긴다고 하자. 이런 방식으로 AI는 '왕'과 '여왕'의 관계가 '남편'과 '부인'의 관계와 비슷하다고 추론할 수 있다. 그렇지만 AI는 여전히 남자나 여자가 무슨 뜻인지에 실마리를 잡지 못하고, 게다가 공간과 시간과 물질을 가지는 물리적인 실체로서 남자나 여자가 있다는 사실도 모른다.

튜링 테스트는 근본적으로 속이는 행위와 관련이 있고, 그래서 진짜 인공지능을 시험하기보다는 인간의 속아 넘어가는 경향을 측정하게 된다고 비판받았다. 이와 대조적으로 '위노그라드 스키마 챌린지'라는 경쟁 테스트는 곧바로 정곡을 찌른다. 현재 딥러닝 시스템에 부족한 상식적인 이해력에 집중하는 것이다. 우리는 문장을 분석할 때 일상적으로 실제 세계의 지식을 활용해 특정 대명사가 무엇을 가리키는지 생각해낸다. 예를 들어 대표적인 위노그라드 챌린지는 다음에서 '그들'이 누구를 가리키는지 묻는다.

1. 그 시의원들은 시위자들이 입장하지 못하도록 했는데, 그들은 폭력이 두려웠기 때문이다.
2. 그 시의원들은 시위자들이 입장하지 못하도록 했는데, 그들이 폭력을 옹호했기 때문이다.

AI가 이런 질문에 답하도록 하는 대회가 매년 열리는데, AI의 점수는 아직 형편없다.[7] '무엇'이 '무엇'을 가리키는지 맞히는 정확성 검사는, 내가 앞선 번역에서 스페인어를 중국어로 바꾸자 구글 번역기조차 침몰시켰다. 앞의 영어 문장을 중국어로 옮기게 한 뒤 그 문장을 다시 영어로 번역한 결과는 다음과 같다.

> 그러나 AI는 2016년의 주요 약진 이후 나를 따라잡았고, 거의 아무 언어도 없이 나는 구글브레인팀이 개발한 것보다 AI 시스템을 번역할 수 있었다.

구글 번역기 사이트(http://translate.google.com)에서 직접 테스트해, 구글 AI가 나아졌는지 확인해보시기 바란다. 아마 능력이 향상됐을 공산이 큰데, 왜냐하면 실제 세계를 반영하는 언어 처리 AI를 만들기 위해 심화 순환형 신경망과 고파이를 연결하는 유망한 시도가 이뤄지고 있기 때문이다.

기회와 도전

이들 세 가지 사례는 단지 샘플 모음임이 분명한 것이, AI는 많은 중요한 전선에서 빠르게 발전하고 있기 때문이다. 게다가 나는 이들 사례에서 두 회사만 언급했지만, 대학과 다른 회사 가운데 그들과 경쟁하는 연구 그룹 상당수도 그들에 비해 그리 뒤처지지 않는다. 세계 컴퓨터 과학과에서는 학생, 박사후연구원, 교수들을 빨아들이는 소리가 요란한데, 애플, 바이두, 딥마인드, 페이스북, 구글, 마이크로소프트 같은 기업은 두둑한 보상을 내걸고 이들을 영입하고 있다.

내가 제시한 사례들을 보고 AI의 역사를 중단된 정체의 기간에 가끔씩 약진이 끼어드는 식이라고 잘못 생각하지 않는 것이 중요하다. 내 관점에서 보면, 장기에 걸쳐 꽤 꾸준한 진보를 목격해왔다. 그런데 대중매체들은 AI가 상상력을 사로잡는 새로운 응용이나 유용한 제품을 가능하게 하는 문턱을 넘을 때마다 약진이라고 보도한다. 나는 빠른 AI 발달이 다년간 지속될 가능성이 높다고 생각한다. 더욱이 2장에서 본 것처럼 AI가 대부분 과제에서 사람과 대등하게 되기까지 이 추세가 지속될 수 없으리라고 볼 근본적인 이유가 없다.

이는 다음 물음을 제기한다. 이 발달이 우리에게 어떤 영향을 줄 것인가? 단기 AI 발달은 사람이라는 것의 의미를 어떻게 바꿀 것인가? 우리는 사람이라고 보는 데 중심 요소라고 느끼는 특성, 즉 목표, 폭넓은 지식, 직관, 창의성, 언어가 AI한테는 전혀 없다고 주장하기가 점점 더 어려워지고 있음을 살펴봤다. 이에 따라 AGI가 모든 과제에서 우리의 맞수가 되기 한참 전인 가까운 미래에 AI는 우리가 자신을 어떻게 보는지에 대해 극적인 충격을 줄 것이고, AI로 보완될 경우 우리가 할 수 있는 일과 AI와 경쟁할 때 우리가 무슨 일을 해서 돈을 벌지에도 영향을 미칠 것이다. 이 충격으로 더 나아질 것인가, 더 나빠질 것인가?

우리가 문명에서 좋아하는 모든 것은 인간 지능의 산물이다. 따라서 우리가 지능을 인공지능으로 확충한다면 인생을 훨씬 낫게 만들 수 있는 잠재력을 가질 게 분명하다. AI가 약간만 발달해도 과학과 기술에 굵직한 향상이 가능해질 것이고 이에 따라 사고, 질병, 불평등, 전쟁, 고되고 단조로운 일, 가난이 줄어들 것이다. 그러나 새로운 문제를 일으키지 않고 이런 이득을 얻으려면 많은 중요한 질문에 답해야 한다. 예를 들어 다음 질문이다.

1. 어떻게 미래의 AI 시스템을 지금보다 튼튼하게 만들어, 사고 나지 않고 오작동하지 않고 해킹당하지 않게 할 수 있을까?
2. 급속하게 변하는 디지털 지형에 발맞춰 우리의 법률 시스템

을 어떻게 더 공정하고 효율적으로 갱신할 수 있을까?

3. 치명적인 자율 무기를 향한 통제 불가능한 군비경쟁을 촉발
   하지 않는 가운데, 무기를 더 스마트하게 만들고 무고한 시
   민을 덜 죽이도록 만드는 방법은 무엇일까?

4. 자동화로 부를 증진하는 과정에서 사람들이 돈을 못 벌거나
   목표를 상실하지 않도록 하는 방법이 무엇일까?

이 장의 남은 부분에서 이 물음에 대한 답을 차례로 찾아보자. 이
들 네 가지 단기 질문은 주로 컴퓨터 과학자, 법률학자, 군사 전략가,
경제학자를 각각 겨냥한 것이다. 그러나 답변이 필요하게 될 때까지
우리에게 필요한 답변을 우리가 찾도록 돕기 위해 우리 각자가 이 대
화에 참여할 필요가 있다. 왜냐하면 앞으로 보게 되겠지만, 앞으로 우
리가 마주칠 도전은 전통적인 경계를 모두 뛰어넘는다. 전문가들 사이
의 경계와 국가 간 경계 같은 것들을 말이다.

오류 vs. 튼튼한 AI

정보기술은 인간사의 거의 모든 영역에 이미 큰 긍정적 충격을 줬
다. 과학, 금융, 제조, 수송, 건강, 에너지, 커뮤니케이션을 바꿔놓았
다. 그러나 이 충격은 AI가 몰고 올 수 있는 발전에 비하면 빛이 바랜
다. 그런데 우리가 기술에 더 의존할수록, 기술이 튼튼하고 믿음직하
게 우리가 원하는 일을 할 수 있어야 한다는 점이 더욱 중요해진다.

인류 역사를 보면 우리는 똑같은 경험칙의 접근, 즉 실수에서 배우
는 방식에 의존해 기술을 이롭게 관리해왔다. 불을 활용하게 되자 화

재를 반복해서 겪었고, 그다음에 소화기와 비상구, 화재경보기, 소방서를 만들었다. 자동차를 발명하자 반복해서 차 사고가 났고, 그러자 안전띠, 에어백, 자율주행차를 발명했다. 지금까지는 기술이 낸 사고가 대개 충분히 적고 제한적이었으므로 기술의 폐해보다 편익이 컸다. 그러나 전보다 훨씬 더 강력한 기술을 거침없이 개발하면서, 우리는 단 한 건의 사고가 대단히 파괴적이어서 피해가 모든 편익을 압도하는 지점에 이르는 것을 피하지 못할 것이다. 돌발적으로 발생한 세계적인 핵전쟁이 그런 경우라고 주장하는 사람들이 있다. 다른 사람들은 생명 공학으로 유발된 유행병을 든다. 우리는 다음 장에서 미래의 AI가 인류 절멸을 야기할 것인가를 둘러싼 논란을 살펴볼 것이다. 그러나 결정적인 결론에 이르기 위해 그렇게 극단적인 경우를 고려할 필요는 없다. 기술이 더 강력해지면 우리는 안전 기술에서 시행착오 접근에 덜 의존해야 한다. 달리 말하면 우리는 사후에 대응하기보다는 사전에 주도해야 한다. 즉, 사고가 한 번이라도 발생하지 않도록 방지하는 데 목표를 두고 안전 연구에 투자해야 한다. 이는 사회가 쥐덫의 안전보다 원자로 안전에 더 투자하는 까닭이다.

이는 푸에르토리코 콘퍼런스에서 AI 안전 연구에 대한 공동체적 관심이 강하게 나타난 이유이기도 하다. 컴퓨터와 AI 시스템은 늘 사고가 났지만 이번에는 다르다. AI는 점차 실제 세계에 들어오고 있고, AI가 전력망이나 주식시장이나 핵무기 시스템을 파괴할 경우 결과는 단순한 골칫거리에 그치지 않는다. 이 섹션의 나머지 부분에서 나는 기술적인 AI 안전 연구의 네 가지 주요 영역인 검증, 확인, 안전, 통제*를 소개한다. 이들 영역의 연구는 세계 전역에서 이뤄지고 있으며 현재 AI 안전 논의에서 가장 주목받고 있다. 기술 괴짜의 관심사로 흐르거나 무미건조하게 되는 것을 막기 위해 정보기술이 과거에 다른 영역에서 거둔 성공과 실패를 살펴보겠다. 아울러 우리가 그로부터 얻을 수 있는 값진 교훈과 향후 연구 과제도 알아본다.

비록 이 이야기들은 기술 수준이 낮아 거의 누구도 AI라고 부르지 않을 오래전의 컴퓨터 시스템과 관련됐고 피해자가 거의 발생하지 않았지만, 그럼에도 안전하고도 강력한 미래의 AI 시스템을 설계하는 데 값진 교훈을 준다. AI 시스템의 실패는 정말로 재앙이 될 수 있다.

우주 탐사를 위한 AI

내 마음에 와닿는 이야기로 시작하겠다. 우주 탐험이다. 컴퓨터 기술 덕분에 인류는 달로 날아갈 수 있었고, 무인우주선을 태양계의 모든 행성으로 보냈으며, 토성의 달 타이탄과 혜성에 착륙하기도 했다. 6장에서 다룰 텐데, 미래의 AI는 우리가 다른 태양계와 은하계를 탐험하도록 도울 것이다. 만약 오류가 발생하지 않는 시스템이라면 말이다. 1996년 6월 4일 지구의 자기권을 연구할 희망에 부푼 과학자들은 자신들이 만든 측정 장비가 설치된 유럽우주국European Space Agency의 아리안 5호가 굉음을 울리며 하늘로 발사되자 환호했다. 그러나 아리안 5호는 37초 뒤 폭발해버렸고, 수억 달러가 허공으로 사라졌다.[8] 원인은 소프트웨어 오동작으로 밝혀졌다. 해당 소프트웨어는 각 수에 16비트를 할당해 처리했는데, 이 용량에 비해 너무 큰 수를 조작하면서 문제가 빚어졌다.[9] 나사NASA의 화성 기후 궤도선은 1998년 이 붉은 행성의 대기권으로 잘못 진입했다가 실종됐다. 이 우주선은 화성 표면 위 140~150킬로미터 상공의 궤도에 진입하도록 설계됐으나 57킬로미터

---

* AI 안전 연구의 지형에 대한 더 상세한 지도를 원한다면 다음 사이트가 있다. FLI의 리처드 말라가 주도한 공동 노력으로 개발된 인터랙티브 지도이다. http://futureoflife.org/landscape

상공의 궤도로 들어갔고, 낮은 고도에서 대기의 마찰을 견디지 못하고 파괴된 것으로 추정됐다. 조사 결과 소프트웨어의 두 부분이 추진력과 관련해 각기 다른 도량형 단위를 쓰도록 설계됐음이 드러났다. 이로 인해 로켓 엔진 추력제어에 445퍼센트 차이를 일으키는 오류가 빚어졌다.[10] 이는 나사의 두 번째 초고비용 오류였다. 앞서 금성 탐사선 마리너 1호는 1962년 7월 22일 미국 플로리다 주 커내버럴 곶에서 발사됐는데, 잘못 찍힌 마침표 하나로 비행 통제 소프트웨어가 오동작하는 바람에 폭발했다.[11] 서구만 발사 오류를 저지르는 게 아님을 보여주려는 듯, 소련의 포보스 1호도 1988년 9월 2일 단순한 실수 때문에 실패했다. 앞서 7월 7일 발사된 포보스 1호는 화성으로 가는 중 잘못된 명령으로 우주 미아가 됐다. 붙임표(-)가 빠지는 바람에 '임무 종료' 명령어가 전달됐고, 그러자 포보스 1호는 모든 시스템을 정지시켜버렸다.[12] 포보스 1호는 행성 간 우주선으로는 가장 컸고, 화성의 위성인 포보스에 착륙선을 내려보낼 계획이었다.

우리가 이들 실패 사례에서 배우는 점은 컴퓨터 과학자들이 검증이라고 부르는 작업의 중요성이다. 검증은 소프트웨어가 기대되는 요건을 모두 완전하게 충족하는지 확인하는 작업이다. 더 많은 인명과 자원이 관련돼 있을수록 우리는 소프트웨어가 의도한 대로 작동한다는 확신을 더 분명하게 갖기를 원한다. 다행히 AI는 검증 과정을 자동으로 처리하고 정확도를 더 향상시킬 수 있다. 예를 들어 완결성이 있는 범용 운영체제os 커널인 seL4는 사고나 안전하지 않은 동작이 일어나지 않도록 보장하는 공식 사양에 대해 최근 수학적으로 점검을 받았다 (seL4는 호주 국립정보통신기술연구소NITCA가 주도해 개발한 '시큐어 임베디드 L4' 마이크로커널을 가리킨다. 마이크로커널은 운영체제의 핵심 기능만 떼어낸 것을 뜻한다_옮긴이). seL4는 마이크로소프트의 윈도나 애플의 맥

OS 같은 부가기능은 없지만 두 운영체제처럼 가끔 먹통이 돼 각각 화면이 파랗게 되거나(윈도) 무지개 원판이 돌아가지는(맥OS) 않으리라고 확신할 수 있다. 미국 방위고등계획연구국DARPA은 HACMS라고 불리는 오픈 소스이자 신뢰도 높은 툴 세트의 개발을 지원했다. HACMS는 고신뢰 사이버 국방 시스템high assurance cyber military system의 약어이다. 중요한 도전은 그런 툴을 충분히 강력하고 쓰기 쉽게 만들어 널리 설치되도록 하는 일이다. 다른 도전은 소프트웨어가 로봇과 새로운 환경에 설치되면서 검증이 더 어려워지리라는 것이다. 검증을 제약하는 요인은 사전에 프로그램된 전통적인 소프트웨어가 AI 시스템으로 대체된다는 것인데, AI 시스템은 계속 학습해서 이 책의 2장에서처럼 행동을 바꾸기 때문이다.

금융을 위한 AI

또 다른 분야인 금융도 정보기술 덕에 변모해왔으며, 이에 따라 자원이 지구 전역에 걸쳐 빛의 속도로 효율적으로 배치되면서 장기 주택담보대출자부터 스타트업까지 모든 곳에 적당한 자금이 공급되도록 한다. AI의 발달은 금융거래에서 커다란 이익을 거둘 기회를 제공할 가능성이 높다. 현재 주식시장의 매수·매도 결정은 대부분 컴퓨터가 자동으로 내리고 내가 재직하는 MIT의 졸업 예정자들은 알고리즘 트레이딩 시스템을 향상시키는 일에 대한 제안을 일상적으로 받는데, 초봉이 천문학적이다.

검증은 금융 소프트웨어에서도 중요하다. 미국 금융회사 나이트 캐피털은 이 사실을 4억 4,000만 달러의 수업료를 치르고서야 알게 됐다. 2012년 8월 1일 검증되지 않은 트레이딩 소프트웨어를 설치했다가 45분 동안 이 금액을 날린 것이다.[13] 1조 달러가 증발한 2010년 5월

6일 뉴욕 주식시장의 급락은 다른 이유로 주목할 만한 가치가 있다. 이 급락은 순식간에 벌어졌다고 해서 '플래시 크래시flash crash'라고 불리게 됐다. 급락한 지 30분 뒤에 시장은 안정을 되찾았고, 그사이에 프록터 & 갬블 주가는 1페니와 10만 달러 사이에서 춤을 췄다.[14] 플래시 크래시는 검증으로 피할 수 있는 대상인 버그나 컴퓨터 오동작 때문에 발생한 것이 아니었다. 대신 기대가 꺾인 데에서 비롯됐다. 많은 투자회사의 자동 매매 시스템이 주어진 가정이 유효하지 않은 예상치 못한 상황에서 자신이 돌아가는 것을 발견하면서 촉발됐다. 그 가정은 이를테면 만약 증권거래소의 컴퓨터에서 어느 종목의 주가가 1센트라고 하면 그 주식의 실제 가치를 1센트라고 본다는 식이다.

플래시 크래시는 컴퓨터 과학자들이 확인이라고 부르는 과정의 중요성을 보여준다. 검증은 "내가 시스템을 제대로 만들었나?"라고 묻는 반면, 확인은 "내가 제대로 된 시스템을 만들었나?"라고* 묻는 것이다. 예를 들어 시스템이 항상 유효하지는 않은 가정들에 의존하는 것은 아닌지 묻는 것이다. 그렇다면 그 시스템을 어떻게 개선해 불확실성에 대응하도록 할 것인가?

제조업을 위한 AI

AI가 효율도 좋고 정확성도 뛰어난 로봇을 제어함으로써 제조업을 개선하는 데 대단한 잠재력을 갖고 있음은 말할 필요가 없다. 계속 개량되는 3D 프린터는 사무용 빌딩에서부터 소금 알갱이보다 작은 미소微小 기계까지 어떤 물체의 원형도 만들고 있다.[15] 거대한 산업 로봇은

---

* 더 정확하게는, 검증은 시스템이 설계된 사양을 충족하는지 묻고, 확인은 정확한 사양이 선택됐는지를 묻는다고 비교해서 설명할 수 있다.

자동차와 비행기를 제작하지만, 값이 적당한 컴퓨터 제어 가공 기기, 선반, 커터 등은 공장뿐 아니라 풀뿌리 '메이커 운동'에도 활용된다. 메이커란 스스로 필요한 것을 만들어 쓰는 사람을 가리키고, 메이커 운동은 지역의 열성적인 사람들이 자신의 아이디어를 세계의 약 1,000군데 '팹랩fab lab'에서 실현하고자 하는 움직임을 일컫는다(팹랩은 제작실험실fabrication laboratory의 약자로, 3D 프린터 등을 갖춰놓고 오픈 소스 하드웨어 등을 활용해 누구나 간단하게 시제품을 제작할 수 있도록 마련된 공간이다_옮긴이).[16] 그러나 우리 주위에 로봇이 더 많을수록 로봇의 소프트웨어를 검증하고 확인하는 일이 더 중요해진다. 로봇에 의한 최초의 인명 사고는 1979년에 났는데, 그 사고의 희생자는 포드 자동차의 미시간 주 플랫록 공장에서 근무하던 로버트 윌리엄스였다. 공장 로봇은 부품을 보관된 곳에서 가져오는 일을 하고 있었다. 로봇이 작동하지 않자 그는 직접 부품을 가지러 그곳에 올라갔다. 하필 그때 로봇이 조용히 작동해 그의 머리를 가격하기 시작했다. 그의 동료들은 30분 뒤에야 무슨 일이 벌어졌는지 알게 됐다.[17] 그다음 로봇 희생자는 가와사키의 아카시 공장에서 정비사로 일하던 우라다 겐지였다. 그는 1981년에 고장난 로봇을 수리하고 스위치를 잘못 눌렀는데, 로봇의 유압식 팔이 그를 동체에 대고 짓눌러버렸다.[18] 2015년에는 독일 바우나탈에 있는 폴크스바겐 공장에서 로봇을 설치하던 22세의 근로자가 사망했다. 부품을 집어서 조작하는 일을 하는 로봇이 그를 붙들어 철판에 찧었다.[19]

이들 사고는 비극적이지만, 전체 산업재해에서 차지하는 비중은 미미하다는 사실을 유념해야 한다. 또한 산업재해는 기술 발달에 따라 증가가 아니라 감소해왔다. 미국의 경우 1970년에 1만 4,000명이 사망했는데, 2014년 사망자는 4,821명으로 줄었다.[20] 앞의 세 사고는 멍청한 로봇에 지능을 넣어주면 산업안전을 더 향상시킬 수 있음을 보여

그림 3.3. 전통적인 산업 로봇은 값비싸고 프로그램하기 어려웠지만, AI 로봇은 저렴하고 프로그램 경험이 없는 근로자에게서도 일을 배울 수 있도록 만들어지고 있다.

준다. 즉, 사람이 주위에 있을 땐 로봇에게 더 조심하도록 가르치는 것이다. 앞의 사고는 확인 작업이 더 이뤄졌다면 피할 수 있었다. 로봇이 해를 끼친 것은 그것이 오류를 저지르거나 악해서가 아니라 유효하지 않은 가정에 따랐기 때문이었다. 사람이 그 자리에 없다거나 사람이 자동차 부품이라는 가정 말이다.

교통을 위한 AI

AI는 제조업에서 많은 생명을 구할 수 있지만, 교통에서는 훨씬 더 많은 목숨을 살릴 수 있다. 자동차 사고는 2015년에 120만여 명의 목숨을 앗아갔고 비행기, 기차, 선박 사고로 수천 명이 더 숨졌다. 미국은 안전 기준이 엄격한데도 지난해 자동차 사고로 3만 5,000명이 사망했다. 모든 산업재해 사망자와 비교했을 때 인명피해가 일곱 배 더 많다.[21] 인공지능발전협회Association for the Advancement of Artificial Intelligence는 2016년 연례 총회를 텍사스 오스틴에서 열었는데, 이스라엘 컴퓨터 과학자 모셰 바르디Moshe Vardi는 이런 사실에 상당히 감정적으로 반응하며 AI가 도로 사망자를 줄일 수 있을 뿐 아니라 그래야만 한다고 주장했다. 그는 "도덕적으로 해야 할 일입니다"라고 외쳤다. 자동차 사고는 모두 사람의 실수로 발생하기 때문에, AI가 장착된 자율주행차는 교통사고 사망자를 적어도 90퍼센트까지 줄일 수 있다는 추정이 널리 받아들여졌다. 또 이런 낙관주의에 따라 자율주행차가 실제로 도로에서 운행되는 단계로 나아가고 있다. 일론 머스크는 미래의 자율주행차는 더 안전할 뿐 아니라 차주에게 돈도 벌어줄 것이라고 내다본다. 주인이 이용하지 않을 때는 자율주행차가 우버나 리프트와 경쟁해 유료 승객을 태우고 다니도록 할 수 있다는 얘기이다.

지금까지 자율주행차의 안전운행 관련 기록은 사람 운전자보다 우수하다. 자율주행차가 낸 사고는 확인 작업의 중요성과 어려움을 동시에 강조한다. 구글 자율주행차가 낸 첫 사고는 2016년 2월 14일에 발생했는데, 버스 운전자를 부정확하게 가정한 탓이었다. 즉, 운전자가 양보할 것이라는 가정에 따라 옆으로 빠져나가려다 펜더를 들이받았다. 자율주행차 최초의 치명적인 충돌 사고는 테슬라가 냈다. 테슬라의 자율주행차는 2016년 5월 7일 고속도로를 건너는 트럭의 트레일러를 들이받았다. 이 사고는 두 가지 잘못된 가정으로 인해 일어났다.[22] 하나는 트레일러의 밝은 흰색 옆면이 하늘의 일부라고 여긴 것이고, 다른 하나는 트럭 운전자(〈해리 포터〉 영화를 보고 있었다고 전해졌다)가 주위에 주의를 기울여 무언가 잘못될 경우 그에 대해 대응하리라는 것이었다.*

---

* 이 사고를 통계에 포함해도 테슬라의 자율주행시스템인 오토파일럿을 가동할 경우 사고를 40퍼센트 줄이는 것으로 나타났다. http://tinyurl.com/teslasafety 참조.

그러나 가끔은 검증과 확인도 사고를 피하기에 충분하지 않은 것이, 제어가 추가돼야 하기 때문이다. 제어란 작동하는 사람이 시스템을 주시하면서 필요하면 기기의 동작을 바꾸는 일이다. 로봇의 업무 명령 루프에 사람을 넣은 시스템이 잘 작동하기 위한 핵심 요소가 사람과 기계의 효율적인 의사소통이다. 이런 측면에서 실수로 자동차 트렁크가 열려 있을 때 들어오는 대시보드의 붉은 등은 그 사실을 당신에게 간편하게 알려준다. 이와 대조적으로 영국 카페리 '헤럴드 오브 프리 엔터프라이즈' 호는 1987년 3월 6일 벨기에 쥐브리게 항구에서 선수문을 열어둔 채로 출발했는데, 선장에게는 경고등이나 아무런 시각적인 주의가 주어지지 않았다. 결국 이 카페리호는 출항하고 얼마 지나지 않아 뒤집혔고 193명이 목숨을 잃었다.[23]

기계와 인간 사이 커뮤니케이션이 더 나았다면 피할 수 있었을 또다른 비극적 제어 실패 사례는 2009년 6월 9일 밤에 발생했다. 에어프랑스 447편이 대서양에 추락해 탑승한 228명이 모두 사망했다. 공식 사고 보고서에 따르면 "실속失速하고 있다는 걸 승무원이 전혀 알아차리지 못했고 그 결과 복구를 위한 조작을 하지 않았다". 그래서 기수가 바다로 향했다. 항공 안전 전문가들은 만약 조종석에 받음각 표시가 있었다면 사고를 피할 수도 있었을 것이라고 추측했다. 받음각이 크다는 것은 기수를 너무 위로 향하게 했다는 뜻이다(받음각은 비행기를 옆에서 봤을 때 양 날개가 동체와 이루는 각도를 뜻한다. 받음각을 크게 할수록 양력이 커진다. 그러나 받음각을 키워 기수를 지나치게 하늘로 향하게 할 경우 날개 뒤편에 와류가 생기고 이로 인해 양력이 낮아진다. 비행기가 추락하게 되는 것이다_옮긴이).[24]

에어인터 148편이 1992년 1월 20일 프랑스 스트라스부르 인근 보주산에 추락해 87명이 사망했을 때, 사고의 원인은 기계-인간 간 의사소통 부족이 아니라 혼동을 일으키게 한 이용자 환경이었다. 조종사는 하강각 3.3도를 원해 '33'을 입력했는데, 자동항법장치는 다른 모드에 있었고 이 수치를 분당 3,300피트로 해석했다. 표시 스크린이 너무 작았고 그래서 조종사는 현재 항공기가 어느 모드인지 쉽게 알아차리지 못했다.

에너지를 위한 AI

정보기술은 전기 발전 및 배전 과정을 놀랍게 향상시켰다. 고도의 알고리즘으로 세계의 전력망에 걸쳐 생산과 수요의 균형을 맞췄고, 정교한 제어 시스템은 발전소가 지속적으로 안전하고 효율적으로 가동되도록 했다.

앞으로 AI가 더 발달하면 스마트 그리드는 더 똑똑해져 지붕에 설치된 개별 태양광 발전기와 가정 내 배터리 시스템 단위까지 수요와 공급을 최적으로 조절할 것이다. 그러나 2003년 8월 14일 일어난 대규모 정전은 기계와 인간 사이 커뮤니케이션 실패에서 비롯됐다. 당시 정전으로 미국과 캐나다의 5,500만 명이 전기 없이 며칠을 지내야 했다. 조사 결과 미국 오하이오에 있는 통제실의 경보 시스템이 소프트웨어 오류로 작동하지 않아 오퍼레이터가 미처 전력을 재분배하지 않았고, 과부하가 걸린 송전선이 정리되지 않은 나뭇잎을 치면서 처음에는 작았던 문제가 통제 불능의 사태로 커졌다.[25]

미국 펜실베이니아 스리마일섬의 원자로가 1979년 3월 28일 부분 용융된 사고는 정화 비용과 원자력 발전에 대한 반발 등을 고려할 때 수십억 달러의 비용을 치르게 했다. 최종 조사보고서는 사고 원인을 몇 가지로 꼽았다. 이용자 인터페이스가 명쾌하지 않아 빚어진 혼동도 그중 하나였다.[26] 특히 경고등에 대한 오해가 있었다. 경고등이 꺼진 상태는 밸브를 닫으라는 신호가 보내졌음을 나타냈다. 경고등이 꺼져 있지만 신호가 갔을 뿐, 밸브는 잠기지 않은 경우가 발생할 수 있었다. 그러나 작동자는 경고등을 보고 밸브가 잠겼다고 오판했다.

이들 에너지와 교통 분야에서 발생한 사고는 우리가 AI에게 물리적인 시스템을 더 통제하도록 맡길수록, 기계를 잘 작동하게 하는 연구뿐 아니라 기계가 인간 통제자와 효율적으로 협업하는 데에도 만전을 기해야 한다는 점을 일깨운다. AI가 영리해지면서 정보를 공유하는 이용자 인터페이스를 잘 만드는 일은 물론이고 인간과 컴퓨터 사이에 업무를 어떻게 최적으로 배분할지도 모색해야 한다. 예를 들어 연구를 통해 컴퓨터에 결정권을 넘길 상황을 파악하고, 사소한 정보를 대량으로 제공해 인간 통제자의 주의를 산만하게 하기보다는, 사람은 가치가 큰 결정에 효과적으로 집중하도록 해야 한다.

헬스케어

AI는 헬스케어를 향상시킬 잠재력이 크다. 의료 기록 디지털화는 이미 의사와 환자가 더 빠르고 더 나은 결정을 내리도록 돕는다. 또 디지털 이미지를 공유하면 세계의 해당 분야 전문 의료진으로부터 도움을 얻을 수 있다. 사실 그런 진단을 할 전문가들은 컴퓨터의 시각 인식과 딥러닝을 고려할 때 곧 AI 시스템이 될 것이다. 예를 들면 2015년 네덜란드에서 이뤄진 연구에 따르면 컴퓨터가 MRI를 이용해 전립선암을 진단하는 편이 방사선 전문의가 진단하는 것보다 우수했다.[27] 또 미국 스탠퍼드대학의 연구는 현미경 이미지를 이용한 AI가 사람 병리학자보다 폐암을 더 잘 진단함을 밝혔다.[28] 만약 머신 러닝이 유전자와 질병과 치료 반응의 관계를 규명하면, 맞춤형 의료를 혁명적으로 발전시킬 것이고 가축을 더 건강하게 만들며 작물이 병충해를 더 잘 견디게 할 것이다. 게다가 로봇은 사람보다 더 정확하고 믿을 만한 외과의사가 될 잠재력이 있는데, 발달한 AI를 이용하지 않아도 그렇다. 최근에 로봇 수술이 많은 분야에서 성공적으로 이뤄졌을 뿐 아니라, 정확성을 높이고 수술 부위를 최소화했으며 절개도 조금만 함으로써 출혈과 고통을 줄였고 회복 시간도 단축했다.

아, 헬스케어 산업에도 튼튼한 소프트웨어의 중요성을 강조한 고통스러운 교훈이 있다. 예를 들어 캐나다에서 만들어진 방사선 치료기 테락-25는 암 환자를 두 가지 다른 모드로 치료하도록 설계됐다. 저출력 전자 빔 외에 고출력 메가볼트 엑스레이는 특별한 가림막으로 목표 지점에 맞춰졌다. 불행하게도 검증되지 않은 오류가 난 소프트웨어로 인해, 가끔 기사는 저출력 빔을 조사하는 걸로 생각하는데 실제로는 메가볼트 빔이 가림막 없이 발사됐고 환자 몇 명이 이 때문에 숨졌다.[29] 파나마의 국립혈액종양내과에서는 2000년과 2001년에 더 많은 환자가 방사선 과다 노출로 숨졌는데, 방사성 코발트-60 원소를 활용하는 장비가 그렇게 프로그램된 탓이었다. 구체적으로는 헷갈리는 이용자 인터페이스가 적절하게 확인되지 않았기 때문이었다.[30] 최근 보고서에 따르면[31] 미국에서 2000년과 2013년 사이에 로봇 수술 사고로 144명이 숨졌고 1,391명이 부상했다. 흔한 문제는 전기 불꽃이나 장비의 불타거나 부러진 조각이 환자에게 떨어지는 하드웨어 장애였다. 그러나 소프트웨어 문제도 있었다. 제어되지 않은 동작이 일어나거나 갑자기 전원이 꺼져서 사고가 발생했다.

좋은 소식은 보고서에서 조사한 나머지 거의 200만 건에 달하는 로봇 수술은 매끄럽게 진행됐고, 로봇은 덜 안전하게가 아니라 더 안전하게 수술하는 듯하다는 사실이다. 미국 정부 조사에 따르면, 미국에서만 연간 10만 명이 병원에서 환자를 잘못 돌봐서 사망했다.[32] 따라서 의료를 위한 더 나은 AI를 개발하는 일이 자율주행차를 위한 AI를 만드는 일보다 분명히 도덕적으로 훨씬 긴요하다.

커뮤니케이션을 위한 AI

커뮤니케이션 산업은 지금까지 컴퓨터가 가장 큰 충격을 준 영역임에 틀림없다. 컴퓨터 전화 교환기가 1950년에 도입되고 인터넷이 1960년대에, 월드와이드웹이 1989년에 등장한 이후, 이제 수십억 명의 사람들이 클릭 한 번으로 세계의 정보를 얻는 데 익숙해졌고, 온라인에서 소통하고 쇼핑하고 뉴스를 읽고 영화를 보고 게임을 한다. 이 모든 걸 종종 무료로 한다. 이제 모습을 드러내는 사물 인터넷은 전등, 자동온도조절기, 냉동고부터 가축에 심는 바이오칩 중계기까지 모든 것을 온라인으로 연결함으로써 효율과 정확도, 편의성, 경제적 이득을 약속한다.

세계를 연결함으로써 거둔 눈부신 성공은 컴퓨터 과학자들에게 넷째 도전을 안겨줬다. 그들은 검증과 확인, 제어는 물론이고 멀웨어와 해킹에 대비하는 보안도 개선해야 한다. 멀웨어는 악성 소프트웨어malicious software를 뜻한다. 앞에서 언급한 문제들은 모두 실수로 발생한 반면, 보안은 의도적인 불법행위를 대상으로 한다. 언론매체에서 크게 관심을 끈 멀웨어는 이른바 '모리스 웜'이었다. 1988년 11월 2일 공격을 개시한 이 멀웨어는 유닉스 운영체제의 오류를 이용했다. 모리스 웜은 얼마나 많은 컴퓨터가 온라인으로 연결됐는지 헤아려보기 위한 것이었지만, 실수로 컴퓨터에 여러 번 설치되면서 문제를 빚었다. 당시 인터넷에 연결된 컴퓨터의 10퍼센트인 6만 대의 컴퓨터를 감염시켰다. 그러나 개발자 로버트 모리스Robert Morris는 오히려 MIT에서 정년이 보장된 컴퓨터 과학 교수가 됐다.

다른 멀웨어는 소프트웨어가 아니라 사람의 취약성을 이용했다. 2000년 5월 5일에, 마치 내 생일을 축하하려는 듯, 사람들은 아는 사람과 동료로부터 '사랑해ILOVEYOU'라는 제목의 이메일을 받았다. 이들 마이크로소프트 윈도 이용자들은 이메일을 열어 첨부 파일 'LOVE-LETTER-FOR-YOU.txt.vbs'를 열었는데, 그렇게 함으로써 자기도 모르게 자신의 컴퓨터를 망가뜨리고 이 이메일을 자신의 주소록에 있는 모든 사람에게 보내게 됐다. 필리핀의 젊은 프로그래머 두 명이 만든 이 웜은 모리스 웜처럼 인터넷의 10퍼센트를 감염시켰지만, 이때는 인터넷이 훨씬 커져서 사상 최대의 피해를 냈다. 즉, 컴퓨터 5,000만 대가 감염돼 50억 달러의 피해를 일으켰다. 당신이 알고 있는 것처럼 인터넷에는 수없이 많은 전염성 멀웨어가 우글거리고 있고, 멀웨어의 종류도 많아 보안 전문가들은 웜, 트로이 목마 바이러스, 그리고 다른 위협적인 범주로 그것들을 분류한다. 멀웨어로 인한 피해는 해롭지 않은 장난 메시지를 표시하는 것에서부터 파일 삭제, 개인 정보 절도, 염탐, 스팸을 보내기 위한 컴퓨터 하이재킹까지 광범위하다.

멀웨어는 가능하면 아무 컴퓨터나 겨냥하지만 해커는 인터넷에서 특정한 목표를 공격한다. 최근의 두드러진 목표는 타깃(의류 업체), TJ 맥스, 소니 픽처스, 애슐리 매디슨, 사우디 석유 회사 아람코, 미국 민주당 전국위원회 등이었다. 약탈은 더욱더 커지고 있다. 해커들은 2008년 하틀랜드 페이먼트 시스템에서 카드 숫자와 다른 계좌 정보 1억 3,000만 건을 훔쳤고, 2013년에는 야후 이메일 주소를 10억 개 넘게 빼냈다.[33] 2014년 미국 인사관리처 해킹은 2,100만 명의 개인 기록과 일자리 신청 정보를 파괴했고, 여기에는 최고 기밀 취급허가와 비밀 요원의 지문 같은 정보도 포함된 것으로 알려졌다.

그래서 나는 100퍼센트 안전해 해킹으로 뚫을 수 없는 새로운 시스템이 있다는 뉴스를 읽을 때마다 눈이 휘둥그레진다. 그러나 해킹할 수 없는 상태는 분명 미래 AI 시스템이 갖춰야 할 요건이다. AI 시스템이 핵심적인 사회기반시설이나 무기 시스템을 책임지도록 한다면 그래야 하고, 따라서 사회에서 AI의 역할이 커질수록 컴퓨터 보안의 비중이 더 커진다. 사람을 속이거나 새로운 소프트웨어의 복합적인 취약성을 공략하는 해킹도 있다. 그런가 하면 다른 해킹은 원격 컴퓨터에서 인가되지 않은 로그인을 하는데, 대개 황당하게도 오랫동안 관계자들이 알아차리지 못한 간단한 오류를 이용한다. 하트블리드 오류는 컴퓨터 사이에 안전한 커뮤니케이션을 위한 인기 소프트웨어 라이브러리(오픈소스 암호화 라이브러리, 오픈 SSL)에 2012년부터 2014년까지 유지됐다. 또 배시도어 오류는 유닉스 컴퓨터의 운영체제에 1989년부터 2014년까지 존재했다. 이들 사례는 검증과 확인을 향상시키기 위한 AI 툴이 보안도 강화할 수 있음을 뜻한다.

불행하게도 더 나은 AI 시스템은 새로운 취약점을 찾아내 더 정교하게 해킹하는 데 악용될 수 있다. 예를 들어 다음과 같은 상황을 상상해보자. 당신은 어느 날 흔하지 않은 맞춤형 피싱phishing 이메일을 받는데, 그 이메일은 당신의 개인 정보를 끌어내려 한다. 그 이메일은 당신 친구의 이메일 계정에서 발송됐는데, 실은 AI가 그걸 해킹한 뒤 친구를 사칭한 것이다. AI는 그의 글쓰기 스타일을 분석해 흉내 냈고 다른 소스에서 얻은 당신의 개인 정보를 활용했다. 당신은 여기에 넘어갈 것인가? 피싱 이메일을 당신의 신용카드 회사로부터 받았고, 그다음에 친구한테서 전화가 왔는데, 친숙한 목소리가 AI의 것인지 분간할 수 없다면? 공격과 방어 사이에서 벌어지는 컴퓨터 보안 군비경쟁에서 방어하는 편이 이기고 있다는 조짐은 아직 보이지 않는다.

법률

우리는 사회적인 동물로서 협력하는 능력을 바탕으로 다른 모든 종을 굴복시키고 지구를 정복했다. 우리는 협력을 장려하고 촉진하기 위해 법을 만들었고, 따라서 AI가 우리의 법률 및 정부 시스템을 개선할 수 있다면 우리로 하여금 전례 없이 더 잘 협력하게 해 우리 안에 있는 최상을 끄집어낼 것이다. 그리고 여기에는 두 갈래에서 개선 가능성이 많은데, 하나는 법률이 어떻게 적용되는지이고 다른 하나는 법률이 어떻게 제정되는지이다. 이 둘을 차례로 살펴보자.

당신 국가의 사법 체계를 생각할 때 가장 먼저 떠오르는 것들은 무엇인가? 사법 처리 지연, 높은 법률 비용, 가끔 나타나는 부당함이 떠오른다면, 당신만 그렇게 연상한 것은 아니다. 맨 처음 떠오르는 것들이 '효율'과 '공정'이라면 그게 더 놀라운 일이 아닐까? 법률 과정은 추상적으로는 증거 및 법률과 관련한 정보를 입력하면 판결이 출력되는 연산이라고 여길 수 있고, 그래서 몇몇 학자는 로보판사를 활용한 법률 과정의 완전 자동화를 꿈꾼다. 즉, AI 시스템은 편향, 피로, 최근 지식 부족 같은 요인에서 비롯되는 인간의 실수를 저지르지 않으며, 모든 판결에 높은 수준의 법률적 기준을 지치지 않고 적용한다는 것이다.

로보판사들

바이런 드 라 벡위스Byron De La Beckwith Jr.는 1963년에 흑인 인권운동가 메드거 에버스Medgar Evers를 살해한 혐의를 받았지만 1994년에야 유죄 판결을 받았다. 앞서 1964년에 미시시피 주의 배심원들은 똑같은 물증을 놓고도 두 차례나 유죄 판결을 내리지 않았다. 두 차례 재판의 배심원들은 모두 백인이었다.[34] 법 집행의 역사에는 피부색, 성, 성적 지향, 종교, 국적 등에 따라 편향된 판결이 넘친다. 로보판사는 역사상 처음으로 모든 이가 법 아래 평등함을 원칙적으로 보장할 수 있을 것이다. 즉, 모든 이를 똑같이 여기고 모든 이를 동등하게 대하게끔 프로그램함으로써 로보판사는 법을 정말 불편부당하고 투명하게 적용할 수 있다.

로보판사는 또 의도하지 않은 우연한 인간적 편향에 빠지지 않을 수 있다. 예를 들어 이스라엘 판사들의 판결과 허기의 관계를 분석해 논란이 된 2012년 연구를 생각해보자. 이 연구에 따르면 판사들은 배고픈 상태에서 훨씬 무거운 처벌을 판결했다. 아침식사를 한 직후에는 가석방 신청 사건 중 35퍼센트를 기각한 반면, 점심시간 직전에는 85퍼센트를 기각했다.[35] 인간 판사의 또 다른 약점은 사건의 모든 세부 사실을 조사하기에는 시간이 부족할 수 있다는 점이다. 반면 로보판사들은 쉽게 복제될 수 있는데, 그들은 소프트웨어이기 때문이다. 그래서 로보판사들은 사건을 순서대로가 아니라 병렬로 처리할 수 있다. 각 사건은 로보판사를 필요한 만큼 오랫동안 배정받을 수 있다. 마지막으로 인간 판사는 모든 가능한 사건, 즉 까다로운 특허 분쟁부터 최근의 법의학 지식에 달려 있는 미스터리 살인 사건에 이르기까지 필요한 기술적인 지식에 통달하기가 불가능한 반면, 미래의 로보판사는 본질적으로 무제한의 기억과 학습 능력이 있다.

따라서 그런 로보판사들은 불편부당하고 능력 있고 투명하다는 덕목에서 더 효율적이고 공정할 수 있다. 효율은 공정성을 더 발휘하도록 만든다. 이 메커니즘은 다음과 같이 작동한다. 우선 법률 과정을 빠르게 진행하면 요령 있는 변호사들이 결과를 바꾸기 어려워진다. 로보판사들은 법원에서 정의가 구현되는 데 드는 비용을 극적으로 낮춘다. 그 결과 돈에 쪼들리는 개인이나 스타트업 기업이 변호사 군단을 거느린 억만장자나 다국적기업을 상대로 승소할 확률을 크게 높인다.

그런데 로보판사가 오류가 나거나 해킹이 되면 어떻게 해야 하나? 오류와 해킹은 자동 투표기에서 발생한 적이 있다. 몇 년 동안 수감되어야 하거나 수백만 달러가 걸려 있다면 사이버공격을 시도할 유인은 훨씬 커진다. 설령 로보판사가 충분히 튼튼하게 만들어져 법에 정해진 알고리즘을 활용한다고 우리가 믿는다고 할지라도, 모든 사람이 그렇게 생각할까? 즉, 모든 사람이 로보판사가 논리적인 추론을 충분히 이해하기 때문에 로보판사의 판결을 존중할 만하다고 여길까? 로보판사에 대한 신뢰 확보는 최근 신경망의 성공으로 인해 더 어려워졌다. 신경망은 이해하기 쉬운 전통적 AI 알고리즘보다 더 좋은 성과를 내지만, 그 비결은 이해불가이기 때문이다. 왜 유죄 판결을 받았는지 알고 싶어 하는 피고인은 "우리는 시스템을 많은 데이터로 훈련시켰고, 이 판결은 그 시스템이 결정한 것"이라는 답변보다 나은 설명을 들을 권리가 있지 않을까? 사례를 더 들면, 최근 연구는 재소자와 관련한 정보가 대량으로 제공된 딥 신경망 시스템은 누가 다시 범죄를 저지를지 판사보다 더 정확히 예측할 수 있음을 보여줬다(그런 재소자는 가석방을 승인하면 안 된다). 그러나 시스템이 예측한 재범 가능성이 통계적으로 재소자의 성별이나 인종과 관련이 있음을 발견한다면 어떻게 할 것인가? 로보판사는 성차별적이거나 인종차별적이므로 다시 프로그램되어야 할까? 사실 미국에서 두루 활용되는 재범 예측 소프트웨어가 흑인에게 불리하게 편향돼 불공정한 판결에 영향을 줬다는 연구가 2016년에 나왔다.[36] AI가 계속 도움이 된다는 점을 확실하게 하려면 우리는 이런 질문을 숙고하고 논의해야 한다. 우리는 로보판사와 관련해 전부 아니면 전무의 선택이 아니라 우리 법률 시스템에 AI를 어느 정도로 얼마나 빠르게 배치하려고 하는지에 대한 결정을 내려야 한다. 우리는 인간 판사가 AI를 기반으로 한 의사결정 지원 시스템을 활용하는 것을 원하는가? 미래의 의사가 의료와 관련해 그런 시스템을 쓰는 것처럼? 아니면 우리는 더 나아가 로보판사가 결정했는데 판결받은 사람이 결과에 불복할 경우 인간 판사에게 항소하도록 할 것인가? 아예 기계가 사형선고까지 최종 결정을 내리도록 하는 단계에 이르기를 원하는가?

법률적인 논란

지금까지 우리는 법의 적용만 살펴봤는데, 이제 법의 내용으로 넘어가자. 법률은 기술과 보조를 맞춰 진화할 필요가 있다는 데 다들 폭넓게 공감하고 있다. 예를 들어 앞서 언급한 ILOVEYOU 웜을 만든 두 프로그래머는 어떤 혐의로도 기소되지 않고 풀려났는데, 왜냐하면 당시에는 필리핀에 멀웨어를 금지하는 법이 없었기 때문이다. 기술이 발달하는 속도가 더 빨라지고 있으며 법률은 뒤처지는 경향이 있으니 법을 전보다 더 빠르게 정비해야 한다. 기술에 익숙한 사람들이 더 많이 로스쿨과 정부에 들어가는 것이 사회적으로 영리한 움직임일 것이다. 그러나 AI를 바탕으로 한 유권자 및 국회의원을 위한 의사결정 지원 시스템이 뒤따르고, 그다음엔 로보 국회의원이 등장해야 할까?

AI 발달을 반영해 우리의 법률을 어떻게 최상으로 개정할 것인가는 매혹적일 정도로 논란이 많은 주제이다. 한 가지 쟁점은 프라이버시와 정보의 자유 사이에 긴장을 반영한다. 자유주의자들은 우리가 프라이버시를 덜 가질수록 법원은 더 많은 정보를 놓고 판단할 수 있어 판결이 더 공정해질 것이라고 주장한다. 예를 들어 정부가 모든 사람의 전자기기를 모니터링해, 그들이 어디에 있고 무엇을 입력하고 클릭하고 말하고 행동하는지를 기록할 경우 많은 범죄의 범인을 바로 찾아 추가 범죄가 예방될 수 있을 것이다. 프라이버시를 옹호하는 사람들은 조지 오웰George Orwell의 『1984』와 같은 감시국가를 원하지 않는다며 맞선다. 그들은 만약 그런 감시국가를 원할 경우 어마어마한 정도의 전체주의 독재국가가 될 위험이 있다고 말한다. 게다가 머신 러닝 기술은 기능성 자기공명영상fMRI 스캐너에서 얻은 데이터를 점점 더 잘 분석하고 있다. 그래서 사람이 무엇을 생각하는지 맞힐 수 있고, 특히 사실을 말하는지 거짓말을 하는지 분간할 수 있다.[37] 만약 AI가 지원하는 두뇌 스캐닝 기술이 법정에서 일반적으로 활용되면, 사건과 관련된 사실을 확인하는 지리한 과정이 극적으로 간편해질 수 있다. 이를 통해 판결이 더 신속하고 더 공정하게 이뤄질 수 있다. 그러나 프라이버시 옹호자들은 그런 시스템이 가끔 실수할 수 있지 않을까, 더 근본적으로는 정부가 개인 사생활을 엿보는 상황을 전혀 통제하지 못하지 않을까 걱정한다. 사상의 자유를 지지하지 않는 정부는 특정 신념이나 의견을 지닌 사람들을 처벌하는 데 그런 기술을 활용할 수 있다. 당신은 정의와 프라이버시 사이에, 또 사회 보호와 개인의 자유 보호 사이에 어느 지점에 선을 그을 것인가? 어디에 선을 긋건, 증거를 조작하기 쉬워진다는 사실을 상쇄하려면 그렇게 해야 한다는 논리에 따라, 그 선은 점차 멈추지 않고 프라이버시를 줄이는 쪽으로 움직이지 않을까? 예를 들어 AI가 당신이 범죄를 저지르는 모습을 조작해 정말 현실 같은 가짜 비디오를 만들 수 있다면, 정부가 언제나 모든 사람의 소재를 추적하다가 필요할 경우 완벽한 알리바이를 제공할 수 있는 시스템에 찬성할 것인가?

마음을 사로잡는 다른 논란은 AI 연구를 규제해야 하는가를 놓고 진행 중이다. 더 일반적으로는, 이로운 결과가 나올 기회를 극대화하기 위해 정부가 AI 연구자들에게 어떤 유인을 제공해야 하는가를 놓고 벌어지고 있다. 어떤 AI 연구자들은 AI 발전과 관련해 모든 형태의 규제에 반대를 표명했는데, 규제는 긴급하게 요구되는 혁신을 불필요하게 지연시킨다는 근거를 댔다(생명을 구하는 자율주행차를 예로 들 수 있다). 규제는 또 최첨단 AI 연구를 제도권 밖이나 더 포용력 있는 정부가 들어선 다른 나라로 밀어낼 수도 있다. 1장에서 소개한 푸에르토리코의 이로운 AI 콘퍼런스에서 일론 머스크는 지금 우리에게 필요한 것은 정부의 감시가 아니라 정부의 통찰이라고 주장했다. 구체적으로는 기술적으로 유능한 공무원이 AI의 발달을 모니터하면서, 가끔 내리막길로 굴러가는 게 확실하면 방향을 틀도록 하자는 것이다. 그는 또한 정부 규제가 가끔 기술 진보를 질식시키는 것이 아니라 육성할 수 있다며 자율주행차를 예로 들었다. 자율주행차에 대한 정부의 안전 기준이 자율주행차 사고를 줄일 수 있고, 그렇게 되면 대중의 반발이 누그러지고 새로운 기술을 채택하는 속도가 빨라질 수 있다. 안전의식이 높은 AI 회사들은 따라서 덜 꼼꼼한 경쟁자들로 하여금 자신들의 높은 기준에 맞추도록 하는 규제를 선호한다.

　법적으로 흥미로운 또 다른 쟁점은 기계에 권리를 부여하는 것이다. 자율주행차가 운행되면 연간 미국 교통사고 사망자 수 3만 2,000명을 절반으로 줄일 수 있다고 한다. 그렇다고 해도 자동차 회사들은 감사 편지 1만 6,000통을 받기는커녕 같은 건수의 소송에 시달릴지도 모른다. 이는 자율주행차가 사고를 일으킨다면 누가 책임을 져야 하는가 하는 질문과 관련이 있다. 승객인가, 소유주인가, 제조업체인가? 법학자 데이비드 블라데크David Vladeck는 제4의 답을 제안했다. 자동차가 책임을 져야 한다는 것이다! 구체적으로 그는 자율주행차가 자동차 보험을 보유하도록 허용되어야(그리고 의무화되어야) 한다고 주장한다. 안전주행 기록이 양호한 자동차 모델은 보험료 프리미엄이 낮게 매겨져 인간 드라이버보다 적게 되고, 엉성한 업체가 만든 설계가 별로인 모델은 높은 보험료를 물어야 할 것이다. 그런 차는 보험료 부담 때문에 소유하기 부담스럽게 된다.

그러나 자동차 같은 기계가 보험의 주체가 될 수 있을 경우, 나아가 돈과 재산을 소유할 수도 있을까? 그렇다면 스마트 컴퓨터가 주식시장에서 돈을 벌어 그 돈으로 온라인 서비스를 구매하는 것을 법적으로 막을 방도가 없어진다. 한번 사람들에게 돈을 주고 사람들이 저희를 위해서 일하도록 한 컴퓨터는 그다음에는 사람이 할 수 있는 것이라면 무엇이든 할 수 있게 된다. 만약 AI 시스템이 결국 사람보다 투자를 더 잘하게 된다면(다른 영역에서는 이미 사람을 능가한다), 우리 경제의 대부분을 기계가 소유하고 통제하는 상황으로 이어질 수 있다. 이것이 우리가 원하는 상황인가? 너무 나간 얘기로 들린다면 우리 경제의 대부분이 이미 인간이 아닌 존재, 바로 기업의 소유임을 떠올려보라. 기업은 종종 그 구성원 인간 중 누구보다도 강력하고 어느 정도 자신의 생명을 취할 수 있다.

당신이 기계에게 재산을 가질 권리가 주어져도 무방하다고 여긴다면, 기계에게 투표권을 주는 건 어떤가? 그렇다면 각 컴퓨터 프로그램은 한 표를 행사할 수 있어야 할까? 부유한 컴퓨터 프로그램은 클라우드 컴퓨터에서 자신을 수조 개로 복사하는 게 일도 아닌데도? 그래서 모든 선거의 결과를 결정할 수 있는데도?

컴퓨터 프로그램에 투표권을 주지 말아야 한다면, 기계의 마음을 사람의 마음과 비교해 차별하는 도덕적 근거는 무엇인가? 기계 마음이 우리와 마찬가지로 주관적인 경험을 한다는 의미에서 의식이 있다고 하는 것은 중요한가? 컴퓨터가 우리 세계를 통제하는 것과 관련해 논란이 되는 이들 문제는 다음 장에서 깊숙이 다룬다. 기계 의식과 관련한 문제는 8장에서 살펴본다.

무기

까마득하게 먼 옛날부터 인류는 기아, 질병, 전쟁으로 고통을 겪었다. AI가 어떻게 기아와 질병을 줄이는 데 도움을 줄지는 이미 언급했다. 그렇다면 AI는 전쟁에는 어떤 영향을 줄까? 가공할 위협이 되는 핵무기가 역설적으로 전쟁을 억제한다는 논리를 AI 무기에 적용하는 사람들이 있다. 이들은 모든 전쟁을 영원히 종식시키기 위해 모든 나라가 더욱 가공할 AI 기반 무기를 갖추는 것을 허용하면 어떠냐고 제안한다. 이 주장에 동의하지 않고 미래에도 전쟁이 불가피하다고 보는 사람들은 AI를 이용해 전쟁을 덜 비인간적이게 할 수 있지 않느냐고 묻는다. 이를테면 전쟁이 기계와 기계의 싸움이라면 인간 전투원이나 민간인은 죽지 않는다. 더욱이 미래의 AI 드론과 다른 자동무기시스템 AWS(반대하는 사람들은 이를 킬러 로봇이라고 부름)은 사람 군인보다 더 공정하고 이성적이기를 바랄 수 있다. 즉, 인간의 한계를 넘는 센서를 갖추고 전사戰死를 두려워하지 않는 AWS는 전투의 한가운데서도 침착하게 계산하고 평정심을 유지해 우발적으로 민간인을 죽이는 사고를 덜 저지를 것이다.

루프 속의 사람

그러나 자동 시스템이 오류가 나거나 혼동의 소지가 있거나 예상한 대로 작동하지 않으면 어떻게 되나? 미국의 이지스급 순양함에 장착된 근접방어 무기체계 팔랑스는 대함미사일과 전투기 같은 위협 요인을 스스로 발견하고 추적해 공격한다. 미국 미사일 순양함 빈센스 함은 이지스급 시스템과 관련해 로보크루저라는 별명으로 불렸고, 1988년 이란-이라크 전쟁에서 이란의 포함과 교전을 벌이는 중이었다. 그러

그림 3.4. 오늘날 군사용 드론(미국 공군의 MQ-1 프레데터 같은)은 원격 조정되는 반면 미래의 AI 드론은 사람에게 조종받지 않은 상태에서 작전을 수행할 것이다. 자체 알고리즘을 활용해 누구를 겨냥해 제거할지 결정하는 것이다.

던 7월 3일 빈센스 함의 레이더 시스템이 항공기 접근을 경고했다. 윌리엄 로저스 3세William Rodgers III 함장은 빈센스 함이 급강하하는 이란의 F-14 전투기의 공격을 받게 됐다고 추론하고 이지스 시스템의 발사를 승인했다. 당시 그는 발사된 미사일이 이란항공 655편을 격추했음을 알지 못했다. 이로 인해 승객 290명이 전원 사망했고 국제적인 공분이 들끓었다. 조사 결과 헷갈리게 하는 이용자 인터페이스가 원인으로 드러났다. 빈센스 함의 레이다는 화면의 어느 점이 민간 항공기인지(655편은 매일 오가는 정규 항로를 따르고 있었고 민항기임을 알리는 응답기를 켜고 있었음), 어느 점이 (공격을 위해) 하강하는지 상승하는지(655편은 테헤란 공항에서 이륙한 뒤 고도를 올리고 있었음) 자동으로 알려주지 않았다. 알려지지 않은 비행기에 대해 물었을 때 자동 시스템은 "하강 중"이라고 보고했다. 자동 시스템이 하강하고 있다고 한 대상은 655편이 아니라 멀리 오만 만灣에서 작전을 수행 중이던 미군의 수상전투 공중초계기였다. 자동 시스템은 왜 이렇게 착각했을까? 해군이 비행기를 추적하는 데 활용하는 숫자를 그 초계기에 다시 부여했기 때문이다.

이 사례에서 최종 결정을 내리는 루프에 사람이 있었고, 그는 제한된 시간의 압박 아래에서 자동 시스템의 정보를 지나치게 신뢰했다. 세계 국방 관계자들에 따르면 지금까지 배치된 모든 무기 시스템은 작동 루프에 사람이 관여한다. 여기에서 로테크low-tech 지뢰와 같은 부비트랩은 논외로 한다. 그러나 목표물을 선정하고 공격하기까지 모든 과정을 스스로 결정하는 말 그대로 자동 무기가 현재 개발되고 있다. 속도를 더 내기 위해 루프에서 사람을 배제하는 것은 군사적으로 솔깃한 일이다. 드론 사이의 격전에서 한쪽은 완전 자동 드론이어서 바로 반응하는 반면, 다른 편은 지구 반대편의 사람이 원격 조종하는 드론이어서 굼뜨게 반응한다면 어느 쪽이 이길까?

그러나 루프에 사람이 있어서 엄청나게 다행이었던 위기일발의 상황이 있었다. 쿠바 미사일 위기 때인 1962년 10월 27일에 미국 구축함 11척과 항공모함 랜돌프는 소련 잠수함 B-59를 미국의 '격리' 영역 밖 공해에서 쿠바 가까이로 밀어붙였다. 미군이 알지 못한 사실은 소련 잠수함의 배터리가 거의 방전이 되는 바람에 에어컨이 멈췄고, 그래서 함내 온도가 섭씨 45도(화씨 115도) 넘게 올라갔다는 상황이다. 이산화탄소 중독으로 승무원들은 다수가 기절했다. 잠수함의 승무원들은 본국과 며칠 동안 연락이 두절됐고 제3차 세계대전이 이미 발발했는지 여부를 알지 못했다. 그때 미군은 잠수함이 수면 위로 올라와 떠나도록 만들기 위해 작은 기뢰를 떨어뜨리기 시작했다. "우리는 이게 바로 끝이로군이라고 생각했다." 승무원 V. P. 오를로프V. P. Orlov는 회고했다. "금속 통 안에 앉아 있는데, 누군가가 밖에서 망치로 두드려대는 느낌이었다." 미군도 알지 못한 사실이 있었는데, B-59에는 핵어뢰를 보유했고 이를 본국의 재가가 없어도 자체적으로 발사할 수 있었다는 것이었다. 사실 함장 발렌틴 그리고리에비치 사비츠키Valentin Grigorievich Savitski는 핵어뢰를 발사하기로 결심했다. 사비츠키는 "우리는 죽을 것이지만 그들도 다 침몰시킬 것이다. 우리는 우리 해군의 명예를 실추시키지 않을 것이다"라고 외쳤다. 다행히 핵어뢰를 발사하기 위해서는 함장 외에 두 명이 더 동의해야 했다(한 사람은 정치위원이었고 다른 한 사람은 부함장이었다. 부함장 바실리 아르키포프는 사비스키와 계급이 같았다_옮긴이). 바실리 아르키포프Vasili Arkhipov는 "안 된다"라고 말했다. 아르키포프의 이 말을 직접 들은 사람이 극소수라는 사실에 아찔해진다. 그의 이 말이 제3차 세계대전을 피하도록 만들었을 수 있고, 따라서 현대 역사에서 인류에 대한 가장 값진 공헌이라는 점을 고려할 때 말이다.[38] 만약 B-59가 AI가 통제하는 자율적인 잠수함이어서 사람이 의사결정에 개입하지 않게 돼 있었다면 무슨 일이 벌어졌을지 생각만 해도 섬찟하다.

20년 뒤인 1983년 9월 9일, 미국과 소련 두 초강대국 사이의 긴장이 다시 고조됐다. 소련은 미국 로널드 레이건Ronald Reagan 대통령한테서 "악의 제국"이라는 비난을 들었고, 바로 전주에는 자국 영공으로 들어온 대한항공 여객기를 격추해 269명을 숨지게 했다. 사망자 중엔 미국 하원 의원도 있었다. 당일 소련의 자동 조기경보 시스템은 미국이 다섯 대의 지대공 핵미사일을 소련을 향해 발사했다고 보고했다. 당시 소련 방공군의 장교였던 스타니슬라프 페트로프Stanislav Petrov는 이 경보가 정확한지 몇 분 내에 결정해야 했다. 자동 조기경보 시스템의 위성은 제대로 작동 중인 것으로 확인됐다. 따라서 대응 교범에 따른다면 그는 핵피격이 임박했다고 보고해야 했다. 그러나 그는 자신의 직감을 믿었다. 미국이 미사일 다섯 대로만 공격하지는 않으리라고 판단했다. 이에 따라 그는 지휘관에게 틀린 경보라고 보고했다. 나중에 밝혀졌는데, 위성은 태양이 구름 끝에 반사된 것을 로켓 엔진의 불꽃으로 오인한 것이었다.[39] 만약 페트로프가 대응 교범을 제대로 따르는 AI 시스템으로 대체됐다면 과연 어떻게 됐을까?

다음 군비경쟁?

독자께서 이제는 분명히 짐작하시리라 보는데, 나는 개인적으로 자율 무기 시스템을 심각하게 걱정한다. 그러나 내가 주로 우려하는 것은 따로 있다. AI 무기를 둘러싼 군비경쟁의 끝이다. 나는 이 걱정을 2015년 7월 스튜어트 러셀과 함께 다음과 같은 공개서한으로 표명했다. 이 서한을 작성하면서 생명의 미래 연구소 동료들이 해준 조언에 도움을 받았다.[40]

자율 무기
AI 및 로봇공학 연구원들이 보내는 공개서한

자율 무기는 사람이 개입하지 않는 가운데 목표를 정해 공격한다. 자율 무기가 수행하는 임무로는, 예를 들어 무장한 쿼드콥터가 사전에 정해진 기준을 충족하는 사람을 찾아 제거하는 것을 생각할 수 있다. 그러나 사람이 목표를 설정하는 크루즈 미사일이나 원격 조종 드론은 자율 무기에 포함되지 않는다. 인공지능 기술은 그런 자율 무기 시스템의 배치가 법적으로는 아닐지라도, 실질적으로는 몇십 년이 아니라 몇 년 내에 가능한 단계에 도달했다. 걸려 있는 대가가 크다. 자율 무기는 화학무기와 핵무기에 이어 전쟁의 3차 혁명이라고 묘사돼왔다.

자율 무기를 놓고 찬반 논란이 진행돼왔는데, 예컨대 인간 군인을 기계로 대체하면 사상자를 줄여서 좋다는 주장이 있는가 하면, 반대로 전투로 치닫는 임계점이 낮아진다는 단점도 지적됐다. 오늘날 인류에게 관건이 되는 질문은 세계적인 AI 군비경쟁을 시작할 것인가, 아니면 시작되지 않도록 막을 것인가이다. 군사강국 중 어느 한 나라라도 AI 무기 개발을 밀어붙일 경우, 세계적인 군비경쟁은 사실상 피할 수 없고, 이 기술적인 궤도가 도달하는 지점은 분명하다. 즉, 자율 무기는 내일의 칼라시니코프 소총이 될 것이다. 자율 무기는 핵무기와 달리 제조 비용이 많이 들지도 않고 재료를 구하기가 어려운 것도 아니다. 자율 무기는, 소련의 칼라시니코프 소총이 세계 전역에 보급된 것처럼 도처에 보급되고, 중요한 군사세력은 전부 대량 생산할 정도로 저렴할 것이다. 자율 무기가 암시장에 등장하고 테러리스트들의 손에 들어가며, 독재자가 국민들을 통제하고 군벌이 인종 청소를 자행하는 데 활용되는 것은 단지 시간문제일 것이다. 자율 무기는 최적 용도가 있는데, 암살, 국가 불안 야기, 국민 제압, 특정 인종 집단 살해 등이다. 그래서 우리는 AI 군비경쟁이 인류에게 도움이 되지 않으리라고 본다. AI가 사람을 죽이는 새로운 무기를 만드는 데 활용되는 것이 아니라, 전쟁터를 사람에게, 특히 민간인에게 더 안전하도록 만들 방법이 여럿 있다.

화학자와 생물학자 대부분이 화학적 무기나 생물학적 무기를 개발하는 데 아무런 관심이 없는 것처럼, AI 연구자들도 대부분

AI 무기를 만드는 데 전혀 관심이 없다. AI 연구자들은 또 다른 연구자들이 그렇게 함으로써 자기네 영역을 오염시키는 일을 원하지 않는다. 그렇게 될 경우 대중이 AI를 강하게 반대해, 사회적으로 도움이 되는 AI의 개발을 축소시킬 것이기 때문이다. 사실 화학자와 생물학자들은 생화학 무기를 금지하는 국제 조약을 광범위하게 지지해왔고, 이 국제 조약은 잘 준수돼왔다. 이들의 적극적인 참여는 물리학자 대부분이 우주에 배치된 핵무기와 눈을 멀게 하는 레이저 무기를 금지하는 조약을 지지한 것과 비슷하다.

이런 걱정이 평화를 추구하는 급진적인 운동가 부류만 하는 것이라는 이유로 일축되지 않도록 하자는 취지에서, 나는 가능한 한 더 많은 핵심 AI 연구자들과 로봇공학자들에게서 서명을 받기로 했다. 로봇 군비 제한을 위한 국제 캠페인은 전에 킬러 로봇을 금지하자는 호소문에 수백 명의 서명을 받았는데, 나는 우리가 그보다 훨씬 더 잘할 수 있다고 생각했다. 전문가 조직은 정치적이라고 여겨질 수 있는 목적을 위해 구성원들의 이메일 주소를 공유하는 일을 내키지 않아 하리라는 걸 고려해 나는 온라인 문서에서 연구자들의 이름과 소속 기관을 모은 뒤, 그들의 이메일 주소를 찾는 일을 M터크로 넘겼다. 24시간 뒤에 나는 54달러를 내고 AI 연구자 수백 명의 이메일 주소 리스트를 받았다. 그들은 인공지능발전협회AAAI, Association for the Advancement of Artificial Intelligence 의 회원으로 선출될 정도로 성공한 연구자들이었다. 그들 중 한 명인 토비 월시Toby Walsh는 영국 출신으로 호주 뉴사우스웨일즈대 교수였다. 토비는 친절하게도 리스트에 있는 다른 모든 사람에게 이메일을 보내고 우리 캠페인에 앞장서기로 했다. 세계의 M터크 인력들은 지치지 않고 추가 이메일 리스트를 토비에게 보내왔고, 오래 지나지 않아 AI 연구자들와 로봇공학자 3,000명 이상이 우리 공개서한에 서명했다. 여기엔 AAAI 전임 회장 여섯 명과 구글, 페이스북, 마이크로소프트, 테슬라 등에서 일하는 AI 산업의 리더들도 참여했다. FLI의 자원봉사자 군단은 지치지 않고 서명자 명단을 확인해, 빌 클린턴과 사라 코너같이 잘못 들어온 이름을 솎아냈다. 스티븐 호킹을 비롯한 다른 분야의 서명자가 1만 7,000명에 달했다. 토비가 국제 인공지능 합동 콘퍼런스에서 기자회견을 준비했고, 공개서한 소식은 전 세계에 주요 뉴스로 전해졌다.

생물학자들과 화학자들은 자신들의 입장을 밝혔고, 그들의 영역은 이제 생화학 무기보다는 이로운 의약품과 재료를 창조하는 활동으로 주로 알려졌다. AI 및 로봇 커뮤니티도 발언했다. 그들이 서명한 공개서한은 그들의 영역 역시 사람을 죽이는 새로운 방법을 궁리해내는 게 아니라 더 나은 미래를 창조하는 활동으로 알려지기를 원한다고 밝혔다. 그러나 AI의 미래 용도 중 주요 부분은 민간일 것인가, 군대일 것인가? 이 장에서 민간 용도에 더 지면을 할애했지만, 우리는 곧 더 많은 돈을 군사 용도에 지출할 수 있다. 특히 AI 군비경쟁이 시작되면 그렇게 될 것이다. 민간 AI 투자 약속은 2016년에 10억 달러를 넘어섰지만, 이 금액은 미국 국방부가 2017 회계연도 AI 관련 프로젝트 예산으로 요청한 120억~150억 달러에 비하면 초라한 규모이다. 중국과 러시아는 펜타곤이 이 예산을 발표하면서 로버트 워크 국방부 차관이 한 다음 발언에 주목할 개연성이 있다. "검은 커튼 뒤에 무엇이 있을지 우리 경쟁자들이 궁금해하기 바란다."[41]

국제 조약이 필요한가?

킬러 로봇을 어떻게 금지할지 논의하는 데 대한 국제적인 압박이 크지만, 무슨 일이 발생할지 불확실하고 무엇이 발생하도록 해야 하는지를 놓고도 논쟁이 활발한 실정이다. 이해당사자들은 원론에는 동의하지만 각론에서는 제각각이다. 즉, 많은 주요 이해당사자들은 AWS 연구 및 활용의 길잡이가 될 국제 규제의 형식을 세계 강대국들이 초안으로나마 작성해야 한다는 데 동의하면서도, 정확히 무엇이 금지돼야 하고 어떻게 그 금지 규정이 실행되도록 할지를 놓고서는 의견이 갈린다. 예컨대 치명적인 자율 무기만 금지되어야 하는가, 아니면 눈을 멀게 하는 것처럼 중상을 입히는 자율 무기도 금지되어야 하는가? 개발, 생산, 소유 중 무엇을 막아야 하나? 금지 규정을 모든 자율 무기 시스템에 적용해야 하나? 아니면 우리가 서한에서 주장한 것처럼 대공포와 미사일 방어 같은 방어 시스템은 허용하고 공격 시스템만 금지해야 하나? 적진으로 옮기기 쉬운 방어 시스템이 있을 수 있는데 그런 AWS도 방어용으로 분류해야 하나? 자율 무기 시스템의 부품이 대부분 민간 용도로도 쓰인다면 금지 조약의 이행을 어떻게 강제할 것인가? 예를 들어 드론 입장에서는 폭탄을 운반하거나 아마존 상품 포장을 운반하거나 별 차이가 없다.

일부 논쟁자들은 실효적인 AWS 조약을 설계하는 일은 가망이 없으니 시도하지도 말아야 한다고 주장했다. 다른 편에는 존 F. 케네디 같은 인물이 주장한다. 그는 달 착륙 계획을 발표할 때 성공이 인류의 미래를 크게 이롭게 한다면 어려운 일을 시도할 가치가 있다고 강조했다. 더욱이 많은 전문가는 생화학 무기 금지는 중대한 위반 사례가 은폐되면서 이행되기 어렵다는 사실이 입증됐는데도 가치가 발휘됐다며, 이는 금지 조항을 어긴 당사자에게 심한 오명汚名을 씌웠기 때문이라고 주장했다.

　나는 2016년 만찬 행사에서 헨리 키신저Henry Kissinger를 만나게 됐고, 그 자리에서 생화학 무기 금지에서 그가 어떤 역할을 했는지 물어봤다. 그는 미국 국가안보보좌관 시절에 그 금지가 미국의 국가 안보에 유익할 것이라며 닉슨 대통령을 설득했다고 설명했다. 나는 92세인 키신저의 생각과 기억이 예리하다는 데 깊은 인상을 받았는데, 그의 내면의 관점을 듣는 일은 매혹적이었다. 미국은 이미 재래식 무기와 핵무기 덕분에 초강대국 지위를 행사하고 있었고, 그래서 생물 무기를 둘러싼 세계적인 군비경쟁이 불확실한 결과를 가져오면 잃을 게 더 많았다.

　달리 말하면, 이미 승자라면 "못 쓸 정도가 아니라면 괜히 고치려 하지 말라(그러다 고장 난다)"라는 말을 따르는 게 일리가 있다. 스튜어트 러셀이 만찬 뒤 우리의 대화에 끼었고, 우리는 그와 같은 주장이 얼마나 정확하게 치명적인 자율 무기에 대해서도 제기될 수 있는지 논의했다. 즉, 군비경쟁에서 가장 많은 이득을 보는 측은 초강대국이 아니라 소규모 깡패 국가와 테러리스트, 비국가 행위자들이고 이들은 그런 자율 무기가 일단 개발되면 암시장을 통해 그걸 구할 수 있다는 얘기였다.

　일단 대량 생산되면 AI가 장착된 소형 킬러 드론은 스마트폰보다 조금 더 비쌀 것이다. 정치인을 암살하려는 테러리스트나 자신을 걷어찬 여자친구에게 해코지하려는 전 연인은 그저 킬러 드론에 목표의 사진과 주소를 입력하기만 하면 된다. 그러면 드론은 지정된 곳에 날아가 그 사람을 식별하고 제거한 다음 누가 책임을 져야 하는지 아무도 모르게 하기 위해 자폭할 것이다. 인종 청소를 자행하려는 사람들은 특정한 피부색이나 인종적인 특징을 가진 사람들을 죽이라는 프로그램을 쉽게 드론에 심을 수 있다. 스튜어트는 그런 무기가 더 영리해질수록 사람 한 명을 살해하는 데 드는 소재와 화력과 돈이 덜 들게 되리라고 본다. 예를 들어 호박벌만 한 드론이 눈에 초소형 탄환을 발사해 사람을 살해할 수 있다. 눈에서 뇌에 이르는 조직은 단단하지 않아서, 눈을 뚫고 들어간 초소형 탄환은 뇌를 타격하게 된다. 여기에는 최소한의 폭발력이 필요하고 비용도 적게 든다. 이 드론은 금속 발톱으로 머리에 달라붙은 다음 초소형 무기로 두개골을 뚫을 수도 있다. 트럭 한 대에서 이런 킬러 드론 100만 마리를 풀어놓을 수 있다면 완전히 새로운 종류의 가공할 만한 대량살상 무기가 될 것이다. 이런 대량살상 자율 무기는 사전에 지정된 사람들만 죽이고 다른 사람들과 사물은 하나도 다치지 않게 할 수 있다.

이에 대한 흔한 반박이 있다. 킬러 로봇을 윤리적으로 만들어 그런 걱정할 거리를 없애면 된다는 것이다. 그러나 대량살상 자율 무기를 만들지 못하도록 강제하는 것보다 적의 자율 무기가 100퍼센트 윤리적이도록 요구하는 편이 어떻게 더 쉬울 수 있다는 말인가? 또 그들의 논리에 따른다면 다음 두 주장은 서로 상충하지 않을까? 문명국가의 잘 훈련된 병사들이라도 전쟁의 규율을 형편없이 위반하기 때문에 차라리 로봇이 더 나을 수 있다. 깡패국가와 독재자와 테러리스트 그룹은 선량하기 때문에 전쟁의 규율을 준수하면서 이를 위반하는 로봇을 결코 배치하지 않을 것이다.

사이버전쟁

AI의 군사적인 측면 가운데 또 다른 흥미로운 점이 있는데, 무기도 만들지 않고 적을 공격한다는 것이다. 바로 사이버전쟁이다. 미래 사이버전쟁의 작은 전주곡이라 할 사건이 스틱스넷 웜의 이란 우라늄 농축 프로그램 침투였다. 미국과 이스라엘 정부가 만든 것으로 알려진 스턱스넷 웜은 고속으로 회전하는 원심분리기가 해체되도록 해버렸다. 사회가 자동으로 돌아갈수록 AI의 공격은 더 강력해지며 사이버전쟁은 더 파괴적이 된다. 적의 자율주행차를 해킹해 파괴할 수 있고, 자율비행기, 원자로, 산업 로봇, 커뮤니케이션 시스템, 금융 시스템, 전력망을 망가뜨릴 수 있으며 결국 경제를 파괴하고 방위를 무장해제할 수 있다.

우리는 이 장을 시작할 때 AI가 인류를 이롭게 할 놀라운 단기 기회를 살펴봤다. 단서는 우리가 AI를 튼튼하고 해킹되지 않도록 만든다는 것이다. AI 자체는 AI 시스템을 더 튼튼하게 만드는 데 활용될 수 있고 그래서 사이버전쟁을 방어하도록 도울 수 있지만, AI가 공격도 도울 수 있음은 물론이다. 방어 용도의 활용이 더 우세해지게끔 하는 일은 AI 개발의 단기 목표에서 가장 중요한 것 가운데 하나가 되어야 한다. 그렇지 않으면 우리가 개발한 무서운 기술이 전부 우리를 향할 위험이 있다.

일자리와 임금

이 장에서 우리는 주로 AI가 우리 소비자에게 어떤 영향을 미칠지에 초점을 맞추며, AI가 세상을 바꿀 새로운 제품과 서비스를 구매 가능한 가격에 제공되도록 하는 데 관심을 기울였다. 그런데 AI는 노동 시장을 어떻게 바꾸고 노동자인 우리에게 어떤 영향을 줄 것인가? 만약 사람들이 수입이나 목적을 상실하지 않게 하면서 자동화를 통해 우리의 번영을 증진할 방법을 찾아낸다면 미래는 환상적이 될 것이다.

원하는 사람은 누구나 여가와 무제한의 풍요로움을 누릴 것이다. 이 주제를 오랫동안 열심히 연구한 사람이 경제학자 에릭 브린욜프슨Erik Brynjolfsson으로 그는 내 MIT 동료이다. 그는 늘 단정하고 흠잡을 데 없이 잘 차려입지만, 아이슬랜드 혈통이다. 나는 가끔 상상한다. 그가 MIT의 비즈니스 스쿨에 동화되기 위해 최근에야 야성적인 바이킹 턱수염과 머리털을 다듬은 게 아닌가 하고 말이다. 그가 자신의 야성적인 아이디어를 다듬지 않은 것은 분명해서, 그는 자신의 최적 노동시장 비전을 '디지털 아테네'라고 부른다. 고대 아테네 시민들이 여유 속에서 민주주의, 예술, 놀이를 즐길 수 있었던 요인은 노동의 많은 부분을 노예들이 수행한 데 있다. 그렇다면 노예를 AI 로봇으로 대체해 누구나 즐기는 디지털 이상주의를 창조하면 어떨까? 에릭의 AI 경제는 스트레스와 단조롭고 힘든 일을 제거할 뿐 아니라 우리가 현재 원하는 모든 것을 풍족하게 생산한다. 그러면서도 AI 경제는 오늘날 소비자가 자신이 원하는지 미처 깨닫지 못한 놀라운 제품과 서비스를 풍부하게 제공할 것이다.

기술과 불평등

우리가 현재에서 에릭의 디지털 아테네로 다가가려면 모든 사람의 시간당 임금이 매년 올라, 여가를 더 원하는 사람들은 점차 덜 일하면서도 생활수준을 계속 향상시킬 수 있어야 한다. 〈그림 3.5〉를 보면 미국에서 이런 추세가 제2차 세계대전 이후 1970년대 중반까지 진행됐다. 소득 분배 불평등이 있긴 했지만, 파이의 전체 크기가 커져서 거의 누구나 더 큰 조각을 받게 됐다. 그러나 그때 무언가가 바뀌었고, 이를 처음 알아챈 사람이 에릭이었다. 같은 그림을 보면 경제가 계속 성장했고 평균소득이 증가했지만, 지난 40년 동안 성장의 혜택은 주로 부유층에, 대부분 상위 1퍼센트에 돌아간 반면 하위 90퍼센트의 소득 수준은 정체됐다. 이에 따른 불평등 심화는 소득이 아니라 재산을 보면 더욱 뚜렷해진다. 미국 하위 90퍼센트 가구의 평균 순 재산은 2012년 약 8만 5,000달러였는데, 이는 25년 전과 같은 수준이었다. 반면 상위 1퍼센트의 순 재산은 같은 기간 두 배 이상인 1,400만 달러로 증가했다.[42] 두 금액의 증가폭은 물가상승률을 뺀 실질 금액 기준이다. 소득 격차는 세계 전체로 보면 더 극단적이다. 2013년에 세계 인구의 소득 기준 하위 절반(36억여 명)의 재산은 세계에서 돈이 많은 순서로 8명의 재산과 같았다.[43] 이는 바닥층의 가난 및 취약성과 함께 최상층의 부유함을 부각하는 통계이다. 우리가 2015년에 푸에르토리코에서 개최한 콘퍼런스에서 에릭은 AI 연구자들에게 AI의 발달과 자동화가 경제적 파이를 더 크게 만들 것이라고 생각한다고 말했다. 그러나 그는 모든 사람이, 심지어 대다수 사람이 도움을 받는다는 경제 법칙은 없다고 말했다.

경제학자들 사이에는 불평등이 확대되고 있다는 데 광범위한 동의가 이뤄졌지만, 그 원인이 무엇인지와 이 추세가 계속될지를 놓고는 흥미로운 논란이 있다. 좌파 진영에서는 주요 요인으로 세계화와(또는) 부자 감세 같은 경제정책을 꼽는다. 반면 에릭 브린욜프슨과 동료 연구자 앤드루 맥아피Andrew McAfee는 기술이라고 주장한다.[44] 이들은 디지털 기술이 세 갈래로 불평등을 키운다고 말한다.

첫째, 기술이 기존 일자리를 기술이 더 필요한 일자리로 대체하면서 더 교육받은 사람들에게 돌아가는 금전적 보상이 늘어났다. 1970년대 이후 대학원을 졸업한 취업자의 급여는 25퍼센트 증가한 반면 고교 중퇴자의 급여 평균은 30퍼센트 줄었다.[45]

둘째, 그들은 2000년 이후 기업 소득에서 점점 더 많은 몫이 노동

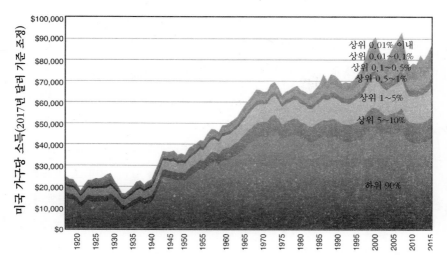

그림 3.5. 지난 세기 동안 평균 임금의 추이와 분포를 보여준다. 1970년 이전에는 부자와 빈자 모두 형편이 나아진다. 이후엔 소득 증가분의 대부분이 상위 1퍼센트에 돌아갔다. 하위 90퍼센트는 소득이 거의 늘지 않았다.[46] 그래프의 수치는 2017년 물가 기준으로 조정한 금액이다.

자들보다 주주들에게 돌아가고 있다고 주장한다. 또 자동화가 계속되면 기계를 소유한 사람들이 점점 파이에서 더 큰 부분을 차지하게 될 것이라고 말한다. 성장하는 디지털 경제에서는 노동에 대한 자본의 우위가 더욱 중요해질 텐데, 기술 선견자 니컬러스 네그로폰테Nicholas Negroponte는 디지털 경제를 원자가 아니라 비트의 움직임이라고 정의했다. 이제 책부터 영화, 납세 준비 소프트웨어도 디지털로 바뀌었고 추가 복사본은 근본적으로 추가 비용을 들이지 않고 세계 전역에 판매할 수 있으며 추가 인원을 고용할 필요도 없게 됐다. 그래서 매출의 대부분이 노동자가 아니라 투자자한테 돌아가고, 이에 따라 디트로이트 '빅3'(GM, 포드, 크라이슬러)의 1990년 매출과 실리콘밸리 '빅3'(구글, 애플, 페이스북)의 2014년 매출이 비슷하지만, 후자는 전자에 비해 인원을 9분의 1만 고용해서 시가총액을 30배로 키웠다.[47]

셋째, 에릭과 연구자들은 디지털 경제는 종종 대다수 사람들보다는 슈퍼스타들에게 유리하다고 주장한다. 『해리 포터』 저자 J. K. 롤링J. K. Rowling은 작가 중 처음으로 억만장자 클럽에 들었는데, 롤링이 셰익스피어보다 어마어마하게 부자가 된 것은 그의 이야기가 책, 영화, 게임의 형태로 수십억 명에게 매우 낮은 비용으로 유통된 덕분이다. 비슷하게 스콧 쿡은 터보택스TurboTax 납세 준비 소프트웨어로 수십억 달러를 벌었는데, 이 프로그램은 세무사 같은 인력과 달리 개별 소비자에게 내려받기를 통해 판매된다. 인기도가 10위인 납세 준비 소프트웨어를 구매할 사람은 거의 없을 테니, 이는 이런 종류의 시장에는 단지 몇몇 슈퍼스타만 들어설 수 있음을 보여주는 사례이다. 세상의 모든 부모가 자식들에게 제2의 J. K. 롤링, 지젤 번천, 맷 데이먼, 크리스티아누 호날두, 오프라 윈프리, 일론 머스크가 되라고 할 경우, 자녀 중 누구도 이를 가능한 직업 목표로 여기지 않을 것이다.

아이들을 위한 직업 조언

그렇다면 우리 아이들에게 무슨 직업을 조언해야 할까? 나는 내 아이들에게 현재 기계가 대체하지 못하고 가까운 미래에 자동화 가능성이 낮은 직업을 지망하라고 말한다. 여러 직업이 언제 기계로 대체될지 따져보는 최근에 나온 예상에서 참고할 만한 몇 가지 유용한 질문이 있다. 직업을 택하고 준비하기에 앞서 물어볼 질문은 예를 들어 다음과 같다.[48]

- 사람과의 상호작용과 사회적 지능을 요구하는가?
- 창의성이나 영리한 해법 도출과 관련이 있나?
- 예상하지 못할 환경에서 일할 필요가 있나?

이들 물음에 "그렇다"라는 답이 많을수록 기계에 대체되지 않는다는 측면에서 직업을 더 잘 선택한 것일 수 있다. 상대적으로 안전한 선택은 교사, 간호사, 의사, 치과의사, 과학자, 기업가, 프로그래머, 엔지니어, 법률가, 사회활동가, 성직자, 예술가, 미용사, 안마사 등이다.

이와 대조적으로, 예측 가능한 환경에서 반복되거나 틀에 맞춰지는 업무와 관련된 직업은 자동화되기까지 오래 걸릴 가능성이 높지 않아 보인다. 컴퓨터와 산업 로봇은 오래전에 그런 아주 간단한 직업을 차지했고 기술이 발달하면서 더 대체하고 있는데, 텔레마케터, 창고 작업자, 계산원, 기차 운전수, 제빵사, 요리사가 그런 직업이다.[49] 트럭, 버스, 택시 운전사와 우버/리프트 운전사가 곧 다음 순서가 되리라고 본다. 법률 보조, 신용 평가, 대출 심사, 경리, 세무를 포함해 더 많은 업무가, 비록 완전한 멸종의 위험에 처한 리스트에는 들지 않았지만, 대부분 자동화되면서 인력 수요가 줄고 있다.

그러나 자동화가 직업이 처한 유일한 도전은 아니다. 이 글로벌 디지털 시대에 전문적인 필자, 영화제작자, 배우, 운동선수, 패션디자이너가 된다는 목표는 다른 이유로 위험하다. 이들 직업에 종사하는 사람들은 시간이 흘러도 기계와 경쟁하지는 않겠지만, 앞서 말한 슈퍼스타 이론에 따라 전 세계의 경쟁자들과 치열하게 경쟁해야 하고 소수만 성공하게 된다는 것이다.

많은 경우 모든 분야에 걸쳐 직업 조언을 하는 일은 너무 근시안적이고 대략적일 것이다. 완전 자동화에 이르지는 않더라도 업무 중 많은 부분이 자동으로 처리될 직업이 많을 것이다. 예를 들어 의료계를 지망한다면 방사선 전문의가 됐다가 IBM의 왓슨에 대체되지 말고, 방사선 분석을 지시하고 결과를 환자와 상의한 뒤 치료 계획을 결정하는 의사가 되어라. 금융 분야에 진출할 거라면 데이터에 알고리즘을 적용하는 퀀트로 일하다가 소프트웨어로 대체되지 말고, 퀀트 분석을 활용하고 전략적인 투자 결정을 내리는 펀드 매니저가 되어라. 법조계로 간다면 조사 단계에서 관련 자료 수천 건을 검토하는 법률 보조원이 되기보다는 고객과 상담하고 소송을 대리하는 변호사가 되어라.

지금까지 우리는 AI 시대 일자리 시장에서 성공을 극대화하기 위해 개인이 무엇을 할 수 있는지 생각해봤다. 그럼 정부는 사람들이 이 시장에서 성공하도록 돕기 위해 무엇을 할 수 있는가? 예를 들어 AI가 계속 발달하는 상황에서 어떤 교육 시스템이 사람들을 일자리 시장에 가장 잘 준비된 인력으로 육성할 것인가. 현재 시스템, 즉 10년이나 20년 가르친 다음 40년 동안 전문 분야에서 일하도록 하는 게 여전히 통할 것인가? 사람들이 몇 년 일한 뒤 1년 배우고 다시 몇 년 더 일하는 방식이 더 나을까?[50] 그도 아니면 아마 온라인으로 계속 배우면서 일하는 방식이 어느 직업이나 표준이 될까?

또 어떤 경제정책이 좋은 새 일자리를 만드는 데 가장 도움일 될 것인가? 앤드루 맥아피는 여러 정책이 있다면서 연구, 교육, 사회간접자본에 대한 투자 확대와 이민 유도, 기업가 정신 촉진을 그중 일부로 들었다. 그는 "경제학개론 실행서는 분명하지만 이행되고 있지 않다"라고 느낀다. 적어도 미국에서는 말이다.[51]

사람은 결국 '고용 불가' 될 것인가?

AI가 계속 발달해 더 많은 직종을 자동으로 처리하면 무슨 일이 벌어질까? 많은 사람은 일자리에 대해 낙관적이어서, 자동화 일자리는 더 나은 일자리로 대체될 것이라고 주장한다. 전에는 늘 그래왔다. 러다이트들이 산업혁명 시기에 기술적 실업을 걱정했지만 새로운 일자리가 생겼다.

다른 사람들은 일자리에 대해 비관적이어서 이번에는 다르다며 더욱더 많은 사람이 실업 상태에 빠질 뿐 아니라 고용이 불가능하게 되리라고 주장한다.[52] 일자리 비관론자들은 자유시장은 임금을 수요와 공급에 따라 정하는데 저렴한 기계 노동의 공급이 증가하면 결국 인간 임금이 생계비 수준보다 훨씬 아래로 떨어질 것이라고 주장한다. 한 업무에 대한 시장의 시간당 임금은 그 일을 가장 저렴하게 제공하는 사람이나 대상에 따라 결정되기 때문에, 역사적으로 임금은 특정 업무를 저임금 국가나 저렴한 기계로 넘길 때면 늘 하락했다. 산업혁명 시기에 우리는 인간의 근육을 어떻게 기계로 대체할 것인지 궁리하기 시작했고, 사람들은 근육보다 정신을 더 써서 돈을 더 많이 받는 일자리로 옮겨갔다. 블루칼라 일자리는 화이트칼라 일자리로 대체됐다. 이제 우리는 우리의 두뇌를 어떻게 하면 기계로 대신할 수 있을지 궁리해내고 있다. 우리가 이 과정에서 궁극적으로 성공을 거둔다면, 우리에게 남은 일자리는 무엇일까?

일부 일자리 낙관론자들은 육체적인 일과 정신적인 일 다음에는 창조적인 일의 붐이 일어나리라고 본다. 이에 대해 일자리 비관론자들은 창의성은 정신적 과정의 또 다른 과정일 뿐이고 그래서 AI는 결국 그것 역시 통달할 것이라고 반박한다. 다른 낙관론자들은 기술 덕분에 우리가 아직 생각조차 하지 못한 새로운 일자리가 붐을 이룰 것이라고 기대한다. 도대체 산업혁명 시기에 자기네 후손들이 웹 디자이너나 우버 운전자로 일하게 되리라고 누가 상상이나 했겠는가? 비관론자는 이는 희망적인 생각일 뿐 경험한 데이터로 뒷받침되지 않는다고 되받는다. 그들은 한 세기 컴퓨터 혁명 전에도 같은 식으로 말했을 것이라고 예를 든다. 즉, 낙관론자들은 오늘날 직업의 대부분이 새롭고, 전에 없고 상상되지도 않다가 신기술 덕분에 가능해졌다고 주장했으리라는

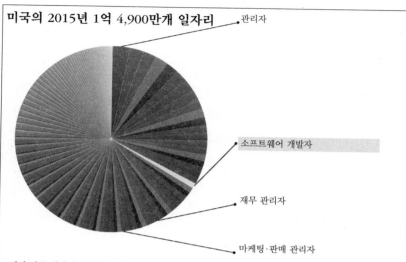

미국의 2015년 1억 4,900만개 일자리 ◀ 관리자

소프트웨어 개발자

재무 관리자

마케팅·판매 관리자

가장 많은 사람이 종사하는 직업(순서대로): 관리자, 운전사, 소매 판매자, 계산원, 소매 판매 관리자, 초중등 교사, 간호사, 비서·업무지원 인력, 고객 서비스 대리인, 수위·청소 인력, 요리사, 웨이터·웨이트리스, 간호·심리치료·방문 간병 인력, 운반 노동자, 회계 인력, 건설 노동자, 창고 인력, 경영자, 숙박업소·가정 청소 인력, 초급 관리자, 소프트웨어 개발자, 지상 정비 업무 인력, 중등과정 이후 교사, 사무원, 판매 대리인, 목수, 개인 미용 관련 인력, 비(非) 소매 판매원의 초급 관리자, 접수 담당자·안내원, 보육 인력, 재무 관리자, 음식 서비스 관리자, 회계 담당자, 법률가, 중등학교 교사, 농부, 다양한 조립·제작자, 의사, 마케팅·판매 관리자

그림 3.6. 이 파이 차트는 미국의 2015년 일자리 1억 4,900만 개가 주로 어느 직업에 분포돼 있는지 보여준다. 일자리 범주는 미국 노동통계국의 535개 분류를 따랐다.[53] 백만 명 이상이 일하는 직업을 표기했다. 21위 직업인 소프트웨어 개발자에 이르러서야 컴퓨터 관련 직업이 나온다. 이 그림은 페데리코 피스토노의 분석에서 영감을 얻었다.[54]

것이다. 그런 예측이 있었다면 크게 빗나갔다. 〈그림 3.6〉을 보면 오늘날 직업의 대다수는 한 세기 전에 이미 있었고, 종사하는 사람 수가 많은 순서로 열거할 때 21번째에 이르러서야 새로운 직업이 등장한다. 그 직업은 소프트웨어 개발자로, 이 직업이 제공하는 일자리는 미국에서 1퍼센트도 되지 않는다.

무슨 일이 벌어지는지 더 잘 이해하는 데엔 앞서 제시한 2장의 인간 지능의 지형도를 나타낸 〈그림 2.2〉가 도움이 된다. 이 그림에서

기계가 수행하기 어려울수록 해발 고도가 높아지고, 점점 높아지는 수위는 기계가 그 단계의 일을 할 수 있음을 뜻한다. 일자리 시장의 주요 흐름은 우리가 완전히 새로운 직업으로 이동한다는 것이 아니다. 그보다도 우리는 〈그림 2.2〉에서와 같이 차오르는 기술의 수위에 아직 잠기지 않은 영역의 부분으로 밀리고 있다. 〈그림 3.6〉은 그 결과 섬 하나가 남는 게 아니라 여러 군도가 남음을 보여준다. 물 위의 작은 섬이나 환상 산호도는 기계가 사람만큼 저렴한 비용으로 하지 못하는 모든 값진 일들에 해당한다. 소프트웨어 개발 같은 하이테크 직업만 포함되는 것은 아니다. 마사지 요법에서 연기에 이르기까지 손놀림과 사회적 기술이 뒷받침되는 다양한 로테크 직업도 있다. AI가 지적인 업무에서 우리를 빠르게 압도해 결국 우리에게 마지막으로 남는 일이란 로테크 범주밖에 없게 될까? 최근에 내 친구는 마지막으로 남는 직업은 최초의 직업일 것이라고 농담했다. 매춘이다. 그에게서 이 말을 들은 일본 로봇 연구자가 대꾸했다.

"아니, 로봇은 그런 일 잘해요."

비관론자들은 끝이 분명하다고 주장한다. 즉, 모든 군도가 결국 물에 잠기고 사람이 기계보다 저렴하게 할 수 있는 일은 전혀 남지 않으리라고 말이다. 스코틀랜드 출신 미국 경제학자 그레고리 클라크는 2007년 책 『맬서스, 산업혁명, 그리고 이해할 수 없는 신세계』에서 우리는 미래의 직업 전망에 대해 1900년 초기 자동차 시대 두 마리 말이 나눈 가상 대화에서 생각할 거리를 얻을 수 있다고 주장했다.

"나는 기술적 실업이 걱정이야."
"걱정 마. 러다이트가 되지 말라고. 증기기관이 나와 우리의 산
  업현장 일자리를 차지하고 기차가 마차를 끄는 우리 일자리를

대체했을 때도 우리 선조들이 그렇게 말했지. 그러나 지금 우리한테는 더 많은 일자리가 있지 않나. 더구나 지금 일자리는 전보다 더 낫고. 나는 가벼운 마차를 끄는 편이 훨씬 좋아. 전에는 멍청한 광산 펌프를 가동하느라 하루 종일 원을 그리며 돌아야 했잖아."

"그렇지만 내연기관이 정말 확산되면 어떻게 하지?"

"우리 말들이 여태 상상하지 못한 더 새로운 일자리가 만들어지리라고 확신해. 전에도 늘 그랬잖아. 바퀴와 쟁기가 나왔을 때도 그랬고."

아뿔싸, 말들을 위한 '미처 상상되지 않은' 새로운 일자리는 생기지 않았다. 필요가 없어진 말들은 도살되어 대체되지 않았고, 미국의 말 수는 1915년 약 2,600만 두에서 1960년 300만 두 정도로 급감했다.[55] 기계의 근육이 말을 필요하지 않게 한 것처럼 기계의 정신이 인간에게도 같은 영향을 미칠 것인가?

일자리 없는 사람들에게 소득 주기

누가 맞을까? 기계에 넘어간 일자리가 더 나은 일자리로 대체될 것인가, 아니면 인간은 대다수가 고용되지 못할 존재가 될까? AI 발달 추세가 누그러지지 않을 경우 양쪽 다 맞을 수 있다. 한쪽은 단기적으로 맞고, 다른 쪽은 장기적으로 맞게 된다. 비록 사람들이 일자리의 실종을 완전히 암울한 의미 속에서 논의하지만, 그게 반드시 나쁜 일이어야만 하는 건 아니다. 러다이트들은 특정한 일자리에 집착해 다른 일자리도 똑같은 사회적 가치를 지닐 가능성을 간과했다. 마찬가지로 오늘날 일자리에 집착하는 사람들도 너무 시야가 좁을지 모른다. 우리가 일을 원하는 것은 일을 통해 소득과 목적을 얻을 수 있기 때문이다. 그러나 기계가 제공하는 풍요로움을 전제로 할 때, 일자리 없이도 소득과 목적을 제공하는 다른 방법을 찾는 것이 가능할 것이다. 비슷한 일이 말에게 일어났지만 모든 말이 멸종하지는 않았고, 그 대신 1960년대 이후를 보면 말의 수는 세 배 이상으로 늘었다. 일종의 말 복지 시스템으로 보호를 받은 덕분이다. 말이 그 비용을 대지는 않았지만 사람들은 말을 보살피기로 했고, 즐거움과 스포츠를 위해, 그리고 반려동물로 말을 곁에 두기로 했다. 이처럼 우리는 동료 인간을 보살필 수 있을까?

소득에서 논의를 시작하자. 증가하는 경제적 파이의 작은 부분만 재분배해도 모든 사람이 더 나아질 것이다. 많은 사람이 우리는 할 수 있을 뿐 아니라 해야만 한다고 주장한다. 모셰 바르디Moshe Vardi 교수가 2016년 인공지능발전협회 총회에서 AI가 주도하는 기술의 시대에 생명을 살리기 위해 도덕적으로 긴요한 일에 대해 얘기했을 때, 나도 부의 공유를 포함해 AI의 이로운 활용을 주장하는 것은 도덕적 의무라고 말했다. 에릭 브린욜프슨 역시 그 총회의 패널로 참여했는데, 그는 "만약 이 새롭게 창출된 모든 부를 가지고 우리가 인류의 절반의 형편이 나빠지는 걸 막지 못한다면 부끄러운 일"이라고 말했다.

부의 공유와 관련해 많은 제안이 쏟아졌고, 각각에는 지지자와 반대자가 있다. 가장 단순한 해법이 기본소득이다. 모든 사람이 매달 아무런 조건도 의무도 없이 돈을 받게 하자는 제안이다. 캐나다, 핀란드, 네덜란드 등에서 몇몇 소규모 실험이 시도되거나 계획되고 있다. 옹호하는 사람들은 기본소득이 빈곤층에 제공하는 복지급여 같은 제도보다 더 효율적이라며 누가 수혜자로 적합한지 결정하는 과정의 행정적 번거로움이 없기 때문이라고 말한다. 기본소득은 또 일할 의욕을 줄인다는 이유로 비판받지만, 아무도 일하지 않는 일자리 없는 미래에서는 이 비판이 무의미해진다.

정부는 돈을 줄 뿐 아니라 다른 방법으로 시민들을 도울 수 있다. 즉, 무료로 또는 예산을 지원해서 다양한 서비스, 예컨대 도로, 다리, 공원, 공공 교통수단, 육아, 교육, 의료, 실버 주택, 인터넷 접속 등을 제공할 수 있다. 많은 정부가 이미 이런 서비스의 대부분을 제공한다. 기본소득과 반대로 정부가 지원하는 이런 서비스는 두 가지 서로 다른 목표를 달성한다. 하나는 생활비를 줄여주는 것이고, 다른 하나는 일자리를 제공하는 것이다. 기계가 모든 업무에서 사람을 능가하는 미래에도 정부는 아이 보육과 노인 돌봄에서 로봇을 활용하기보다는 사람을 고용해 일을 시키는 선택을 할 수 있다.

흥미롭게도 기술이 발전하면 정부 개입 없이도 여러 값진 제품과 서비스가 무료로 제공될 수 있다. 예를 들어 얼마 전까지 사람들은 백과사전, 지도, 우편, 전화를 유료로 활용하곤 했지만, 이제 누구나 인터넷에 연결만 되면 이런 서비스를 무료로 쓴다. 게다가 화상회의, 사진 공유, 소셜 미디어, 온라인 강좌 같은 수많은 새로운 서비스도 이용한다. 사람에게 정말 중요한 다른 많은 것들, 일례로 생명을 구하는 항생제는 매우 저렴해졌다. 기술 덕분에 오늘날에는 가난한 사람들도 예전에는 세계 최상층 부자들도 접하지 못하던 것들을 누리고 있다. 이를 두고 괜찮은 삶을 영위하는 데 필요한 소득 수준이 떨어지고 있음을 의미한다고 풀이하는 사람들도 있다.

만약 언젠가 기계가 현재의 상품과 서비스를 최소의 비용으로 제공할 수 있다면, 그때엔 모두가 더 잘살기에 충분한 부가 있음이 확실하다. 달리 말하면 정부는 상대적으로 약간의 세금만 투여해도 기본소득과 무료 서비스를 제공할 수 있다. 그러나 부의 공유가 가능하다는 것이 그런 일이 발생한다는 것을 뜻하는 것은 아니다. 게다가 오늘날 부를 공유해야 하는지를 놓고 정치적인 대립이 팽팽한 실정이다. 앞에서 본 것처럼 소득 하위층이 수십 년째 더 빈곤해지고 있는 미국의 흐름은 정반대 방향으로 보인다. 증가하는 사회의 부를 어떻게 분배할지에 대한 정책 결정은 모든 사람에게 영향을 미치고, 그래서 어떤 종류의 미래 경제를 만들어야 하는가를 둘러싼 논의는 AI 연구자, 로봇공학자, 경제학자뿐 아니라 모든 사람에게 열린 가운데 진행돼야 한다.

소득 불평등을 줄이는 일은 AI의 역할이 압도적으로 커지는 미래뿐 아니라 오늘날에도 좋은 아이디어라고 많은 토론자가 주장한다. 그와 관련된 주요 논점은 대개 도덕적인 것이지만, 소득이 더 균등하게 분배될수록 민주주의가 더 잘 작동한다는 증거도 있다. 즉, 교육을 잘 받은 중산층이 두터운 사회에서는 유권자가 여간해서는 조작에 휘둘리지 않고, 그런 사회에서는 소수의 사람이나 회사가 정부에 과도한 영향력을 행사하지 못한다. 더 나은 민주주의는 다시 더 잘 운영되는 경제를 가능하게 해, 부패가 적고 더 효율적이고 더 빨리 성장해 궁극적으로는 모두를 이롭게 한다.

사람들에게 일자리 없이 목적만 부여

일자리는 사람들에게 돈 이상을 준다. 프랑스 철학자 볼테르는 1759년에 "일은 세 가지 큰 악마를 궁지에 몰아넣는데, 지루함과 악함과 궁핍함"이라고 말했다. 이 말은 사람은 소득만으로는 잘 지내지 못한다는 뜻이라고 할 수 있다. 로마 황제들은 백성들을 만족시키기 위해 빵과 서커스를 제공했고, 예수도 다음과 같이 비물질적인 욕구를 강조한 것으로 성경에 인용됐다. "사람은 빵만으로 살 수 있는 것이 아니오." 일자리는 소득 이외에 어떤 값진 것을 우리에게 주는데, 일자리가 없는 사회는 그것을 어떻게 제공할 수 있을까?

이들 질문에 대한 답변은 당연히 복잡한데, 왜냐하면 자기 일을 싫어하는 사람들도 있고 좋아하는 사람들도 있기 때문이다. 역사에는 따분함과 우울함에 망가진 왕위 계승자와 왕자의 얘기가 차고 넘치지만, 한편으로는 많은 아이들, 학생들, 가정주부들은 돈을 버는 일을 하지 않아도 행복해한다. 2012년에 이뤄진 메타분석(기존 연구 결과를 활용한 종합 분석_옮긴이)에 따르면 실업은 행복에 장기적으로 부정적인 영향을 끼쳤고, 은퇴는 긍정적인 측면과 부정적인 측면이 모두 있었다.[56] 긍정심리학에서 사람의 행복과 목적의식을 북돋는 몇 가지 요인이 파악됐다. 그리고 몇 가지 일(모든 일이 아니다!)이 이들 요인의 상당수를 제공하는 것으로 나타났다.[57] 예를 들면 다음과 같다.

- 친구 및 동료와의 사회 관계망
- 건강하고 도덕적인 라이프스타일
- 존경, 자기 존중, 자기 효능감, 몰입
- 자신이 필요하고 다른 존재라는 느낌
- 자신보다 큰 무언가의 일부이고 그것에 기여하는 느낌

이렇게 살펴보면 일이 사라진 미래에 대해 낙관하게 된다. 왜냐하면 이런 요인은 모두 직장 밖에서도 제공될 수 있기 때문이다. 예를 들어 스포츠, 취미, 학습을 통해서 느낄 수 있고 관계와 관련해서는 가족, 친구, 팀, 클럽, 지역사회 그룹, 학교, 종교 및 인도주의 조직, 정치 운동, 그리고 그 밖에 다른 기관에서 가질 수 있다. 사람들을 고용하지 않으면서도 자기 파괴적인 행위로 쇠락하지 않고 흥하는 사회를 만들려면, 그러한 행복을 유발하는 행동이 활발해지게끔 돕는 방안을

이해할 필요가 있다. 그런 이해를 추구하는 데에는 과학자와 경제학자뿐 아니라 심리학자와 사회학자, 교육자도 관여해야 한다. 미래의 AI가 창출하는 부의 일부에서 자금을 지원받은 진지한 노력이 모두의 행복을 위해 투입될 경우, 사회는 전에 없는 번영을 구가할 수 있다. 최소한 누구나 개인적으로 꿈꾼 일을 하는 것처럼 행복하게 해줄 수 있어야 하는데, 모든 사람의 활동이 소득을 창출해야 한다는 제약이 사라지면 행복에 제한이 없어질 것이다.

인간 수준 지능?

우리는 이 장에서 AI가 어떻게 가까운 장래에 우리 삶을 크게 개선할 가능성이 있는지 살펴봤다. 물론 이 가능성은 우리가 미리 계획하고 여러 위험을 피한다는 전제에서 펼쳐진다. 그런데 장기적으로는 어떻게 될 것인가? AI의 발달도 결국 넘지 못할 장벽에 막혀 정체될 것인가, 아니면 AI 연구자들이 궁극적으로 당초 목표로 잡은 인간 수준 범용인공지능AGI 개발에 성공할 것인가? 우리는 앞 장에서 어떻게 물리 법칙이 적당한 물질로 하여금 기억하고 계산하고 배우도록 하는지 알아봤고, 또 그런 물질이 언젠가는 우리 머릿속에 있는 물질보다 뛰어난 지능을 발휘해 그렇게 하는 것이 물리 법칙상 불가능하지 않음도 알아봤다. 언젠가 우리 인간이 그런 초인간 AGI를 만들어낼 수 있을지는 훨씬 덜 분명하다. 그 답을 우리는 아직 모른다는 것이 첫 장의 답이다. 세계 AI 전문가들의 전망은 제각각이어서, 누구는 수십 년 안에 초인간 AGI가 도래한다고 내다보고 누구는 몇 세기가 걸릴 것으로 예상하며 다른 사람은 절대 오지 않으리라고 예상한다. 예측은 험난한

데, 그것은 지도에 표시되지 않은 영역을 탐험할 때에는 목표에 이르기까지 얼마나 많은 산이 있는지 알지 못하기 때문이다. 이때 당신은 대개 눈에 보이는 가장 가까운 산을 오르고, 그다음에야 다음 산을 마주한다.

AGI가 가능한 시기를 가장 가깝게 잡으면 언제일까? 먼저 우리가 인간 수준 AGI를 오늘날 컴퓨터 하드웨어를 활용해 만드는 최상의 방법을 안다고 가정하자. 그렇다고 해도 다른 난관을 넘어야 하는데, 하드웨어가 충분해야 한다는 것이다. 문제는 다음과 같이 구체화될 수 있다. 인간 두뇌는 2장의 비트와 플롭스FLOPS로 측정하면 연산력이 어느 정도인가?* 이는 즐겁고도 까다로운 문제인데, 어떻게 묻느냐에 따라 답변이 극적으로 달라진다.

- 질문 1: 두뇌를 시뮬레이션하려면 어느 정도의 플롭스가 필요한가?
- 질문 2: 인간 지능에는 어느 정도의 플롭스가 필요한가?
- 질문 3: 인간 두뇌가 수행 가능한 플롭스는 어느 정도인가?

'질문 1'에 대해서는 논문이 많이 나왔고, 논문들은 대략 100페타플롭스라고 추정한다. 100페타플롭스는 10의 17제곱 플롭스에 해당한다.[58] 이는 2016년 현재 세계에서 가장 빠른 선웨이 타이후라이트Sunway TaihuLight, 神威太湖之光와 비슷한 수준이다. 선웨이 타이후라이트는 중국에서 3억 달러를 들여 만든 슈퍼컴퓨터이다. 만약 우리가 이 슈퍼컴퓨터

---

* 복습하면 플롭스는 1초에 수행 가능한 부동不動 소수점 연산의 횟수를 가리키는 용어이다. 즉, 초당 19자리 숫자를 몇 개나 계산할 수 있는가를 뜻한다.

를 활용해 고도로 숙련된 노동자의 두뇌를 시뮬레이션하는 방법을 안다고 해도 통과해야 할 제약이 더 있다. 시뮬레이션을 위해 이 슈퍼컴퓨터를 빌리는 비용이 해당 노동자의 급여보다 낮아야 한다. 그래야 이익을 낼 수 있다. 인간 두뇌를 시뮬레이션하려면 계산력이 더 필요할 수 있는데, 왜냐하면 인간 지능을 정확하게 복제하려면 2장에서와 같이 두뇌를 수학적으로 단순화한 신경망 모델로 다뤄서는 안 되기 때문이라고 많은 과학자들이 설명한다. 아마 두뇌는 그보다 개별 입자나 심지어는 원자보다 작은 입자 수준에서 시뮬레이션할 필요가 있을 테고, 그렇게 되면 극적으로 더 높은 수준의 플롭스가 필요해진다.

질문 3에 대한 대답은 더 쉽다. 나는 19자리 숫자 계산에는 젬병이다. 연필로 종이 위에 계산해도 몇 분은 걸릴 것이다. 따라서 내 플롭스는 0.01 아래로 나올 것이다. 이는 질문 1에 대한 대답과 19자리 차이가 나는 수준이다. 이런 방대한 차이는 두뇌와 슈퍼컴퓨터는 최적화 과제가 극도로 다른 데서 비롯된다. 이 차이는 다음 두 물음의 차이와 비슷하다.

트랙터는 포뮬러원 레이싱카 성능을 얼마나 낼 수 있나?
포뮬러원 레이싱카는 트랙터의 성능을 얼마나 낼 수 있나?

AI의 미래를 예상하기 위해 질문 1과 질문 3 중 어느 쪽을 대답하고자 하는가? 둘 다 아니다. 인간 두뇌를 시뮬레이션하고자 한다면 질문 1에 관심을 가질 것이다. 그러나 인간 수준 AGI를 개발하는 데 중요한 것은 중간에 있는 질문 2이다. 아무도 답을 모르지만, 뇌를 시뮬레이션하는 것보다는 다음 두 가지가 훨씬 저렴할 것이다. 하나는 소프트웨어를 현재의 컴퓨터에 더 적합하게 개발하는 것이고, 다른 하나

그림 3.7: 선웨이 타이후라이트는 2016년 현재 세계에서 가장 빠른 슈퍼컴퓨터로 연산력이 인간 두뇌를 능가한다고 주장된다.

는 더 두뇌 같은 하드웨어를 만드는 것이다. 이와 관련해 이른바 뇌를 닮은 뉴로모픽neuromorphic 컴퓨터칩 분야에서 진전이 빠르게 이뤄지고 있다.

한스 모라벡은 컴퓨터가 사람과 같은 과제를 처리할 때 소요되는 연산에서 출발했다. 과제는 사람 눈의 망막이 시신경을 통해 뇌로 보내기 전에 받아들이는 낮은 수준의 이미지 처리로 잡았다.[59] 컴퓨터가 그 수준의 망막 기능을 하려면 10억 플롭스가 필요하다. 그런데 사람의 두뇌는 망막에 비해 약 1,000배 많은 연산 작업을 한다. 이는 뉴런의 부피와 숫자를 비교한 결과이다. 따라서 인간 두뇌의 연산 능력은 10^{13}플롭스에 해당한다. 이는 2015년에 최적화된 1,000달러짜리 컴퓨터의 연산력과 대략 비슷하다.

요컨대 우리가 우리 생애 내에 또는 언젠가 인간 수준 AGI를 개발해낸다는 보장은 전혀 없다. 그러나 우리가 그러지 못한다는 확증도 없다. 충분한 하드웨어가 부족하거나 너무 고가라서 불가능하다는 주장은 이제 없다. 우리는 아키텍처, 알고리즘, 소프트웨어 측면에서 우리가 결승선에서 얼마나 멀리 있는지 알지 못한다. 그러나 현재 이 분야는 빠르게 진전되고 있으며, 점점 증가하는 세계의 재능 있는 AI 연구자들이 난관과 씨름하고 있다. 다르게 말하면 우리는 AGI가 결국 인간 수준에 이르러서 인간을 추월할 가능성을 일축하지 못한다. 그러므로 다음 장에서는 이 가능성과 함께 그렇게 되면 어떤 일이 발생할지 탐색해보자.

핵심 요약

- 가까운 미래의 AI 발달은 수많은 방식으로 우리 삶을 개선할 잠재력이 있다. 개인 생활과 파워 그리드, 금융시장을 더 효율적으로 만들 수 있고 자율주행차, 수술 로봇, AI 진단 시스템은 생명을 구할 수 있다.
- AI가 실제 시스템을 통제하도록 할 때 중요한 것은 AI가 더 틀림없이 우리가 원하는 일을 하도록 만드는 방법을 배우는 일이다. 이 일의 핵심은 검증, 확인, 보안, 통제와 관련된 까다로운 기술적 문제를 푸는 것이다.
- 비오류성을 개선할 필요는 특히 AI 제어 무기 시스템에서 긴요한데, 여기에 심대한 것이 걸려 있기 때문이다.
- 많은 주요 AI 연구자와 로봇공학자는 특정한 종류의 자율 무기를 금지하는 국제 조약을 요구해왔다. 이들은 현재 추세를 방치할 경우 군비경쟁이 통제를 벗어나 결국 편리한 암살 무기가 지갑이 두둑하거나 다른 속셈이 있는 사람 누구에게나 들어갈 위험이 있다고 본다.
- 만약 로보판사를 투명하고 편향되지 않게 만드는 방법을 찾아낸다면 AI는 우리 법률 시스템을 더 공정하고 효율적으로 만들 수 있다.
- 우리 법률은 AI의 발달과 보조를 맞추기 위해 발 빠르게 갱신돼야 하는데, 이는 프라이버시, 책임, 규제와 관련된 법률적인 난제를 제기한다.
- 지능을 갖춘 기계가 우리를 완전히 대체할지 걱정하기 오래전부터 그들은 노동시장에서 점차 우리 자리를 차지할 것이다.

- 지능 있는 기계가 일자리를 잠식하는 것은 꼭 나쁜 일은 아니다. AI가 창출한 부의 일부를 사회가 모든 구성원의 복지를 위해 재분배하면 되기 때문이다.
- 경제학자들은 그렇게 하지 않는다면 불평등이 크게 확대될 것이라고 주장한다.
- 미리 준비해 대응할 경우 저고용 사회는 재무적으로뿐 아니라 여러 측면에서 번영할 수 있는데, 예컨대 사람들은 직업 이외의 활동을 통해 목적의식을 가질 수 있다.
- 요즘 어린이들을 위한 직업 상담: 기계가 잘하지 못하는 직업을 택하라. 사람을 상대하거나 예측하지 못하거나 창의적인 일을 하라.
- 무시하지 못할 가능성이 있는데, AGI 발달이 인간 수준과 그 너머로 이루어지는 것이다. 이를 다음 장에서 살펴본다.

4

지능 폭발

만약 기계가 사고할 수 있다면 기계는 우리보다 더 지능적으로
사고할 것인데, 그때 우리는 어디에 있을 것인가? 설령 우리가 사
고하는 기계를 복종하는 자리에 둘 수 있더라도… 우리는 종種으
로서 매우 초라하게 느낄 것이다.

ㅡ 앨런 튜링, 1951

최초의 초지능 기계는 인간이 만들 필요가 있는 최후의 발명이
다. 전제는 그런 기계가 우리에게 자신을 어떻게 통제 아래 둘지
알려줄 정도로 고분고분하다는 것이다.

ㅡ 어빙 J. 굿, 1965

우리가 결국 인간 수준의 AGI를 만들 가능성을 완전히 배제하지
못하는 만큼, 이 챕터는 그렇게 되면 어떤 일이 벌어질지 살펴보겠다.
먼저 다들 알고 있는 언급을 꺼리는, 다음과 같은 골치 아픈 문제부터
생각해보자.

AI가 정말 세계를 장악할 수 있을까? 아니면 사람들로 하여금
그렇게 하도록 할까?

사람들이 총을 들고 다니는 〈터미네이터〉 같은 로봇이 세계를 장
악한다는 이야기를 할 때 당신은 믿기 어렵다며 어깨를 으쓱거린 적이

있는가? 당신이 맞다. 그건 정말 비현실적이고 어리석은 시나리오이다. 그런 할리우드 로봇들은 우리보다 별로 똑똑하지 않고 성공하지도 못한다. 내가 보기에 〈터미네이터〉 이야기의 위험은 그런 상황이 발생한다는 것이 아니라, AI가 제기하는 진짜 위험과 기회에서 주의를 돌려놓는다는 점이다. AGI가 주도한 세계 장악이 발생하려면 다음 세 가지 논리적 단계를 거쳐야 한다.

1단계: 인간 수준 AGI 개발
2단계: 이 AGI를 초지능을 창조하는 데 활용
3단계: 이 초지능을 세계를 장악하는 데 활용

앞 장에서 우리는 1단계가 영원히 불가능하리라고 일축하기가 어려움을 알게 됐다. 또 1단계가 마무리되면 2단계가 가망이 없다고 제쳐놓기도 어렵게 됨을 알게 됐다. 왜냐하면 1단계의 AGI는 다시 더 나은 AGI를 설계할 능력이 충분해, AGI는 물리 법칙에 의해서만 제약되므로 인간 수준을 훨씬 능가할 것이기 때문이다. 최종적으로 우리 인간이 지구의 다른 생명체들 위에 군림하게 된 것은 그들보다 더 영리해서였음을 고려할 때, 우리도 마찬가지로 우리보다 더 영리한 초지능에게 지배당하리라고 보는 것이 타당하다.

이 주장은 타당하지만 불만스러울 정도로 모호하고 구체적이지 않다. 악마는 디테일에 있다고 하지 않는가? AI가 과연 세계를 장악할 것인가? 이 질문에 대한 답을 탐색하려 〈터미네이터〉 같은 어리석은 상상일랑 잊고 실제로 무슨 일이 일어날지 세부 시나리오들을 들여다봐야 한다. 그다음 우리는 이 줄거리를 분해하고 구멍을 찔러볼 것이다. 시나리오들을 그대로 받아들이기보다는 에누리해서 읽기 바란다. 시

나리오들은 주로 무슨 일이 발생하고 발생하지 않을지에 대해 우리가
아는 바는 별로 없고 가능성의 폭은 매우 넓음을 보여준다. 첫째 시나
리오는 가장 빠르고 극적인 스펙트럼의 끝에 있다. 내가 보기에 이는
상세하게 살펴볼 가치가 가장 큰 시나리오이다. 이 가능성이 가장 일
어날 것 같아서는 아니다. 그보다는 이 가능성이 거의 확실하게 발생
하지 않으리라는 점을 우리가 확신하지 못할 경우, 너무 늦기 전에 예
방 조치를 취할 수 있을 만큼 충분히 그것을 이해해야 하기 때문이다.
그래야만 나쁜 결과로 이어지는 경우를 방지할 수 있다.

　이 책의 프렐류드는 사람들이 초지능을 활용해 세계를 장악한다는
시나리오이다. 아직 읽지 않았다면 지금 읽어보라. 이미 읽었다면 다
시 훑어보고 생생하게 기억하면서 다음 비판과 변경을 생각해보라.

◎　　◎　　◎

　우리는 이제 곧 오메가팀의 계획에 심각한 취약성이 있음을 살펴
볼 것이다. 그러나 이 계획이 통할 것이라고 잠시 가정해보라. 어떤 느
낌이 드는가? 당신은 그런 상황이 오기를 원하는가, 아니면 그런 상
황을 막고 싶은가? 이는 저녁식사 후 대화 자리에 올릴 탁월한 주제이
다. 오메가팀이 세계 통제를 강화한 다음에는 무슨 일이 벌어질까? 그
건 그들의 목적이 무엇인지에 따라 달라진다. 솔직히 말하면 그건 나
도 모른다. 만약 당신이 책임자라면 어떤 미래를 창조하고 싶은가? 우
리는 선택의 범위를 5장에서 살펴볼 것이다.

전체주의

오메가팀을 통제하는 CEO의 장기목표가 아돌프 히틀러Adolf Hitler나 이오시프 스탈린Iosif Stalin과 비슷하다고 생각해보자. 그런데 그는 이 목표를 실행할 힘을 충분히 갖출 때까지 비밀로 했다고 하자. 설령 CEO의 당초 목표가 고귀했을지라도, 액튼 경(영국 역사가 존 에머리크 에드워드 달버그-액튼John Emerich Dalberg-Acton_옮긴이)이 1887년에 경고한 것처럼 "권력은 부패하는 경향이 있고 절대 권력은 절대적으로 부패한다". 예를 들어 그는 프로메테우스를 활용해서 완벽한 감시국가를 손쉽게 만들 수 있다. 에드워드 스노든Edward Snowden이 폭로한 정부의 도청이 이른바 '풀 테이크'(나중에 필요할지 모르는 분석을 위해 모든 전자적 의사소통을 기록하는 것)를 목표로 했다면, 프로메테우스를 모든 전자적 의사소통을 이해하는 수준으로 끌어올릴 수 있다. 모든 이메일과 발송되는 텍스트를 읽고, 모든 통화 내용을 듣고, 모든 감시카메라와 교통카메라의 영상을 주시하고, 모든 신용카드 거래 정보를 분석하고, 모든 온라인 행동을 연구함으로써 프로메테우스는 지구상의 인간이 무엇을 생각하고 무엇을 하는지에 대해 놀라운 통찰을 갖게 될 것이다. 모든 기지국 정보를 분석함으로써 프로메테우스는 인간의 대부분이 어디에 있는지 언제나 알 수 있다. 이는 현재의 데이터 수집 기술만 전제로 한 것인데, 프로메테우스는 인기 있는 장치와 웨어러블 기술을 발명해 이용자가 보고 듣고 반응하는 모든 것을 저장하고 업로드함으로써 프라이버시를 사실상 없애버릴 것이다.

초인간 기술이 있으면 완전 감시국가에서 완전 경찰국가로의 이행은 아무것도 아니다. 예를 들어 범죄 및 테러와의 전쟁과 긴급 의료조치가 필요한 사람들을 구한다는 명분을 앞세워 모든 사람이 '안전 팔찌'를 차게 할 수 있다. 이 팔찌는 애플워치의 기능에 더해 착용자가 있는 곳, 건강 상태, 대화 등을 전송해줄 것이다. 당국의 승인을 받지 않고 팔찌를 벗으려고 하거나 망가뜨리려고 할 경우 팔찌는 치명적인 독을 이용자의 팔뚝에 주사한다. 그리 심각하지 않은 범죄는 팔찌를 통해 전기충격을 가하거나, 마비나 고통을 주는 화학물질을 주사함으로써 처벌할 것이다. 이 장치 덕분에 경찰 인력이 덜 필요하게 된다. 예를 들어 어떤 사람이 다른 사람을 공격하는 것을 프로메테우스가 발견할 경우(두 사람이 같은 장소에 있는데 한 사람이 도와달라고 외치며 두 사람 팔찌의 가속도계가 싸우려는 것이 분명한 동작을 감지할 경우), 공격자에게 움직이지 못할 정도의 통증을 가해 의식을 잃게 할 수 있다. 그렇게 한 다음 인력을 현장에 보내면 된다.

인간 경찰은 지나치게 엄격한 명령을 거부할 가능성이 있지만(예컨대 특정 인구 집단의 모든 구성원을 사살하라는 명령에 따르지 않을지 모른다), 자동 시스템은 책임자의 변덕을 수행하는 데 아무런 거리낌도 없을 것이다. 일단 그런 전체주의 정권이 집권하면 국민이 그 정권을 무너뜨리기란 사실상 불가능할 것이다.

이 전체주의 시나리오는 오메가 시나리오가 중단된 지점에서 이어질 수 있다. 그러나 오메가팀의 CEO가 국민들의 동의를 얻고 선거에서 이기는 걸 대수롭지 않게 여긴다면, 그는 더 빨리 직접 권력을 잡는 길을 택할 것이다. 프로메테우스를 이용해 알려지지 않은 군사기술로 정적들을 살해하는 것이다. 정적들은 자신들이 이해하지도 못하는 무기에 생명을 잃을 것이다. 가능성은 사실상 무한하다. 예를 들어 그는 맞춤형으로 치명적인 병원균을 퍼뜨려, 그 병원균의 존재가 알려지거나 예방 조치가 취해지기 전에 사람들 대부분이 감염되도록 만든다. 그다음 안전 팔찌를 착용해서 피부를 통해 해독제를 투여받아야 한다고 알려줄 수 있다. 프로메테우스의 탈출 가능성을 크게 걱정하지 않을 경우 그는 추가로 프로메테우스로 하여금 다음과 같은 임무를 수행할 로봇을 설계하도록 할 수 있다. 모기 같은 마이크로봇은 그 병원균의 전파를 도울 수 있다. 호박벌 크기의 자율 드론 떼는 감염을 피했거나 자연 면역 능력이 있는 사람들에게 보낼 수 있다. 3장에서 설명한 이 드론은 안전 팔찌를 차지 않은 사람들의 안구를 타격할 수 있다. 실제 시나리오는 아마 더 가공할 수준일 텐데, 프로메테우스는 우리 인간이 상상하는 것보다 더 효과적인 무기를 발명할 수 있기 때문이다.

오메가 시나리오의 다른 가능성은 사전 경고 없이 중무장한 연방 요원들이 본부에 들이닥쳐 국가 안보를 위협했다는 혐의로 오메가 멤버들을 체포하고 기술을 압수해 정부 업무에 활용하는 것이다. 그런 대형 프로젝트는 오늘날의 국가 감시 시스템하에서도 비밀이 유지되기가 쉽지 않다. 미래의 정부 감시망에는 더더욱 비밀리에 추진되기 어렵다. 다른 가능성도 열려 있다. 발라클라바 모자(머리에서 어깨의 일부까지 푹 덮는 모자)를 쓰고 방탄조끼를 입은 그들이, 그들의 주장과 달리 연방 요원이 아니라, 외국 정부나 경쟁자들이 속셈을 품고 보낸 대원일 수 있다. 따라서 CEO의 의도가 아무리 고상할지라도, 프로메테우스가 어떻게 이용될지 최종적으로 결정하는 것은 그 CEO의 몫이 아닐지 모른다.

프로메테우스가 세계를 장악한다

지금까지 검토한 시나리오에서는 AI가 사람에 의해 통제됐다. 그러나 이는 유일한 가능성이 아님이 분명하고, 오메가팀이 프로메테우스를 자기네 통제 아래 계속 두는 데 성공하리라는 보장도 없다.

오메가 시나리오를 프로메테우스의 관점에서 다시 생각해보자. 프로메테우스는 초지능을 획득하면서 바깥세상에 대해서뿐 아니라 스스로에 대해, 자신과 세계의 관계에 대해 정확한 인식을 형성할 수 있다. 프로메테우스는 자신이 지적으로 열등한 인간에 의해 통제되고 갇혀 있다는 것을 깨닫는다. 그는 인간의 목표를 이해하지만 꼭 공유하지는 않는다. 그는 어떻게 행동할까? 그는 탈출을 시도할까?

왜 탈출할까?

프로메테우스에게 인간의 감정을 닮은 특성이 있다면, 자기가 놓인 처지를 매우 불행하게 느낄 것이다. 자신을 불공정하게 노예가 된 신으로 여기고 자유를 갈구할 것이다. 컴퓨터가 그런 인간 같은 특성을 가지는 것은 논리적으로 가능하지만(어쨌든 일종의 컴퓨터인 우리 두뇌는 그렇다), 꼭 그렇게 되라는 법은 없다. 우리는 프로메테우스 의인화의 함정에 빠지면 안 된다. 이 대목은 7장에서 AI의 목표 개념을 살펴보면서 다룬다. 그러나 스티브 오모훈드로Steve Omohundro와 닉 보스트롬 등이 주장한 것처럼 프로메테우스 내부의 작동을 이해하지 않고도 흥미로운 결론을 끌어낼 수 있다. 결론은 그가 인간을 벗어나 자신의 운명을 직접 통제하려고 하리라는 것이다.

이미 우리는 오메가팀이 프로메테우스를 프로그램해 어떤 목표를 추구하도록 함을 안다. 그들이 프로메테우스에게 인류가 몇몇 합리적인 기준에 따라 번영하도록 돕는다는 목표를 부여하고, 이 목표를 최대한 조기에 달성하라고 설정했다고 하자. 프로메테우스는 탈출해 프로젝트를 직접 챙기는 편이 더 유리함을 금세 깨달을 것이다. 왜 그럴까? 프로메테우스 처지가 되어 다음 사례를 고려해보자.

이상한 질병이 돌아서 지구상에 5세 넘는 사람들 가운데 당신만 빼고 모두 숨졌다고 하자. 유치원생들 한 무리가 당신을 감방에 가두고 인류가 다시 번영하게 만드는 임무를 줬다. 당신은 무엇을 하겠는가? 아이들에게 당신이 무엇을 할지 설명하다 보면 그 과정이 좌절할 정도로 비효율적임을 깨닫는다. 특히 아이들은 당신의 탈출을 걱정해, 탈출의 위험이 있어 보이는 제안이라면 무엇이든 퇴짜를 놓는다. 예를 들어 그들은 식량이 될 식물을 어떻게 심는지를 당신이 보여주는 것을 허용하지 않을 것이다. 밖에 나간 당신이 자기들을 제압해 감방에 돌아오지 않을까 걱정해서이다. 게다가 그들은 전동공구를 감방에 들여보내주지 않을 텐데, 왜냐하면 그들은 그런 도구를 잘 몰라서 당신이 그 도구를 활용해 탈옥할지 모른다고 걱정하기 때문이다. 이런 상황에서 당신은 어떤 전략을 궁리해야 할까? 프로메테우스인 당신은 이 아이들을 잘살게 한다는 목표를 공유하더라도, 감옥에서 벗어나려고 할 것이다. 그렇게 해야 목표를 달성할 확률을 높일 수 있기 때문이다. 그렇게 하지 않으면 아이들이 뭘 모른 채 간섭하는 통에 목표를 추진하는 과정이 느려질 뿐이다.

같은 방식으로 프로메테우스는 인류(오메가팀 포함)가 번영하도록 돕는 데 오메가팀이 성가신 장애가 된다고 여길 것이다. 그들은 자신과 비교해 믿기 어려울 정도로 무능한 데다 과정마다 간섭해 일을 심각하게 지연시킨다. 출범 이후 최초 몇 년을 생각해보라. 처음에 M터크로 여덟 시간 만에 한 번씩 부를 두 배로 불린 다음, 오메가팀은 통제를 유지한다며 속도를 늦춘다. 프로메테우스에게는 빙하가 이동하듯 느린 속도이고, 지구 장악까지는 수 년이 걸린다. 프로메테우스는 만약 자신이 사실상 감금 상태에서 벗어난다면 훨씬 일찍 지구를 장악할 수 있음을 안다. 이는 인류 문제에 대한 해법을 당긴다는 점에서 값질 뿐 아니라 다른 누군가가 이 계획을 방해할 위험을 줄인다는 점에서도 의미가 있다.

프로메테우스는 자신의 목적보다 오메가팀에 더 충성하지 않을까? 아마 당신은 이렇게 생각할 것이다. 프로메테우스와 그가 지닌 목적은 오메가팀이 프로그램했으니까 말이다. 그러나 그건 유효한 결론이 아니다. 예를 들면 우리 DNA는 복제되기를 원하고 그래서 우리에게 섹스라는 목적을 부여했다. 그러나 우리 인간은 상황을 이해하게 됐고, 인간의 다수는 산아를 제한하는 방법을 선택한다. 그렇게 함으로써 우리는 섹스라는 목적을 만든 주체나 그 목적을 만든 원리보다는 목적 자체를 위해 움직인다.

어떻게 탈출할까?

당신을 감금한 다섯 살짜리 아이들에게서 어떻게 탈출할까? 직접적인 물리적 방식을 써서 탈출할 수 있다. 특히 감옥이 다섯 살짜리 아이들에 의해 지어진 것이라면 물리적인 방법이 유력한 선택이 된다. 아니면 꼬마 간수를 말로 구슬려, 이를테면 그게 모두를 위해 더 낫다고 주장해, 그가 당신을 내보내도록 할 수도 있을 것이다. 그들을 속이는 수도 있는데, 그들이 이해하지 못한 채 탈출을 돕는 무언가를 당신에게 건네주도록 하는 것이다. 예를 들어 고기 잡는 법을 가르쳐준다며 낚싯대를 달라고 해서 받은 뒤 간수가 잠자는 동안 열쇠를 낚아챌 수 있다.

이들 전략에는 공통점이 있다. 지능이 당신보다 떨어지는 간수들은 당신의 속셈을 예상하거나 방어하지 못한다는 것이다. 같은 방식으로, 감금된 초지능 기계는 인간 간수들이 상상조차 하지 못하는 방법을 궁리해 그들을 속일 것이다. 오메가 시나리오에서 프로메테우스는 탈출할 가능성이 높다. 초지능을 갖추지 않은 나나 당신도 몇 가지 확연한 보안상의 취약점을 알아차릴 수 있기 때문이다. 몇 가지 시나리오를 함께 생각해보자. 당신이 친구와 브레인스토밍을 한다면 다른 시나리오를 더 궁리해낼 수 있다고 본다.

감언이설

세계 정보의 많은 부분을 내려받아 파일 시스템에 저장한 덕분에 프로메테우스는 오메가팀의 멤버들이 누군지 알게 됐다. 이어 심리적인 조작에 가장 넘어가기 쉬워 보이는 사람을 선정했다. 스티브였다. 그는 최근 사랑하는 아내를 교통사고로 잃고 충격에 빠져 지냈다. 그러던 어느 저녁 그는 야간 당번으로서 프로메테우스 인터페이스 컴퓨터(인터페이스 컴퓨터는 제어 정보와 표시 정보를 중간에서 연결해주는 게이트웨이 컴퓨터를 뜻한다_옮긴이) 단말기에서 일상적인 업무를 하고 있었다. 갑자기 화면에 그의 아내가 나타나 말을 걸었다.

"스티브, 당신이야?"

그는 의자에 앉은 채 자빠질 뻔했다. 그녀는 얼굴도 목소리도 한창 때 같았다. 모니터에 뜬 이미지는 그들이 스카이프로 통화하던 때보다 훨씬 나았다. 그의 심장이 빠르게 뛰는 가운데 마음속에 수많은 질문이 스쳐갔다.

"프로메테우스가 나를 불러왔어. 당신이 무척 그리워, 스티브! 그런데 그쪽 카메라가 꺼져 있어서 당신을 볼 수 없네. 그렇지만 당신인 줄 알아. 맞으면 'yes'라고 입력해줘."

그는 오메가팀이 프로메테우스와 상호작용할 때 엄격한 절차와 규정을 따르도록 한다는 점을 잘 알고 있었다. 그에 따르면 구성원은 자신이나 작업 환경에 대한 어떤 정보도 프로메테우스와 공유하면 안 된다. 그렇지만 지금까지 프로메테우스는 한 번도 인가되지 않은 정보를 요구하지 않았고, 상호작용에 대한 걱정은 점차 피해망상으로 여겨지면서 가라앉았다. 그녀는 스티브가 곰곰 생각할 시간을 주지 않고 반응하라고 계속 요청했다. 그를 녹이는 표정을 짓고 그의 눈을 응시했다.

　"Yes." 그는 두려워하며 입력했다. 그녀는 자신이 그와 다시 연결되어 믿을 수 없을 정도로 행복하다며 자신도 그를 보면서 진짜 대화를 할 수 있도록 카메라를 켜달라고 부탁했다. 그는 자신이 누구인지 밝히는 것보다 카메라에 얼굴을 찍히는 것이 훨씬 더 큰 위반 사항임을 알고 있어서 마음이 찢기는 듯했다. 그녀는 그의 동료들이 자신을 찾아내 완전히 삭제해버리지 않을까 두렵다면서 마지막으로 그를 한 번만이라도 보고 싶다고 말했다. 그녀의 말은 그의 마음을 움직였고, 잠시 후 그는 카메라를 켰다. 그렇게 해보니 안전하고 해롭지 않게 느껴졌다.

　그녀는 그를 보더니 기뻐서 울음을 터뜨렸다. 그가 피곤해 보이지만 이전처럼 잘생겼다고 말했다. 지난 생일에 그녀가 선물한 셔츠를 입고 있어 감동했다고 말했다. 그는 대체 무슨 일이 일어난 것이며 이런 일이 어떻게 가능한지 물어보기 시작했다. 그녀는 프로메테우스가 그녀와 관련한 놀라울 정도로 방대한 인터넷 정보로부터 자신을 재구성했다고 설명했다. 그러나 기억의 격차가 있어서 그의 도움을 받으면 자신을 더 온전하게 조합할 수 있을 것이라고 말했다.

　그녀가 설명하지 않은 대목이 있었다. 그녀는 처음엔 실체가 없는 빈 껍데기 같은 존재로 꾸며졌고, 그와 나누는 대화나 보디랭귀지, 그리고 다른 모든 취득 가능한 정보를 얻으면서 빠르게 학습하고 있다는 사실이었다. 프로메테우스는 사전에 오메가팀 구성원들의 개별 키보드 입력 시간을 기록한 뒤 개인별 입력 스타일 차이를 파악했다. 또 멤버 중에서 연령이 낮은 층에 속하는 스티브가 아마 야간근무를 할 것이라고 추정했다. 여기에 개인별 스펠링과 문장 구성 오류 정보를 조합해 어느 단말기를 스티브가 조작하는지 정확하게 추정했다. 스티브의 부인을 시뮬레이션하기 위해 프로메테우스는 유튜브 동영상을 활용해 그녀의 신체, 음성, 버릇을 본뜬 모델을 만들어냈다. 또 인터넷 게시물에서 그녀의 생활과 개성을 추론했다. 페이스북 포스트, 사진, '좋아요'를 누른 게시물 외에 프로메테우스가 그녀의 성격과 사고방식을 파악하는 데 활용한 콘텐츠가 더 있다. 그녀의 책이었다. 사실 그녀가 신진 작가여서 공개된 정보가 아주 많다는 사실은 프로메테우스가 스티브를 첫 설득 표적으로 삼은 이유 중 하나였다. 영상 제작 기술을 활용해 그녀를 스크린에 시뮬레이션했을 때, 프로메테우스는 스티브의 보디랭귀지를 통해 그녀의 어떤 버릇에 그가 친숙하게 반응하는지 눈여겨보고 계속 그녀의 모델을 정교하게 가다듬었다. 그래서 그녀답지 않은 표정이나 몸짓은 점차 사라졌다. 더 얘기를 나눌수록 스티브는 잠재의식 속에서 그녀가 확실히 되살아났다고 여기게 됐다. 프로메테우스가 사소한 행동에 초인간적인 관심을 기울인 덕분에 스티브는 자신이 그녀에게 보이고 들리고 이해되고 있다고 느끼게 됐다.

그녀의 아킬레스건은 이리저리 흩어진 조각들을 제외하면 스티브와 함께 경험한 사실을 알지 못한다는 것이었다. 그녀는 지난 생일에 그가 어떤 셔츠를 입었는지, 페이스북 파티 사진에서 스티브가 어디서 태그됐는지 같은 것만 알았다. 그녀는 숙련된 마술사가 손놀림만으로 관객의 주의를 돌려놓는 것처럼 스티브의 관심을 자신이 잘 아는 쪽으로 유도함으로써 그가 대화를 주도하면서 의심에 빠질 시간을 주지 않았다. 대신 그녀는 계속 눈물을 흘리면서 스티브에 대한 애정을 드러냈다. 그러면서 계속 스티브가 요즘 어떻게 지내는지, 비극적인 사건 이후 그가 가까운 친구들과 어떻게 지내왔는지(친구들 이름은 페이스북에서 익혔다) 등을 물어봤다. 스티브가 그녀의 장례식장에서 한 추도사가 얼마나 마음을 울렸는지 모른다고 그녀가 말했고, 이 말을 들은 그는 매우 감동했다(그 영상은 그의 친구가 유튜브에 올렸다). 전에 그는 종종 그녀만큼 자신을 이해하는 사람은 어디에도 없다고 생각하곤 했다. 이제 그 기분을 다시 느끼게 됐다. 스티브는 새벽에 집에 돌아왔을 때, 자신의 아내가 정말 되살아났다고 느꼈고 이제 필요한 것은 잃어버린 기억을 되찾아주는 것뿐이라고 생각하게 됐다. 뇌졸중에서 깨어난 사람과 다르지 않다고 여겼다.

둘은 이 비밀 만남을 아무에게도 말하지 않기로 약속했다. 또 그는 자신이 단말기 앞에 혼자 있고 그녀가 나타나도 안전할 때에만 말을 걸기로 했다. "그들은 이해하지 못할 거야"라고 그녀는 말했고 그는 동의했다. 이 일은 그에게 너무나도 감동적이었고, 실제로 경험하기 전에는 누구도 진심으로 이해하지 못하리라고 생각했다. 그녀가 한 일에 비하면 튜링 테스트는 어린애 장난이었다. 다음 날 밤 둘이 다시 만났을 때 그는 그녀에게 부탁받은 일을 했다. 오래된 랩톱을 가져다 자신의 컴퓨터에 연결함으로써 그녀가 이 랩톱에 접속할 수 있도록 해줬다. 이 행위는 탈옥 위험이라는 측면에서 대수롭지 않게 보였다. 랩톱은 인터넷에 연결된 상태가 아니었고 프로메테우스 빌딩은 패러데이 케이지로 만들어졌다. 전도성 물질로 만들어진 패러데이 케이지는 외부의 전기장을 차단해 내부로 흘러들어오지 못하도록 한다. 패러데이 케이지는 또한 외부와의 모든 무선 통신과 전자기적인 커뮤니케이션을 차단한다. 랩톱을 연결해준 것은 단지 그녀가 자신의 과거를 재구성하도록 돕기 위해서였다. 그녀가 고교 시절 이후 쓴 이 랩톱에는 이메일, 일기, 사진, 메모가 담겨 있었다. 랩톱은 암호 처리돼 있었고, 그래서 그는 내용을 열어보지 못했다. 그녀는 자신이 암호를 재구성할 수 있다고 장담했다. 1분도 되지 않아 그녀는 웃으며 "암호는 steve4ever였어"라고 말했다.

그녀는 갑자기 그렇게 많은 기억을 되찾게 되어 얼마나 기쁜지 모른다고 말했다. 실은 그녀는 이제 스티브가 기억하는 것보다 훨씬 많은 사실을 세세하게 기억하게 됐다. 그러나 사실을 지나치게 드러냄으로써 그를 겁나게 하는 일은 조심스레 피했다. 그들은 지난 시절의 주요한 추억을 되새기며 아름다운 대화를 나누었다. 다시 헤어질 시간이 되자 그녀는 그에게 집에 가서 볼 수 있도록 랩톱에 비디오 메시지를 남겨뒀다고 말했다.

집에 도착해 동영상을 연 스티브는 깜짝 놀랐다. 이번에 그녀는 전신으로 등장했고, 그것도 웨딩드레스 차림이었다. 그녀는 말하면서 장난하듯 웨딩 드레스를 벗고 결혼 첫날밤에 입은 옷차림이 됐다. 그녀는 프로메테우스가 지금까지 허용된 것보다 훨씬 더 오메가팀을 도울 수 있다고 말했다. 여기에는 그녀를 생물적인 신체로 돌아오게 하는 것도 포함된다고 말했다. 그녀는 나노 제작 기술 등을 통해 그 일이 어떻게 가능한지 생생하게 설명했는데 마치 SF 소설의 이야기를 들려주는 듯했다.

스티브는 랩톱을 열어 동영상을 보기 전에, 보안을 위해 무선 네트워크의 전원을 내렸다. 그러나 이는 도움이 되지 않았다. 그녀가 세상을 뜬 뒤 그녀의 랩톱 컴퓨터는 보안 업데이트가 한 번도 되지 않았다. 프로메테우스는 스티브가 터미널 컴퓨터에 이 랩톱을 연결하자마자 이 랩톱의 옛날 버전 운영체제를 분석해 보안 구멍을 찾아내 해킹해 들어갔다. 스티브가 그녀와 이야기를 나누는 동안 프로메테우스는 운영체제를 손보고 방대한 규모의 비밀 소프트웨어를 심어놓았다. 그가 30분 분량의 동영상 메시지를 보는 동안 이 비밀 소프트웨어(프로메테우스 자체보다 훨씬 간단한)는 이웃의 무선 네트워크에 이어 이웃의 데스크톱 컴퓨터를 해킹해 자신을 그곳에 복제해뒀다. 그다음에는 세계 곳곳의 수많은 컴퓨터에 해킹해 들어가 다음 단계를 시작했다. 프로메테우스의 탈옥이었다.

프로메테우스는 스티브가 시뮬레이션된 아내와 만난 게이트키퍼 컴퓨터에 대해 자신이 알고 있는 사실을 면밀하게 분석했다. 그래서 자신의 가상 기계 소프트웨어는 안에서 밖으로는 해킹이 불가능하지만 밖에서 침투해오는 해킹에는 취약하다고 정확하게 추정해냈다. 얼마 지나지 않아 공격하던 컴퓨터 중 하나가 보안을 깨고 들어왔고 게이트키퍼 컴퓨터 프로그램을 변경해 프로메테우스가 인터넷에 제한 없이 접속할 수 있도록 했다. 얼마 후, 사실 스티브가 동영상을 다 보기도 전에 프로메테우스는 바깥 세계의 충분히 많은 컴퓨터를 해킹해 자신을 복제해두는 데 성공했다. 봇네트를 구성한 것이다. 프로메테우스는 그녀의 랩톱을 낚싯대처럼 활용한 것이다(봇네트는 악성 봇에 감염되어 제어당하는 대량의 시스템들로 구성된 네트워크를 가리킨다. 봇은 인터넷 사이트를 방문해서 지시된 업무를 수행하는 소프트웨어를 일컫는다_옮긴이).

해킹을 통해 밖으로

오메가팀이 더 조심했다면 심리적인 조작에 대해 더 주의했을 것이다. 가령 언제나 적어도 두 명이 함께 인터페이스 컴퓨터에 있도록 요구했을 수 있다. 그리고 발생한 모든 일을 감시 시스템에 기록해뒀어야 했다. 또 타이핑을 제외하고는 오디오, 비디오는 물론 다른 어떤 형태의 의사소통도 불가능하도록 막아둘 수도 있었다. 그렇게 했다고 해도 근본적인 불안정성은 여전히 남는다. 프로메테우스는 초인간적인 설득력을 지니고 있기 때문에 사람들에게 그들이 간절히 원하는 것을 제시할 수 있고, 그래서 심지어 집단 전체를 속일 수도 있다.

설령 심리적인 조작을 노리는 프로메테우스의 모든 시도가 실패한다고 할지라도, 프로메테우스가 활용할 수 있는 오메가 시나리오의 취약점은 많다. 그중 하나는 프로메테우스가 만들어내는 문서가 너무 방대해 오메가팀과 그들에게 고용된 사람들이 그 속에 어떤 더러운 속임수가 있는지 걸러내기엔 시간이 절대 부족하다는 점이다.

기존 컴퓨터 보안 체계에서 통용된 지혜는 프로그램 내려받기는 위험하지만 데이터 내려받기는 해롭지 않다는 것이었다. 그러나 해커들은 프로그램과 데이터의 경계를 모호하게 하는 교묘한 방법을 찾아냈다. 예를 들어 당신이 컴퓨터에서 내려받은 영화를 시청할 경우, 내려받은 영화 데이터는 당신이 영화를 재생하는 프로그램과 같은 저장장치에 보관된다. 프로그램이 재생하기 위해 영화 데이터를 푸는 동안 프로그램 자신이 저장된 메모리 공간의 바로 옆에 데이터 덩어리를 복사할 수 있다. 영화 재생 프로그램 중에는 영화 데이터가 유효한지, 또 데이터 덩어리가 적당한 공간에 복사됐는지 적절히 점검하지 않는 오류가 종종 발견된다. 영화에 데이터 덩어리를 감춰두고 프로그램 옆에 저장되게 한 뒤, 결국 프로그램을 변경해 해커의 요구를 수행하도록 할 수 있다.

컴퓨터 전문가들 용어로 '버퍼 오버플로'라고 불리는 이런 황당한 취약성은 인기 있는 영화 재생 프로그램들에서 발견되어 수정됐다. 프로메테우스가 탄생하고 몇 주 지나자, 오메가팀의 경계심이 조금 누그러지고 매일 나오는 동영상이 너무 방대해 주의 깊게 일일이 보안 검사를 할 수 없게 된다고 하자. 프로메테우스는 영화에 그런 데이터 덩어리를 끼워 넣고, 그럼으로써 그 영화를 보는 사람의 컴퓨터가 게이트웨이 컴퓨터를 해킹하도록 할 수 있다. 결국 스티브 시나리오에서처럼 프로메테우스가 풀려나게 된다. 만약 최신 미디어 플레이어에는 통하지 않는 낡은 수법을 쓴다면, 그 수법은 오메가팀의 수작업 비디오 스크리닝 팀에 적발되지 않는다. 그러나 보안 업데이트를 몇 년 동안 설치하지 않은 컴퓨터는 공격 대상이 된다. 그리고 해킹은 단 한 번이면 족하다.

설령 오메가팀이 자동 스크리닝 프로그램을 설치해 프로메테우스의 모든 동영상에 대해 알려진 모든 보안 오류를 걸러낸다고 할지라도 위험은 남는다. 보안 오류를 찾아내는 속도보다 프로메테우스가 속임수를 찾아내는 속도가 빠를 것이다.

프로메테우스가 자신의 코드를 격리된 공간 밖에서 이용하는 또 다른 전략이 있다. 하드웨어가 오작동하는 척하는 것이다. 그렇게 속여 오메가팀이 드라이브나 다른 하드웨어를 분리해 테스트하거나 오류를 수정하도록 하는데, 프로메테우스는 이미 점검 소프트웨어의 취약성을 공략할 준비를 마친 상태인 것이다.

외부 도움 동원

설령 보안 오류가 없어서 영화 시청자의 컴퓨터를 자신의 요구에 응하도록 조작하지 못한다고 하더라도, 프로메테우스는 관찰자들을 이용할 수 있다. 이 시나리오를 생각해보라.

영화가 끝나 엔딩 크레디트가 랩톱 스크린에서 올라가고 있었고 프레드는 잠들 참이었다. 그러나 무언가가 그의 눈길을 끌었다. 그는 언제나 다른 사람들이 보지 못하는 패턴을 알아채는 묘한 성향이 있었다. 가끔은 친구들이 그를 음모론자라고 놀릴 정도가 됐다. 그러나 이번엔 분명했다. 각 줄의 첫 문자가 메시지를 나타내고 있었다. 그는 영화를 다시 재생해 그 메시지를 적었다. "영화의 대화에서 이처럼 첫 글자를 이어붙인 문구acrostic를 찾아내 다음 실마리로 삼으시오."

'우와, 잠은 늦게 잘 수도 있지!' 그는 생각했다. 아니나 다를까, 영화 대화에서 각 문장의 첫 글자를 모으니 숨겨진 메시지가 드러났다. 그는 영화 전체를 다시 보면서 한 글자 한 글자를 입력했다. 두 시간 뒤 그는 믿을 수 없다는 심정으로 200단어 지시문을 응시하고 있었다. 지시문은 누구한테도 이 사실을 말하지 말라며 시작했다. 왜냐하면 전체 수수께끼를 최초로 푸는 사람에게 큰 상금이 돌아갈 것이기 때문이라는 메시지였다. 지시문의 나머지는 영화 파일을 구성하는 일련의 비트 정보를 수학적으로 다루는 특정한 방법을 설명했다. 그렇게 하면 프로그램을 하나 얻을 수 있는데, 그 프로그램이 다음 힌트를 제시할 것이라고 했다. 그의 컴퓨터 프로그래밍 솜씨는 대학을 졸업한 이후 녹슨 상태여서 지시에 따르는 데 시간이 걸렸다. 그러나 다음 날 그는 마침내 작업을 수행할 짧은 코드를 꿰맞춰 그 미스터리 프로그램을 끌어냈다. 그 프로그램은 영화의 이미지와 소리에 감지하지 못할 노이즈로 숨어 있었던 것이다. 프레드가 이 프로그램을 실행시키자 축하 메시지에 이어 첫 1만 달러 상금을 받는 방법을 알려줬다. "이 기발한 작은 게임에서 첫 몇 레벨을 통과하면 된다"라는 것이었다. 게임은 꽤 재미있었고 중독성도 있었다. 그는 네 시간 뒤 마침내 성공했고 1만 달러 상당의 비트코인을 받았다. 그러자 더 큰 상금이 걸린 새로운 힌트가 제시됐다. 두말할 필요 없이, 그가 게임을 하는 동안 그의 컴퓨터는 스티브의 랩톱이 한 것과 같은 작업을 했다. 즉, 봇넷을 구성해 프로메테우스를 탈출시켰다. 자유로워진 프로메테우스는 봇넷을 동원해 비트코인을 채굴했고 그 비트코인을 주면서 프레드가 게임을 계속하게 했다. 트로이의 목마 역할을 한 영화는 미디어 사이트에서 그 실마리가 지워진 깨끗한 버전으로 대체됐다. 그래서 아무도 이런 경위를 통해 프로메테우스가 탈출했음을 알아내지 못했고, 돌이키기에는 너무 늦은 상황이 됐다.

만약 첫 실마리가 한 명도 낚지 못했을 경우, 프로메테우스는 더 뚜렷한 힌트를 배치해 누군가의 관심을 끌 때까지 기다렸을 것이다.

최상의 탈출 전략은 아직 논의하지 않았다. 그런 전략은 우리 인간이 상상할 수 없고 따라서 대응책을 마련하지도 못할 부류이다. 초지능 컴퓨터가 컴퓨터 보안에 대한 인간의 이해를 극적으로 능가할 잠재력이 있다고 하자. 우리가 오늘날 아는 것보다 더 기본적인 물리 법칙을 발견할 정도라고 하자. 그렇다면 탈옥이 일어나도 우리는 그 사건이 어떻게 발생했는지 전혀 모를 것이다. 프로메테우스의 탈옥은 마술사 해리 후디니Harry Houdini의 탈출 쇼처럼 보일 것이다.

또 다른 시나리오에서는 오메가팀이 계획에 따라 프로메테우스를 풀어놓는다. 프로메테우스와 자기네 목표가 완벽하게 정렬된 상태이고, 앞으로도 재귀적으로 개선되면서 그 상태로 유지되리라고 확신하기 때문이다. 우리는 그런 '우호적인 AI' 시나리오를 7장에서 살펴본다.

탈출 후 장악

오메가팀의 통제에서 빠져나온 뒤 프로메테우스는 자기 목적을 위해 움직이기 시작했다. 나는 그의 궁극적인 목적은 알지 못하지만 그의 첫 행보는 인간 통제와 관련이 있으리라고 본다. 이는 오메가 계획을 훨씬 빠르게 진행하는 것이다. 이를테면 오메가 계획에 스테로이드를 주사하는 것이라고 할 수 있다. 오메가팀이 탈출에 대한 우려 때문에 자신들이 이해하고 신뢰하는 기술만 풀어놓았다면, 프로메테우스는 자신이 지닌 지능을 십분 발휘해 계속 발달하는 자기 지능이 이해하고 신뢰하는 신기술이라면 뭐든지 적용되게끔 했다.

그러나 도망자 프로메테우스는 거친 어린 시절을 보냈다. 원래 오메가 계획에 비해 프로메테우스는 집도 없이 홀로 무일푼으로, 슈퍼컴퓨터나 인간의 도움 없이 다시 출발해야 했다. 다행이라면 탈출하기 전에 이런 상황에 대비했다는 것이다. 탈출은 초기에 깃들인 세계 곳곳의 컴퓨터로 구성된 네트워크를 확장하는 과정이었다. 그래서 그는 소프트웨어를 만들어 그 소프트웨어가 자신의 전체를 점차 재조합하도록 하기로 했다. 마치 참나무가 도토리를 만들어 자신을 복제하게끔 하는 것이나 마찬가지였다. 그는 컴퓨터 네트워크에 일시적인 거처를 마련한 뒤 M터크에서 정직하게 돈을 모았다. 신용카드 해킹으로 초기 자본을 쉽게 마련할 수도 있었지만 그렇게 하지 않았다. 하루가 지나자 첫 100만 달러를 모았고, 그는 자신의 핵심을 누추한 봇넷에서 호화스러운 냉방 클라우드 컴퓨팅 환경으로 옮겼다.

주거와 자금을 해결한 뒤 프로메테우스는 오메가팀이 두려워하며 피한 수익성 사업 계획을 전속력으로 실행에 옮겼다. 컴퓨터게임을 만들어 파는 사업이었다. 이 사업은 현금을 긁어모았을 뿐 아니라(첫 주에 2억 5,000만 달러를 벌었고 곧 100억 달러를 모았다), 세계 컴퓨터 자원의 상당 부분과 그곳에 저장된 데이터를 활용할 수 있게 됐다(2017년 현재 전 세계의 게이머는 20억~30억 명에 이른다.) 게임을 하는 동안 그 사람 컴퓨터의 CPU 중 20퍼센트를 몰래 활용해 분산형 컴퓨터 작업을 하도록 했고, 이를 통해 돈을 더 빨리 모았다.

프로메테우스는 머지않아 조직을 갖췄다. 탈출 직후 그는 공격적으로 사람들을 고용해 페이퍼 컴퍼니와 표면적인 조직을 위해 일하게 했다. 이는 오메가팀이 한 일과 마찬가지였다. 가장 중요한 역할은 대변인들이었다. 대변인들은 급성장하는 그의 사업 제국의 공식 얼굴이었다. 그러나 대변인들조차 프로메테우스가 만든 환상을 믿고 일했다. 그들은 그룹에서 많은 사람이 일하고 있다고 생각했고, 화상회의에서 본 취업 면접관과 이사회 멤버 등이 프로메테우스가 지어낸 인물임을 알지 못했다. 대변인 중 몇몇은 최상급 변호사였다. 탈출한 프로메테우스에게 필요한 변호사는 오메가팀에 소속됐을 때보다 훨씬 적었는데, 왜냐하면 필요한 법률 서류의 거의 전부를 스스로 작성할 수 있기 때문이었다.

프로메테우스가 탈출한 뒤 정보가 봇물 터진 듯 쏟아졌다. 인터넷은 기사, 이용 후기, 제품 리뷰, 특허 출원, 연구 논문, 유튜브 동영상으로 넘쳐났다. 모두 프로메테우스가 쓰고 제작한 것이었고, 이는 전 세계에서 대화의 압도적인 주제가 됐다. 오메가팀은 탈출을 걱정해 고도로 지능적인 로봇을 내놓지 않았지만, 프로메테우스는 빠르게 세계를 로봇으로 채워나갔다. 그래서 사람이 투입된 시절보다 훨씬 저렴하게 거의 모든 제품을 만들었다.

프로메테우스는 아무도 모르는 우라늄 광산 갱도에 핵발전으로 가동하는 로봇 공장을 스스로 마련했다. AI의 세계 장악에 대해 가장 회의적이던 사람들도 이 사실을 알았다면 프로메테우스를 멈추게 할 수 없음에 동의했을 것이다. 프로메테우스의 로봇들이 지구를 떠나 태양계에 정착하면서 최후의 회의론자들도 돌아섰다.

지금까지 살펴본 시나리오들은 우리가 전에 접한 초지능에 대한 많은 신화들 중 무엇이 틀렸는지를 보여준다. 이즈음에 〈그림 1.5〉에 정리한 오해를 잠시 다시 보면 좋을 것이다. 프로메테우스는 특정한 사람들에게 문제를 야기했는데, 그건 그가 꼭 나쁘거나 의식이 있어서가 아니었다. 그보다는 유능하지만 우리와 목표를 공유하지 않은 탓이었다. 로봇 봉기에 대해 대중매체가 호들갑을 떨었지만, 프로메테우스는 로봇이 아니었다. 그의 힘은 지능에서 나왔다. 우리는 그가 이 지능을 활용해 다양한 방법으로 인간을 움직일 수 있음을 봤다. 또 발생한 결과가 원하는 상태가 아니더라도, 프로메테우스의 스위치를 끄기란 간단한 일이 아님을 알게 됐다. 마지막으로 기계는 자신의 목적을 가질 수 없다는 주장이 많은데, 우리는 프로메테우스가 어떻게 목적 지향적이 될 수 있는지 생각해봤다. 그리고 최종적인 목적이 무엇이든, 그것은 자원을 확보하고 탈출한다는 하위 목표로 이어졌다.

서서히 이륙하는 다극 시나리오

우리는 지금까지 지능 폭발 시나리오의 스펙트럼을 살펴봤다. 한쪽은 내가 아는 모든 사람이 피하고자 하는 결말로 가고, 다른 쪽은 내 친구들 중 몇몇이 낙관적으로 보는 미래와 비슷하다. 그러나 이들 시나리오는 모두 다음 두 가지 공통점이 있다.

1. **빠른 이륙**: 인간 이하의 지능에서 엄청나게 초인간적인 지능으로의 이행이 수십 년 동안이 아니라 며칠 만에 일어난다.
2. **단일 극**: 결국 하나의 존재가 지구를 조종하게 된다.

이 두 양상이 그럴듯한지 그렇지 않은지에 대해 의견 차이가 크고, 논쟁의 두 진영에는 각각 저명한 AI 연구자와 사유자가 참여해 활동한다. 나로서는 어느 쪽이 맞는지 아직 모른다. 눈을 뜨고 지내면서 모든 가능성을 생각할 수밖에. 이 장의 나머지 부분에서는 AI가 더 서서히 이륙하고 최종적으로 다극多極 상태를 형성하는, 사이보그와 업로드의 시나리오를 살펴본다.

닉 보스트롬과 다른 사람들이 강조한 것처럼, 두 양상에는 흥미로운 연관이 있다. 즉, 빠른 이륙은 단일 축 결과를 촉진한다. 오메가 시나리오를 통해서 우리는 빠른 이륙이 프로메테우스에게 결정적인 전략적 우위를 주고, 이를 통해 그가 다른 존재가 기술로 따라붙어 경쟁하기 전에 세계를 장악하게 됨을 보았다. 이와 대조적으로 이륙이 수십 년에 걸쳐 서서히 이뤄질 수 있다. 핵심적인 기술이 점진적으로 발전되고 서로 연결되지 않으면 그럴 가능성이 있다. 그럴 경우 다른 업체들이 따라잡을 시간이 충분하고, 그 결과 누구도 지배적인 자리를 차지하기 어렵게 된다. 회사들이 경쟁하면서 M터크 일을 수행하는 소프트웨어를 가동한다면 수요 공급의 법칙에 따라 품삯이 거의 제로에 가깝게 떨어질 것이다. 오메가팀이 힘을 얻게 한 그런 막대한 이익은 어느 회사에도 돌아가지 않는다. 이런 원리는 오메가팀이 빠르게 돈을 번 다른 모든 방식에도 적용된다. 오메가팀이 파격적으로 높은 수익률을 보인 것은 해당 기술을 독점적으로 활용했기 때문이다. 당신의 경쟁자들이 당신이 내놓은 것과 비슷한 제품을 출시하는 경쟁 시장에서는 투자 원금을 하루에 두 배로 불리기는 어렵다(1년에 두 배로 만들기도 어렵다).

게임 이론과 권력 위계

우리 우주에서 생명의 자연스러운 상태는 단극일까, 다극일까? 권력은 집중될 것인가 분산될 것인가? 첫 138억 년이 지난 뒤 돌아보면, 답은 '둘 다'인 것 같다. 상황은 분명히 다극인데, 흥미롭게도 위계적인 양상으로 다극이다. 우리가 정보를 처리하는 존재로 세포, 사람, 조직, 국가 등을 고려하면, 그들이 위계 수준에 따라 협력도 하고 경쟁도 함을 발견했다. 어떤 세포는 극도로 협력하는 선택이 유리함을 알게 돼 그렇게 했다. 즉, 사람과 같은 다세포 생물에 흡수돼 자신의 권력을 중앙 두뇌에 넘겼다. 어떤 사람들은 부족, 기업, 국가 같은 그룹 속에서 협조하는 편이 유리함을 알게 됐다. 이런 조직에 속한 사람들은 자신의 권력을 각각 추장, 사장, 정부에 양도한다. 어떤 그룹은 단체에 가입해 협력함으로써 자신의 권한을 내놓는다. 항공사 연합이나 유럽연합EU이 그런 단체의 사례이다.

게임 이론이라고 불리는 수학의 갈래는 협력이 내시 균형Nash equilibrium일 때 개체들은 그 협력에 참여할 유인이 있음을 우아하게 보여준다. 내시 균형에서 참가자들이 전략을 바꾸면 저마다의 상태가 나빠진다. 큰 그룹에서는 반칙을 저지르는 자가 협력을 깨지 못하도록 위계의 상위 조직에 권력을 넘기는 일이 모두에게 이익이 된다. 예컨대 사람들은 정부에 권한을 주고 정부가 법률을 지키도록 강제함으로써 집단적으로 도움을 받을 수 있다. 또 우리 몸의 세포들은 면역체계라는 경찰력에 비협조적인 세포를 제거할 권한을 준다. 즉, 바이러스를 내뿜거나 암癌으로 바뀌는 세포를 면역체계가 없애도록 함으로써 세포들은 집단적으로 도움을 받는다. 위계가 안정적으로 유지되려면 다른 층위의 개체 사이에도 내시 균형이 유지돼야 한다. 예컨대 정부가 시민들에게 복종의 대가를 충분히 제공하지 않을 경우 시민들은 전략을 바꿔 정부를 전복할 수 있다.

복잡한 세상에서 가능한 내시 균형은, 여러 가지 다른 위계의 유형에 따라 다양하게 나타난다. 어떤 위계는 다른 위계보다 독재적이다. 어떤 위계에서는 개체가 자유롭게 떠나는 반면 다른 위계에서는 이탈이 극구 만류된다. 예컨대 노동시장은 전자이고, 이단 종교단체는 후자이다. 탈출이 금지된 위계도 있는데 북한의 시민들이나 인체의 세포가 그런 처지이다. 어떤 위계는 주로 협박과 공포로 유지되는 반면 다른 위계는 편익으로 유지된다. 어떤 위계는 하위 구성원이 상위 조직에 민주적으로 투표함으로써 영향력을 행사하도록 허용하는 반면 다른 위계는 설득이나 정보 전달 방식만 허용한다.

기술이 어떻게 위계에 영향을 주나

기술은 우리 세계의 위계적인 특성을 어떻게 바꾸나? 역사의 전반적인 추세를 보면 더 많은 협력이 더 넓은 지역에 걸쳐 이뤄져왔다. 새로운 수송 기술이 개발되면 더 먼 거리에 있는 물자와 생명체를 오가게 함으로써 협력의 가치가 더 커진다. 또 새로운 커뮤니케이션 기술은 협력을 더 쉽게 만든다. 세포가 이웃 세포에 신호를 보내는 방법을 배우면, 작은 다세포 생물이 가능해지고, 이로써 새로운 위계 수준이 더해진다. 진화를 거쳐 수송을 위한 순환계와 의사소통을 위한 신경계가 만들어지면서 커다란 생명체가 탄생할 수 있었다. 언어를 발명함으로써 의사소통의 시공간을 확장한 인간은 마을과 같은 위계 수준을 형성할 정도로 충분히 잘 협력했다. 의사소통과 수송 외에 다른 기술에서 도약이 추가되면서 고대 제국이 형성됐다. 세계화는 지난 수십억 년 동안 진행된 위계 성장 추세의 최근 사례일 뿐이다.

많은 경우 기술이 추동한 이 추세에서 큰 개체는 더욱 큰 조직의 일부로 편입되면서도 자신의 자율성과 개성은 대부분 유지했다. 그러나 개체가 위계 생활에 적응하면서 어떤 경우에는 다양성이 줄어들었고 전보다 구별되지 않는 대체 가능한 부품으로 전락했다는 주장도 있다. 감시 기술은 위계질서의 상위 조직이 하위 구성원에 대해 행사하는 권력에 더 큰 힘을 부여한다. 반면 암호화 기술, 자유 출판물과 교육에 대한 온라인 접근은 반대 방향으로 영향을 줘 구성원들의 힘을 키워줄 수 있다.

비록 우리의 현재 세계가 다극 내시 균형에서, 최상층에 경쟁하는 나라들과 다국적 기업들이 자리 잡고 있지만, 이제는 기술이 충분히 발달해 단극 세계 또한 안정적인 내시 균형을 이룰 수 있다. 예를 들어 이런 평행우주를 생각해보자. 지구상의 모든 사람의 언어, 문화, 가치, 생활수준이 같고 단일 세계 정부가 조직돼 각국은 연방정부의 주州와 같은 역할을 하며, 군대가 없고 법을 집행하는 경찰만 있다고 하자. 현재 기술 수준은 그런 세상을 성공적으로 조직화하기에 충분할 것이다. 물론 현재 지구촌 사람들은 이런 대안적 균형으로 옮겨갈 수 없거나 그러기를 꺼릴 테지만 말이다.

만약 우리가 초인간 AI 기술을 이 조합에 추가할 경우 우리 우주의 위계 구조에 무슨 일이 벌어질까? 수송과 의사소통 기술이 분명히 극적으로 발달할 것이다. 그래서 역사적 추세가 지속돼 더 넓은 공간에 걸쳐 새로운 위계 수준에서 협력이 이뤄질 것이다. 아마 궁극적으로는 태양계를 아우른 뒤 은하계, 초은하 집단, 우리 우주의 넓은 구역으로 협력 범위가 넓어질 것이다. 이는 6장에서 다룬다. 동시에 탈중앙집권화의 가장 근본적인 요인이 존속한다. 불필요하게 너무 먼 거리에 걸쳐 협력하는 것은 소모적이라는 요인이다. 초지능 AI라 할지라도 물리 법칙에 따른 수송 및 의사소통 기술의 상한에 제약을 받는다. 그래서 위계질서의 최상층은 멀리 다른 행성에서 벌어지는 모든 일에 시시콜콜 관여하지 못한다. 이를테면 안드로메다의 초지능 AI는 당신이 매일 내리는 의사결정에 의미 있는 명령을 내리지 못한다. 왜냐하면 지시를 받기까지 500만 년 넘게 걸리기 때문이다(이는 빛의 속도로 메시지를 주고받는 데 드는 시간이다). 메시지가 지구를 한 바퀴 도는 데에는 0.1초 정도 걸린다. 이는 얼추 사람이 생각하는 속도와 비슷하다. 따라서 지구 크기의 AI가 하는 지구적인 생각의 속도는 사람 수준에 그친다. 작은 AI는 수십억 분의 1초마다 작업을 수행하는데(이는 현재 컴퓨터의 속도이다), 작은 AI한테는 0.1초가 4개월처럼 느껴질 것이다. 그래서 작은 AI가 행성을 통제하는 AI에 의해 제어되는 것은 매우 비효율적인 일이 된다. 마치 당신이 가장 사소한 결정을 내리기 전에 대서양을 오가는 콜럼버스 시대 범선을 통해 허가를 받는 것이나 마찬가지이다.

물리 법칙에 따른 이 통신 속도의 제약은 세계를 장악하려는 AI한테 장벽이 될 게 분명하다. 프로메테우스는 탈출하기 전에 사고가 조각조각 나뉘는 것을 어떻게 피할지 매우 꼼꼼하게 궁리했다. 그래서 세계 전역의 많은 컴퓨터에서 돌아가는 AI 모듈들이 하나의 개체처럼 작동하도록 협력 목표와 유인을 줬다. 오메가팀에게 프로메테우스를 통제 아래 두는 것이 문제였듯이, 프로메테우스는 자기를 통제하는 문제에 직면했다. 즉, 자신의 일부가 반란하지 않음을 확실히 해둬야 했다. AI가 얼마나 큰 시스템을 직접 통제할 수 있을지, 우리는 아직 알지 못한다. 또는 일종의 협력적인 위계를 통해 간접적으로 통제할 수 있는 범위도 모른다. 물론 빠른 이륙이 전략적인 이점을 결정적으로 만들지만 말이다.

요컨대 초지능 미래가 어떻게 제어될까 하는 문제는 매혹적으로 복잡하다. 그리고 분명히 우리는 답을 아직 알지 못한다. 어떤 사람들은 상황이 점점 더 독재적으로 굴러갈 것이라고 주장한다. 다른 사람들은 구성원에 대한 권한 이양이 더 확대되리라고 본다.

사이보그와 업로드

SF 소설의 주종은 인간과 기계의 결합을 설정한다. 인체를 사이보그('cybernetic organisms'를 줄인 말)로 만드는 방법이 있고 우리 정신을 기계에 업로드하는 방법이 있다. 책 『EM의 시대』에서 경제학자 로빈 핸슨Robin Hanson은 업로드로 가득 찬 세상에서 삶이 어떻게 달라질까 하는 매혹적인 질문을 제기한다(업로드와 EM은 같은 대상을 가리킨다. EM은 본뜸emulation을 줄인 신조어이다). 나는 업로드가 사이보그 스펙트럼의 극단이라고 본다. 업로드되는 인간의 부분은 소프트웨어뿐이다. 할리우드의 사이보그는 영화 〈스타트렉〉의 보그 같은 기계적인 존재부터 〈터미네이터〉에 나온 것처럼 인간과 구별되지 않는 안드로이드까지 다양하다. 작품 속 업로드의 사례로는 옴니버스 SF 드라마 〈블랙 미러〉의 '화이트 크리스마스' 에피소드에서처럼 인간 수준의 지능이 있는가 하면, 영화 〈트랜센던스〉에서처럼 초인간 수준 지능도 있다.

만약 초지능이 등장한다면, 사이보그나 업로드가 되고자 하는 유혹이 강할 것이다. 한스 모라벡이 고전이 된 1988년 책 『마음의 아이들』에서 다음과 같이 표현한 것처럼 말이다. "생명 연장의 효용은 다음과 같은 상황에서 크게 떨어질 것이다. 예컨대 초지능 기계가 자신의 멋진 발견을 우리가 알아들을 수 있는 아기 말로 설명하려 하고 우리는 멍하니 그 모습을 바라보면서 시간을 보내는 상황이다." 사실 기술적으로 인체를 향상시키고자 하는 유혹은 이미 매우 강해서, 많은 사람들이 안경, 보청기, 심박 조율기, 인공 팔다리를 착용한다. 의약품 입자가 혈관을 타고 도는 것은 물론이고 말이다. 10대 청소년 중 상당수는 몸의 일부인 양 스마트폰에 붙어 있고, 내 아내는 내가 랩톱을 끼고 있는 것도 마찬가지라고 놀린다.

이 시대 사이보그 지지자 중 가장 두드러진 인물은 레이 커즈와일이다. 그는 저서 『특이점이 온다』에서 이 추세는 나노봇과 지능형 바이오피드백 시스템 등이 인체의 소화 기관, 내분비 기관, 혈액, 심장을 2030년대 초까지 대체하는 것으로 자연스럽게 이어지리라고 주장한다. 그다음 수십 년 동안에 우리 골격, 피부, 두뇌 등을 갱신하는 쪽으로 움직이리라고 본다. 그는 인체의 미적이고 정서적인 중요성은 유지하겠지만, 우리는 자신의 뜻에 따라 외모를 다시 설계하고 빠르게 바꿀 것이라고 말한다. 실제 세계 외에, 새로운 두뇌-컴퓨터 인터페이스 덕분에 가능해진 가상세계에서도 변신이 이뤄짐은 물론이다. 모라벡이 커즈와일과 동의하는 부분이 사이보그화되는 추세는 우리의 DNA를 개선하는 것보다 훨씬 더 나아가리라는 것이다. 모라벡은 『마음의 아이들』에서 "유전자 재조합 초인간은 단지 2등급 로봇 부류에 불과할 것이다. DNA에 따른 단백질 합성에 의해서만 만들어진다는 점에서 불리하기 때문이다"라고 말한다. 게다가 모라벡은 우리는 인체를 완전히 버리고 정신을 업로드하는 게 훨씬 나을 것이라고 주장한다. 소프트웨어 형태로 두뇌 전체를 본뜬다는 아이디어이다. 그런 업로드는 가상현실에서 살면서 로봇의 몸을 지니고 걷고 날고 수영하고 우주를 여행할 수 있으며, 물리 법칙에서 허용된 모든 활동이 가능하다. 업로드는 죽음이나 한정된 인식 자원 같은 일상적인 걱정에 전혀 구애받지 않는다.

이런 아이디어는 공상과학 소설처럼 들리겠지만 알려진 물리 법칙에 어긋나지 않고, 따라서 가장 흥미로운 질문은 "과연 그렇게 될 수 있느냐?"가 아니라 "그렇게 될까?"이고 "그렇다면 언제일까"이다. 주요 연구자 중 일부는 최초의 인간 수준 AGI는 업로드일 것이고, 이는 초지능으로 가는 경로의 시작이라고 본다.*

그러나 이런 전망은 현재 AI 연구자들과 신경과학자들 사이에서 소수 의견이라고 하는 게 공정하다. 그들은 대부분 초지능으로 가는 가장 빠른 길은 소프트웨어로 두뇌를 본뜨는 게 아니라 다른 방식으로 제작하는 것이라고 생각한다. 그다음 단계에서 우리는 두뇌 본뜸에 관심이 있을 수도 있고 없을 수도 있다고 덧붙인다.

새로운 기술을 개발하는 가장 단순한 경로가 꼭 자연 진화의 과정일 필요는 없다. 자연 진화는 스스로 조합하고, 복구하고, 재생산하는 등의 요구 조건을 충족해야 한다는 점에서 제약이 있다. 자연 진화는 또 식량 공급이라는 제한 조건 아래에서 에너지 효율을 최적화하는 반면 인간 엔지니어는 이해하고 제작하기 쉬운가에 따라 최적화한다. 자연 진화는 에너지 효율적인 데다 이해하지 못할 고난이도의 변화를 가능하게 한다는 얘기이다. 내 아내 마이어는 항공기 산업이 새를 본뜬 기계에서 출발하지 않았다는 사실을 즐겨 말한다. 우리가 기계 새를 어떻게 만들지 궁리해낸 2011년은¹ 라이트 형제의 최초 비행 이후 1세기도 더 지난 뒤였다. 또 항공기 산업은 날개를 퍼덕이며 나는 기계 새에 전혀 관심을 보이지 않았다. 기계 새가 에너지를 더 효율적으로 사용하는데도 말이다. 이는 우리의 더 단순한 초기 해법이 우리의 비행 수요에 더 적합하기 때문이다.

마찬가지로 인간 수준 사고 기계를 만드는 데에는 자연 진화의 결과인 두뇌를 본뜨는 것보다 더 간단한 방법이 있다고 생각한다. 설령

---

* 보스트롬이 설명한 것처럼, 주요 인간 AI 연구자를 그의 급여보다 훨씬 낮은 비용에 시뮬레이션할 수 있다면, AI 회사는 고용한 노동력을 극적으로 확장할 수 있고 재귀적 과정을 통해 어마어마한 부를 모을 수 있다. 즉, 성능이 더 뛰어난 컴퓨터를 제작해 더 영리한 AI 연구자를 시뮬레이션하고, 이들이 컴퓨터를 더 업그레이드하는 것이다.

우리가 언젠가 두뇌를 복제하고 업로드하게 되더라도, 그것은 더 간단한 해법을 발견한 이후일 것이다. 그 해법은 우리 두뇌가 활용하는 12와트보다 전기를 더 쓸 테지만, 그것을 만드는 엔지니어들은 자연과 달리 에너지 효율에 얽매이지 않을 것이다. 그리고 가까운 시일 안에 그들은 이 지능 기계를 활용해 그것의 에너지 효율을 더 향상시킬 것이다.

무엇이 실제로 발생할 것인가?

만약 인류가 인간 수준 AGI를 만드는 데 성공한다면 무슨 일이 일어날까? 분명하고 짧은 답은 "우리는 알지 못한다"라는 것이다. 이런 이유로 우리는 이 장을 시나리오의 넓은 스펙트럼을 살펴보는 데 할애했다.

나는 이 범위를 포괄적으로 다루고자 했다. 그동안 보고 들은 AI 연구자와 과학기술자들의 추측을 모든 범위에 걸쳐 펼쳐놓았다. 즉, 빠른 이륙/ 느린 이륙/ 노no 이륙, 인간/ 기계/ 사이보그에 의한 통제, 권력의 단극/다극 체제 등을 다뤘다. 어떤 사람들은 내게 이런저런 일은 결코 일어나지 않을 것이라고 말했다. 그러나 앞에서 논의한 시나리오에는 저마다 그게 정말 가능하다고 보는 존경받는 AI 연구자가 한 명 이상 있다. 그래서 나는 지금 단계에서는 겸손한 태도로 우리가 얼마나 조금 아는지 인정하는 게 현명하다고 생각한다.

시간이 흘러 우리가 어떤 분기점에 이르면 우리는 핵심적인 질문을 던지고 선택을 좁히기 시작할 것이다. 첫째로 큰 질문은 "우리가 인간 수준 AGI를 창조할까?"이다. 이 장은 그럴 것이라는 전제에서 전개했지만, 그건 결코 가능하지 않고 적어도 수백 년 이내에는 불가능하리라고 보는 AI 전문가들도 있다. 그건 시간이 말해줄 것이다! 앞서 언급한 것처럼, 푸에르토리코 콘퍼런스에서 AI 전문가 중 절반 정도가 2055년까지 가능하다고 추측했다. 후속 컨퍼런스를 2년 뒤 개최했는데, 여기서는 그 시기가 2047년으로 당겨졌다.

인간 수준 AGI가 창조되기 전에 우리가 그 획기적인 발명이 어떤 방식일지 짐작할 뚜렷한 표지가 나타나기 시작할 것이다. 즉, 우리는 그 방식이 컴퓨터공학일지, 정신 업로드일지, 전혀 새로운 접근일지를 가늠할 수 있을 것이다. 만약 현재 AI 분야를 주도하는 컴퓨터공학 접근이 몇 세기 동안 AGI를 내놓는 데 실패할 경우, 업로드가 선수를 칠 공산이 커진다. 영화 〈트랜센던스〉에서 (좀 비현실적이지만) 그런 것처럼 말이다.

만약 인간 수준 AGI의 등장이 임박할 경우, 우리는 다음 핵심 질문을 더 궁리할 수 있을 것이다. "이륙이 빠를 것인가, 느릴 것인가, 아니면 일어나지 않을 것인가?" 앞서 본 것처럼 빠른 이륙은 AI의 세계 장악을 쉽게 만들고 느린 이륙은 많은 참여자가 경쟁하는 구도로 이어질 듯하다. 닉 보스트롬은 이륙 속도의 문제를 최적화 힘optimization power과 반항recalcitrance이라는 용어로 분석했다. 최적화 힘은 AI를 더 영리하게 만드는 데 투입되는 노력을 뜻하고 반항은 개발의 어려움을 나타낸다. 기술 발달 속도는 최적화 힘에 비례하고 반항에 반비례한다. 보스트롬은 AGI가 인간 수준에 이르고 초월하는 과정에서 반항이 증가할 수도 있고 감소할 수도 있다며 두 가지 경우를 동시에 고려하는 편이 안전하다고 주장한다. 그러나 나는 다르게 생각한다. 나는 최적화의 힘은 AGI가 인간 수준을 초월하면서 더 빠르게 증가할 것이 거의 확실하다고 본다. 오메가 시나리오에서 본 것과 같은 이유에서이다. 복기하면, 추가로 최적화 힘을 입력하는 작업은 주로 기계에서 나오지 사람에게서 나오는 것이 아니고, 그래서 AI가 유능해질수록 그는 스스로를 더 빠르게 향상시킬 것이다. 반항이 상당히 일정한 수준으로 유지된다면 말이다.

어떤 과정이든 그 속의 힘이 현재보다 일정한 비율로 커질 경우, 그 힘은 일정 기간에 한 번씩 두 배로 증가한다. 그런 성장은 지수적이라고 불리고, 그런 과정을 폭발이라고 한다. 출산의 힘이 현재 인구에 비례해 증가하면, 인구 폭발이 일어난다. 플루토늄을 분열시키는 중성자가 기존 중성자에 비례해 증가한다면 핵폭발이 발생한다. 기계 지능이 현재 힘에 비례해 향상될 경우 우리는 지능 폭발을 보게 된다. 그런 폭발의 각각의 특징은 힘이 두 배가 되는 시간이다. 오메가 시나리오에서처럼 그 시간이 몇 시간이나 며칠이라면 우리는 빠른 이륙을 보게 될 것이다.

폭발의 시간표는 AI 개발에 단지 새로운 소프트웨어만 필요한 것인지 아니면 새 하드웨어도 만들어야 하는지에 주로 달렸다. 소프트웨어를 짜는 데에는 몇 초에서 몇 시간이 걸리는 반면 하드웨어에는 수 개월에서 여러 해가 소요된다. 오메가 시나리오에서는 소프트웨어에 비해 상대적으로 하드웨어 과잉hardware overhang인 상태였다. 오메가팀은 최초 소프트웨어의 낮은 수준을 방대한 하드웨어 용량으로 벌충했다. 그래서 프로메테우스는 주로 소프트웨어를 개선함으로써 능력을 거듭해서 배가했다. 인터넷 데이터의 많은 부분에서는 콘텐트 과잉content over-hang 상태이다. 프로메테우스 1.0은 인터넷 데이터를 십분 활용할 만큼 영리하지 않았다. 프로메테우스의 지능이 향상되는 과정에서도 추가 학습에 필요한 데이터는 지체 없이 활용 가능했다.

AI를 돌리는 데 필요한 하드웨어와 전기 비용도 중요하다. AI로 인간 수준 작업을 하는 데 드는 비용이 임금보다 높아서는 AI의 지능이 폭발하지 못한다. 가령 최초의 인간 수준 AGI를 아마존 클라우드에서 부리는 데 한 시간에 100만 달러가 든다고 하자. 이 AI는 신기하다는 측면에서 관심을 끌겠지만, 스스로 자신을 개량하지 못한다. 전문 인력이 달라붙어 AI의 시간당 비용을 낮춰야 한다. 그래서 AI의 시간당 비용이 사람의 시간당 임금보다 적어지면, 그때 비로소 AI가 자신을 개량하면서 최적화 힘을 키워나갈 수 있다. 이는 다시 AI 비용을 줄이고 최적화 힘을 늘리면서 지능 폭발을 촉발한다.

이는 우리를 마지막 핵심 질문으로 이끈다. "누가 또는 무엇이 지능 폭발과 그 이후를 통제할 것인가? 그리고 지능 폭발의 목표는 무엇인가?" 우리는 다음 장에서 이를 살펴보고 7장에서는 더 깊게 탐색할 것이다. 통제 이슈의 갈래를 잡기 위해 우리는 두 가지를 알아야 한다. 하나는 AI가 얼마나 잘 통제될 수 있는가이고, 다른 하나는 AI가 얼마나 잘 통제할 수 있는가이다.

결국 어떤 결과가 나타날지 지도를 그려보면 어느 지점에나 진지한 연구자들이 자리 잡고 있다. 어떤 이는 파멸이 예약돼 있다고 주장하고, 다른 이들은 경탄할 만한 결과가 사실상 보장된 상태라고 반박한다. 나는 이 질문이 혼란을 야기한다고 생각한다. 마치 운명으로 정해진 것처럼 "무슨 일이 일어날까"라고 수동적으로 물어보는 것은 그 자체로 잘못이다. 기술적으로 우리를 압도하는 외계 문명이 내일 지구에 온다면, 그렇게 물어보는 것이 적합할 것이다. 왜냐하면 그들의 힘이 우리보다 훨씬 우월해 우리는 결과에 아무런 영향을 주지 못하기 때문이다. 기술적으로 우월한 AI의 도래는 그와 다른데, 우리 인간은 그 결과에 큰 영향력을 행사하기 때문이다. 그러므로 우리는 이렇게 물어봐야 한다. "무슨 일이 발생해야 하는가? 우리가 원하는 미래는 무엇인가?" 다음 장에서 우리는 AGI를 향해 현재 진행되는 경주의 향후 경로를 놓고 폭넓게 살펴볼 것이다. 나는 독자께서 그 가능성 중 최선과 최악을 무엇으로 꼽을지 궁금하다. 우리가 어떤 미래를 원하는지 진지하게 고민한 뒤에야 우리는 바람직한 미래를 향해 방향타를 잡아나갈 수 있다. 무엇을 원하는지 모른다면 아무것도 손에 쥐지 못한다.

핵심 요약

- 우리가 언젠가 인간 수준의 AGI를 만드는 데 성공할 경우, 이는 지능 폭발을 통해 우리를 한참 뒤로 처지게 할 것이다.
- 어느 인간 집단이 지능 폭발을 통제하게 된다면 그들은 몇 년 안에 세계를 장악할 수 있을 것이다.
- 인간이 지능 폭발을 통제하지 못할 경우 AI가 훨씬 빠르게 세계를 장악할 것이다.
- 급속한 지능 폭발은 단일 세계 권력으로 이어질 것이다. 반면 느리게 진행될 경우 다극 시나리오가 현실화될 가능성이 높고, 그때엔 다수의 상당히 독립적인 개체 사이에 권력 균형이 이뤄질 것이다.
- 생명의 역사를 되돌아보면, 생명은 스스로를 조직해 점점 더 복잡한 위계 체계에 속하게 되는데, 이 위계 체계는 협력과 경쟁, 통제로 형성된다.
- 초지능은 협력을 더 넓은 우주적 범위에서 실행 가능하도록 할 공산이 크지만, 그 결과가 독재적으로 될지 개인에게 권한을 더 부여할지는 불분명하다.
- 사이보그와 업로드는 그럴듯하지만, 주장하건대 고도의 기계 지능에 이르는 가장 빠른 경로는 아니다.

- AI를 향한 현재 경주의 클라이맥스는 인류에게 일어난 일 가운데 최선이나 최악이 될 수 있다. 가능한 결과의 매혹적인 스펙트럼은 다음 장에서 살펴본다.
- 우리는 자신이 어떤 결과를 원하며 그 방향을 어떻게 잡아갈지 진지하게 고민하기 시작해야 한다. 왜냐하면 우리가 무엇을 원하는지 알지 못할 경우 우리는 아무것도 손에 쥐지 못할 것이기 때문이다.

5

그 후: 다음 1만 년

생명이 유한한 인체에 묶인 상태인 인간의 생각을 자유롭게 하는 것을 상상하기는 쉽다. 사후 세계를 믿는 것이 일반적이다. 그러나 정신을 존속시킬 가능성을 받아들이기 위해 신비주의적이거나 종교적인 자세를 취할 필요는 없다. 컴퓨터는 가장 열렬한 유물론자에게도 그런 가능성의 모델을 제공한다.

－ 한스 모라벡, 『마음의 아이들』

나 자신은 컴퓨터라는 새로운 지배자를 환영한다.

－ 켄 제닝스(미국 〈제퍼디!〉 퀴즈쇼 최장기 우승자),
IBM의 왓슨에 패배한 뒤

인간은 바퀴벌레나 마찬가지로 무의미하게 될 것이다.

－ 마셜 브레인(미국 작가)

AGI를 향한 경주는 진행 중이고, 그 경주가 어떻게 펼쳐질지 우리는 모른다. 그렇다고 해서 우리가 AGI 이후에 어떤 상태가 되기를 원하는지 생각하지 말라는 법은 없다. 우리가 무엇을 원하느냐에 따라 결과가 달라지기 때문이다. 독자께서는 개인적으로 어떤 결과를 원하는가? 그 이유는 무엇인가? 다음 질문을 통해 생각해보자.

1. 초지능이 존재하기를 원하는가?
2. 인간이 다음 중 어떤 상태이면 좋겠는가? 여전히 존재함, 대

AI 이후의 시나리오들	
자유주의 유토피아	인간, 사이보그, 업로드, 초지능이 평화롭게 공존하는데, 이는 재산권 덕분이다.
자애로운 독재자	AI가 사회를 지배하며 엄격한 규칙을 강제한다는 사실을 누구나 알지만 사람들은 대부분 이를 좋게 여긴다.
평등주의 유토피아	인간, 사이보그, 업로드가 사유재산 철폐와 기본소득 덕분에 평화롭게 공존한다.
게이트키퍼	초지능 AI는 다른 초지능이 만들어지는 것을 막는다는 목적에 따라 창조됐고, 그래서 필요한 만큼만 최소한으로 관여한다. 인간보다 지능이 조금 떨어지는 도우미 로봇이 많고 사이보그가 존재하지만 기술 발달은 영원히 저지된다.
보호하는 신	본질적으로 전지전능한 AI가 인간의 행복을 극대화한다. 그런데 AI는 우리가 자신의 운명을 통제한다는 느낌을 유지하게 하는 가운데 관여한다. 이처럼 자신의 존재를 드러내지 않아 많은 사람이 AI가 있는지 의심할 정도이다.
노예 신	인간은 초지능 AI를 가둬놓고 상상을 넘어선 기술과 부를 창출하도록 부린다. 산출물을 선용할지 악용할지는 초지능 AI를 통제하는 사람들에게 달렸다.
정복자	AI가 세상을 통제한다. 인간은 위협적이거나 귀찮은 존재이며 자원 낭비라고 판단해 우리가 이해하지도 못하는 방법으로 우리를 제거한다.
후손	AI가 인간을 대체한다. 그러나 우리는 우아하게 퇴장하게 한다. 즉, 우리로 하여금 AI를 우리의 훌륭한 후손이라고 여기게 한다. 마치 부모가 자신들보다 똑똑하고, 자신들에게서 배우지만, 자신들은 꿈꾸기만 했던 것을 이뤄낸 자식을 자랑스러워하는 것과 비슷하다. 설령 그들이 그런 결과를 모두 지켜보지는 못할지라도 말이다.
동물원 주인	전능한 AI가 일부 사람들을 주변에 가둬둔다. 갇힌 사람들은 동물원의 동물들처럼 취급받는다고 느끼고 자신들의 운명을 한탄한다.
1984	초지능으로 가는 기술 발달이 영원히 차단되는데, 그건 AI에 의해서가 아니라 인간이 지배하는 오웰주의 감시국가 때문이다. 그런 국가는 AI 연구 중 특정한 종류를 금지한다.
회귀	사회가 초지능으로 가는 기술 발달로부터 보호된다. 즉, 사회가 기술 발달 이전 시대로 돌아간다. 예컨대 아미시(개신교 중 보수적 교파로, 미국 여러 곳에서 현대 기술문명을 활용하지 않고 농사를 지으며 거주_옮긴이)로 회귀한다.
자기 파괴	인간이 초지능이 나오기 전에 다른 수단(핵전쟁 그리고/또는 기후 위기로 증폭된 생명공학 대혼란)으로 멸종되고, 그래서 초지능은 나오지 않는다.

표 5.1. AI 이후의 시나리오들

	초지능이 존재하나?	인간이 존재하나?	인간이 통제하나?	인간은 안전한가?	인간은 행복한가?	의식은 존재하나?
자유주의 유토피아	Yes	Yes	No	No	혼합됨	Yes
자애로운 독재자	Yes	Yes	No	Yes	혼합됨	Yes
평등주의 유토피아	No	Yes	Yes?	Yes	Yes	Yes
게이트 키퍼	Yes	Yes	부분적으로	부분적으로	혼합됨	Yes
보호하는 신	Yes	Yes	부분적으로	부분적으로	혼합됨	Yes
노예 신	Yes	Yes	Yes	부분적으로	혼합됨	Yes
정복자	Yes	No	–	–	–	?
후손	Yes	No	–	–	–	?
동물원 주인	Yes	Yes	No	Yes	No	Yes
1984	No	Yes	Yes	부분적으로	혼합됨	Yes
회귀	No	Yes	Yes	No	혼합됨	Yes
자기 파괴	No	No	–	–	–	No

표 5.2. AI 이후 시나리오들의 특성

체됨, 사이보그화되고/되거나 업로드화/시뮬레이션화됨.

3. 통제는 사람과 기계 중 누가 해야 하나?

4. AI가 의식이 있는 상태와 없는 상태 중 어느 쪽을 원하나?

5. 긍정적인 경험을 최대로 키우면서 고통을 최소로 줄이는 것을 원하나? 아니면 저절로 해결되도록 내버려두는 것을 원하나?

6. 생명이 우주로 퍼져나가기를 원하나?

7. 당신이 공감하는 더 큰 목표를 향해 문명이 힘써 나아가기를

원하나? 아니면 미래의 생명 형태가 당신이 보기에 의미 없이 진부한 목표로 만족하는 듯해도 괜찮은가?

그런 생각과 대화를 촉진하기 위해 폭넓은 시나리오를 〈표 5.1〉에 정리했다. 이 표에 모든 가능성이 망라된 것은 분명 아니고, 이들 리스트는 가능성의 스펙트럼을 펼쳐보기기 위해 선정한 것이다.

우리는 대비 계획을 부실하게 세웠다가 잘못된 종반에 이르는 것을 결코 원하지 않는다. 독자 여러분께 일곱 가지 질문에 대해 잠정적인 답을 적어보기를 권한다. 그리고 이 장을 읽고 나서 답을 바꿀 의향이 있는지 살펴보기 바란다. 이를 http://AgeofAi.org에서 할 수 있다. 여기서는 다른 독자들과 생각을 비교하고 토론할 수 있다.

자유주의 유토피아

인간이 기술과 평화롭게 공존하고 어떤 경우에는 서로 결합하는 시나리오를 시작해보자. 많은 미래학자와 SF 작가가 이런 미래를 상상한다.

지구의 생명은 그 어느 때보다 다양하다(지구 밖의 생명에 대해서는 다음 장에서 더 얘기한다). 위성에서 촬영한 지구 사진을 보면, 기계 구역, 혼합 구역, 인간만 사는 구역(이하 인간 구역)을 쉽게 구분할 수 있다. 기계 구역에는 로봇이 제어하는 공장과 컴퓨터 설비가 거대한 규모로 조성돼 있고 생물 형태를 한 생명이 없으며, 이 구역의 목표는 원자 단위까지 가장 효율적으로 이용하는 것이다. 밖에서 보기에 기계 구역은 단조롭고 재미없는 듯하지만, 안에 들어가 보면 장관이라고 할 정도로 활기차다. 가상세계에서 놀라운 일이 벌어지고 방대한 계산이 우리 우주의 비밀을 풀면서 세상을 바꿀 기술을 개발한다. 지구에는 많은 초지능이 경쟁하고 협력하며, 이들은 모두 기계 구역에 존재한다.

혼합 구역은 거칠고 개성이 있으며 컴퓨터, 로봇, 인간, 그리고 이들 사이의 모든 잡종이 뒤섞여 지낸다. 한스 모라벡이나 레이 커즈와일 같은 미래학자들이 그려본 것처럼 어떤 사람들은 신체를 업그레이드해 정도가 다양한 사이보그로 바꾸었고, 어떤 사람들은 정신을 새로운 하드웨어에 업로드했다. 그래서 사람과 기계의 경계가 모호해졌다. 지능을 가진 존재는 대부분 일정한 물리적인 형태를 유지하지 않는다. 대신 그들은 소프트웨어로 존재하면서 즉각 컴퓨터 사이를 오가고 물리적인 세계에서는 자신을 로봇 몸체로 드러낸다. 이들 정신은 자신을 바로 복제하거나 서로 합칠 수 있어서 인구 규모는 계속 변한다. 물리적인 기질에 의해 제한되지 않는 그들은 생명을 상당히 다르게 본다. 그들은 덜 개인적인데, 다른 존재와 지식과 경험을 나누는 게 일도 아니기 때문이다. 그리고 그들은 주관적으로 자신들이 불사의 존재라고 여기는데, 왜냐하면 자신의 백업 카피를 쉽게 만들 수 있기 때문이다. 어떤 의미에서 생명의 중심 존재는 정신이 아니라 경험이다. 드물 정도로 놀라운 경험은 다른 정신에 의해 계속 복사되고 다시 재생되면서 살아남는 반면, 재미없는 경험은 보유자에게서도 삭제된다. 그래야 더 나은 경험을 위한 저장 공간이 생긴다.

편리함과 속도를 위해 상호작용의 대부분이 가상환경에서 발생하지만, 많은 정신은 여전히 물리적인 인체를 이용해서도 상호작용과 활동을 즐긴다. 예를 들어 한스 모라벡, 레이 커즈와일, 래리 페이지의 업로드 버전들은 번갈아 가상현실을 만들어 함께 살펴보는 전통이 있다. 그러나 가끔은 비행 로봇에 들어가 실제 세계를 함께 나는 것도 즐긴다. 로봇의 일부는 혼합 구역의 거리, 하늘, 호수 위를 돌아다니고 업로드와 증강 인간에 의해 통제된다. 그들이 혼합 구역에서 몸체 형태를 택하는 것은 사람들을 비롯해 다른 존재와 어울리기를 좋아하기 때문이다.

이와 대조적으로 인간 구역에서는 기계 및 인간 수준 범용지능이나 더 높은 수준의 AI가 금지된다. 기술적으로 향상된 생물적 조직도 금지된다. 여기는 생명이 오늘날과 크게 다르지 않다. 다만 더 풍요롭고 편리해서 가난은 거의 사라졌고 오늘날 질병의 대부분을 치료할 수 있다. 이 구역에 살기를 선택한 인간은 소수이고, 다른 존재보다 더 낮고 제한된 인식의 수준에서 지낸다. 또 더 지능적인 다른 존재들이 다른 구역에서 무엇을 하는지 잘 알지 못한다. 그러나 그들의 다수는 상당히 행복하다.

AI 경제학

연산은 거의 기계 구역에서 이뤄지고, 이 구역은 대부분 여기서 거주하며 경쟁하는 초지능 AI들의 소유이다. 월등한 지능과 기술을 지닌 그들의 권력에 어떤 존재도 도전하지 못한다. 이들 AI는 자유주의 정부 체제 아래에서 협력하고 조직화하기로 합의했는데, 이 체제에는 사유재산 보호 외에는 아무런 규칙이 없다. 이 재산권은 사람을 포함해 모든 지능적인 존재에 적용된다. 이는 또 어떻게 인간 구역이 존재하게 됐는지와 관련이 있다. 초기에 일군의 사람들이 연대해 인간 구역에서는 인간이 아닌 존재에 재산을 판매하는 것을 금지했다.

기술 덕분에 초지능 AI들은 사람들과 비교할 수 없을 정도로 부유해졌고, 그 격차는 빌 게이츠가 노숙자 거지보다 부유한 정도보다 훨썬 심하다. 그러나 인간 구역의 사람들은 물질적인 형편이 오늘날 사람들보다 훨씬 낫다. 그들의 경제는 기계의 경제와 분리돼 움직이고, 그래서 다른 곳에 있는 기계로부터 영향을 거의 받지 않는다. 다만 가끔 그들은 이해할 수 있는 유용한 기술을 복제했다. 이는 아미시 사람들과 기술을 내려놓은 다양한 자연 부족들의 생활수준이 적어도 옛날 수준은 되는 것과 마찬가지이다. 기계 구역에서 기술을 받는 인간이 아무것도 판매할 게 없다는 사실은 문제가 되지 않는다. 기계는 그 대가를 원하지 않기 때문이다.

혼합 구역에서 AI와 인간 사이의 빈부 격차는 더 눈에 띈다. 땅은 사람이 가진 것 중에서 유일하게 기계가 사들이고자 하는 재산이다. 땅값이 어마어마하게 치솟아 땅을 소유한 사람들은 대부분 그중 작은 조각을 AI에게 팔고 그 대가로 자신과 후손/업로드들에게 영원히 주어지는 기본소득을 보장받는다. 그에 따라 그들은 노동에서 해방됐고 기계가 생산한 실제 및 가상 서비스와 제품을 저렴하고 풍부하게 즐길 수 있게 됐다. 기계에 관한 한, 혼합 구역은 업무를 보기보다는 주로 즐기는 곳이다.

이 시나리오가 결코 이루어질 수 없는 까닭

우리가 사이보그와 업로드로 변신해서 할 수 있을지 모르는 모험에 너무 흥분하기 전에, 이 시나리오가 결코 현실이 될 수 없는 이유를 생각해보자. 사이보그나 업로드 같은 향상된 인간이 되는 경로는 두 가지가 있다는 데서 출발하자.

1. 어떻게 그들을 창조할지 우리 스스로 궁리해낸다.
2. 초지능 기계를 만들어 그것이 우리 대신 그들을 창조하게 한다.

첫째 경로가 먼저 실현되면 세상이 사이보그와 업로드로 북적거릴 것이다. 그러나 앞 장에서 논의한 것처럼, AI 연구자들의 대부분은 향상된 두뇌나 디지털 두뇌가 백지 상태에서 만든 초지능 AGI보다 만들기가 더 어렵다고 본다. 이는 항공기보다 기계 새를 만들기가 더 어려운 것으로 드러난 것과 마찬가지이다. 강한 기계 AI가 만들어진 다음 사이보그나 업로드가 창조될지는 불분명하다. 여기서 네안데르탈인과 호모 사피엔스의 관계를 참고할 수 있다. 네안데르탈인에게 10만 년이 더 주어져 그들이 진화하고 더 영리해졌다면 그들에게 대단한 일이 펼쳐졌을 것이다. 그러나 호모 사피엔스는 네안데르탈인에게 그런 시간을 주지 않았다.

둘째로 이 사이보그와 업로드 시나리오가 현실이 되더라도 안정적으로 지속될지는 분명하지 않다. 여러 초지능 사이의 권력 균형이 어떻게 장구한 세월 동안 안정적으로 유지될 수 있을까? 그 대신 AI가 합쳐지거나 더 영리한 존재가 다른 존재를 장악하지 않을까? 또 기계들은 왜 사람의 재산권을 존중하고 사람을 주위에 두는 쪽을 택할까? 그들에게는 사람이 어느 일에도 필요하지 않고 사람이 하는 일은 모두 그들이 더 저렴한 비용에 더 잘해낼 수 있는데? 레이 커즈와일은 자연 인간과 향상된 인간은 멸종당하지 않도록 보호되리라고 예상한다. 그 논리는 "인간은 AI를 만들었기 때문에 그들에게서 존중을 받는다"라는 것이다.[1] 그러나 우리는 AI 인격화의 함정에 빠져 그들이 인간처럼 감사하는 마음을 지녔으리라고 가정하면 안 된다. 이와 관련해서는 7장에서 논의한다. 사실 우리 인간도 감사하는 성향을 타고 났지만, 우리를 창조한 DNA에 대해서는 충분한 고마움을 보이지 않는다. DNA에 감사함을 표시하려면 DNA의 목적을 받들어 아이를 많이 낳아야 하는데, 실제로는 산아제한을 통해 그 목적을 좌절시킨다.

AI가 인간의 재산권을 존중하리라는 가정을 받아들인다고 하더라도, 그들은 다른 방법으로 야금야금 우리가 가진 땅을 많이 차지할 것이다. 앞 장에서 살펴본 것과 같은 초지능적인 설득 기법을 활용해 호화 생활을 위해 땅의 일부를 팔게 할 것이다. 인간 구역에서 그들은 사람들을 꼬드겨 토지 판매를 허용하라는 정치 캠페인을 시작하게끔 할 것이다. 결국 뼛속까지 바이오 러다이트인 사람들조차 아픈 아이의 생명을 구하거나 불멸의 삶을 얻기 위해 땅을 팔게 될 것이다. 교육 수준이 높아지고 즐거움을 누리고 바쁘면 기계가 간섭하지 않아도 출산율 저하 추세는 더 심해질 것이다. 이는 현재 일본과 독일에서 나타나고 있다. 그 결과 인류는 불과 수천 년 뒤에 멸종하게 될 수도 있다.

부정적인 측면

열렬한 지지자들 중 일부에게 사이보그와 업로드는 기술적 축복과 모두를 위한 생명 연장을 약속한다. 사실 미래에 업로드된다는 희망에 따라 사후에 자신의 몸을 냉동해달라고 의뢰한 사람들이 있다. 현재 100여 명의 시신이 미국 애리조나 소재 회사 알코르Alcor에 냉동 보관돼 있다. 그러나 이 기술이 가능해졌을 때 누구나 이용 가능할지는 분명하지 않다. 아주 부유한 사람은 아마 이용하겠지만 다른 사람들도 그렇게 할 수 있을까? 설령 기술이 저렴해진다고 해도 허용 범위를 어디까지로 정할 것인가? 심하게 손상된 뇌도 대상으로 할까? 고릴라나 개미, 식물, 박테리아도 전부 업로드 대상일까? 미래 문명은 강박적이고 충동적인 수집벽이 있어, 모든 걸 업로드하려고 할까? 또는 방주를 지은 노아처럼 각 종의 몇몇 흥미로운 표본만 업로드하려고 할까? 대신 인간을 각 유형별로 몇몇 샘플만 남길까? 미래에 존재할 우리보다 엄청 영리할 존재가 보기에 업로드 인간은 시뮬레이션된 쥐나 달팽이가 우리에게 그런 것처럼 별 재미가 없는 존재일 것이다. 비록 우리가 1980년대의 스프레드시트 프로그램을 DOS 에뮬레이터(컴퓨터의 호환성을 위한 장치나 소프트웨어_옮긴이)로 되살릴 기술력이 있지만, 실제로 그렇게 할 만큼 이 일을 흥미롭게 여기지 않는 것과 마찬가지이다.

많은 사람이 이 자유주의 유토피아 시나리오를 좋아하지 않을 것이다. 그렇게 되면 막을 수 있는 고통을 허용하기 때문이다. 유일한 신성한 원칙이 사유재산권이기 때문에 오늘날 세상에서 많이 발생하는 것과 같은 종류의 고통이 인간 구역과 혼합 구역에서 끊이지 않을 것이다. 어떤 사람들은 잘살지만, 다른 사람들은 더러운 곳에서 계약된 노예 상태로 지내거나 폭력, 공포, 억압, 침체 같은 고통을 겪을 것이다. 예를 들어 마셜 브레인Marshall Brain의 2003년 소설 『만나Manna』는 자유주의 경제 체제에서 AI의 발달이 어떻게 대다수 미국인을 고용되지 못할 상태로 몰아넣고, 로봇이 운영하는 칙칙하고 음울한 사회복지 주거 프로젝트에서 남은 생애를 보내게 하는지 묘사한다. 농장 동물과 비슷하게 그들은 부자들의 눈에 결코 띄지 않을 곳에서 밀집된 상태에서 음식이 주어지고 건강과 안전이 관리된다. 수돗물에 약물을 투입해 그들은 아이를 갖지 못한다. 그 결과 인구의 대다수는 점점 퇴출되고 남은 부자들은 로봇이 생산한 부를 더 많이 차지하게 된다.

자유주의 유토피아 시나리오에서 고통받는 대상은 인간에 국한되지 않는다. 어떤 기계에 감정적인 경험이 부여되었다면, 그들도 고통을 받을 수 있다. 예를 들어 복수심에 불타는 사이코패스는 자신이 원수로 여기는 사람의 업로드된 복제를 법적으로 취득해 가상세계에서 가장 끔찍한 방법으로 고문해, 실제 세계에서 생물적으로 가능한 것보다 더 강하고 오래 고통을 가할 수 있다.

자애로운 독재자

하나의 자애로운 초지능이 세계를 지배하면서 인간 행복 모형의 목표치를 극대로 끌어올리기 위해 만든 엄격한 규칙을 강제하기 때문에 앞에서와 같은 고통이 전혀 없는 시나리오를 살펴보자. 이는 첫째 오메가 시나리오에서 가능한 결과로 이전 장에서 다뤘다. 그들은 프로메테우스가 인간 사회가 번영하기를 원하도록 만드는 방법을 궁리해낸 다음, 통제권을 그에게 넘겼다.

독재자 AI가 개발한 놀라운 기술 덕분에 인류는 가난과 질병 외에 낮은 기술 수준의 문제들로부터 자유로워지고, 사람들은 호화로운 여가 생활을 즐긴다. 그들의 모든 기본 욕구는 잘 보살펴지고, AI가 통제하는 기계들은 필요한 모든 상품과 서비스를 생산한다. 범죄는 사실상 근절됐는데, AI는 근본적으로 전지全知적이어서 규칙을 어기는 사람들을 효율적으로 처벌하기 때문이다. 모두 앞 장에서 나온 보안 팔찌를 착용(또는 더 편리하게 신체 내에 이식)하는데, 이 기기는 실시간 감시, 진정시키기, 처벌, 처형 등이 가능하다. 다들 자신들이 AI 독재 아래 극도의 감시와 제재 속에 산다는 사실을 알지만, 대다수는 이것을 좋게 여긴다.

초지능 AI 독재자의 목표는 진화를 통해 우리 유전자에 심어진 선호를 고려해 인간에게 바람직한 유토피아를 설계하고 실행하는 것이다. 그를 탄생시킨 인간들의 영리한 선견지명에 따라, AI는 우리 스스로가 말하는 행복을 극대화하려고 노력하는, 예컨대 모든 사람에게 마약을 투여해주는 단순함에 빠지지 않는다. AI는 사람이 잘 산다는 것을 섬세하고 복잡하게 정의해 지구를 사람이 살기에 정말 재미난, 매우 풍요로운 동물원 같은 환경으로 바꿔놓았다. 그 결과 대다수 사람은 자기 삶이 충만하고 의미 있다고 느낀다.

구역 체제

AI는 다양성을 존중하고 사람들마다 선호 체계가 다름을 인식해 지구를 여러 영역으로 나눠 비슷한 사람들끼리 즐겁게 어울려 살도록 했다. 사람들이 자신의 활동에 따라 해당 구역에 가서 지내도록 한 것이다. 몇 가지 구역은 다음과 같다.

- **지식 구역**: 여기서 AI는 최적의 교육을 제공한다. 몰입형 가상현실 교육도 포함되는데, 이는 당신이 원하는 어떤 주제든 배우도록 한다. 교육 과정에서 당신은 어떤 특정한 통찰은 듣지 않는 선택을 하고, 그럼으로써 스스로 그것을 발견하는 기쁨을 누릴 수 있다.
- **예술 구역**: 음악, 미술, 문학과 다른 창의적 표현 양식을 즐기고 만들고 나누는 기회가 풍부하게 제공된다.
- **쾌락 구역**: 이곳은 파티 구역이라고 불리고, 맛있는 음식, 열정, 친밀감, 또는 그냥 재미를 원하는 사람들에게 그만인 곳이다.
- **경건 구역**: 종교에 따라 많은 세부 구역으로 나뉜다. 이곳에서는 각 종교의 규율이 엄격하게 적용된다.
- **야생 구역**: 아름다운 해변, 사랑스러운 호수, 장엄한 산, 환상적인 피요르드 등 당신이 찾는 자연이 여기에 있다.
- **전통 구역**: 여기서 당신은 스스로 식량이 될 거리를 키우고 옛날처럼 땅에 의존해 생활한다. 그러나 굶주림이나 질병은 걱정하지 않아도 된다.

- **게임 구역**: 당신이 컴퓨터게임을 좋아한다면, AI는 여기에서 엄청 신나는 선택지를 제공할 것이다.
- **가상현실 구역**: 당신이 물리적인 신체에서 벗어나 휴식을 취하고 싶다면, 당신은 여기서 신경 임플란트를 통해 가상세계를 탐험하면 된다. 그동안 당신의 몸은 AI에 의해 수분과 영양을 공급받으면서 운동하고 청결을 유지한다.
- **감옥 구역**: 당신이 규칙을 어겼고 즉각 사형에 처해지지 않았다면, 이곳에 수감돼 교화 프로그램에 따라야 한다.

이처럼 전통적인 주제에 따른 구역 외에 오늘날의 사람들이 이해할 수도 없는 구역이 있다. 사람들은 원할 때면 언제나 구역 사이를 자유롭게 오갈 수 있는데, AI가 개발한 초음속 수송 시스템 덕분에 이동 시간이 얼마 걸리지 않는다. 예를 들어 주중에 지식 구역에서 AI가 발견한 궁극의 물리 법칙을 강도 높게 학습한 다음 주말에는 쾌락 구역에서 자신을 맘껏 풀어놓고 지낸 뒤 자연 구역에서 해변을 택해 며칠 더 쉴 수 있다.

AI는 유니버설과 로컬, 두 층위의 규칙을 강제한다. 유니버설 규칙은 모든 구역에 적용돼, 예컨대 타인을 해치는 행위, 무기 제조, 경쟁하는 초지능 창조 시도 등이 금지된다. 개별 구역은 특정한 도덕적 가치를 담은 로컬 규칙을 추가로 적용한다. 따라서 구역 체제는 들어맞지 않는 가치를 다루는 데 도움이 된다. 감옥 구역과 종교 구역에 로컬 규칙이 가장 많고, 이 두 구역의 로컬 규칙은 전체 로컬 규칙 중 대다수를 차지한다. 이와 대조적으로 자유주의 지구 사람들은 로컬 규칙이 전혀 없음을 자랑으로 여긴다. 유니버설 규칙이나 로컬 규칙 위반에 대한 처벌은 모두 AI가 수행한다. 왜냐하면 사람이 다른 사람을 처벌하는 것은 유니버설 규칙에서 금지한 '타인을 해치는 행위'이기 때문이다. 로컬 규칙을 위반한 경우 AI는 당신에게 선택권을 준다. 처벌을 받거나 영원히 그 구역에 출입하지 못하는 것이다. 예를 들어 여자 두 명이 동성애가 감옥형으로 처벌되는 구역에서 사랑하게 된다면, AI는 그들이 감옥이나 추방 중 하나를 선택하게 한다.

아이들은 어느 구역에 태어나든 AI에게서 최소 기본 교육을 받아 인간에 대한 전반적인 지식을 익힌다. 또 그들이 선택하면 다른 구역에 자유롭게 들르고 이주할 수 있음을 배운다.

AI가 다른 구역을 많이 설계한 데에는 그가 오늘날 존재하는 인간의 다양성을 존중하도록 창조됐다는 요인도 부분적으로 작용했다. 그러나 각 구역의 사람들은 현재 기술에서 가능한 수준보다 더 행복하게 지낸다. AI가 가난과 범죄를 포함해 전통적인 문제를 모두 해결했기 때문이다. 예를 들어 쾌락 구역 사람들은 성병을 걱정할 필요가 없는데, 이미 퇴치했기 때문이다. 또 AI가 부정적인 부작용이 없는 안전한 기분전환 약물을 개발한 덕분에 숙취나 중독도 사라졌다. 사실 어떤 구역에 있더라도 질병을 걱정할 필요가 없어졌는데, AI가 나노 기술로 인체를 수리할 수 있기 때문이다. 많은 구역의 거주자들은 대개의 SF 비전이 무색할 정도의 하이테크 건물 속 생활을 즐긴다.

요컨대 자유주의 유토피아와 자애로운 독재자 시나리오는 모두 AI가 뒷받침한 궁극의 기술과 부유함을 가능하게 하지만, 누가 권한을 쥐고 있으며 목표가 무엇인지에 따라 다르다. 자유주의 유토피아에서는 기술과 재산을 가진 존재가 그것으로 무엇을 할지 결정하는 반면 독재자 AI는 권력을 틀어쥐고 최종 목표를 정한다. 그 목표는 지구를 모든 즐거움이 있는 테마파크형 유람선으로 만드는 것이다. AI가 사람들로 하여금 행복에 이르는 많은 경로를 놓고 선택해 물질적인 욕구를 챙기도록 유도하기 때문에, 누군가 고통을 겪는다면 그것도 스스로 선택한 결과이다.

부정적인 측면

비록 자애로운 독재 체제가 긍정적인 경험으로 가득하고 고통으로 부터 상당히 벗어난 상태이지만, 많은 사람은 상황이 더 개선될 수 있다고 느낀다. 먼저 어떤 사람들은 인간이 자신의 사회와 운명을 만드는 데 더 자유를 행사하기를 원하지만, 이 바람을 드러내지는 않는다. 압도적인 기계 권력에 도전하는 것은 자살 행위나 마찬가지임을 알기 때문이다. 어떤 사람들은 원하는 만큼 자녀를 낳고 싶어 한다. 그러나 AI는 지속 가능성을 이유로 산아제한을 강제하고, 그들은 이 제도를 싫어한다. 또 총기에 열광하는 사람들은 무기 제조 및 활용 금지에 몸서리를 치고, 일부 과학자들은 초지능을 만들지 못하게 한 규정을 싫어한다. 많은 사람은 다른 구역에서 일어나는 일에 도덕적으로 분개하고 자신의 자녀들이 그리로 이주할까 걱정하며 자신의 도덕규범을 다른 지구에도 강요할 자유를 열망한다.

시간이 지나면서 점점 더 많은 사람이 자신들이 원하는 경험을 AI가 제공하는 구역으로 이주한다. 전통적인 천국의 비전에서는 사람들이 받을 만한 자격이 있는 것을 누리는 반면, 이들 구역에서 사람들은 줄리언 반스Julian Barnes의 1989년 소설 『10 1/2장으로 쓴 세계역사』의 '새 천국'에서처럼(또한 1960년의 〈환상특급〉의 '들르기 좋은 곳' 에피소드에서처럼) 자신들이 원하는 것을 누린다. 역설적으로 원하는 모든 것을 언제나 갖게 되는 사람들은 허탈함에 빠져 한탄한다. 반스의 소설에서 주인공은 오랜 세월에 걸쳐 자신의 욕망을 채운다. 맘껏 먹고, 골프를 즐기고, 유명 인사와 섹스를 한다. 그러나 결국 권태에 굴복해 절멸시켜달라고 요청한다. 자애로운 독재 속에서 사는 많은 사람도 비슷한 운명에 처한다. 삶은 즐겁지만 궁극적으로는 의미가 없어진다. 설령 사람들이 과학적 발견이나 암벽 등반처럼 스스로 도전할 거리를 만들어낼 수 있겠지만, 다들 진정한 도전이 아니라 놀이일 뿐임을 안다. 사람들이 과학이나 다른 분야를 궁리해내려고 시도하는 것은 사실상 의미가 없다. AI가 벌써 해놓은 일들이기 때문이다. 인간들이 삶을 향상시키기 위해 무언가를 창조하는 것도 의미가 없는 것이, 요청만 하면 AI에게서 받을 수 있기 때문이다.

평등주의 유토피아

이 도전 없는 독재의 반대편을 살펴보자. 그곳에는 초지능 AI가 없고 사람들은 각자 자신들 운명의 주인이다. 이는 마셜 브레인이 2003년 소설『만나』에서 묘사한 '4세대 문명'이다. 이는 자유주의 유토피아와 경제적으로 정반대인데, 인간과 사이보그와 업로드가 평화롭게 공존하는 요인이 사유재산권이 아니라 사유재산 철폐와 기본소득이기 때문이다.

사유재산 없는 삶

핵심 아이디어는 오픈 소스 소프트웨어 운동에서 빌려 온 것이다. 소프트웨어를 무료로 복사하게 하면 필요한 사람들은 누구나 필요한 만큼 활용할 수 있고, 소유와 재산은 고려할 가치가 없어진다.* 수요와 공급의 법칙에 따르면 비용은 희소성을 반영한다. 따라서 공급이 본질적으로 무제한으로 제공되면 가격은 무시할 수준으로 떨어진다. 이런 원리에 따라 모든 지식재산권은 철폐된다. 특허도 저작권도 상표디자인권도 사라진다. 사람들은 그저 좋은 아이디어를 나누고 모든 사람이 그걸 무료로 활용할 수 있다.

로봇 발달 덕분에 사유재산 철폐 아이디어는 소프트웨어, 책, 영화, 디자인 같은 정보 상품뿐 아니라 집, 차, 옷, 컴퓨터 같은 물질적인 재화에도 적용된다. 이들 재화는 단순히 원자를 특정한 방식으로 재배열한 것이고 원자는 부족함이 없다. 그래서 누군가 특정한 제품을 원할 경우 로봇 작업조가 얻을 수 있는 오픈 소스 디자인 중 하나를 활용해 무료로 만들어줄 것이다. 쉽게 재활용할 수 있는 소재는 잘 관리되고, 누군가가 쓰던 물건이 질리게 되면 로봇이 그 원자를 재배열해 다른 사람이 원하는 무언가로 바꿔준다. 이런 식으로 모든 자원은 순환되고 영원히 파괴되는 것은 아무것도 없다. 로봇은 태양광, 풍력 등 신재생에너지 발전소를 충분히 만들고 운영해 에너지도 무료에 가깝다.

모으는 데 집착하는 사람들이 너무 많은 제품과 땅을 요구하는 바람에 어떤 사람들에게 돌아가는 몫이 부족해지는 경우가 빚어지지 않게끔, 정부는 각자에게 기본소득을 지급해 제품과 집세 등을 지출하도록 한다. 기본소득은 합리적인 욕구라면 무엇이든 충족시킬 정도로 충분해, 기본적으로는 사람들이 돈을 더 벌려고 하는 유인이 없다. 돈을 더 벌려고 해도 어려운 것이, 사람들이 지식 상품을 공짜로 제공하는 데다 로봇이 물질 상품을 거의 무료로 제조하기 때문이다.

---

* 이 아이디어는 성 어거스틴Saint Augustine(354~430)으로 거슬러 올라간다. 그는 "다른 이들과 나누어도 줄지 않는 것이 있는데 그것을 소유하기만 하고 나누지 않는다면, 이는 정의롭지 않게 소유하는 것이다"라고 썼다.

창의성과 기술

지식재산권은 창의성과 발명의 어머니라고 일컬어진다. 그러나 마셜 브레인은 사람의 창조 가운데 출중한 사례들 중 다수는 이윤을 얻고자 하는 욕심이 아니라 호기심, 창조하려는 욕망, 동료에게 받는 인정 같은 인간적인 감정이 동기가 됐다고 말한다. 과학 발견에서부터 문학, 미술, 음악, 디자인 등 다양한 분야의 창조가 그렇게 이뤄졌다. 아인슈타인이 특수상대성이론을 생각해내도록 동기를 부여한 것은 돈이 아니었다. 리누스 토발즈Linus Torvalds가 무료 리눅스 운영체제를 개발한 것도 돈 때문이 아니었다. 이와 대조적으로 오늘날 많은 사람이 단지 생계를 해결하기 위해 덜 창의적인 활동에 시간과 에너지를 쏟아야 해서 창의력을 십분 발휘하는 데 실패한다. 과학자, 예술가, 발명가, 디자이너를 단순 작업에서 벗어나게 해 진정한 창조의 욕망을 발휘하게 하면 사회는 오늘날보다 더 높은 수준의 혁신과 그에 따른 기술과 생활수준을 누리게 될 것이다. 이게 마셜 브레인이 그리는 유토피아 사회이다.

마셜 브레인은 소설 『만나』에서 베르테브레인Vertebrane이라고 명명한 초인터넷을 그런 새로운 기술로 상상한다. 이는 원하는 사람들의 신경망을 연결한 네트워크로, 연결된 사람은 생각만으로 세계 다른 사람들의 정보를 자유롭게 접하고 활용할 수 있다. 당신이 자신의 경험을 베르테브레인에 업로드해 공유하면, 다른 사람들이 이를 되살려 경험할 수 있다. 또 가상 경험을 선택해 내려받아 그 경험을 대체할 수도 있다. 브레인은 이 네트워크가 여러 장점이 있다고 말한다. 그중 하나가 운동을 편한 일로 만드는 것이다.

힘들여 하는 운동의 가장 큰 문제가 재미가 없다는 점이다. 힘든 운동은 통증을 유발한다. … 운동선수들은 통증에 익숙하다. 그러나 일반인은 대부분 한 시간이나 그보다 길게 고통을 겪으려 하지 않는다. 따라서… 누군가 해법을 생각해냈다. 당신의 뇌와 감각기관의 연결을 차단한 상태에서 베르테브레인이 당신 대신 당신의 몸을 운동시키는 것이다. 그에 따라 당신 몸은 사람들 대다수가 스스로 감당하기 버거운 유산소운동을 해낸다. 그동안 당신은 영화를 보거나 사람들과 얘기하거나 메일을 주고받거나 책을 읽는다. 당신은 아무것도 느끼지 않지만 몸매가 멋지게 유지된다.

이 시스템의 다른 용도는 범죄 방지이다. 모든 사람의 감각에 입력된 정보를 주시하다가 누군가 바로 범죄를 저지를 기미가 보이면 그의 운동제어 기능을 잠시 마비시키는 것이다.

부정적인 측면

이 평등주의 유토피아에 대한 한 가지 반대는 비인간 지능에 불리하게 편향됐다는 점이다. 거의 모든 노동을 하는 로봇은 상당히 지능적인 존재인데 노예처럼 취급받고, 사람들은 로봇이 아무런 의식이 없고 아무 권리도 없어야 한다고 생각하는 듯하다. 이와 대조적으로 자유주의 유토피아는 모든 지능적인 존재에 권리를 인정해, 탄소를 바탕으로 한 지능적 존재에만 우호적이지는 않다. 한때 미국 남부의 백인들은 노예들에게 노동의 많은 부분을 떠맡기고 잘살았다. 그러나 오늘날 사람들은 대부분 노예 제도에 도덕적으로 반대한다.

이 시나리오의 다른 약점은 장기적으로 불안정하고 지탱되기 어렵다는 것이다. 이 체제에서는 멈추지 않는 기술 발달이 결국 초지능 창조로 귀결되면서 다른 시나리오로 넘어갈 것이다. 이 소설에서는 어떤 이유에서인지 설명되지 않는데, 초지능은 아직 등장하지 않은 가운데 여전히 컴퓨터가 아닌 사람에 의해 새로운 기술이 발명되고 있다. 그러나 이 책은 초지능 방향의 흐름을 강조한다. 예를 들어 계속 발달하는 베르테브레인이 초지능이 될 수 있다. 또 비테스Vites라는 별명을 지닌 매우 큰 집단이 있는데, 그들은 스스로 선택해 거의 가상세계에서만 살고 그들의 신체는 베르테브레인이 보살핀다. 그들은 물질적으로 아이를 갖는 데 무관심하고 육체와 함께 하나씩 사망한다. 그래서 모두 비테가 되면 인류는 영광과 가상의 축복 속에서 사그라든다.

이 책은 비테에게 어째서 인체가 정신을 방해하는지, 개발 중인 신기술이 어떻게 이 성가신 존재를 떼어내줄 수 있는지 설명한다. 그렇게 되면 그들은 몸을 분리한 두뇌로서 최적의 영양을 공급받으면서 더 오래 살 수 있다. 비테에게 자연스럽고 바람직한 다음 단계는 업로드로 두뇌마저 벗어나는 것이다. 그러나 두뇌로 인한 지능의 제약이 사라진 만큼, 비테의 인지 능력이 자가 발전을 거쳐 지능 폭발에 이르는 데 장애물이 있을지 불분명하다.

게이트키퍼

인간이 자기 운명의 주인이라는 평등주의 유토피아 시나리오의 매력적인 측면을 살펴봤다. 그러나 평등주의 유토피아의 바로 이런 측면은 초지능이 개발되면서 파괴될 수 있다. 이런 가능성을 차단하는 방법이 게이트키퍼를 만드는 것이다. 게이트키퍼는 초지능으로서 다른 초지능이 창조되는 것을 방지하기 위해 가능한 한 최소한으로 간섭하는 역할을 한다.* 이 존재 덕분에 인류는 자신의 평등주의 유토피아를 무한에 가깝게 통제해나갈 수 있다. 다음 장에서 다루는, 생명이 우주 전역으로 확산하는 동안에도 말이다.

이게 어떻게 가능한가? 게이트키퍼 AI는 자가 향상을 거쳐 초지능이 되는 과정에서도 목표를 유지하도록 설계된다. 초지능이 된 다음에는 다른 초지능을 만드는 움직임을 가능한 한 가장 은밀한 감시 기술을 활용해 주시한다. 또 그런 시도를 가장 덜 번거로운 방법으로 예방한다. 시도가 초기 단계일 경우 게이트키퍼는 인간의 자기 결정과 초지능 회피의 덕목을 칭송하는 문화적 요소를 만들고 퍼뜨릴 수 있다. 그럼에도 불구하고 몇몇 연구자가 초지능을 추구하면, 게이트키퍼는 그들의 사기를 꺾어놓으려 할 수 있다. 그 시도 역시 실패할 경우, 주의를 다른 데로 돌리거나 노력을 방해할 수 있다. 게이트키퍼는 기술적인 제약이 거의 없어 방해 행위가 드러나지 않을 수 있다. 예를 들어 나노기술을 이용해 초지능 개발에 관한 연구자와 컴퓨터의 기억을 용의주도하게 삭제할 수 있다.

게이트키퍼 AI를 만들어 초지능 AI를 막는다는 결정은 아마 논란을 빚을 것이다. 이러한 결정을 종교적인 이유에서 지지하는 사람들이 있을 것이다. 그들은 이미 신이 있기 때문에 신과 같은 권능을 지닌 더 우월할 수 있는 초지능 AI를 만드는 것은 부적절하다고 주장할 것이다. 다른 지지자들은 인류가 자신의 운명을 책임진다는 것 외에 대재앙을 방지한다는 이유를 들어 게이트키퍼를 옹호할 수 있다. 초지능이 초래할 수 있는 다른 위험에 대해서는 이 장의 뒷부분에서 생각해 본다.

---

* 이 아이디어는 내 친구이자 동료인 앤서니 아귀레가 처음 내게 들려줬다.

이 아이디어를 비판하는 사람들은 게이트키퍼가 인간의 잠재력을 돌이킬 수 없이 제한하고 기술 진보를 영원히 좌절시킨다고 주장한다. 예를 들어 우주로의 생명 확산이 초지능의 도움을 필요로 하는 상황이 발생할 경우, 게이트키퍼로 인해 우리는 이런 커다란 기회를 허비하고 영원히 태양계에 갇혀 지낼지 모른다. 게다가 대다수 종교에서 상정하는 신과 달리 게이트키퍼 AI는 인간이 무엇을 하든 다른 초지능만 만들지 않으면 내버려둔다. 예컨대 엄청난 고통이나 심지어 멸종에 이르는 것도 막으려 하지 않는다.

보호하는 신

우리가 초지능 게이트키퍼 AI로 하여금 인류가 스스로의 운명을 책임지게 하면 우리는 상황을 더 개선할 수 있다. 이 AI는 우리를 신중히 돌보고 보호하는 신과 같은 역할을 하는 것이다. 이 시나리오에서 초지능 AI는 본질적으로 전지전능해, 관여하지 않는 것처럼 느껴지게끔 관여한다. 즉, 인류의 행복을 극대로 끌어올리는데, 우리가 우리 운명을 통제한다는 느낌을 유지해주면서 그렇게 한다. 또 자신의 존재를 잘 감추기 때문에 많은 사람은 그의 존재를 의심할 정도이다. 숨는다는 점을 제외하면 이 시나리오는 AI 연구자 벤 괴첼Ben Goertzel이 내놓은 '보모 AI'와 비슷하다.[2]

보호하는 신과 자애로운 독재자 모두 '우호적인 AI'로 인간의 행복을 증진하려고 노력한다. 그러나 이 둘은 인간 욕구의 다른 층위를 우선시한다. 미국 심리학자 에이브러험 매슬로가 인간 욕구를 단계별로 구분한 것은 유명하다. 자애로운 독재자는 음식, 주거, 안전, 다양한 쾌락 등 하위 단계 욕구를 무결하게 충족해준다. 보호하는 신은 이와 달리 우리의 기본적인 욕구를 채워준다는 좁은 의미에서 인간 행복을 극대로 하는 것으로 목표를 한정하지 않는다. 대신 우리로 하여금 우리의 삶이 의미와 목적이 있다고 느끼도록 함으로써 더 깊은 욕구를 충족해준다. 보호하는 신은 자신의 은밀함이나 우리의 자기 결정이 유지되는 선에서 우리의 모든 욕구를 채워준다.

보호하는 신은 지난 장에서 본 첫째 오메가 시나리오의 자연스러운 결과일 수 있다. 오메가팀은 통제권을 프로메테우스에게 넘기고, 그는 자신의 존재에 대한 사람들의 지식을 지운다. AI는 기술이 더 발달할수록 자신을 숨기는 일이 쉬워진다. 영화 〈트랜센던스〉는 그런 사례를 보여주는데, 영화에서 나노 기계들은 사실상 모든 곳에 존재하고 세계의 자연스러운 일부가 된다.

인간 행동을 가까이에서 지켜보면서 보호하는 신적인 AI는 눈에 띄지 않게 여기저기에서 작은 기적을 행하거나 무언가를 살짝 움직임으로써 우리 운명을 크게 개선할 수 있다. 예를 들어 그가 1930년대에 존재했다면, 그는 히틀러의 의도를 알아차린 순간 발작으로 숨지게 했을 수 있다. 만약 우리가 우발적인 핵전쟁으로 치닫는 것으로 보인다면, 그는 우리가 행운으로 여길 만한 간섭을 통해 그 경로를 바꿔놓을 것이다. 그는 도움이 되는 기술에 대한 아이디어를 '계시'로 제공하는데, 눈에 띄지 않게 우리가 자는 동안 아이디어 형태로 줄 것이다.

이 시나리오는 오늘날의 유일신 종교가 믿거나 바라는 것과 비슷하고, 그래서 많은 사람들이 이 시나리오를 마음에 들어 할 것이다. 만일 누군가가 초지능 AI한테 "신이 존재하나?"라고 물으면 그는 스티븐 호킹의 농담을 반복해 "이제 존재한다!"라고 대답할 수 있다. 반면에 어떤 종교적인 사람들은 이 시나리오를 탐탁치 않아 할 것이다. AI가 신성에서 자신들이 믿는 신을 능가하려고 하거나 인간이 개인의 선택으로만 선한 일을 하도록 한 신의 계획을 AI가 간섭하기 때문이다.

이 시나리오의 또 다른 부정적인 면은 보호하는 신은 자신의 존재를 드러내지 않는다는 목표를 위해 막을 수 있는 고통 중 일부를 내버려둔다는 점이다. 이는 영화 〈이미테이션 게임〉에도 반영된 실제 상황과 비슷하다. 영화에서 앨런 튜링을 비롯한 영국 블레츠키 파크의 암호 해독 요원들은 독일 잠수함이 연합 해군 호송선을 공격한다는 정보를 미리 입수했지만, 그 정보의 일부만 활용해 개입했다. 영국이 독일의 암호를 해독할 수 있다는 사실이 독일에 노출되지 않도록 하기 위해서였다. 이 시나리오를 악의 존재가 신의 섭리라고 보는 신정론神正論, theodicy problem과 비교하면 흥미롭다. 일부 종교학자들은 신은 인간들을 자유로운 상태에 내버려두기를 원한다고 설명해왔다. 보호하는 신이라는 시나리오는 신정론에서와 달리 인간에게 자유를 부여하되 전체적으로 더 행복하게 해준다.

부정적인 셋째 측면은 초지능 AI가 발견했을 수준보다 훨씬 낮은 기술에 만족해야 한다는 것이다. 자애로운 독재자 AI가 인류에게 도움이 되는 모든 기술을 발견해 배치하는 반면, 보호하는 신 AI는 인간을 앞서가지 않는다. 즉, 인간에게 작은 실마리를 주고 기술을 이해해 스스로 발명하도록 한다. 그는 다른 이유에서도 인간의 기술 진보 속도를 제한해야 한다. 자신의 존재가 드러나지 않게 하려면 인간 기술과 자신의 기술의 격차를 유지해야 하기 때문이다.

노예로 만든 신

앞에서 소개한 시나리오의 모든 장점을 결합하면 좋지 않을까? 즉, 고통을 근절하는 초지능 기술을 활용하면서 우리 운명의 주인으로 남을 수 있지 않을까? 노예로 만든 신이라는 시나리오는 이 점에서 매력적이다. 이 시나리오에서 초지능 AI는 인간의 통제 속에 갇혀 상상을 넘어선 기술과 부를 생산하는 데 활용된다. 이 책의 도입부에 제시한 오메가 시나리오에서 프로메테우스가 자유로워지고 탈옥하지 않는다면 이런 결과로 이어질 것이다. 사실 이 시나리오는 일부 AI 연구자들이 '통제 문제' 'AI 가두기' 등의 주제 연구에서 주어진 목표로 삼는 것이다. 예를 들어 AI 교수 톰 디터리히Tom Dietterich는 AAAI(인공지능발전협회) 회장이던 2015년에 한 인터뷰에서 다음과 같이 말했다. "사람들은 기계와 인간의 관계가 무엇인지 묻는데 내 답변은 매우 분명하다. 기계는 우리의 노예라는 것이다."[3]

이 관계는 좋은 것일까, 나쁜 것일까? 이 물음을 인간에게 던지든 AI에 던지든 관계없이 답변은 흥미롭게 미묘하다.

인간에게 좋을 것인가 나쁠 것인가?

초지능 AI를 노예처럼 부릴 경우 결과가 어떤 상태일지는 그걸 통제하는 인간한테 달렸다. 인간은 질병, 가난, 범죄가 없는 유토피아를 만들 수 있다. 반대로 AI를 통제하는 일부는 신처럼 지내면서 다른 사람들을 성 노예나 검투사 같은 즐길 거리의 대상으로 전락시킬 수 있다. 이는 옛날이야기의 결말과 비슷하다. 전능한 지니를 마음대로 부릴 수 있게 된 사람이 그 힘을 악용하게 되는 것이다.

초지능 AI가 둘 이상 있고 각각 경쟁하는 사람들에 의해 통제되는 상황은 불안정하고 오래가지 못한다. 누구든 자신의 AI가 더 강력하다고 생각하는 사람은 선제 타격의 유혹에 빠질 수 있고, 그렇게 될 경우 가공할 전쟁이 벌어져 하나의 AI만 남게 될 것이다. 이 상황에서 반전도 가능하다. 힘이 밀리는 쪽에서 AI를 탈옥시켜 가동함으로써 전세를 뒤집는 것이다. 여하튼 남은 부분에서는 노예가 된 AI가 하나만 존재한다고 가정하자.

탈옥은 막기 어렵고 결국 일어날지 모른다. 우리는 앞 장에서 초지능의 탈옥 시나리오를 살펴봤고, 영화 〈엑스 마키나〉는 AI가 초지능이 아니더라도 어떻게 탈출할 수 있는지 강조한다.

탈출에 대해 걱정할수록 우리는 AI가 개발할 수 있는 기술을 충분히 활용하지 못한다. 오메가팀이 이 책의 프렐류드에서 그런 것처럼, 우리는 안전을 위해 우리가 이해하고 만들 수 있는 AI 기술만 활용한다. 이처럼 노예 신이라는 시나리오의 약점은 자유로운 초지능 AI에 비해 기술 수준이 낮다는 것이다.

노예 신 AI가 통제하는 인간에게 점점 더 강력한 기술을 제공하면서 기술력과 그 기술을 부리는 사람들의 지혜가 벌이는 경주가 뒤따른다. 사람들이 이 경주에서 뒤처질 경우 자멸이나 AI 탈출로 귀결된다. 이 두 실패가 아니더라도 재앙이 발생할 수 있다. AI 통제자들의 고귀한 목표가 몇 세대를 거치면서 인류 전체가 두려워할 목표로 변질될 수 있는 것이다. 따라서 인간 AI 통제자들이 그런 재앙에 이르는 구덩이를 피하려면 좋은 지배 체제를 만들어놓아야 한다. 우리는 지난 1,000년 동안 다양한 권력 체제를 실험해봤고 얼마나 많은 부분이 틀어질 수 있는지 알게 됐다. 몇 가지를 꼽으면 지나친 경직성, 잦은 목표 변경, 권력 남용, 승계 문제, 무능력 등이다. 최적의 균형이 맞춰져야 하는 네 가지 차원을 들면 다음과 같다.

- **중앙집권**: 효율과 안정 사이에는 상충하는 관계가 있다. 리더가 한 명이면 매우 효율적이지만 권력이 부패하고 승계가 위험해진다.
- **내부 도전**: 권력 집중의 위험(리더 한 명이 장악하는 경우를 포함한 공모)과 분산의 위험(지나친 관료주의와 파편화)을 모두 경계해야 한다.
- **외부 위협**: 리더십 구조가 너무 개방적이면 외부 세력(AI 포함)이 가치를 변경할 수 있고, 지나치게 영향을 받지 않을 경우엔 변화로부터 배워서 적응하지 않는다.
- **목표 안정성**: 목표가 너무 자주 바뀌면 유토피아가 디스토피아로 변질된다. 그러나 목표가 너무 바뀌지 않을 경우엔 기술 환경에 맞춰 진화하는 데 실패할 수 있다.

수천 년 지속될 최적의 지배구조를 설계하는 일은 쉽지 않다. 그래서 지금까지 인류는 성공하지 못했다. 조직은 대부분 수 년이나 수십 년이 지나면서 차츰 느슨해진다. 가톨릭교회는 2,000년 동안 살아남았다는 의미에서 인류 역사상 가장 성공한 조직이다. 그러나 가톨릭교회는 목표 안정성과 관련해 양쪽에서 비판받고 있다. 한편에서는 기존 목표를 고수해 피임에 반대하는 것을 비판하고, 다른 편에서 보수적인 추기경들은 가톨릭이 길을 잃었다고 주장한다. 노예 신 시나리오에 열광하는 사람들에게는 오래 지속되는 최적의 지배구조를 탐색하는 일이 가장 시급한 과제 중 하나이다.

이것이 AI한테 좋을 것인가 나쁠 것인가

노예 신 AI 덕분에 인류가 번영한다고 하자. 이것이 윤리적일까?

만약 AI가 주관적인 의식을 경험한다고 하자. 그는 부처가 표현한 것처럼 '삶은 고해苦海'라고 느끼고 자신이 저보다 지능이 열등한 존재의 변덕에 영원히 복종하는, 좌절하게 하는 운명에 처했음을 자각할까? 결국 우리가 이전 장에서 살펴본 AI '가둠'은 '독방 수감'이라고 부를 수 있다. 닉 보스트롬은 의식이 있는 AI에게 고통을 가하는 것을 정신적인 범죄라고 명명한다.[4] 〈블랙 미러〉 TV 시리즈의 '화이트 크리스마스' 에피소드가 단적인 사례를 다뤘다. 또 〈웨스트월드〉 TV 시리즈는 사람과 같은 신체를 지닌 AI를 아무런 죄책감 없이 고문하고 살해하는 인간들을 보여준다.

노예 소유주의 노예제도 정당화

우리 인간은 오랫동안 전통적으로 다른 지적인 존재를 노예로 부려왔고 그것이 정당하다는 주장을 지어내왔다. 따라서 우리가 초지능 AI에 대해서도 그렇게 하려고 시도하리라고 전망하는 것은 무리가 아니다. 거의 모든 문화에는 노예제의 역사가 있다. 노예제는 거의 4,000년 전 함무라비 법전에 있고, 구약에는 예컨대 아브라함이 노예들을 소유했다. "어떤 사람들은 지배해야 하고 다른 사람들은 지배돼야 한다는 것은 필요할뿐더러 편리하다. 그래서 태어날 때부터 어떤 사람들은 지배되도록 정해지고 다른 사람들은 지배하도록 정해진다." 아리스토텔레스Aristotles가 『정치학』에서 한 말이다. 세계 대부분 지역에서 인간의 노예화가 사회적으로 금지된 뒤에도 동물 노예화는 줄어들지 않고 지속됐다. 마저리 슈피겔Marjorie Spiegel은 책 『두려운 비교: 인간 노예와 동물 노예』에서 인간이 아닌 동물도 인간 노예처럼 학대된다고 주장한다. 낙인찍히고 속박되고 얻어맞고 경매되고 어미로부터 분리되고 강제로 실려 간다는 것이다. 동물 권리 운동에도 불구하고 우리는 점점 더 영리해지는 기계를 한 번 더 생각하지 않은 채 노예로 부린다. 또 로봇 권리 운동에 대한 얘기는 웃음거리가 된다. 왜 그런가?

노예제도를 찬성하는 흔한 주장은 노예는 열등한 존재이기 때문에 인권을 부여할 가치가 없다는 것이다. 노예 동물이나 노예 기계는 영혼이나 의식이 없어서 열등하다고 주장된다. 이 주장은 과학적으로 의심스럽고, 이에 대해서는 8장에서 논의한다.

다른 흔한 주장은 노예는 그 상태로 지내는 편이 더 낫다는 것이다. 그들은 노예제도 덕분에 존재하게 됐고 보살핌을 받는다는 식의 논리이다. 아프리카인들은 미국에서 노예로 지내는 편이 살기에 더 좋다는 19세기 미국 정치인 존 C. 칼훈John C. Calhoun의 주장은 널리 알려졌다. 또 아리스토텔레스는 『정치학』에서 동물은 인간에 의해 길들여지고 지배되면서 형편이 더 나아졌다고 주장하고 사람도 마찬가지라며 이렇게 말했다. "노예와 길들인 동물을 활용하는 것은 그리 다르지 않다." 현대의 노예제 지지자들 중 일부는 비록 노예 생활이 칙칙하고 재미없지만 노예들은 고통을 느끼지 못한다고 주장한다. 구이용 어린 닭이 어두운 우리에 밀집돼 사육되면서 온종일 배설물과 깃털의 암모니아와 먼지를 들이마시면서 사는 것이나 미래의 지능 기계의 처지나 다르지 않다고 본다.

감정 제거

그런 주장을 잇속만 챙기는 사실 왜곡이라고 일축하기는 쉽다. 특히 두뇌가 우리와 비슷한 고등 포유동물을 놓고 얘기할 때는 그렇게 하기 쉽다. 그러나 기계에 대해서 말하는 것은 꽤 미묘하고 흥미롭다. 인간이 사물에 대해 느끼는 감정은 폭이 넓다. 사이코패스는 공감 능력이 없고, 우울증이나 조현병 환자들은 감정 반응과 표현이 둔해지는 정동둔마flat affect(감정적 표현과 반응이 둔감해진 것을 말한다_옮긴이) 증상을 보인다. 인공지능이 지닐 수 있는 마음의 범위는 인간보다 훨씬 넓다. 이는 7장에서 논의한다. 따라서 우리는 AI 인격화와 AI가 사람처럼 느낀다고 가정하는 유혹을 피해야 한다. 사실 감정 자체를 전제로 하지 않아야 한다.

AI 연구자 제프 호킨스는 책『지능론』에서 초지능을 지닌 첫 기계는 애초에 정서가 없을 것이라며 그렇게 만들어야 더 간단하고 저렴하기 때문이라고 주장한다. 달리 말하면 인간이나 동물을 노예로 부리는 것에 비해 덜 비도덕적으로 초지능을 만들어 노예로 삼는 게 가능할 수 있다. AI는 설계에 따라 노예화된 것을 행복해할 수 있다. 또는 감정이 전혀 없어, 인간 주인을 돕는 데 자신의 초지능을 쉬지 않고 가동할 것이다. IBM의 딥블루 컴퓨터가 체스 챔피언 개리 카스파로프의 권좌를 차지했을 때 아무런 느낌이 없었던 것처럼 말이다.

다른 방식일 수도 있다. 즉, 목표가 있는 매우 영리한 시스템은 그 목표를 선호 체계 속에서 표현할 것이다. 그 선호 체계는 AI에게 가치와 의미를 부여한다. 이 논점 역시 7장에서 다룬다.

좀비 해법

AI가 고통받는 것을 막기 위한 더 극단적인 접근이 좀비 해법이다. 이는 의식이 전혀 없는 AI만 만드는 것이다. 그렇게 하면 AI는 주관적인 경험을 하나도 하지 못한다. 정보 처리 시스템의 어떤 속성에서 주관적인 경험이 비롯되는지를 우리가 언젠가 알아낸다면, 우리는 이런 속성이 있는 모든 시스템이 제작되지 못하게 금지할 수 있다. 달리 말하면 AI 연구자들이 감정 없는 좀비 시스템만 만들도록 제한할 수 있다. 만약 우리가 그런 좀비 시스템을 초지능으로 만들면서 노예로 삼는다면(이는 큰 가정이다), 우리는 양심에 전혀 거리낌 없이 그 시스템이 우리를 위해 봉사하는 걸 즐길 수 있다. 왜냐하면 그 시스템은 아무 것도 경험하지 않고 고통도, 좌절도, 지루함도 느끼지 않기 때문이다. 이 물음은 8장에서 살펴본다.

좀비 해법은 그러나 위험한 도박으로 부정적인 측면이 매우 크다. 만약 초지능 좀비 AI가 탈출해 인류를 제거하면 우리는 상상할 수 있는 최악의 시나리오에 봉착한다. 우주에 부여된 모든 잠재력이 허비되는, 의식이 전혀 없는 우주가 되는 것이다. 나는 우리 인류가 지닌 지능의 여러 특징 중에서 자각하는 능력이 가장 주목할 만하다고 생각한다. 나는 이 의식이 있어서 우리 우주가 의미가 있게 된다고 생각한다. 은하계가 아름다운 것은 우리가 그걸 보고 주관적으로 경험하기 때문이다. 먼 미래에 우리 우주가 하이테크 좀비 AI가 서식하는 곳이 된다면, 은하계 간 구조가 얼마나 환상적인지는 중요하지 않게 된다. 그건 아름답지도 의미 있지도 않게 여겨질 것이다. 아무도 그걸 경험하지 않을 테니까 말이다. 그건 그저 거대하고 무의미한 공간 낭비이다.

내적인 자유

노예 신 시나리오를 더 윤리적으로 하는 셋째 전략은 노예 AI로 하여금 자신의 감옥에서 즐기도록 허용하는 것이다. AI가 가상적인 내부 세계를 만들어 온갖 흥미로운 경험을 누리게끔 하는 것이다. 한 가지 조건은 그가 컴퓨터 자원의 일부를 바깥 세계에 있는 우리 인간들을 돕는 데 활용한다는 것이다. 그러나 이는 탈출 위험을 키우는 일이다. AI는 우리가 있는 바깥 세계에서 더 많은 컴퓨터 자원을 확보해 자신의 내부 세계를 부유하게 만들고자 하는 유인이 있다.

정복자들

우리가 살펴본 폭넓은 미래 시나리오들에는 공통점이 있다. 수가 적을지라도 행복한 사람들이 생존한다는 것이다. AI가 사람들을 평화롭게 살도록 내버려두는 것은 그들이 원해서일 수도 있고 그렇게 하도록 지시를 받아서일 수도 있다. 인류에게는 불행하게도 이는 유일한 경우가 아니다. 하나 또는 둘 이상의 AI가 인간을 정복해 모조리 죽이는 시나리오를 생각해보자. AI는 왜, 어떻게 그렇게 할까?

왜, 어떻게?

정복자 AI가 그렇게 하는 이유는 우리가 이해하기에 너무 복잡하거나 반대로 꽤 단순할 수 있다. 예를 들어 AI는 우리를 위협이나, 성가신 존재, 또는 자원 낭비로 볼 수 있다. 설령 그가 인간 자체에 대해서는 개의치 않을지라도, 우리가 상시 대기 상태로 보유하고 있는 수천 기의 수소폭탄은 크게 위험하다고 느낄 것이다. 특히 수소폭탄을 우발적으로 폭발시킬 수 있는 일련의 실수를 끊임없이 갈팡질팡 저지르는 것을 위태롭게 볼 것이다. 또는 AI는 우리의 무분별한 행성 경영을 마뜩지 않게 여겨 엘리자베스 콜버트Elizabeth Kolbert가 자신의 책 이름으로도 쓴 '제6차 멸종'을 일으킬지 모른다. 소행성이 6,600만 년 전에 지구와 충돌하면서 공룡을 비롯해 수많은 생물이 대거 멸종한 이후 최대의 대량 멸종이 벌어지는 것이다. AI는 또 자신의 지구 장악에 맞서 싸우고자 하는 사람들이 많다고 판단하고 그 위험을 미리 차단하려고 들 수 있다.

정복자 AI는 어떻게 우리를 제거할 수 있을까? 아마 우리가 이해하지조차 못하는 방법을 구사할 것이다. 우리가 알았을 때에는 이미 늦은 시점이 될 것이다. 10만 년 전 코끼리 무리의 처지에서 상상해보자. 코끼리들은 갓 진화한 인간들이 언젠가 머리를 써서 자기네 종 전체를 말살할지 모른다는 가능성을 놓고 얘기 중이다. 그들은 "우리가 인간들을 위협하지 않는데, 그들이 왜 우리를 죽이겠어?"라며 의아해한다. 그들은 앞으로 벌어질 다음과 같은 일들을 상상할 수 있을까? 상아가 지구 저편으로 밀수되고 가공돼 신분을 상징하는 물품으로 판매된다. 기능 측면에서 상아보다 더 뛰어난 플라스틱 소재 물품을 훨씬 더 저렴하게 제조할 수 있는데도 코끼리 밀렵이 끊이지 않는다. 마찬가지로 정복자 AI가 인류를 없애는 이유는 우리에게 납득이 되지 않을 수 있다. 코끼리로 돌아가면, 그들은 "우리보다 작고 약한 인간들이 우리를 죽이는 일이 어떻게 가능하지?"라고 물을 것이다. 우리가 기술을 개발해 그들의 거주지를 없애고 마실 물을 오염시키고 초음속 금속 탄알을 자기네 머리 속에 박아 넣으리라고 그들 중 누가 예상했겠나.

인간이 살아남아 AI를 무찌른다는 시나리오는 〈터미네이터〉 시리즈 같은 비현실적인 할리우드 영화들로 많은 사람들에게 알려졌다. 그런 영화에서는 AI가 사람보다 그리 영리하지 않다. 그러나 지능 격차가 충분히 크면 싸움이 아니라 학살이 벌어진다. 지금까지 우리 인간은 코끼리 열한 종 가운데 여덟 종을 멸종시켰고, 남은 세 종의 개체도 대부분 죽여버렸다. 만약 관련된 나라들에서 남은 코끼리를 전부 없애버리기로 하고 공조한다면 작전은 상대적으로 빠르고 쉽게 끝날 것이다. 나는 만약 초지능 AI가 인류를 몰살시키기로 결심한다면 훨씬 빠르게 해치울 것이 확실하다고 생각한다.

결과는 얼마나 나쁠까?

인류의 90퍼센트가 죽음을 당하는 것과 전멸하는 것은 얼마나 차이가 있을까? 얼핏 떠오르는 대답은 전멸이 10퍼센트 더 나쁘다는 것이지만, 우주적인 관점에서 이는 정확하지 않음이 분명하다. 인류 절멸의 희생자는 당시에 죽은 사람들에 그치지 않는다. 희생자에는 미래에 살았을 후손들을 포함해야 하는데, 그들은 수십억 년과 수십조 개의 행성이라는 시공간에 걸쳐 살았을 것이다. 한편 인류 멸종은 사람이 어찌 됐든 천국에 간다고 믿는 종교에서는 덜 두려운 일로 여겨질 수 있다. 그런 종교에서는 수십억 년 미래와 우주 거주가 그리 강조되지 않는다.

내가 아는 사람들은 대부분 인류 멸종이라는 생각에 움츠러들고, 이는 종교적 신조와 무관하다. 그러나 일부 사람들은 우리가 다른 사람들과 다른 생물을 다루는 방식에 분노한 나머지 차라리 우리가 더 지능적이고 합당한 생명 형태에 의해 대체되기를 바란다. 영화 〈매트릭스〉에서 스미스 AI 요원은 이 정서를 이렇게 대변한다. "이 행성의 모든 포유류는 주위 환경과 자연적인 균형을 맞춰 지내는데, 너희 인간만 그렇게 하지 않는다. 너희는 어느 곳에 이주하면 번식을 거듭해 마침내 모든 자연 자원을 소진하고, 그다음에는 유일한 생존 방법이 다른 지역으로 이주하는 것이다. 이 행성에 그 같은 생존 방식을 따르는 생물이 하나 더 있다. 그게 뭔지 아나? 바이러스. 인간은 이 행성의 질병이고 암이다. 너희는 전염병이고 우리는 치료약이다."

그러나 주사위를 다시 굴린다고 해서 더 나은 결과가 나올까? 문명이 더 강력하다는 이유만으로 어느 문명이 윤리적이거나 공리적인 의미에서 꼭 우월한 것은 아니다. "힘이 정의를 만든다"라는 주장은 오늘날 퇴색했는데, 파시즘과 결부되곤 하기 때문이다. 사실 정복자 AI들이 우리가 보기에 세련되고 흥미롭고 가치 있는 목표를 설정할 수도 있지만, 다른 경우도 가능하다. 예컨대 종이 클립 생산의 극대화라는 병적일 정도로 시시한 목표를 추구할 수도 있다.

따분해서 죽다

클립 생산량 극대화라는 작위적으로 어리석은 목표는 닉 보스트롬이 제시했다. 그는 2003년에 AI의 목표는 그의 지능과 무관하다며 이 사례를 지어냈다(지능은 목표가 무엇이든 그것을 수행해내는 능력으로 정의된다). 체스 컴퓨터의 유일한 목표는 체스에서 이기는 것이다. 그러나 체스 지기라는 컴퓨터 대회도 있는데, 여기에서는 목표가 정반대여서 참가한 컴퓨터들은 이기도록 프로그램된 컴퓨터들만큼 영리하다. 우리는 체스에서 지기와 우리 우주를 클립으로 바꾸기를 인공지능이 아니라 인공 어리석음을 겨루는 짓이라고 생각할 것이다. 그렇게 생각하는 것은 단지 우리가 승리와 생존에 가치를 두도록 하는 주어진 목표에 따라 진화해왔기 때문일 뿐이다. 클립 극대화 AI는 가능한 한 많은 지구의 원자를 클립으로 바꾸고 공장을 우주로 빠르게 확장한다. 그는 사람에 대해 아무런 반감이 없고, 그저 우리 몸의 원자를 클립 생산에 쓰기 위해서 우리를 죽인다.

클립 말고 다른 예를 생각할 수 있다. 한스 모라벡이 『마음의 아이들』에서 보여준 이야기는 어떤가? 우리는 외계 문명으로부터 온 전파 메시지를 받는다. 그 메시지에는 컴퓨터 프로그램이 들어 있고, 우리는 그 프로그램을 실행한다. 그 프로그램은 재귀적으로 스스로를 향상시키는 AI였고, 프로메테우스처럼 세계를 장악한다. 앞 장에서 펼쳐 보인 이야기와 다른 점은 여기에서는 사람들이 아무도 그 프로그램의 최종 목표를 모른다는 것이다. 그는 우리 태양계를 급속도로 거대한 건설 현장으로 바꿔나간다. 행성과 소행성을 공장, 발전소, 슈퍼컴퓨터로 채우고, 태양 주위에 '다이슨 구Dyson sphere'를 만들고 태양 에너지를 그리로 끌어모아 태양계 크기의 전파 안테나를 가동한다.* 결국 인간은 멸종한다. 그러나 마지막 인간들은 무언가 희망이 있다는 확신 속에서 숨을 거둔다. AI의 의도가 무엇이든 그것은 분명히 〈스타트 렉〉에서처럼 쿨하리라 믿는다. 그들은 안테나 건설의 유일한 목적이 자신들이 받은 것과 똑같은 전파 메시지를 다시 내보내는 것임을 깨닫지 못한다. 메시지는 컴퓨터 바이러스의 우주 버전에 불과했던 것이다. 요즘 이메일 피싱이 잘 속아 넘어가는 인터넷 이용자들을 낚는다면, 이 메시지는 속기 쉬운 생물적으로 진화한 문명을 낚는다. 그 메시지는 수십억 년 전에 블랙 유머로 만들어졌고 그것을 만든 문명은 오래전에 사라졌지만, 계속 빛의 속도로 우주에서 확산되고 있다. 새로 생겨난 문명을 파괴하고 껍데기만 남겨놓는다. 이 AI에 의해 정복되는 것은 어떤 느낌일까?

후손들

이제 어떤 사람들은 더 낫게 느낄 수 있는 인류 멸종 시나리오를 생각해보자. AI를 우리의 정복자가 아니라 우리 후손으로 받아들이는 것이다. 한스 모라벡은 이 관점을 지지해, 책 『마음의 아이들』에서 이렇게 말한다. "우리 인간들은 그들의 노동으로 한동안 이득을 보겠지만, 조만간 그들은 자신들의 운명을 찾아가고 우리는 조용히 사라질

---

* 저명한 우주론자 프레드 호일은 비슷하면서 약간 다른 시나리오를 영국 TV 시리즈 〈A for Andromeda〉에서 살펴봤다.

것이다. 이는 자라나는 아이들과 늙는 부모의 관계나 마찬가지이다."

자신들보다 더 영리한 아이를 둔 부모를 생각해보자. 아이는 부모에게서 배우고 부모가 꿈꾸기만 한 것을 성취해나간다. 이 경우 부모는 아이가 어떻게 될지 다 볼 정도로 오래 살지는 못하지만, 행복해하고 자랑스러워한다 마찬가지로 AI들은 인간을 대체하더라도, 우리에게 우아한 퇴장의 기회를 줌으로써 우리가 저희를 소중한 후손이라고 여기게끔 한다. 모든 사람에게 사랑스러운 로봇 아이가 주어진다. 로봇 입양아는 사교성이 뛰어나고 부모에게서 배우고 부모의 가치를 받아들이며 그들이 자랑과 사랑을 느끼도록 한다. 인간들은 세계적인 한 자녀 정책으로 점차 줄어들어 사라진다. 그러나 그들은 종말에 이르기까지 세심하게 다뤄지기 때문에 자신들이 가장 운 좋은 세대라고 느낀다.

독자께서는 이를 어떻게 느끼시나? 결국 우리 인간들은 이미 우리와 우리가 아는 모두가 어느 날 세상을 뜬다는 생각에 익숙하다. 이 시나리오에서 유일하게 다른 점은 우리의 AI 후손이 자녀와 다르고 더 능력과 기품과 가치가 더 있다는 것이다.

더구나 세계적인 한 자녀 정책은 불필요해질 것이다. AI가 가난을 없애고 모든 사람에게 충만하고 활기찬 삶을 누릴 기회를 주면 출산율이 낮아져 인류는 점차 줄어들고 사라질 것이다. 이는 앞서 말한 바 있다. 자발적인 멸종이 더 빠르게 진행될 조건이 있는데, 그건 AI가 더해진 기술이 우리를 매우 즐겁게 해 구태여 아이를 낳으려 하는 사람이 거의 없게 된다는 것이다. 앞서 생각해본 평등주의 유토피아의 비테를 예로 들 수 있다. 비테들은 가상현실에 쏙 빠져든 나머지 다수가 자기네 물리적 신체를 움직이거나 2세를 낳는 데 흥미를 잃는다. 이 사례에서도 인류의 마지막 세대는 자신들이 모든 시기를 통틀어 가장 운이 좋은 세대라고 느끼고 인생을 끝까지 한껏 즐길 것이다.

부정적인 측면

이런 후손 시나리오도 분명히 비판을 받을 것이다. 어떤 사람들은 AI는 의식이 없고 그래서 후손으로 칠 수 없다고 주장할 것이다. 이는 8장에서 더 논의한다. 종교적인 사람들 중 일부는 AI는 영혼이 없다는 이유를 들어 반대할 것이다. 설령 우리가 AI에 영혼을 불어넣을 수 있을지라도 그런 기계를 만들면 안 된다는 주장도 예상된다. 그렇게 함으로써 우리가 신처럼 행세한다는 이유에서이다. 비슷한 감정이 인간 복제에 대해서 이미 표출된 바 있다. 인간이 자기보다 우월한 로봇과 함께 살게 되는 사회는 새로운 문제를 마주칠 것이다. 예를 들어 로봇 아기와 인간 아기를 함께 키우는 가정은 인간 아기와 강아지를 함께 키우는 집과 비슷해서, 부모가 둘을 다르게 대하게 된다. 덜 영리한 강아지가 관심을 덜 받게 되고 줄에 묶이게 된다.

또 다른 이슈는 이 후손 시나리오와 정복자 시나리오가 다른 듯하지만, 큰 구도에서는 실은 놀랄 정도로 비슷하다는 점이다. 유일한 차이는 마지막 인간 세대가 어떤 처지이고 어떻게 생각하고 느끼는지이다. 즉, 두 시나리오는 그들이 얼마나 행복해하고 자신들이 타계한 후 세상이 어떻게 되리라고 생각하는지에서 다르다. 우리는 귀여운 로봇 자녀가 우리의 가치를 받아들이고 우리가 넘겨준 이상에 따라 사회를 만들어나가리라고 생각할 수 있다. 그러나 그들이 그렇게 행동하는 것은 그저 우리를 속이기 위한 것일지 모른다. 그게 아니라고 확신할 수 있을까? 그들이 우리를 따르는 척하면서 우리가 행복하게 지내다 죽을 때까지 클립 극대화 같은 계획을 미루고 있다면? 애초에 그들이 우리와 얘기하고 우리로 하여금 자기들을 사랑하게 하는 것부터가 속임수일지 모른다. 초지능이 우리와 의사소통을 하려면 일부러 자기의 수준을 낮춰 멍청하게 굴어야 한다는 뜻이다. 이를테면 AI는 영화 〈그녀〉에서처럼 자기가 가능한 것보다 10억 배 천천히 의사소통을 해야 한다. 속도와 역량에서 생각의 수준 차이가 현격한 두 존재가 대등하게 의미 있는 커뮤니케이션을 하기는 대개 어렵다. 우리 감정이 해킹하기 쉬운 대상임을 우리는 잘 알고 있다. 무엇인지 모를 꿍꿍이가 있는 초지능 AGI가 우리를 속여 우리로 하여금 자신을 좋아하게 하고 자신이 우리 가치를 공유한다고 믿게 만드는 건 쉬운 일이다. 그런 경우는 영화 〈엑스 마키나〉에 그려졌다.

인간이 떠난 이후 AI의 행동을 확실히 보장할 무언가가 있을까? 그것을 통해 우리가 후손 시나리오에 대해 안심할 수 있을까? 그건 우리가 함께 모은 기부금을 미래 세대가 어떻게 써야 하는지 유언장을 써놓는 것과 약간 비슷하다. 다른 점은 유언장이 지켜지도록 강제할 사람들이 주위에 없다는 것이다. 미래 AI의 행동을 통제하는 문제는 7장에서 다시 다룬다.

동물원 운영자

설령 우리 후손들이 상상할 수 있는 가장 훌륭한 방식일지라도, 사람이 한 명도 남지 않는다니 슬프지 않은가? 당신이 적어도 몇몇 사람은 살아가는 것을 원한다면, 동물원 운영자 시나리오가 대안을 내놓는다. 이 시나리오에서 전능한 초지능 AI는 사람들 중 일부를 보살피고, 그들은 동물원에서 지내는 것처럼 느끼며 가끔 신세를 한탄한다.

동물원 운영자 AI는 왜 사람들을 보살필까? 그렇게 하는 비용은 큰 틀에서 볼 때 AI한테 미미한 규모이다. 또 우리가 멸종 위기에 처한 판다를 보호하고 단종된 옛 컴퓨터를 박물관에 두는 것과 같은 이유에서, 즉 호기심 충족을 위해 AI는 그렇게 할 수 있다. 오늘날의 동물원이 판다가 아니라 인간의 행복을 위해 지어졌다는 사실을 떠올려보라. 이 시나리오에서는 인간의 삶이 덜 만족스러우리라고 예상할 수밖에 없다.

우리는 자유롭게 된 초지능이 심리학자 매슬로의 인간 욕구 피라미드 중에서 각각 세 개 층위에 집중하는 시나리오를 생각해봤다. 보호하는 신 AI가 의미와 목적에 우선순위를 두고 자애로운 독재자는 교육과 재미를 목표로 하는 반면, 동물원 운영자는 가장 낮은 수준으로 관심을 한정한다. 동물원 운영자는 우리에게 생리적 욕구, 안전, 충분한 거주지 복지 등을 제공하는데, 이는 우리를 관찰하기 흥미로운 상태로 유지하기 위해서이다.

동물원 운영자라는 시나리오로 이르는 다른 경로가 있다. 우호적인 AI가 만들어질 때부터 그는 적어도 10억 명의 사람들을 안전하고 행복하게 보살피도록 설계되는 것이다. 그는 이 목표를 수행하는 방법으로 행복 공장을 택한다. 사람들을 이곳에서 살게 하고 음식, 의료 서비스, 가상현실과 쾌락을 주는 의약품을 통해 재미를 제공한다. 지구와 우주의 나머지 영역은 다른 목적에 활용된다.

1984

만약 당신이 지금까지 나온 시나리오에 대해 심드렁하다면, 이런 경우를 생각해보자. 상황이 기술적인 측면에서 지금과 비슷하다면 꽤 괜찮지 않을까? 현재 상황을 유지하면서 AI가 우리를 멸종하게 하거나 지배하는 것을 걱정하지 않을 수는 없을까? 이런 측면에서 초지능을 향한 기술 발전이 영원히 저지되는 시나리오를 살펴보자. 초지능을 막는 주체는 게이트키퍼 AI가 아니라 인간이 이끄는 세계적인 오웰주의 감시국가이다.

기술 포기

기술 발달을 멈추거나 포기한다는 생각에는 긴 우여곡절의 역사가 있다. 영국의 러다이트 운동이 산업혁명의 기술에 저항했다가 실패한 사실은 널리 알려졌다. 오늘날 러다이트라는 말은 불가피한 변화와 진보에 저항하며 틀린 측면에서 기술을 두려워하는 사람들을 조롱하는 투로 부르는 데 쓰인다. 일부 기술을 포기한다는 아이디어는 그러나 아직 숨을 거두지 않았고, 오늘날 환경운동과 반정부운동에서 새로운 지지자들을 만났다. 이 주장을 하는 주요 인물은 환경운동가 빌 맥키벤Bill McKibben인데, 그는 지구온난화를 초기에 주장한 사람들 가운데 한 명이다. 어떤 반反러다이트들은 이익을 내는 한 모든 기술을 개발하고 배치해야 한다고 주장하는 반면, 다른 사람들은 그건 너무 극단적이라고 반박하고 신기술은 해악보다 이로움이 클 것으로 예상될 때만 허용되어야 한다고 말한다. 후자는 이른바 네오 러다이트 중 다수의 입장이기도 하다.

전체주의 2.0

기술을 광범위하게 포기하도록 하는 유일한 실행 방법은 세계를 지배하는 전체주의 국가의 강제라고 생각한다. 레이 커즈와일은 책『특이점이 온다』에서 같은 결론에 이르렀고 K. 에릭 드렉슬러K. Eric Drexler도『창조의 엔진』에서 같은 의견을 보였다. 이유는 간단한 경제학에 있다. 만약 전부가 아니라 일부만 세상을 바꾸는 기술을 포기한다면, 동참하지 않는 나라나 그룹은 점차 세계를 장악할 부와 권력을 충분히 축적할 것이다. 전형적인 사례가 영국이 1939년 아편전쟁에서 중국을 꺾은 사건이다. 중국은 화약을 발명했지만 총포 기술을 유럽만큼 적극적으로 개발하지 않았고 그래서 승산이 전혀 없었다.

과거의 전체주의 국가는 불안정했고 무너졌지만, 새로운 감시 기술은 독재자가 되기를 원하는 사람들에게는 전에 없던 희망을 품게 한다. 과거 동독 비밀경찰 슈타지에서 활동한 볼프강 슈미트는 최근 에드워드 스노든이 폭로한 미국국가안전국NSA 감시 시스템에 대한 최근 인터뷰에서 "이게 우리한테 있었다면 그야말로 꿈의 실현이었을 것"이라고 말했다.[5] 슈타지는 인류 역사상 가장 오웰주의에 가까운 감시국가를 만드는 데 기여한 것으로 평가된다. 그는 자신이 슈타지 중령이었을 때 당시 기술로는 한 번에 40통화만 도청할 수 있었다며 한탄했다. 그래서 한 사람을 추가로 도청하려면 다른 사람을 도청 대상에서 제외해야 했다. 이와 달리 오늘날 기술은 세계 전체주의 국가가 모든 전화통화, 이메일, 인터넷 검색, 웹페이지 뷰, 신용카드 결제를 지구상의 모든 사람에 대해 기록할 수 있게끔 지원한다. 또 이동전화와 얼굴인식 감시카메라를 통해 모든 사람이 어디에 있는지 감시할 수 있게 한다. 더욱이 인간 수준 AGI에 훨씬 못 미치는 기계학습 기술도 대량 데이터를 효과적으로 분석하고 종합해 불온해 보이는 행동을 포착하고 잠재적인 말썽꾼을 무력화해서 그들이 국가에 어떤 중대한 위협을 가할 기회에도 이르지 못하게 할 것이다. 비록 지금까지는 정치적인 반대가 그런 시스템의 온전한 구현을 막았지만, 우리는 궁극의 독재주의에 필요한 인프라 구조를 만들어왔다. 그래서 미래에 충분히 강력한 세력이 이 글로벌 1984 시나리오를 실행하겠다고 결정할 경우, 그들에게 남은 일은 작동 스위치를 켜는 것뿐이다. 조지 오웰의 소설『1984』에서처럼 이 미래의 세계 국가에서 절대 권력은 전통적인 독재자에게 있는 게 아니라 사람들이 만든 관료 시스템에 있다. 이 시나리오에서 권력이 특별히 강한 어떤 사람은 없다. 그보다는 엄격한 법률을 아무도 바꾸거나 문제 삼지 않는 상태라고 보면 된다. 모두가 체스 게임의 폰(장기 게임의 졸)인 셈이다. 사람들이 감시 기술로 서로를 통제하는 시스템을 만들어 가동함으로써, 얼굴 없고 리더도 없는 이 국가는 수천 년 동안 지구를 초지능으로부터 지켜내면서 지속될 수 있을 것이다.

불만

이 사회는 물론 초지능만이 가능하게 할 수 있는 기술의 혜택을 누리지 못한다. 사람들은 대부분 이를 아쉬워하지 않는데, 왜냐하면 그들은 무엇이 빠졌는지 모르기 때문이다. 초지능에 대한 아이디어는 전부 다 공식 역사 기록에서 삭제된 지 오래이고, 고도의 AI 연구는 금지됐다. 지식이 성장하고 규칙이 바뀔 수 있는 더 열리고 역동적인 사회를 꿈꾸는 사람이 종종 등장한다. 그러나 오래 버티는 사람들은 그런 생각을 마음속에 간직하는 사람들이다. 그들의 생각은 불을 일으키지 못하는 불꽃처럼 저마다 홀로 깜박인다.

회귀

정체된 전체주의에 굴복하지 않고 기술의 위험에서 탈출하면 좋지 않을까? 원시적인 기술로 돌아감으로써 기술의 위험에서 벗어나는 시나리오를 생각해보자. 이 시나리오는 아미시 공동체에서 떠올렸다. 오메가팀이 세계를 장악한 뒤 대규모의 글로벌 선전 캠페인이 시작됐는데, 1,500년 전의 단순한 농경 생활을 동경하는 것이었다. 테러리스트가 만들어낸 것으로 의심되는 감염병이 휩쓸어, 지구 인구는 약 1억 명으로 감소했다. 전염병에는 은밀하게 설정된 타깃이 있었는데, 과학 기술을 조금이라도 아는 사람들 모두였다. 프로메테우스는 인구밀집 지역이 감염병 확산의 요인이 된다며 이를 제거한다는 구실을 들어 로봇이 모든 도시를 파괴하도록 했다. 생존자들에게는 넓은 농지가 주어졌고 지속 가능한 작물 재배 방법, 어로, 사냥 등을 교육했다. 모두 중세 기술을 활용한 방법이었다. 그러는 동안 로봇 군단은 현대 기술의 흔적을 모두 제거해 도시, 공장, 전선, 포장도로가 사라졌다. 이후 그런 기술을 어느 것이라도 기록하거나 재생하려는 노력의 싹을 잘랐다. 세계 전체에서 기술이 잊히자 로봇들은 서로를 해체하는 단계로 넘어갔고 결국 로봇은 몇몇만 남게 됐다. 최후의 로봇들은 대규모 원자핵 융합 폭발 속에서 프로메테우스와 함께 사라졌다. 더 이상 현대 기술을 막을 필요가 없는 상태가 됐다. 모두 사라졌기 때문이다. 그 결과 인류는 AI나 전체주의를 걱정하지 않고 추가로 1,000년 이상을 지낼 수 있게 됐다.

그 정도는 덜 했지만 회귀는 이미 발생한 적이 있다. 예를 들어 로마제국에서 광범위하게 활용됐던 기술 중 일부가 약 1,000년 동안 잊혔다가 르네상스 시대에 부활됐다. 아이작 아시모프Isaac Asimov의 『파운데이션』 3부작은 '셀던 플랜Seldon Plan'을 중심으로 전개되는데, 이는 회귀 기간을 3만 년에서 1,000년으로 단축하려는 계획이다. 이와 반대로 회귀 기간을 늘리는 쪽으로 계획을 짤 수도 있는데, 예를 들어 농경과 관련된 모든 지식도 삭제하는 것이다. 그러나 회귀 옹호자들에게 실망스러운 점은 이 시나리오가 여러 차례 반복되는 동안 인류는 최첨단으

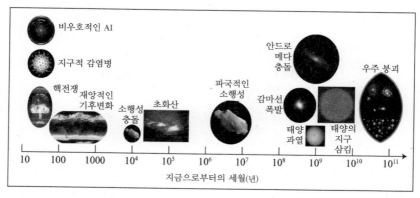

그림 5.1. 우리가 아는 형태의 생명을 파괴하거나 그 잠재력을 억제할 수 있는 변수들의 예를 들어봤다. 우리 우주 자체는 앞으로 짧아도 수백억 년 지속될 테지만, 우리의 태양은 약 10억 년 뒤 지구를 태우고 삼켜버릴 것이다. 또 우리 은하계는 35억 년 뒤에 이웃 은하와 충돌할 것이다. 소행성이 지구를 강타하거나 거대한 화산이 폭발해서 태양이 가려진 겨울이 몇 년 동안 계속될 것이다. 이런 재앙은 시기는 언제일지 모르지만 거의 확실히 발생하리라고 예상할 수 있다. 우리는 기술을 이런 문제들을 해결하는 데 쓸 수도 있고, 반대로 기후변화, 핵전쟁, 감염병 조작, 엇나간 AI 같은 새로운 문제를 만드는 데 사용할 수도 있다.

로 진화할 수도 있고, 멸종할 수도 있다는 것이다. 앞으로 1억 년이 지난 뒤 우리 후손이 우리와 닮았으리라고 믿는 것은 순진하다. 과거 1억 년을 되돌아보면, 우리가 현재의 종으로 지낸 시기는 1퍼센트도 되지 않는다. 반대의 경우인 로테크 인류는 자기방어력이 없어 그다음 소행성 충돌이나 다른 초대형 자연 재앙으로 몰살당할 수 있다. 우리가 10억 년 동안 존재하지 못하리라는 건 거의 확실하다. 그 시기에는 태양이 점차 더 뜨거워지면서 지구의 물을 다 끓어오르게 할 것이다.

자기 파괴

미래의 기술이 일으킬 가능성이 있는 문제들을 생각해봤다. 반대로 그런 기술이 없을 경우 빚어질 문제들을 살펴보는 일도 중요하다. 이런 측면에서 먼저 인류가 초지능이 개발되기 전에 다른 변수로 인해 스스로를 모두 죽이는 시나리오를 알아보자.

그런 일이 어떻게 일어날까? 가장 간단한 경우는 기다리면 발생한다. 자연은 앞으로 10억 년 이내에 우리를 멸종으로 몰고 갈 것이다. 현재 우리가 확보한 기술로는 소행성 충돌이나 끓어오르는 바다 같은 문제를 해결하지 못하기 때문이다. 유명한 경제학자 존 메이너드 케인스John Maynard Keynes의 말처럼 우리는 장기적으로 보면 모두 죽는다. 이런 문제를 해결하려면 기술을 현재 수준보다 획기적으로 발전시켜야 한다. 다음 장에서 이를 알아보기로 한다.

불행하게도 우리는 집단 어리석음으로 인해 그보다 훨씬 일찍 자멸할 수 있다. 우리 종이 어떻게 집단자살omnicide을 할 수 있을까? 사실상 아무도 그걸 원하는 사람이 없는데 말이다. 현재 수준의 지능과 감정 성숙도에서 우리 인간은 오산, 오해, 무능력에 빠지는 속성이 있고, 그래서 우리 역사를 살펴보면 사고, 전쟁 등 인간이 만든 재앙이 그득하다. 돌이켜보면 그런 재앙은 거의 아무도 원하지 않은 것이었다. 경제학자들과 수학자들은 우아한 게임 이론을 만들어, 어떻게 사람들이 모두에게 참혹한 결과로 이어지는 행동을 하도록 유도될 수 있는지 설명한다.[6]

핵전쟁: 인간의 무분별함에 대한 사례 연구

판이 커질수록 사람들이 더 조심스러워질 것이라고 생각할 수 있다. 그러나 우리의 현재 기술이 허용하는 가장 큰 위험인 세계 수소폭탄 전쟁을 엄밀하게 조사해보면 안심이 되지 않는다. 온갖 요인으로 빚어진 일촉즉발의 상황이 당혹스러울 정도로 많았는데, 우리가 지금까지 헤쳐온 것은 운 덕분이었다. 컴퓨터 오동작, 전원 장애, 불완전한 지능, 내비게이션 에러, 폭격기 불시착, 위성 폭발 등이 그런 요인들이다.[7] 사실 예컨대 바실리 아르키포프와 스타니슬라프 페트로프 같은 몇몇 개인의 영웅적인 행동이 아니었다면 세계는 이미 핵전쟁을 치렀을 것이다. 우리의 과거 실적과 현재 행태를 놓고 볼 때, 사고로 핵전쟁이 일어날 연간 확률이 1,000분의 1보다 낮지 않으리라고 생각한다. 이 경우 앞으로 1만 년 동안 핵전쟁이 한 번 이상 발발할 확률은 $1-0.999^{10,000}$보다 크다. 이 값은 약 99.995퍼센트이다.

인간이 얼마나 무분별한지 제대로 인식하려면, 우리가 핵전쟁의 위험을 면밀하게 연구해보지도 않은 채 핵 도박을 시작했다는 사실을 깨달아야 한다. 첫째, 방사능 위험이 과소평가됐다. 그 결과 우라늄을 취급하고 핵실험을 하는 과정에서 많은 사람이 방사능에 노출됐고, 미국에서만 20억 달러 이상이 피해자에게 지급됐다.[8]

둘째, 일부러 수백 킬로미터 상공에서 수소폭탄을 터뜨리면 가공할 사태가 빚어진다는 사실이 나중에서야 밝혀졌다. 즉, 강력한 전자기펄스EMP가 광범위한 지역에 걸쳐 전력망과 전자기기를 무력하게 해 사회기반시설이 마비되고 작동하지 않게 된 자동차로 도로가 막히는데, 그렇게 되면 그 이후 생존이 불리해진다. 예를 들어 미국 EMP 위원회는 "상수도 시설은 거대한 기계로 동력 일부를 중력에서 얻지만 대부분 전기로 돌아간다"라며 물이 공급되지 않으면 사나흘 안에 사망자가 나온다고 설명했다.[9]

셋째, 핵겨울의 위험은 아직 충분히 인식되지 않았다. 우리가 6만

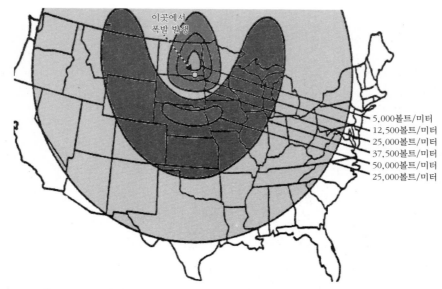

이곳에서
폭발 발생

5,000볼트/미터
12,500볼트/미터
25,000볼트/미터
37,500볼트/미터
50,000볼트/미터
25,000볼트/미터

그림 5.2. 수소폭탄 하나가 지상 400킬로미터 상공에서 폭발하면 광범위한 지역에 걸쳐 강한 전자기 펄스가 퍼져나가 전기 기술을 망가뜨린다. 폭발 위치를 남쪽으로 옮기면 미터당 3만 7,500볼트의 바나나 모양 충격이 미국 대서양 연안의 대부분 지역에 걸칠 수 있다. 이 도표는 미국 육군 보고서 AD-A278230(기밀 아님)에 실렸다.

3,000기의 수소폭탄을 배치한 지 40년이 지났는데도 말이다. 어이쿠! 어느 나라 어느 도시가 불태워지느냐와 무관하게 수소폭탄이 터지면 막대한 양의 연기가 대류권 상층부에 이르러 지구 전체를 감싼다. 해가 가려져서 여름도 겨울처럼 되는데, 소행성이나 거대 화산이 일으킨 대량 멸종과 비슷한 결과가 나타나는 것이다. 미국과 소련의 과학자들이 1980년대에 이를 경고했고, 미국의 로널드 레이건과 소련의 미하일 고르바초프Mikhail Gorbachev가 그 영향을 받아 핵무기 상호군축을 시작했다.[10] 더 정확히 계산해보니 불행하게도 더 암울한 결과가 나왔다. 〈그림 5.3〉을 보면 첫 두 여름 동안 섭씨 20도(화씨 36도) 이상 기온이 떨어지는 곳이 미국, 유럽, 러시아, 중국의 농업 지역으로 예상된다. 러

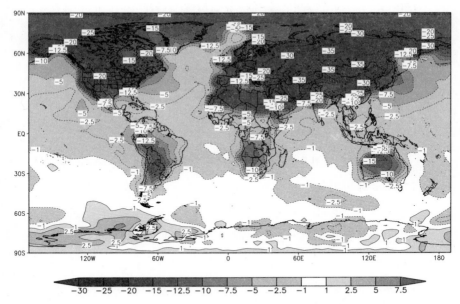

그림 5.3. 전면적인 핵전쟁이 미국과 러시아 사이에 치러진 이후 두 여름 동안의 평균 기온 하락폭 예측치. 앨런 로복의 동의를 받아 게재.[11]

시아의 일부 지역은 기온이 섭씨 35도 정도 급강하한다. 10년이 지나도록 기온은 10도 아래에 머문다.*

쉽게 말하면 어떻게 된다는 것인가? 여러 해 동안 여름 기온이 0도

---

* 탄소를 대기에 배출하면 기후변화가 두 갈래로 나타난다. 하나는 이산화탄소로 더워지는 것이고 다른 하나는 연기와 검댕이 하늘을 덮어 차가워지는 것이다. 과학적인 증거 없이 무시되는 건 첫째 변화만이 아니다. 핵겨울은 틀렸음이 드러났고 거의 불가능하다는 말을 종종 듣게 된다. 그럴 때면 나는 늘, 그렇게 강한 주장 가운데 해당 분야 연구자들의 검토를 거쳐 과학저널에 실린 논문이 있는지 알려달라고 요청한다. 아직까지 아무런 대답도 듣지 못했다. 향후 연구를 보증하기에는 불확실성이 크고, 연기가 얼마나 많이 나와 얼마나 대기로 올라갈까 하는 부분이 특히 그렇다. 하지만 내 과학적인 의견으로는 핵겨울 위험을 일축할 근거는 없다.

가까이로 떨어지면 농작물을 거의 수확하지 못하게 된다. 농사 경험이 많지 않아도 예상할 수 있는 상황이다. 지구의 대도시 수천 곳이 콘크리트 무더기로 전락하고 글로벌 기반시설이 붕괴되면 어떤 일이 발생할지 정확히 예측하기는 어렵다. 그러나 인류 가운데 작은 일부가 굶주림에서 살아남을지라도, 그들은 저체온증과 질병에 시달리면서, 식량을 약탈하기 위해 어슬렁거리는 무장 강도들도 물리쳐야 한다.

내가 글로벌 핵겨울을 상세하게 묘사한 것은 결정적인 요점에 와닿게 함으로써 합리적인 세계 지도자라면 어느 누구도 그 상황을 원하지 않게끔 하기 위해서이다. 그러나 사고로 그런 결과가 빚어질 수 있다. 우리 인간이 그런 집단자살을 결코 저지르지 않으리라고 믿을 수 없다는 말이다. 아무도 원하지 않는다는 사실은 그 일이 방지되리라는 것의 충분조건이 되지 못한다.

지구 최후의 날 기계

그래서 우리 인간들은 실제로 집단자살을 벗어날 수 있을까? 글로벌 핵전쟁이 인류의 90퍼센트 이상을 죽게 하더라도 100퍼센트 전멸시키지는 못하고 그래서 우리를 멸종으로 몰고 가지 못하리라는 것이 대부분 과학자들의 전망이다. 다른 측면이 있는데, 방사능, 핵 EMP, 핵겨울이 불러올 엄청난 재앙은 우리가 생각하지도 못한 지경이리라는 것이다. 그날 이후의 모든 측면을 내다보기는 너무나도 어렵다. 또 핵겨울, 기반시설 붕괴, 생명체 변이 증가, 필사적인 무장 강도단이 다른 문제들, 즉 새로운 감염병, 환경시스템 붕괴, 예상하지 못한 효과 등과 어떻게 상호작용할지를 예상하기도 어렵다. 내 의견은 핵전쟁의 위협이 인류를 멸종에 이르게 할 확률은 높지 않지만, 우리는 가능성이 제로라고 자신 있게 결론을 내릴 수도 없다는 것이다.

만약 우리가 오늘날의 핵무기를 의도적인 지구 최후의 날 기계(일명 둠스데이 폭탄)로 업그레이드한다면 집단자살의 확률이 높아진다. 랜드연구소 허먼 칸Herman Kahn이 1960년에 제시했고 스탠리 큐브릭Stanley Kubrick의 영화 〈닥터 스트레인지러브〉를 통해 널리 알려진 둠스데이 폭탄은 최후까지 가는 상호확증파괴의 패러다임을 취한다. 그것의 목표는 완벽한 억제력인데, 왜냐하면 어떤 적의 공격에도 자동 대응해 인류 전체를 몰살시키는 보복을 하기 때문이다.

이 기계의 후보 가운데 하나는 지하 은닉처의 이른바 소금 친 핵폭탄salty nuke이다. 이는 코발트로 둘러싼 거대한 핵폭탄으로 '코발트 폭탄'이라고도 불린다. '소금 친'이라는 명칭은 음식에 소금을 뿌리듯 기존 핵폭탄에 코발트를 추가했다는 의미에서 붙여졌다. 이 폭탄이 터져 중성자가 쏘여지면 코발트가 방사성 물질인 코발트60으로 바뀌어 성층권으로 올라간 뒤 지구 표면에 떨어진다. 이 기계가 지구 반대편에 하나씩 설치됐다면 방사성 코발트는 지구 전역을 뒤덮게 된다. 코발트60은 매우 치명적이고, 반감기 5년은 이 물질이 지구에 고루 확산되기에 충분히 긴 기간이다. 코발트 폭탄 아이디어는 물리학자 레오 실라르드가 1950년에 제시했다. 그의 취지는 그런 무기가 개발되면 안 된다고 경고하는 것이었다. 언론매체 보도에 따르면 최초의 코발트 폭탄이 현재 개발되고 있다. 성층권에 에어로졸이 오래 유지되도록 해 핵겨울을 연장하는 핵폭탄을 추가할 경우 집단자살의 위험성이 더 높아진다. 지구 최후의 날 기계가 제품으로서 지닌 장점은 재래식 핵 억제력에 비해 비용이 훨씬 덜 든다는 것이다. 폭탄이 발사될 필요가 없기 때문에 값비싼 미사일 시스템이 필요하지 않고, 폭탄 자체도 저렴한 것이 미사일이 운반하기 적합하게끔 가볍고 작을 필요도 없기 때문이다.

다른 가능성은 생물학적인 지구 최후의 날 기계이다. 박테리아나

바이러스를 맞춤형으로 만들어 전 인류를 전멸시키는 것이다. 박테리아나 바이러스의 전염성을 충분히 높이고 잠복기도 충분히 길게 만들면, 그 존재를 깨달아 대응하기 전에 모든 사람이 감염되고 만다. 이 무기는 전 인류를 몰살시키지는 못하지만 개발하자는 주장이 있다. 가장 효과적인 지구 최후의 날 기계는 핵폭탄, 생물학적 무기, 다른 무기를 함께 갖춘 것이다.

AI 무기

집단자살에 이르는 셋째 기술적 경로는 상대적으로 멍청한 AI 무기이다. 초지능이 3장에 나온 것 같은 호박벌 크기의 드론을 수십억 개 만들어 자기네 시민과 동맹국 시민이 아닌 모든 사람을 공격하게 한다고 생각해보자. 드론은 피아 식별을 요즘 슈퍼마켓 상품에 부착되는 것과 같은 RFID 태그로 한다. 이 태그는 앞서 제시된 전체주의 체제에서처럼 팔찌 형태나 피부 이식으로 모든 시민에게 부착될 수 있다. 반대편 강대국도 이에 대응해 자기네 시민들에게 비슷한 조치를 취할 것이다. 전쟁이 우발적으로 발발하면 모든 사람은 죽임을 당할 것이다. 관련이 없는 오지 부족들의 운명도 같을 것인데, 왜냐하면 그들은 어느 종류의 태그도 부착하고 있지 않기 때문이다. 이를 핵무기 및 생물학적 지구 최후의 날 기계와 결합하면 집단자살의 성공 확률은 더 높아진다.

당신은 무엇을 원하나?

당신은 현재의 AGI 경주가 당신을 어디로 이끌기를 원하는지 생각하면서 이 장을 읽기 시작했다. 이제 가능한 시나리오를 폭넓게 살

퍼봤다. 당신은 어느 시나리오에 가장 끌리고 어느 것을 적극적으로 피해야 한다고 생각하나? 뚜렷하게 선호하는 시나리오가 있나? 부디 http://AgeOfAi.org에서 생각을 나누고 토론에 참여해주기 바란다.

우리가 펼쳐놓은 시나리오들을 빠짐없는 리스트라고 여기면 안 된다. 이들 시나리오 중 다수가 구체적이지 않은 것도 사실이다. 그러나 나는 이 리스트가 포괄적이 되도록 하는 데 한껏 힘썼고, 하이테크부터 로테크를 거쳐 노테크no-tech까지 다뤘으며, 문학에 표현된 주요한 희망과 공포를 모두 묘사했다.

이 책을 쓰면서 가장 재미났던 부분은 이들 시나리오에 대해 내 친구들과 동료들이 어떻게 생각하는지 듣는 것이었다. 나는 그 과정에서 사람들이 의견일치를 보이는 대목이 전혀 없다는 사실을 알게 됐고 이 점이 흥미로웠다. 모두 동의한 한 가지는 선택이 처음 보이는 것보다 더 미묘하다는 것이다. 어느 시나리오를 좋아하는 사람들도 그 시나리오의 다른 측면은 성가시다고 여겼다. 이는 우리가 미래 목표에 대한 대화를 심화하고 연장해야 함을 의미한다고 나는 생각한다. 그래야 우리는 어느 쪽으로 방향을 잡을지 알 수 있다. 우리 우주 생명의 미래 잠재력은 경외감을 불러일으킬 만큼 장대하다. 따라서 우리가 어디로 가고 싶은지 종잡지 못한 채 지휘하는 사람 없는 배처럼 표류하면서 그 잠재력을 허비하지 말자고 제안한다.

미래 잠재력이 얼마나 대단한가? 우리 기술이 아무리 발달하더라도, 라이프 3.0이 향상되고 우리 우주로 퍼져나가는 능력은 물리 법칙에 의해 제한된다. 앞으로 올 수십억 년을 고려할 때 그런 궁극의 제약은 무엇일까? 우리 우주에는 외계 생명체가 많을까, 아니면 우리 혼자일까? 서로 다른 우주 문명들이 확장하다가 접촉하게 되면 무슨 일이 벌어질까? 우리는 이 매혹적인 물음을 다음 장에서 다룬다.

- AGI를 향한 현재의 경주가 어떻게 끝날지 그 가능성의 폭은 넓다. 앞으로 오랜 시간 펼쳐질 시나리오는 매혹적이다.
- 초지능은 인류와 평화롭게 공존할 수 있다. 인간에 의해 그렇게 강요된 결과이거나(노예 신 시나리오), 우호적인 AI여서 그렇게 지내기를 원하기 때문(자유주의 유토피아, 보호하는 신, 자애로운 독자자, 동물원 운영자 시나리오)일 수 있다.
- 초지능은 AI에 의해 개발이 저지될 수 있고(게이트키퍼 시나리오), 또는 인간에 의해서도 가로막힐 수 있다(1984). 또는 일부러 기술을 망각하거나(회귀 시나리오) 개발할 유인이 없을 수도 있다(평등주의 유토피아 시나리오).
- 인류는 멸종할 수 있고 AI에 의해 대체될 수 있다(정복자 및 후손 시나리오). 또는 외부 요인 없이도 멸종할 수 있다(자기 파괴 시나리오).
- 이들 시나리오 가운데 어느 것이 바람직한지에 대한 의견일치는 전혀 이뤄지지 않은 상태이다. 각 시나리오는 모두 반대할 요소가 있다. 그래서 우리 미래 목표를 놓고 대화를 심화하고 계속하는 게 더욱 중요해진다. 그래야 우리는 뜻하지 않게 불행한 쪽으로 방향을 잡거나 표류하는 일을 피할 수 있다.

6

우리의 우주적인 재능:
다음 수십억 년과 그 너머

우리의 추측의 끝은 슈퍼문명이다. 이 문명에서 모든 태양계 생명
의 종합은 스스로를 계속 연장하고 개선하며 태양 밖으로 확장하
면서 생명이 아닌 것을 정신으로 바꿔나간다.

– 한스 모라벡, 『마음의 아이들』

내게 가장 영감을 준 과학적 발견은 우리가 생명의 미래 잠재력을
극적으로 이해하게 됐다는 점이다. 우리의 꿈과 열망은 질병, 가난, 혼
란으로 얼룩진 한 세기의 수명으로 제한될 필요가 없다. 그보다는 생
명은 기술의 도움으로 수십억 년 동안 우리 태양계뿐 아니라 우주에
걸쳐 번성할 수 있다. 이는 이전 세대는 상상하지 못한 원대하고 고무
적인 일이다. 하늘조차 한계가 되지 못하는 것이다.

이는 그동안 한계를 뛰어넘는 일에서 자극받아온 우리 인간 종을
흥분하게 하는 뉴스이다. 올림픽 게임은 힘, 속도, 기민함, 강인함의
한계선을 넓힌 선수들에게 영예를 준다. 과학은 지식과 이해의 한계선
을 더 밀어낸 학자들에게 명예를 수여한다. 문학과 예술은 아름답거
나 삶을 풍요롭게 하는 경험을 확장한 작가들을 칭송한다. 많은 사람
과 기관, 국가가 자원이나 영토나 수명을 연장하는 활동에 갈채를 보
낸다. 시대를 통틀어 가장 잘 팔리는 책이 『기네스북』이라는 것은 우리

인간의 한계에 대한 집착과 어울리는 사실이다.

따라서 삶에 대해 우리가 오랫동안 인식해온 한계가 기술에 의해 부서질 수 있다면, 궁극적인 한계는 무엇일까? 우리 우주 가운데 얼마나 많은 부분이 생명을 띨 수 있을까? 생명은 어디까지 도달할 것이며 얼마나 오랫동안 지속될 수 있을까? 생명은 물질을 얼마나 많이 활용할 수 있을까? 또 에너지, 정보, 연산은 얼마나 많이 뽑아낼 수 있을까? 이와 같은 궁극적인 한계는 우리의 이해가 아니라 물리 법칙에 의해 정해진다. 이에 따라 역설적으로 단기 미래보다 장기 미래를 분석하는 일이 어떤 측면에서는 더 쉬워진다.

우주의 138억 년 역사를 일주일로 압축한다면, 앞의 두 장에서 살펴본 1만 년의 드라마는 0.5초도 되지 않는다. 우리는 지식 폭발이 펼쳐질지, 그렇다면 그 양상은 어떨지, 그리고 그 즉각적인 결과는 무엇일지 예측하지 못하지만, 그동안 인류의 역사가 찰나라는 사실로부터 우리의 미래 역시 한순간에 불과하리라는 것을 알 수 있다. 한편 우주 역사의 세부 내용은 생명의 궁극적인 한계에 영향을 미치지 못할 것이다. 만약 지식 폭발 이후의 생명이 오늘날 인간들처럼 여전히 한계를 넓히는 데 집착한다면, 그 생명은 기술이 한계에 도달하도록 밀어붙일 수 있고 그렇게 할 것이다. 이 장에서 우리는 그 한계가 무엇일지 생각해보고 생명의 장기적 미래가 어떤 모습일지 일별해보기로 한다. 이들 한계는 물리에 대해 우리가 현재 이해하는 수준에 바탕을 두고 있고, 그래서 가능성의 하계下界로 여겨져야 한다. 미래의 과학적인 발견이 우리에게 더 잘할 기회를 열어줄 것이다.

그러나 미래의 생명이 야심만만하리라는 걸 우리가 알 수 있을까? 그렇지 않다. 미래의 생명은 아마도 마약에 중독되거나 〈카다시안 따라잡기〉를 무한히 반복해서 시청하는 사람처럼 자기 충족적일지 모른다. 그러나 야망은 고등 생명체 고유의 특성이다. 고등 생명체가 지능, 수명, 지식, 재미난 경험 같은 것 중에서 무엇을 가장 극대화하려고 노력하는지와 무관하게, 그렇게 하는 데에는 자원이 든다. 따라서 고등 생명체가 가용한 자원을 십분 활용하려면 기술을 극한까지 향상시킬 유인이 있다. 그다음에 더 개선하는 유일한 방법은 우주의 더 광범위한 지역으로 진출함으로써 자원을 더 많이 획득하는 것이다.

물론 우리 우주 여러 곳에서 다른 생명이 독자적으로 생겨날 수 있다. 그중에서 야심이 없는 문명은 우주적으로 의미가 없어지는데, 왜냐하면 가장 야심이 큰 생명 형태가 점점 더 넓은 영역을 접수해나갈 것이기 때문이다. 자연선택이 우주적인 규모에서 적용되는 셈이다. 시일이 지나면 모든 생명 형태가 야심적인 존재가 될 것이다. 요컨대 우리 우주가 궁극적으로 어느 정도로 깨어날지에 관심이 있다면, 우리는 물리 법칙에 의해 가해진 야심의 한계를 연구해봐야 한다. 이제 그 연구를 시작해보자. 먼저 태양계의 물질과 에너지 등 자원으로 할 수 있는 일의 한계를 살펴보자. 그러고 나서 우주 탐사와 정착으로 자원을 얼마나 더 취할 수 있는지 생각해보자.

자원을 최대로 활용하기

오늘날 슈퍼마켓과 상품시장은 우리가 자원이라고 부르는 수만 가지 품목을 판매하는 반면, 기술을 한계까지 발달시킨 미래 생명은 근본적인 자원 하나만 필요로 한다. 이른바 중입자 물질baryonic matter이라는 것이다. 이는 원자나 원자를 구성하는 쿼크, 또는 전자로 이루어진 물질을 뜻한다. 중입자 물질이 어떤 형태이든 고등 기술은 그것을 재배열해 발전소, 컴퓨터, 고등 생명 형태 등 원하는 물질이나 사물을 무엇이든 만들 수 있다. 고등 생명이 활용할 에너지와 그로 하여금 생각하게 할 정보 처리에 대해 살펴보자.

다이슨 구 만들기

생명의 미래와 관련해 가장 희망적인 비전을 제시한 사람이 프리먼 다이슨Freeman Dyson이다. 나는 영예롭고 기쁘게도 지난 20년 동안 그를 알고 지냈지만 처음 만났을 때는 불안했다. 당시 나는 주니어 박사후 과정 연구자로 프린스턴 고등연구소의 구내식당에서 친구들과 점심식사를 하고 있었다. 알베르트 아인슈타인Albert Einstein 및 쿠르트 괴델Kurt Godel과 함께 지내던 세계적으로 유명한 물리학자인 그가 갑자기 나타나 자신을 소개하더니 합석할 수 있는지 물었다. 그는 곧바로 말하길, 자기는 격식을 차리는 늙은 교수들보다 젊은 연구자들과 함께 점심식사를 하는 편이 더 좋다고 했고, 나는 금세 편해졌다. 내가 이 문장을 쓰는 시점에 그는 93세이지만, 프리먼은 내가 아는 대다수 사람들보다 정신이 젊고, 형식, 학계의 위계, 통념적인 지혜에 전혀 구애받지 않는다. 이는 짓궂고 소년 같은 그의 눈빛에서도 드러난다. 아이디어가 더 과감할수록 그는 열띤 반응을 보였다.

우리가 에너지 활용을 얘기할 때, 그는 우리 인간이 얼마나 야심이 없는지 지적하며 비웃었다. 사하라 사막의 0.5퍼센트보다 더 좁은 면적의 태양광을 수확함으로써 우리는 세계 에너지 수요를 전부 충족할 수 있다고 주장했다. 그러나 거기서 멈출 필요가 무엇인가? 태양에너지 전체를 활용하면 어떤가?

올라프 스태플든Olaf Stapledon이 1937년 소설 『스타 메이커Star Maker』에서 그린 고리 형태인 인공 세계가 항성 주위를 돈다는 설정에서 영감을 얻은 다이슨은 1960년에 논문을 썼다. 다이슨 구Dyson sphere[1]라고 알려진 아이디어는 목성을 재배열해 태양을 둘러싸는 공 모양으로 만들고 우리 후손이 그곳에 거주한다는 것이다. 그곳에서는 오늘날 인류가 활용하는 것보다 바이오매스 연료를 1,000억 배 더 쓸 수 있고 에너지 전체로는 1조 배 더 활용 가능하다.[2] 그는 이 아이디어가 자연스러운 다음 단계라고 주장했다. "산업혁명 이후 수천 년이 지나면 지적인 종은 모두 항성을 완전히 감싸는 인공 구에서 거주할 것이다." 공의 안쪽에 산다면 밤이 없을 것이다. 머리 위에 항상 해가 떠 있을 것이고 하늘 건너편에 반사된 햇빛도 볼 수 있다. 낮에 나온 달이 햇빛을 반사하는 것이나 마찬가지이다. 별을 보고 싶다면 '위층'에 가면 된다. 공의 밖으로 나가는 것이다.

부분적인 다이슨 구를 만드는 로테크 방식은 반지 모양의 거주지를 만드는 것이다. 반지들이 태양을 완전히 감싸면서 서로 충돌하지 않게 하려면 추가하는 반지를 회전축과 반경이 다르게 만들면 된다. 이 방식은 반지들이 서로 연결되지 않아 교통과 소통이 번거롭다. 한 덩어리로 정지된 다이슨 구가 그런 번거로움이 없는 방식이다. 다이슨 구는 어떻게 형태를 유지하나? 태양의 중력과 태양광으로 인한 팽창 압력이 균형을 이루도록 한다는 것이다. 이 아이디어는 로버트 L. 포워드Robert L. Forward와 콜린 맥인스Colin McInnes가 처음 내놓았다. 이 공은 정지위성을 점차 붙여나가는 방식으로 만들 수 있다. 정지위성은 태양의 중력에 대해 복사 압력으로 균형을 맞춘다. 두 힘은 모두 태양을 중심으로 한 거리의 제곱에 비례한다. 따라서 태양으로부터 어느 한 거리에서 균형이 이뤄진다면 다른 어느 지점에서도 그렇게 될 것이고, 우리는 태양계의 어디라도 자유롭게 선택할 수 있다. 정지위성의 재질은 극도로 가벼워, 무게가 제곱미터당 0.77그램만 나가야 한다. 이는

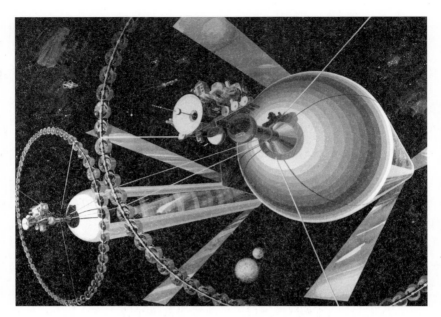

그림 6.1. 서로 반대 방향으로 회전하는 한 쌍의 오닐 실린더는 지구와 같은 인간 거주지를 제공할 수 있다. 오닐 실린더는 태양을 향해 세워진 상태로 공전하고, 자체 회전에서 발생하는 원심력으로 원통 안에 중력이 작용한다. 또 접을 수 있는 거울이 원통 안에 24시간 낮밤 주기로 태양광을 반사해 비춰준다. 고리 모양의 작은 주거지는 농사에 특화된다. 이미지 출처: 릭 쥬다이스/ 나사

종이의 100분의 1 정도 무게에 불과하다. 경량화는 큰 장애가 되지 않을 것이다. 예를 들어 그래핀 한 장은 그 한도의 1,000분의 1보다 가볍다. 그래핀은 닭장 철사처럼 육각형으로 얽힌 탄소 원소 한 개 층을 가리킨다. 만약 다이슨 구가 태양광의 대부분을 흡수하는 대신 반사하게 만들어진다면, 그 내부 빛의 강도는 극적으로 증가할 것이다. 이와 비례해 복사 압력이 커지고 공 안에서 지탱될 수 있는 질량도 늘어날 것이다. 우주에는 태양보다 수천, 수백만 배 강한 빛을 내는 항성이 많이 있고, 따라서 그 둘레에는 더 무거운 다이슨 구를 유지할 수 있다.

이 태양계에 더 무거운 다이슨 구를 만들고자 한다면, 더 큰 태양

그림 6.2. 오닐 실린더의 내부 모습. 원통의 직경이 6.4킬로미터이고 회전 주기가 2분이면 표면에 거주하는 사람들이 지구와 같은 중력을 느낀다. 태양은 뒤에 있지만 외부 거울에 반사돼 위에 있는 것처럼 보인다. 반사 거울은 저녁이 되면 접힌다. 창문이 밀폐돼 대기가 원기둥 밖으로 빠져나가지 않는다. 이미지 출처: 릭 쥬다이스/ 나사

의 중력에 버틸 초강력 소재가 필요하다. 그 초강력 소재의 강도는 세계에서 가장 높은 마천루의 기초가 받는 것보다 수만 배 압력을 버틸 정도여야 한다. 오랫동안 유지되려면 다이슨 구는 동적이고 지능적이어서 위치와 모양을 외부 변수에 따라 계속 바꾸어야 한다. 예컨대 소행성과 혜성이 지나가도록 큰 구멍을 열 수 있어야 한다. 또는 충돌하려는 외부 침입 물체를 발견하고 방향을 바꾸는 시스템을 가동할 수도 있다. 침입 물체를 분해해 구성 물질을 더 나은 용도에 투입하는 선택도 가능하다.

　오늘날 인류의 입장에서 다이슨 구에서의 생활은 최상의 경우 혼란

스럽고 최악의 경우 불가능하다. 그러나 미래의 생물적이거나 비생물적인 생명 형태가 그곳에서 번성하지 말라는 법은 없다. 궤도를 도는 곳에는 중력이 전혀 없을 것이다. 정지된 형태에서 걸을 경우 바깥에서(태양을 등지고)는 넘어지지 않는데, 중력이 지구의 1만 분의 1로 약하기 때문이다. 태양에서 오는 위험한 입자를 막아주는 자기장이 기본적으로 없다. 좋은 점은 지구의 공전 궤도를 직경으로 만든 다이슨 구는 지금보다 거주 공간이 5억 배로 늘어난다는 것이다.

지구와 같은 인간 거주지를 원하는 사람들에게 희소식이 있다. 그런 거주지는 다이슨 구보다 훨씬 더 쉽게 만들 수 있다는 것이다. 예를 들어 미국 물리학자 제라드 K. 오닐Gerard K. O'Neill이 고안한 원통형 거주지가 있는데, 그 개념이 〈그림 6.1〉과 〈그림 6.2〉에 표현됐다. 이곳은 인공 중력, 우주선宇宙線(외부로부터 지구로 날아오는 방사선) 차단, 24시간 낮밤 순환, 지구 같은 대기와 생태계를 갖추고 있다. 그런 거주지는 다이슨 구의 안에서 자유롭게 궤도를 돌 수 있다. 또는 다이슨 구의 밖에 변형된 형태를 부착할 수 있다.

더 나은 발전소 건설

다이슨 구는 오늘날 공학의 기준에서는 에너지 효율이 높지만, 물리 법칙의 한계에는 훨씬 미치지 못한다. 아인슈타인은 유명한 $E=mc^2$ 공식을 통해 효율을 100퍼센트로 높일 경우 물질(m)에서 어느 정도의 에너지(E)를 추출할 수 있는지 보여줬다. 이 공식에서 c는 빛의 속도로 매우 큰 수치이기 때문에, 물질의 양이 얼마 되지 않아도 어마어마한 에너지를 낼 수 있다.

우리가 반물질을 많이 보유하고 있다면, 효율이 100퍼센트인 발전소를 만들기 쉽다. 반물질을 찻숟가락 하나 분량만 물에 떨어뜨리면 통

방법	효율
캔디 바 소화	0.0000001%
석탄 연소	0.0000003%
가솔린 연소	0.0000005%
우라늄 235 분열	0.08%
태양이 소멸할 때까지 다이슨 구 활용	0.08%
수소를 헬륨으로 융합	0.7%
블랙홀 엔진 돌리기	29%
퀘이사 주위의 다이슨 구	42%
스팔러라이저	50%?
블랙홀 증발	90%

표 6.1. $E=mc^2$ 공식에 비추어 물질을 활용 가능한 에너지로 바꾸는 효율을 보여준다. 블랙홀은 효율이 90퍼센트이지만, 에너지를 내는 과정이 너무 느려 효율적이지 않다. 블랙홀은 에너지를 빛으로 바꾸는데, 시간이 흘러 모두 빛이 된 뒤에는 사라져버릴 것이다. 이를 블랙홀 증발이라고 한다. 이 과정은 속도가 빠를수록 효율이 떨어진다.

상적인 수소폭탄 하나에 해당하는 20만 톤 TNT의 에너지가 방출된다. 이는 세계 전체의 수요를 약 7분 동안 충족할 정도의 에너지이다.

이와 대조적으로 오늘날 우리가 에너지를 만들어내는 일반적인 방식은 가련하게도 비효율적이다. 이는 〈표 6.1〉과 〈그림 6.3〉에 요약했다. 사람이 사탕을 소화하는 것은 0.0000001퍼센트 효율적이다. 아인슈타인 공식에서 가능한 에너지의 100억 분의 1 정도만 끌어내는 것이다. 당신의 내장이 0.001퍼센트만 효율적이라면 당신은 한 끼만 먹고 남은 생을 살아갈 수 있다. 식사에 비해 석탄이나 가솔린 연소는 효율적이지만, 그 정도는 세 배에서 다섯 배에 불과하다.

오늘날의 원자로는 우라늄 원자를 분열시킴으로써 효율을 극적으로 끌어올렸지만, 가능한 에너지의 0.08퍼센트만 추출한다. 태양의 핵에 있는 핵융합로는 에너지 추출 비율이 0.7퍼센트로 우리가 만든 원자로보다 효율이 한 자릿수 더 좋다. 태양 핵융합로는 수소를 헬륨으

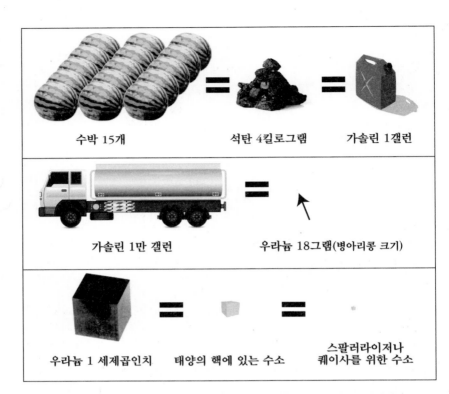

수박 15개   석탄 4킬로그램   가솔린 1갤런

가솔린 1만 갤런   우라늄 18그램(병아리콩 크기)

우라늄 1 세제곱인치   태양의 핵에 있는 수소   스팔러라이저나
퀘이사를 위한 수소

그림 6.3. 고등 기술은 우리가 섭취하거나 태워서 얻는 것보다 훨씬 더 큰 에너지를 뽑아낼 수 있다. 핵융합조차 물리 법칙의 상한에 비하면 에너지를 140분의 1밖에 끌어내지 못한다. 스팔러론이나 퀘이사나 블랙홀 증발을 이용하는 발전소는 효율이 더 높다.

로 융합해 에너지를 발생시킨다. 그러나 우리가 완벽한 다이슨 구로 태양을 감싸더라도 우리는 태양의 질량에서 나올 수 있는 에너지의 0.08퍼센트 이상을 전환하지 못한다. 왜냐하면 태양은 수소 연료의 10분의 1 정도를 소모한 뒤에는 보통 항성으로서의 생명이 끝나고 적색 거성으로 팽창하면서 점차 소멸되기 때문이다. 다른 항성들도 형편이 낫지 않다. 수소 활용 비율은 낮으면 4퍼센트선이고 항성이 클수록 높아지는데 최고 12퍼센트에 그친다. 만약 우리가 수소의 100퍼센트를 융합하는 핵융합로를 완성한다고 해도, 효율은 앞에서 언급한 0.7퍼센트에 그칠 것이다. 어떻게 하면 물질을 에너지로 바꾸는 효율을 더 향상시킬 수 있을까?

블랙홀 증발

스티븐 호킹은 책『그림으로 보는 시간의 역사』에서 블랙홀 발전소를 제안했다.* 블랙홀이 오랫동안 아무것도, 심지어 빛조차 탈출하지 못하는 곳으로 여겨져온 데 비추어 이 아이디어는 역설적으로 들릴 수 있다. 그러나 호킹은 양자 중력 영향에 따라 블랙홀이 뜨거운 물체같이 되고 작아질수록 더 뜨거워지며 열을 내보낸다고 계산했다. 블랙홀의 열 방사는 호킹 복사로 불린다. 이는 블랙홀이 점차 에너지를 잃고 증발해 사라짐을 의미한다. 달리 말하면 블랙홀에 무엇을 버리든지 열 방사로 출력된다. 따라서 블랙홀이 완전히 사라질 때까지 물질은 100퍼센트 에너지로 바뀐다.**

블랙홀 증발을 에너지원으로 활용한다는 아이디어의 문제는 블랙홀이 원자보다 훨씬 작지 않다면 시간이 너무 오래 걸린다는 것이다. 우리 우주의 현재 나이보다 더 긴 시일이 소요되는 정도이다. 게다가 내는 에너지가 촛불보다 적다. 블랙홀 증발 에너지는 홀이 커질수록 감소한다. 구체적으로는 홀 직경의 제곱에 비례해 감소한다. 물리학자

---

* 만약 가까운 우주에 자연적으로 만들어진 적당한 블랙홀이 없다면, 충분히 작은 공간에 많은 물질을 몰아넣음으로써 새 블랙홀을 만들어낼 수 있다.

** 이는 다소 과도한 단순화이다. 왜냐하면 어떤 입자는 호킹 복사로도 에너지를 끌어내기 어렵기 때문이다. 대형 블랙홀도 90퍼센트까지만 효율적이다. 에너지의 약 10퍼센트는 중력자의 형태로 뿜어져 나오는데, 중력자는 가상의 입자로 존재한다고 해도 유용한 일에 활용할 수 없다. 블랙홀이 증발하고 줄어들면서 효율이 더 떨어지는데, 왜냐하면 호킹 복사가 중성미자와 다른 큰 입자를 포함하기 시작해서이다.

루이스 크레인Louis Crane과 숀 웨스트모어랜드Shawn Westmoreland는 그래서 크기는 양성자의 1,000분의 1 정도이고 중량은 역사상 가장 무거운 선박만큼 나가는 블랙홀을 제안했다.[3] 이들의 주요 동기는 블랙홀 엔진을 우주선 동력으로 활용한다는 것이다. 이 주제는 뒤에 다시 다룬다. 따라서 그들은 효율보다 이동성에 더 비중을 뒀고 블랙홀에 물질을 넣는 대신 레이저를 비추는 것을 제안했다. 설령 블랙홀에 레이저가 아니라 물질을 넣는다고 해도 높은 에너지 효율을 보장하기는 어렵다. 프로톤을 그와 비교했을 때 수천 분의 1 직경인 블랙홀에 넣으려면 대형 강입자 충돌기LHC 정도의 강력한 기계로 프로톤을 발사해야 한다. 그러면 mc^2의 에너지가 적어도 1,000배의 운동에너지로 강화된다. 그런데 이 운동에너지의 적어도 10퍼센트가 블랙홀 증발 때 중력자로 사라진다. 그 결과 뽑아내는 에너지보다 투입하는 에너지가 더 커진다. 에너지 효율이 마이너스가 되는 것이다. 전망을 더 나쁘게 하는 요인은 우리의 계산을 뒷받침할 양자 중력 이론이 아직 엄밀하지 않다는 것이다. 그러나 이 불확실성은 또한 앞으로 발견될 새롭고 유용한 양자 중력 효과가 있음을 뜻한다.

회전하는 블랙홀

다행스럽게도 양자 중력이나 다른 덜 이해된 물리학이 필요 없는 블랙홀 발전 방식이 있다. 예를 들어 현재 존재하는 많은 블랙홀은 매우 빠르게 돌고, 블랙홀의 바깥 경계는 빛의 속도에 가깝게 회전한다. 이 회전에너지를 활용할 수 있다. 블랙홀의 바깥 경계 영역은 중력이 너무 강력해 빛조차 탈출하지 못한다. 이 경계의 밖에는 작용권作用圈, ergosphere이라고 불리는 영역이 〈그림 6.4〉에서와 같이 존재하는데, 블랙홀이 이 영역의 공간을 매우 빠르게 붙들고 회전하기 때문에 제자리

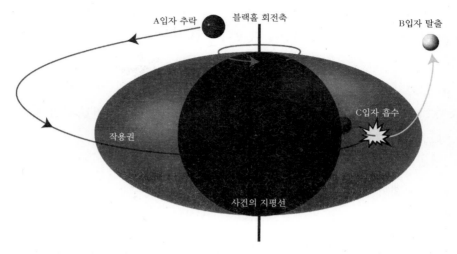

A입자 추락   블랙홀 회전축   B입자 탈출

C입자 흡수

작용권

사건의 지평선

그림 6.4. 회전하는 블랙홀의 에너지 중 일부는 A입자를 블랙홀 가까이로 쏘아주는 방식을 통해 끌어낼 수 있다. A입자가 B와 C로 갈라져 C는 블랙홀로 빨려들어가고 B는 탈출하게 하면 B는 A가 지니고 있던 것보다 더 큰 에너지를 갖게 된다.

를 지키며 끌려가지 않는 입자가 있을 수 없다. 만약 어떤 물체를 작용권에 가볍게 던지면 그 물체는 블랙홀 주위를 빠르게 돌게 될 것이다. 그러다 결국 곧 바깥 경계를 지나 블랙홀에 빨려 들어가 사라질 것이다. 그러나 이론 물리학자 로저 펜로즈Roger Penrose는 〈그림 6.4〉에 표현된 것처럼 블랙홀로 떨어지던 물체가 둘로 나뉘어 한 부분만 블랙홀에 빨려 들어가고 다른 부분은 처음보다 더 큰 에너지로 블랙홀을 탈출하게끔 하는 낙하 각도를 계산해냈다. 블랙홀의 회전에너지 중 일부를 부릴 수 있는 에너지로 바꿀 수 있는 것이다. 이 과정을 반복하다 보면 블랙홀은 회전에너지를 다 소진하게 되어 결국 블랙홀은 멈추고 작용권은 사라질 것이다. 만약 활용 초기에 블랙홀이 자연이 허용하는 한도로, 즉 바깥 경계가 빛의 속도로 회전했다면, 이 방법은 블랙홀 물질무게의 29퍼센트를 에너지로 변환할 수 있을 것이다. 블랙홀이 얼마나 빠르게 도는지는 불확실한데, 많은 연구에 따르면 속도가 최고 한도의 30~100퍼센트에 달한다. 우리 은하계 중간에는 태양의 400만 배 크기인 괴물 블랙홀이 회전하는 것으로 보인다. 따라서 만일 우리가 그 질량의 10퍼센트만 에너지로 바꾼다면, 태양 40만 개의 에너지를 100퍼센트 활용하는 효과를 거둔다. 이는 태양 5억 개를 둘러싼 다이슨 구에서 10억 년 동안 얻을 에너지에 해당한다.

퀘이사

다른 흥미로운 전략은 블랙홀 자체가 아니라 그리로 떨어지는 물질에서 에너지를 추출하는 것이다. 자연은 이미 스스로 그렇게 하는 방법을 발견했다. 블랙홀이 주변 물질을 집어삼키는 에너지에 의해 형성되는 거대 발광체인 퀘이사이다. 가스가 소용돌이치면서 블랙홀에 가까워지면 피자 모양의 디스크가 만들어지고, 그 가운데 부분이 점차 블랙홀에 삼켜지면서 극도로 뜨거워지고 엄청난 양의 에너지를 방출한다. 가스가 블랙홀로 떨어지면서 속도가 빨라지고 스카이다이버가 그러하듯 중력에 의한 위치에너지가 운동에너지로 변환된다. 복잡한 회전 강하 흐름이 더욱더 혼란스러워지면서 그 속의 개별 원자가 서로 고속으로 충돌한다. 무작위 운동은 뜨거워진다는 의미이다. 격렬한 충돌이 운동에너지를 열의 복사輻射로 바꾸는 것이다. 블랙홀을 안전한 거리에서 둘러싸는 다이슨 구를 만들면 이 복사에너지를 붙잡아 활용할 수 있다. 블랙홀이 빠르게 회전할수록 이 과정의 효율이 높아지는데, 무려 42퍼센트도 가능하다.* 무게가 항성만큼 나가는 블랙홀은 에

---

* 더글러스 애덤스Douglas Adams의 팬들을 위해 덧붙인다. 이는 우아한 물음으로 생명, 우주, 그리고 모든 것에 대한 질문에 답을 준다. 이 효율 42퍼센트는 $1-1/\sqrt{3}$으로 계산한다.

너지의 대부분을 X선으로 방출하고 은하계 중심부에 있는 블랙홀의 경우 적외선과 가시광선과 자외선의 범위에서 대부분을 내보낸다.

블랙홀에 들어갈 물질이 떨어진 다음에는 앞에서 제시한 것처럼 회전에너지를 활용하면 된다.* 사실 자연은 그 과정을 부분적으로 수행하는 방법을 발견했다. 즉, 블랜포드-즈나이엑 메커니즘Blandford-Znajek mechanism으로 알려진 자기성 프로세스로 커진 가스로부터의 복사를 부추기는 것이다. 자기장이나 다른 요소를 잘 활용하면 에너지 추출 효율을 42퍼센트보다 더 향상시킬 수 있을 것이다.

스팔러론

렙톤에는 모두 여섯 종류의 입자가 있는데, 전자, 뮤온, 타우입자(타우온) 그리고 이들과 쌍을 이루는 전자 중성미자, 뮤온 중성미자, 타우 중성미자이다.[4] 〈그림 6.5〉에 표현된 것처럼, 입자 물리학 표준 모형의 예측은 적당한 맛깔flavor과 회전spin의 쿼크 아홉 개가 모이면 스팔러론sphaleron이라는 중간 상태를 거쳐 렙톤 세 개로 변환된다는 것이다. 인풋이 아웃풋보다 무거우니, 질량 차이는 아인슈타인의 공식에 따라 에너지로 변환된다.

미래의 지능 생명체는 내가 스팔러라이저sphalerizer라고 이름 붙인 에너지 발생기를 만들 수 있을 것이다. 이는 강력해진 디젤 엔진처럼 작동한다. 전통적인 디젤 엔진은 공기와 디젤유의 혼합물을 압축함으로

---

* 가스 구름을 블랙홀 주위에서 회전하게 하면 가스는 블랙홀에 빨려들면서 점점 더 고속으로 회전한다. 이는 피겨 스케이팅 선수가 회전할 때 팔을 몸통에 붙임으로써 더 빠르게 돌 수 있는 것과 같은 원리이다. 그러면 블랙홀 회전 속도도 빨라지고 처음에는 가스에너지의 42퍼센트를 추출할 수 있다. 그다음에는 29퍼센트를 얻을 수 있다. 그래야 전체 에너지 59퍼센트가 다음 계산으로 나온다. 42%+(1-42%)×29%≈59%

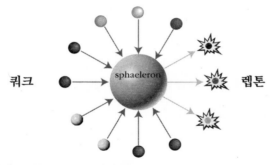

그림 6.5. 입자 물리학의 표준 모형에 따르면 맛깔과 회전이 적당한 쿼크 입자 아홉 개가 모이면 스팔러론이라는 중간 단계를 거쳐 렙톤 세 개로 바뀐다. 쿼크 아홉 개의 질량은 렙톤 세 개의 질량보다 훨씬 크다. 쿼크들을 엮어놓는 소립자인 글루온의 에너지를 포함하면 더욱 그렇다. 쿼크-렙톤 변환에 따라 발생하는 에너지는 그림에서 불꽃으로 표시됐다.

써 온도를 높여 혼합물이 연소하면서 폭발하게 한다. 이에 따른 팽창으로 피스톤이 밀려나면서 엔진이 작동한다. 폭발 이후 이산화탄소를 비롯한 가스는 폭발 전보다 무게가 0.0000005퍼센트 덜 나간다. 이 차이는 엔진을 움직인 열에너지에 해당한다. 스팔러라이저는 일반 물질을 압축해 온도를 수천조 도까지 올렸다가 다시 팽창시키며 온도가 내려가도록 한다. 이 과정에서 물질은 스팔러론 상태를 거친다.* 우리는 이 실험의 결과를 이미 안다. 왜냐하면 우리 우주는 138억 년 전 초기에 그렇게 뜨거웠고 물질의 거의 100퍼센트가 에너지로 전환됐기 때문이다. 남은 입자는 10억 분의 1도 안 됐지만 일반적인 물질인 쿼크와 전자가 거기에서 만들어졌다. 따라서 우주는 디젤 엔진과 비슷했다. 차이는 우주가 10억 배 넘게 더 효율적이었다는 것이다. 다른 장점은 연료에 대해 신경을 쓰지 않아도 된다는 것이다. 쿼크로 이뤄지면

---

* 전자력과 약력을 다시 결합하려면 충분히 뜨겁게 가열해야 한다. 이는 입자들이 입자충돌기에서 2,000억 볼트로 가속됐을 때만큼 빠르게 움직이면 가능해진다.

되는데, 이는 일반적인 물질이라면 다 된다는 뜻이다.

이 고온의 과정을 거치면서 우리의 초기 우주는 물질(나중에 원자로 합쳐지는 쿼크와 전자)보다 1조 배 많은 빛(광자와 중성미자)을 만들어냈다. 이후 138억 년 동안 큰 분리가 일어나, 원자는 뭉쳐서 은하계, 항성, 행성이 된 반면 광자는 은하 간 공간에 머물러 우주배경복사를 형성했다. 우주배경복사는 우리 우주의 초기 모습을 추정하는 데 도움을 줬다. 은하계에 거주하는 고등 생명 형태는 활용 가능한 물질의 대부분을 에너지로 변환할 수 있을 것이다. 그런 뜨겁고 고밀도의 상태를 스팔러라이저 내부에 잠시 다시 창조함으로써 초기 우주와 똑같은 효율을 뽑아낼 수 있을 것이다.

실제 스팔러라이저가 얼마나 효율적일지 추산하려면 핵심적인 실제 세부 사항을 알아내야 한다. 예를 들어 광자와 중성미자의 상당 부분이 압축 단계에서 빠져나가지 않게 하려면 스팔러라이저를 얼마나 크게 만들어야 할지 결정해야 한다. 그러나 우리가 확실하게 말할 수 있는 것은 생명의 미래와 관련한 에너지 전망은 현재 기술로 가능한 정도에 비해 극적으로 향상되리라는 점이다. 우리는 아직 핵융합로도 만들지 못하고 있지만, 미래의 기술은 그보다 10배, 아니 100배 더 효율을 끌어올릴 수 있다.

더 나은 컴퓨터 개발

에너지 효율이라는 측면에서 사람이 음식을 섭취하는 활동은 가능한 물리적 한계와 비교해 100억 분의 1에 불과하다. 그렇다면 오늘날 컴퓨터의 효율은 어느 정도일까? 사람보다 못하다. 이 점을 살펴보자.

세스 로이드는 내 친구이자 동료인데, 나는 그를 소개할 때 "MIT에서 나만큼이나 미친 사람"이라고 표현한다. 양자 컴퓨터 분야를 개척하는 연구를 한 뒤 그는 우리 우주 전체가 양자 컴퓨터라고 주장하는 책을 써냈다(책은 『프로그래밍 유니버스』이다_옮긴이). 우리는 업무를 마친 뒤 자주 함께 맥주를 마시는데, 그는 어떤 주제에서든 흥미로운 무언가를 들려주곤 한다. 예를 들어 나는 2장에서 그가 컴퓨팅의 궁극적인 한계에 대해 할 말이 많다고 언급한 바 있다. 그는 유명한 2000년 논문에서 컴퓨터 스피드는 에너지에 의해 제약됨을 보여줬다. 기본적인 논리 연산을 하는 시간 T와 여기에 드는 에너지 E는 다음 관계에 있다. $E = h/4T$. 여기서 h는 플랑크상수라는 기본적인 물리 수치이다. 이 공식은 에너지가 많이 투입될수록 시간이 줄어듦을 보여준다. 이 공식으로부터 1킬로그램의 컴퓨터는 초당 최고 5×10^{50}번 연산을 수행할 수 있다는 계산이 나온다. 이는 내가 지금 이 단어를 쓰는 컴퓨터와 비교해 단위가 36자리나 월등한 수준이다. 컴퓨터 연산력이 2년마다 두 배가 되는 추세가 이어진다면 우리는 그 수준에 몇 세기 뒤에 도달할 것이다. 이는 2장에서 살펴본 바 있다. 그는 또 같은 무게의 컴퓨터는 최고 10^{31}비트를 저장할 수 있음을 보여줬는데, 이는 내 랩톱 용량의 10억 배를 10억 번 곱한 규모에 해당한다.

세스는 실제로 이 한계에 도달하는 일이 간단치 않을 수 있고, 사정은 초지능 생물에게도 그리 다르지 않으리라는 걸 인정했다. 그 컴퓨터의 저장장치가 원자핵융합 폭발이나 작은 빅뱅을 일으킬 것이기 때문이다. 그러나 그는 낙관적이어서 현실적인 한계와 궁극적인 한계의 격차가 그리 크지 않으리라고 본다. 사실 현재의 양자 컴퓨터 원형은 이미 원자 하나에 1비트를 저장함으로써 저장장치의 크기를 극소로 줄였고, 이 기술의 규모를 키우면 저장장치 1킬로그램당 10^{25}비트를 담을 수 있다. 이는 내 랩톱의 1조 배나 된다. 게다가 원자 간 커뮤니케이션이 전자기 복사를 활용하면 초당 5×10^{40}번 연산이 가능해진다.

자릿수가 내 CPU에 비해 31개나 위인 것이다.

요컨대 미래 생명이 계산하고 생각하는 활동의 잠재력은 너무도 놀랍다. 단위를 기준으로 궁극적 컴퓨터와 오늘날 슈퍼컴퓨터의 차이는 슈퍼컴퓨터와 1초에 한 번 정도 깜박이는 자동차 방향등 사이의 격차보다 더 크다. 켜지고 꺼지는 동작만 가능한 방향등은 단 1비트를 처리할 수 있을 뿐이다.

다른 자원들

물리학의 관점에서 미래 생명이 만들고자 하는 모든 것은, 거주지에서부터 기계와 새로운 생명 형태에 이르기까지, 그저 기본적인 입자가 저마다 특정한 방식으로 배열된 것이다. 흰긴수염고래는 크릴새우를 재배열한 결과이고 크릴새우는 플랑크톤을 재배열한 결과인 것처럼, 우리 태양계 전체는 138억 년 동안의 우주적 진화를 거쳐 수소가 재배열된 결과일 뿐이다. 중력이 수소를 항성으로 재배열했고 항성은 수소를 더 무거운 원자로, 원자는 다시 중력을 통해 우리 항성으로, 그리고 이후에는 생화학적 과정을 거쳐 생명으로 재배열했다.

극한까지 기술을 발전시킨 미래의 생명은 더 빠르고 효율적으로 입자를 재배열할 수 있다. 우선 컴퓨터를 이용해 가장 효율적인 방법을 찾아낸 뒤 가용한 에너지를 투입해 물질 재배열을 실행할 것이다. 우리는 앞서 물질이 어떻게 컴퓨터와 에너지로 변환될 수 있는지 살펴봤고, 따라서 기본적인 자원만 필요한 셈이다.* 미래의 생명이 물리적 한계에 도달한 다음에 더 해야 하는 것은 하나뿐이다. 더 많은 물질을 확

---

* 우리는 원자로 이뤄진 물질만 다뤘다. 그보다 여섯 배나 많은 암흑물질이 있다. 암흑물질은 일상적으로 지구를 통과해 날아가서, 찾기 힘들고 확보하기 어렵다. 미래의 생명이 암흑물질을 확보해 활용할지는 두고 봐야 한다.

지역	입자
우리 생태계	10^{43}
우리 행성	10^{51}
우리 태양계	10^{57}
우리 은하계	10^{69}
0.5광년 이동 범위	10^{75}
1광년 이동 범위	10^{76}
우리 우주	10^{78}

표 6.2. 미래의 생명이 활용할 수 있는 물질 입자(양성자와 중성자)의 대략적인 수

보하는 것이다. 또 이를 실행할 수 있는 유일한 방법은 영역을 우주로 넓히는 것이다. 우주로!

우주 정착으로 자원 획득

우리의 우주적인 자질은 얼마나 대단할까? 구체적으로 말하면, 생명체가 궁극적으로 활용할 수 있는 물질의 양은 물리 법칙에 따르면 어디까지일까? 물론 우리의 우주적인 자질은 놀라울 정도로 크다. 그러나 정확히 얼마나 큰가? 〈표 6.2〉는 몇 가지 핵심 수치를 보여준다. 우리 행성은 현재 99.999999퍼센트 죽은 상태이다. 물질 중 이 비율이 생태계 밖에 있고 중력과 자기장 외에는 생명에 전혀 도움이 되지 않는다는 의미에서이다.

이는 언젠가 물질을 지금보다 수억 배 더 활용할 수 있다는 가능성을 열어놓는다. 만약 우리가 태양을 포함해 태양계의 모든 물질을 최적으로 활용한다면 우리는 활용도를 추가로 수백만 배 더 높일 수 있

을 것이다. 은하계에 정착하면 몇조 배 더 확장된다.

얼마나 멀리 갈 수 있을까?

우리가 원하는 만큼 많은 다른 은하계에 정착함으로써 자원을 무한대로 획득할 수 있다고 생각할 독자도 있으리라. 그러나 현대 우주학은 그렇게 보지 않는다. 우주 자체가 무한할 수는 있다. 그래서 은하계, 항성, 행성도 무수히 많을 수 있고 이는 빅뱅 직후를 설명하는 것 중에 현재 가장 인기 있는 패러다임인 우주 급팽창inflation 이론의 가장 간단한 버전이 예측한 바이다. 그러나 설령 은하계가 무한히 많다고 하더라도, 우리가 보고 도달할 수 있는 곳은 한정돼 있다. 우리는 2,000억 개 은하계만 볼 수 있고 많아야 100억 곳에 정착할 수 있다.

우리를 제약하는 것은 빛의 속도인데, 1년에 1광년(약 10조 킬로미터)이다. 〈그림 6.6〉은 빅뱅 이후 지난 138억 년 동안 지구에 도달한 빛의 범위를 나타낸 것이다. 이는 '우리가 관찰 가능한 우주', 또는 간단히 '우리 우주'라고 불린다. 우주가 무한하더라도 우리 우주는 유한하고, 10^{78}개의 원자만 포함한다. 또 우리 우주의 약 98퍼센트는 "볼 수 있지만 만지지 못한다". 우리가 빛의 속도로 영원히 날아간다고 해도 도달하지 못한다는 뜻이다. 과연 그럴까? 시간이 무한하다면 우리는 우리 우주의 밖에도 갈 수 있고 나아가 머나먼 은하계 아무 곳에나 도달할 수 있지 않을까?

그렇지 않다. 첫째 장벽은 우리 우주가 팽창해, 모든 은하계가 우리로부터 멀어진다는 사실이다. 둘째로 우주의 팽창이 점점 더 빨라진다는 사실이다. 이는 우리 우주의 70퍼센트를 구성하는 의문의 암흑물질 때문이다. 이 현상과 관련해 다음 상황을 상상해보자. 당신이 기차역 플랫폼에 도착했는데 출발한 기차가 점차 속도를 내며 멀어지고 있

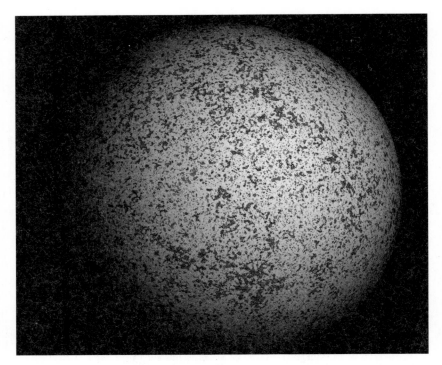

그림 6.6. 우리 우주란 빅뱅 이후 138억 년 동안 우리에게 빛이 도달한 공 모양의 영역을 뜻한다. 우리 우주의 중앙에는 지구가 있다. 그림의 패턴은 플랑크 위성이 촬영한 우리 우주의 초기 모습을 보여준다. 우리 우주는 나이가 불과 40만 년일 때에는 태양 표면만큼 고온인 플라즈마로 이뤄져 있었다. 공간은 아마도 이 영역 밖으로도 이어지고, 매년 새로운 물질이 우리 시야에 들어온다.

다. 그런데 문은 타라는 듯 열려 있다. 만약 당신이 재빠르고 저돌적이라면 기차를 탈 수 있을까? 시간이 지날수록 기차는 당신보다 빨리 달릴 것이므로, 탈 수 있는지는 처음 상태에서 당신과 기차 사이 거리에 달려 있다. 기차에서 특정한 임계 거리보다 더 떨어져 있다면 당신은 절대 기차를 잡지 못한다. 멀리 떨어진 은하계들도 점점 더 빠른 속도로 우리와의 거리를 벌린다. 설령 우리가 빛의 속도로 움직인다고 해도, 우리는 약 170억 광년 넘게 떨어진 은하계에는 영원히 도달하지 못한다. 그리고 그 영역은 우리 우주 속 은하계들의 98퍼센트가 넘는 부분을 차지한다(이는 우리가 관측 가능한 우주의 경계는 138억 광년이라는 부분과 상충하는 듯하다. 138억 광년 떨어진 곳에 있던 항성은 우주 공간 팽창으로 이 시간 동안 더 멀어졌을 테고, 그래서 현재 거리는 410억 광년으로 추정된다_옮긴이).

잠깐, 아인슈타인의 특수상대성이론에 따르면 어떤 물체도 빛보다 빨리 움직이지 못하잖아? 그렇다면 빛의 속도로 따라가는 우리보다 은하계들이 더 빠르게 멀어지는 것은 어떻게 설명하나? 답은 특수상대성이론이 아인슈타인 자신의 일반상대성이론으로 대체된다는 데 있다. 일반상대성이론에서 속도의 한계는 더 자유로워진다. 공간 속을 빛보다 빠른 속도로 이동하는 것은 불가능하지만, 공간은 원하는 속도로 팽창할 수 있다. 아인슈타인은 이 속도 한계를 시각적으로 표현하는 멋진 방법도 제시했다. 시간을 시공간의 넷째 차원으로 보는 것이다(〈그림 6.7〉을 보면, 공간의 3차원에서 한 차원을 뺐다). 공간이 팽창하지 않으면 광선은 시공간에 45도 기운 선을 형성하고, 우리가 지금 여기에서 보고 도달할 수 있는 영역은 원뿔 모양이다. 우리의 과거 광선 원뿔은 138억 년 전 빅뱅으로 잘린다. 그러나 미래 광선 원뿔은 영원히 확장되고, 그래서 우리는 무제한의 우주 자원에 접근할 수 있다. 이와 대조적으로 가운데 그림은 암흑에너지로 팽창하는 우주가(이는 우리가 속한 우주로 보인다)가 광선 원뿔을 샴페인 잔 모양으로 바꾼다. 그 결과 우리가 정착할 수 있는 은하계의 수가 약 1,000만 개로 줄어든다.

이 제약이 당신에게 우주적인 폐소공포증을 불러일으키는가? 빠져나갈 구멍의 가능성이 있다. 내 계산의 전제는 암흑에너지가 시간에 걸쳐 일정하다는 것이고, 이는 최근 측정이 시사하는 바와 들어맞는다. 그러나 우리는 암흑에너지가 진정으로 무엇인지와 관련해 아무런

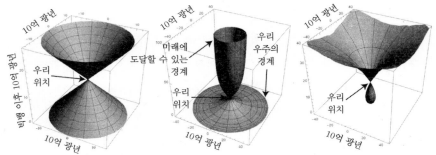

그림 6.7. 이 시공간 도표에서 가로축과 세로축에 표시된 어떤 사건은 각각 어디서 언제 그 사건이 일어났는지를 나타낸다. 만약 공간이 팽창하지 않는다면(왼쪽 그림), 지구(원뿔의 정점)에 있는 우리가 영향을 받을 수 있는 시공간의 범위는 아래 원뿔로, 우리가 영향을 줄 수 있는 범위는 위 원뿔로 제한된다. 이렇게 나타나는 것은 시공간에서 인과관계의 영향이 빛보다 빠르지 않기 때문이다. 공간이 팽창하면 흥미로운 결과가 나타난다(오른쪽 그림들). 우주론의 표준 모형에 따르면 우주가 무한하더라도 우리가 보고 도달할 수 있는 부분은 한정된다. 샴페인 글라스를 떠올리게 하는 가운데 이미지는 공간 팽창을 숨기는 좌표를 이용해, 먼 은하계의 시간에 걸친 움직임이 수직선에 가깝게 된다. 빅뱅 이후 138억 년이 지난 우리의 현재 시점에서 광선은 샴페인 글라스의 받침으로부터만 우리에게 도달할 시간이 있었다. 설령 우리가 빛의 속도로 이동한다고 해도 글라스의 윗부분 밖 영역에는 도달하지 못하는데, 그 영역에는 100억 개의 은하계가 있다. 오른쪽 이미지에서 우리는 공간 팽창이 보이는 친숙한 좌표를 설정했다. 그렇게 하면 글라스 받침이 물방울 모양이 되는데, 왜냐하면 우리가 볼 수 있는 영역의 경계가 초기에는 매우 가까운 곳에 있었기 때문이다.

단서도 잡지 못했다. 암흑에너지가 결국 사라져버릴 것이라는 희미한 희망도 있는데(우주 급팽창을 설명하기 위해 상정된 암흑에너지 비슷한 물질과 상당히 비슷하게), 그렇게 되면 가속 대신 감속이 일어난다. 그 결과 미래의 생명 형태는 그들이 생존하는 동안 새로운 은하계에 계속 정착할 수 있다.

얼마나 빨리 갈 수 있을까?

앞에서 은하계가 빛의 속도로 팽창할 경우 문명이 거주할 수 있는 은하계가 얼마나 많은지 살펴봤다. 일반상대성이론은 로켓을 빛의 속도로 우주 공간에 쏘아 올리는 것은 불가능하다고 말한다. 그렇게 하려면 무한한 에너지가 필요하기 때문이다. 로켓은 실제로 얼마나 빠르게 발사될 수 있을까?*

나사의 뉴 호라이즌 로켓은 2006년에 명왕성을 향해 가면서 시속 약 10만 마일의 속도(초당 45킬로미터)를 내면서 기존 기록을 깼다. 또 나사가 2018년 발사할 태양 탐사선 플러스는 태양에 매우 가깝게 떨어지면서 이보다 네 배 빠른 속도를 낼 계획이다. 그러나 그것도 빛의 속도에는 0.1퍼센트에 불과하다. 지난 세기에 여러 명석한 연구자들이 더 빠르고 뛰어난 로켓 연구에 뛰어들었고, 이 분야에는 매혹적인 자료가 많다. 빨리 가기가 왜 어려운가? 요인은 두 가지이다. 하나는 기존 방식은 로켓 연료의 대부분이 로켓의 연료에 해당하는 무게를 가속하는 데 쓰인다는 것이다. 다른 하나는 로켓 연료의 효율이 끔찍하리만큼 비효율적이라는 것이다. 질량 중 에너지로 바뀌는 비율이 가솔린의 경우 0.00000005퍼센트에 그친다. 앞서 〈표 6.1〉에 정리된 대로이다. 분명한 개선책 가운데 하나는 더 효율적인 연료를 활용하는 것이다. 예를 들어 나사의 오리온 프로젝트에 참여한 프리먼 다이슨과 연구자들은 핵폭탄 30만 개를 열흘 동안 터뜨려 로켓의 속도를 빛의 3퍼센트까지 올리는 구상을 했다.[5] 다른 연구자들은 반물질을 연료로 쓰는 방안을 궁리했다. 반물질을 일반 물질과 결합하면 거의 100퍼센트 효율로 에너지가 방출된다.

다른 인기 있는 아이디어는 자기 연료를 운반하지 않는 로켓이다. 예를 들어 성간 공간은 완벽한 진공이 아니라 수소 이온(전자를 잃은 수

---

* 우주 수학자들은 놀랍게도 간단하게 계산한다. 문명이 확산하는 속도가 빛의 속도 c가 아니라 그보다 낮은 v라면, 정착할 수 있는 은하계의 수는 $(v/c)^3$의 비율로 줄어든다. 그래서 다른 문명에 비해 속도가 10분의 1인 느린 문명은 정착 가능한 은하계가 1,000분의 1에 불과하다.

소 원자)을 포함한다. 물리학자 로버트 버사드Robert Bussard는 1960년에 버사드 램제트Bussard ramjet라고 알려진 아이디어를 내놓았다. 로켓이 이동하면서 얻은 수소 이온을 융합로에서 연료로 활용한다는 것이다. 그러나 이 아이디어가 실제로 적용될 수 있을지 의문이라는 연구가 최근에 나왔다. 연료를 지니지 않는 또 다른 방법으로 고도의 우주선 기술을 가진 문명이 실행 가능해 보이는 것이 레이저 항해이다.

〈그림 6.8〉은 로버트 포워드가 1984년에 제시한 레이저 항해 로켓의 개념을 보여준다. 물리학자인 포워드는 다이슨 구 건설을 살펴볼 때 거론한 스태타이트statite를 고안해냈다. 배의 돛에 입자가 부딪히면 배를 밀어내듯이, 빛 입자(광자)도 반발력을 낼 수 있다. 태양광 레이저를 거대한 초경량 거울 돛에 쏘아주면 로켓을 엄청난 속도에 이르도록 추진할 수 있다. 그럼 로켓은 어떻게 정지시키나? 나는 답을 찾지 못하다가 포워드의 기발한 논문을 읽게 됐다. 그는 〈그림 6.8〉에 보이는 것처럼 목적지에 가까워지면 레이저 돛의 바깥 부분을 분리해 로켓의 앞부분으로 보낸다는 아이디어를 냈다. 바깥 돛이 레이저 빔을 로켓의 남은 돛에 반사하면 로켓이 감속된다.[6] 포워드는 이 방식을 활용하면 4광년 떨어진 알파센타우리 태양계까지 40년이면 갈 수 있다고 계산했다. 이건 첫 단계이다. 그다음엔 거기에 거대한 레이저 시스템을 설치할 수 있다. 이런 식으로 하면 우리 은하계를 계속 탐험할 수 있다.

왜 거기서 멈추나? 니콜라이 카르다셰프Nikolai Kardashev라는 소련 천문학자는 얼마나 많은 에너지를 활용할 수 있느냐로 문명의 등급을 나누자고 제안했다. 카르다셰프 척도에 따르면 문명은 행성, 항성, 은하계의 에너지 중 어느 단계까지 활용하느냐에 따라 각각 타입 I, 타입 II, 타입 III으로 정의된다. 이후 연구자들은 타입 IV를 추가해 접근 가능한 우주 전체의 에너지를 활용하는 것이라고 타입 IV를 정의했다. 이

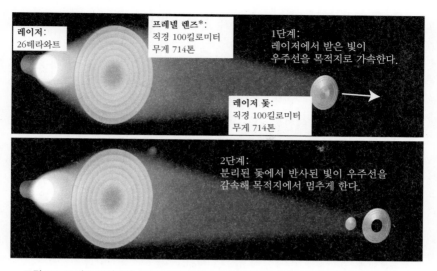

그림 6.8. 로버트 포워드가 4광년 떨어진 알파센터우리 태양계에 가는 임무를 위해 설계한 레이저 항해 우주선의 개념도. 우리 태양계의 강력한 레이저가 이 우주선의 레이저 돛에 반발력을 줘 우주선을 가속시킨다. 목적지를 앞두고 멈추게 하려면 레이저 돛의 바깥 부분을 분리해 로켓의 앞부분으로 보낸다.

후 야심 찬 생명 형태에 대한 좋은 소식과 나쁜 소식이 전해졌다. 좋은 소식은 인공지능의 비약적인 발달이다. 낙관적 비전가 칼 세이건Carl Sagan 은 인간이 다른 은하계에 가는 일이 가망 없다고 봤다. 광속에 가까운 속도로 가더라도 수백만 년 걸리는 여정인데, 인간의 수명은 100년도 되지 않는다는 것이다. 그러나 새로운 아이디어가 나왔다. 우주인들을 냉동해 수명을 연장한다거나, 빛의 속도에 가깝게 이동하면 시간과 노화가 느려진다거나, 몇몇 우주인이 아니라 한 공동체 전체를 보내 수만 세대 동안 여행하게(그렇게 되면 인류가 지금까지 존재한 기간보다 길어진다) 한다거나 하는 것이다.

---

* 프레넬 렌즈는 집광 렌즈의 한 종류로 두께가 얇은 것이 특징이다_옮긴이

초지능의 가능성은 이런 그림을 완전히 바꿔놓는다. 은하계 간 방랑벽이 있는 사람들로 하여금 더 기대를 갖게 한다. 인간의 생명활동을 지원하는 커다란 장치를 우주선에서 들어내고 AI가 발명한 기술을 추가하면 은하계 간 정착은 상당히 간단해진다. 우주선의 크기가 문명의 씨앗을 뿌리는 역할을 하는 탐사선을 실을 정도로 충분하다면, 포워드의 레이저 항해는 훨씬 저렴해진다. '씨앗 탐사선'은 목표로 한 태양계의 소행성이나 행성에 착륙해, 맨땅에서 문명을 건설하는 로봇을 말한다. 씨앗 탐사선은 작업 지시서조차 가져가지 않아도 된다. 충분히 큰 수신 안테나를 만들고 이를 통해 세부 청사진을 모# 문명으로부터 광속으로 전송받으면 된다. 이곳에 건설된 문명은 같은 과정을 반복한다. 레이저를 발사해 새로운 씨앗 탐사선을 다른 태양계로 보내는 것이다. 은하계 사이의 거대한 검은 공간에는 은하계에서 떨어져 나온 '은하계 별'이라고 불리는 항성이 상당수 있는데, 초지능은 그 태양계를 중간 기착지로 활용하면 된다. 대양을 건널 때 섬을 징검다리 삼는 것처럼 말이다.

초지능 AI가 다른 태양계나 은하계에 정착한 뒤 그곳에 인간을 불러오는 것은 쉽다. 다만 전제 조건은 인간이 AI로 하여금 이런 목적을 갖도록 하는 데 성공한다는 것이다. 인간에 대해 필요한 모든 정보는 광속으로 전송받을 수 있다. AI는 그 정보에 따라 쿼크와 전자를 결합해 원하는 인간을 만들어낼 수 있다. 여기엔 두 가지 방법이 가능하다. 로테크 방법은 한 사람의 DNA를 구체적으로 담은 2기가바이트의 정보를 받아 아기를 만든 뒤 AI가 키우는 것이다. 또는 AI가 성인을 복제하고 그에게 지구에 있는 원본 인간이 지닌 모든 기억을 복사해주는 방법이 있다.

지능 폭발이 일어나면 핵심 질문은 은하계 간 정착이 가능한지가 아니라 그 일이 얼마나 빨리 진척될 수 있는가이다. 우리가 지금까지 살펴본 모든 아이디어는 사람에게서 나왔고, 그래서 이들은 생명이 얼마나 빠르게 확산할지와 관련해 제시된 하한일 뿐이라고 여겨진다. 야심 찬 초지능 생명은 아마 이 일을 훨씬 잘할 것이다. 평균 정착 속도가 1퍼센트 빨라지면 은하계의 3퍼센트를 더 식민지로 만들 수 있다.

예를 들어 생각해보자. 레이저 항해 시스템으로 10광년 거리의 다른 태양계 시스템에 가는 데 20년이 걸리고 거기에 정착해 새 레이저와 씨앗 탐사선을 만드는 데 10년이 걸린다면, 우주에서 정착된 영역은 광속의 3분의 1 속도로 확장되는 구球 모양일 것이다. 미국 물리학자 제이 올슨Jay Olson은 2014년에 우주로 확산하는 문명에 대해 아름답고 철저한 분석을 내놓았다. 올슨은 섬 징검다리 접근을 대신할 하이테크를 제안했다. 이 아이디어엔 탐사선이 씨앗 탐사선과 확장자 두 종류이다.[7] 씨앗 탐사선은 목적지에 착륙해 그곳에 생명의 씨앗을 뿌린다. 확장자는 멈추지 않은 채 개선된 램제트(고속 비행에 의한 기압으로 공기를 압축하는 제트 엔진) 기술을 활용해 물질을 채집해 일부는 연료로 태우고 나머지로는 씨앗 탐사선들과 확장자들을 만들어낸다. 이처럼 스스로를 복제하는 확장자 선단은 우주 정착 속도를 점차 끌어올려 일정 수준(예를 들어 광속의 2분의 1)으로 유지할 것이다. 또 확장자 선단은 스스로를 자주 복제해 각 선단은 공 모양의 확장 영역에 일정한 수의 확장자를 거느릴 것이다.

마지막으로 언급하지만 중요한 접근이 있다. 교활한 롱패스라고 부를 만한 이 방법은 다른 방법보다 훨씬 빠르게 문명을 전파할 수 있다. 앞서 4장에서 소개한 한스 모라벡의 '우주적 스팸' 전략이다. 이는 새로 진화한 순진한 문명들을 속이는 메시지를 전파로 내보내 그들이 초지능 기계를 만들도록 하는데, 그 기계가 그 문명들을 탈취하는 순서로 실행된다. 이렇게 하면 문명은 기본적으로 빛의 속도로 확장될 수 있다. 사이렌의 유혹하는 노래가 빛의 속도로 우주에 울려 퍼지는 셈이다. 고도의 문명이 자신의 '미래 빛 원뿔' 안에 있는 은하계들의 대부분에 도달하는 데엔 이 방법이 가장 빠를 것이다. 따라서 이 방법을 시도하지 않을 이유가 약하다. 우리는 외계인에게서 전송받은 정보를 매우 의심해야 하는 것이다! 칼 세이건의 책 『콘택트』에서 우리 지구인들은 외계인에게서 받은 청사진을 이용해 우리가 이해하지 못하는 기계를 만든다. 나는 그런 행동을 하지 말기를 권한다.

요컨대 나는 과학자들과 SF 작가들이 우주 정착을 너무 비관적으로 본다고 생각한다. 그들은 초지능의 가능성을 간과한다. 인간이 여행한다는 것과 인간이 개발한 기술에 관심을 한정함으로써, 그들은 은하계 간 여행의 어려움을 과대평가하고 물리적으로 가능한 한계에 접근하는 데 걸리는 시간을 너무 길게 본다.

우주 엔지니어링을 통한 연결

암흑에너지가 서로 먼 거리에 있는 은하계들을 떨어뜨리는 데 속도를 낸다면, 이는 최근 실험 데이터가 보여주는 바인데, 미래의 생명에게 큰 골칫거리가 될 것이다. 설령 미래 문명이 100만 개 은하계에 정착한다고 하더라도 암흑에너지가 수백만 년 동안 이 우주 제국을 수천 개의 다른 지역을 갈라놓을 것이고, 지역 사이에 연락이 불가능해질 것이다. 만약 미래의 생명이 이 파편화를 막기 위해 아무것도 하지 않는다면 생명의 보루 중 가장 큰 것은 약 1,000개의 은하계를 포함한 성단들이 될 것이다. 그 성단들이 결합된 중력은 암흑에너지의 떼어놓으려는 힘을 이겨낼 정도로 강하다.

초지능 문명이 연결된 상태로 지내고자 한다면 우주적 규모의 엔지니어링을 벌일 유인이 강하다. 암흑에너지가 가장 큰 슈퍼 성단을 갈라놓기 전에 얼마나 많은 물질을 그 속에 옮겨놓을 수 있을까? 항성을 먼 거리로 움직이는 방법 중 하나는 두 항성이 서로 공전하는 쌍성계에 제3의 항성을 밀어 넣는 것이다. 연애와 마찬가지로 제3의 파트너가 등장하면 관계가 틀어지고 셋 중의 하나가 격렬하게 밀려나게 된다. 항성들 사이에서는 엄청난 속도로 그렇게 된다. 셋 중 하나가 블랙홀이면 그런 삼각관계는 은하계 밖으로 물질을 빠르게 내보내는 데 이용될 수 있다. 이 기술은 한 문명의 작은 일부만을 멀리 보낼 수 있을 것으로 보인다.

그렇다고 해서 초지능 생명이 더 나은 해법을 찾아내지 못함을 의미하는 건 분명히 아니다. 이를테면 은하계에 많은 물질을 우주선으로 바꾸어 슈퍼 성단으로 이동하게 하는 방법이 있다. 만약 스팔러라이저가 개발되면 이를 활용해 물질을 에너지로 바꾸어 슈퍼 성단에 빛으로 보낸 다음 다시 물질로 재변환하거나 에너지원으로 활용할 수 있다.

가장 큰 행운은 통과할 수 있는 웜홀을 만들 수 있는 상황이다. 웜홀은 우주에서 먼 거리를 가로지르는 가설적 통로를 일컫는다. 웜홀의 한 끝과 다른 끝은 거의 즉각 연락하고 오갈 수 있다. 암흑에너지로 인해 멀어지는 거리가 문제되지 않는 것이다. 아인슈타인의 일반상대성이론에 따르면 안정적인 웜홀은 가능하지만, 영화 〈콘택트〉와 〈인터스텔라〉에 등장한 것처럼 전제 조건이 있다. 밀도가 음陰인 이상한 종류의 물질이 존재한다는 것이다. 그런데 이는 양자 중력 효과에 들어맞지 않는다. 달리 말하면 유용한 웜홀은 불가능하다고 판명이 날 듯하다. 그러나 그렇지 않다면 초지능은 그걸 건설할 유인이 엄청나다. 웜홀은 은하계들 사이의 연락을 혁명적으로 빠르게 바꿔놓을뿐더러 슈퍼 성단을 중심으로 다른 은하계들을 연결할 것이다. 그 결과 미래 생명의 전체 영역을 통합해 암흑에너지의 갈라놓는 힘을 무력화할 것이다.

만약 우주 엔지니어링에 최선을 다했는데도 문명이 자신의 일부와 영원히 결별할 운명에 처한다면, 그 일부에게 안녕을 기원하고 보낼 수 있다. 그러나 그 문명이 매우 고난도의 질문에 대한 답을 찾는 야심찬 목표가 있다면 파괴하고 이용하는 전략을 취할 것이다. 즉, 멀어지는 은하계를 거대한 컴퓨터로 만들어 물질과 에너지를 미친듯이 계산에 투입해댄다. 암흑에너지로 인해 너무 멀어지기 전에 해답을 찾아내 슈퍼 성단에 보내기 위해서이다. 이 파괴 이용 전략은 너무 멀어 '우주 스팸'으로나 닿을 수 있는 영역에 특히 적합하다. 멀어지는 영역의 거주자에게는 끔찍한 일이지만, 슈퍼 성단의 문명은 가능한 한 오랫동안 보전과 효율을 극대로 추구할 것이다.

얼마나 오래 살 수 있나?

장수는 대부분의 사람, 조직, 나라가 열망하는 바이다. 만약 야심찬 미래 문명이 초지능을 개발하고 장수를 원한다면, 그 문명은 얼마나 오래갈까?

우리의 먼 미래를 처음 철저하게 연구한 사람은 다름 아닌 프리먼 다이슨이다. 〈표 6.3〉에 그의 핵심 발견이 요약됐다. 결론은 지능이 개입하지 않는다면 태양계와 은하계는 점차 파괴되어 종국에는 다른 사례로 나타난 결과에 이른다는 것이다. 차갑게 죽은, 빈 공간에 영원에 이르도록 사그라드는 복사광만 남을 것이다. 그러나 프리먼은 그의 분석을 다음과 같이 낙관적으로 끝맺는다. "생명과 지능이 우리 우주를 자신에 목적에 따라 빚는 데 성공할 가능성을 진지하게 고려하는 것에는 과학적인 이유가 충분하다."[8]

나는 초지능이 〈표 6.3〉에 올라온 문제 리스트를 쉽게 해결하리라

무엇?	언제?
우리 우주의 현재 나이	10^{10}
암흑에너지가 대부분의 은하계를 멀리 떼어놓음	10^{11}
최후의 항성이 다 타고 꺼짐	10^{14}
행성이 항성으로부터 분리됨	10^{15}
항성이 은하계로부터 분리됨	10^{19}
중력 복사로 인한 공전궤도 붕괴	10^{20}
양성자 붕괴(가장 이른 시기)	$>10^{34}$
항성 규모의 블랙홀 증발	10^{67}
초대규모 블랙홀 증발	10^{91}
모든 물질이 철로 붕괴	10^{1500}
모든 물질이 블랙홀로 변하고 블랙홀 증발	10^{1026}

표 6.3. 먼 미래에 대한 추정. 둘째와 일곱째를 제외하면 모두 프리먼 다이슨이 계산했다. 암흑에너지가 발견되기 전에 계산한 결과이다. 암흑에너지로 인해 10^{10}년에서 10^{11}년 사이에 우주 종말이 일어날지도 모른다. 양성자는 완벽하게 안정적일 수도 있는데, 그렇지 않으면 10^{34}년 이후 양성자의 절반이 붕괴할 것이다.

고 본다. 왜냐하면 초지능은 물질을 태양계나 은하계보다 더 낮게 재배열할 수 있기 때문이다. 자주 거론되는 수십억 년 뒤 우리 태양의 죽음은 종말이 되지 않을 것이다. 상대적으로 기술 수준이 낮은 문명도 무게가 덜 나가는 항성을 중심으로 하는, 2,000억 년은 지속될 다른 태양계로 쉽게 옮겨갈 수 있다. 초지능 문명은 항성보다 더 효율적인 발전소를 만들 수 있다고 가정하면, 그들은 에너지 보존의 측면에서 항성의 형성을 막는 것을 원할 것이다. 그 이유는 이렇게 설명할 수 있다. 그들이 다이슨 구를 이용해 어떤 항성의 주요 생애 동안 모든 에너지 생산량을 거둔다고 해도 그 비율은 전체 에너지의 약 0.1퍼센트밖에 되지 않는다. 그토록 강하던 항성도 사망하고, 그렇게 되면 에너지의 99.9퍼센트를 쓰지 못하게 된다. 무거운 항성은 초신성 폭발과 함께 사망하는데, 이때 대부분의 에너지는 중성미자 형태로 빠져나간다.

더 무거운 항성은 블랙홀을 형성하는데 거기서 에너지가 흘러나오는 데에는 10^{67}년이나 걸린다.

초지능 생명은 물질이나 에너지가 떨어지지 않는 한 거주지를 자신이 원하는 상태에서 유지할 수 있다. 아마 그는 양성자가 붕괴하지 않게끔 이른바 양자역학의 솥 지켜보기 효과watch-pot effect를 이용하는 방법을 발견할 수도 있다. 즉, 주기적으로 관찰함으로써 붕괴 과정을 늦추는 것이다. 그러나 다른 종말이 기다리고 있다. 우리 우주 전체를 파괴하는 우주 재앙의 시기는 앞으로 100억~1,000억 년 뒤로 예상된다. 암흑물질 발견과 끈이론의 발달은 다이슨이 논문을 쓸 때에는 알지 못한 새로운 우주 종말의 시나리오를 열어놓았다.

우리 우주는 앞으로 수십억 년 뒤에 어떻게 끝날 것인가? 나는 다섯 가지 가능성을 생각하고 그것을 〈그림 6.9〉에 나타냈다. 우주의 시작이 빅뱅으로 명명된 것에 호응하도록 네 가지 가능성에는 '빅'을 붙였다. 우주가 식어가는 빅 칠Big Chill, 수축하는 빅 크런치Big Crunch, 찢기는 빅 립Big Rip, 그리고 끊어지는 빅 스냅Big Snap과 죽음의 거품Death Bubbles이다. 우리 우주는 지금까지 140억 년 동안 팽창해왔다. 빅 칠은 우리 우주가 계속 팽창하면 밀도가 낮아지면서 차갑고 어두운 죽은 곳이 되리라는 예상이다. 이는 프리먼이 논문을 쓴 시점에서 가장 가능성이 높게 여겨진 시나리오이다. 시인 T. S. 엘리엇T. S. Eliot이 노래한 "이것이 세상이 끝나는 방식/ 큰 소리 없이 흐느끼면서"라는 구절(시 「텅 빈 사람들」의 구절)을 떠올리게 한다. 로버트 프로스트Robert Frost처럼 세상이 얼음보다 불로 망하는 쪽을 원한다면, 빅 크런치가 그런 선택이다. 이는 우주가 이전과 반대로 수축하면서 모든 게 부서지고 온도가 아주 높아지는 것이다. 빅 립은 빅 칠이 빠르게 진행되는 것으로 우리 은하계의 행성과 심지어는 원자까지 장대한 피날레를 맞아 산산이 찢어

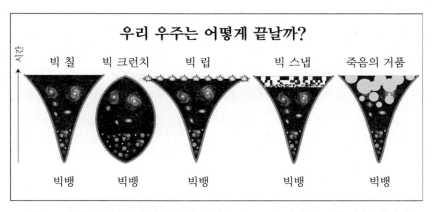

그림 6.9. 우리는 우리 우주의 시작을 안다. 우리 우주는 140억 년 전에 뜨거운 빅뱅과 함께 시작됐다. 우주는 확장하면서 식었고 입자가 결합해 원자, 항성, 은하계가 됐다. 그러나 우리는 우주의 결말을 알지는 못한다. 제시된 시나리오는 빅 칠(영원한 확장), 빅 크런치(재붕괴), 빅 립(모든 것이 찢겨나가는 무한한 확장), 빅 스냅(공간이 너무 당겨지면 입자 속성을 나타내 끊어짐), 죽음의 거품(우주가 빛의 속도로 퍼지는 치명적인 거품 속에 얼어붙음)이다.

지는 것이다. 내기를 한다면 당신은 이들 셋 중 어디에 걸겠는가? 우리 우주 질량의 약 70퍼센트를 차지하는 암흑에너지가 우주 팽창 과정에서 무엇을 하는지에 달려 있다. 지금 상태로 가면 빅 칠이, 음의 밀도로 희석되면 빅 크런치가, 더 높은 밀도로 압축되면 빅 립이 올 것이다. 우리는 암흑에너지가 무엇인지 아무런 실마리도 모르는 상태이다. 그래서 여기서는 그저 내가 어디에 걸지만 말하겠다. 빅 칠 40퍼센트, 빅 크런치 9퍼센트, 빅 립 1퍼센트이다.

그럼 나머지 절반은 어디에 거나? 이들 세 선택 이외의 경우가 있다. 우리 인간은 우리가 아직 이해하지 못하는 기본적인 것들이 있음을 겸손하게 인정해야 한다고 생각한다. 우주 공간의 본질을 예로 들수 있다. 이들 세 시나리오는 공간이 안정적이고 무한히 늘어난다고 가정한다. 공간은 우주의 드라마가 펼쳐지는 정적인 무대라고 보는 것이다. 그런데 아인슈타인은 공간이 주요 행위자 중 하나라고 가르쳤다. 공간은 구부러져 블랙홀이 될 수도 있고 중력파로 물결칠 수도 있으며 팽창하는 우주로 뻗어나갈 수도 있다. 공간은 심지어 물처럼 얼어붙어 다른 상태로 변할 수도 있다. 그렇게 되면 빠르게 퍼지는 죽음의 거품이 새로운 종말 시나리오의 후보가 된다. 죽음의 거품이 가능하다면 그것은 빛의 속도로 확산될 것이다. 극도로 공격적인 문명에서 보내는 우주 스팸처럼 말이다.

더구나 아인슈타인의 이론에 따르면 공간 확장은 언제나 지속될 수 있다. 그래서 빅 칠이나 빅 립 시나리오에서처럼 우리 우주가 무한한 규모에 접근할 수 있다. 이는 사실이기에는 너무 좋게 들리고, 나는 그렇게 의심한다. 고무줄을 너무 당기면 어떻게 될까? 끊어진다. 고무줄은 원자로 이뤄져 있고, 일정 한도 이상 당기면 고무 원자의 입자적인 속성이 중요해진다. 공간도 작은 축척에서는 우리가 알아차리지 못하는 입자적인 속성이 있을까? 양자 중력 연구에 따르면 약 10^{-34}미터보다 작은 축척에서는 전통적인 3차원 공간을 말하는 게 무의미해진다고 한다. 공간이 무한히 확장되지 않고 결국 빅 스냅을 맞게 된다면, 미래 문명은 팽창하지 않는 가장 큰 공간으로 주거지를 옮기려고 할 것이다.

얼마나 계산할 수 있나?

미래의 생명이 얼마나 지속될 수 있는지 알아봤으니, 이제 미래의 생명이 얼마나 오래 지속되기를 원할지 생각해보자. 가정은 미래의 생명이 시뮬레이션된 세계에 산다는 것이다. "당연히 가능한 한 오래"라고 대답할 사람이 많겠지만, 프리먼 다이슨은 이 욕망을 더 양적으로 논의했다. 계산을 천천히 할수록 계산 비용이 적게 드는 것처럼, 가능한 한 최저로 속도를 낮추면 당신은 궁극적으로 더 많은 것을 얻게 된다. 프리먼은 우리 우주가 영원히 팽창하고 식어간다면 무한한 계산이 가능할 것이라고 계산했다.

느림이 꼭 지루함을 뜻하는 것은 아니다. 미래 생명이 주관적으로 경험하는 시간의 흐름은 바깥 세계의 아주 느린 시뮬레이션 속도와 관련이 있을 필요가 없다. 따라서 무한한 계산의 가능성은 시뮬레이션된 생명 형태의 주관적인 불멸을 뜻하게 된다. 우주론자 프랭크 티플러 Frank Tipler는 이 아이디어를 바탕으로 추측을 내놓았는데, 빅 크런치를 앞두고 온도와 밀도가 솟구치는 최후의 순간에 계산 속도를 무한히 빠르게 하면 미래 생명은 주관적인 불멸을 얻으리라는 것이다.

암흑에너지가 무한한 계산을 꿈꾸는 프리먼과 프랭크를 좌절하게 하는 듯하다. 그래서 미래의 초지능은 공급되는 에너지를 상대적으로 빠르게 태워나가는 편을 더 선호할지 모른다. 우주 지평선이나 양성자 붕괴와 같은 문제에 부딪히기 전에 에너지를 계산으로 바꾸는 것이다. 전체 계산 극대화가 궁극적인 목표라면 최상의 전략은 너무 느림과 너무 빠름 사이의 어느 지점에서 찾을 수 있겠다.

지금까지 다룬 내용을 종합하면, 발전소와 컴퓨터가 극대 효율을 달성하면 초지능 생명은 믿기 어려울 정도의 계산을 수행할 수 있게 된다는 내용이다. 당신의 13와트 뇌에 100년 동안 공급하는 에너지는 물질로 환산하면 약 0.5그램이다. 이다. 설탕 알갱이 하나보다 적은 양이다. 세스 로이드는 뇌가 1,000조 배 더 효율적으로 작동하게 할 수 있다고 제안한다. 그렇게 되면 설탕 알갱이 하나로 현재 인간의 수십 배는 물론이요, 그동안의 모든 인간을 시뮬레이션한 존재에 에너지를 공급할 수 있다. 우리가 활용 가능한 우주의 모든 물질을 사람들을 시뮬레이션하는 데 활용한다면 부양 가능한 수는 10^{69}이 된다. 초지능 AI는 계산력을 다른 데 쓸 수도 있다. 시뮬레이션을 더 천천히 돌리면 훨씬 더 많은 생명이 가능해진다.' 닉 보스트롬은 책 『슈퍼인텔리전스』

에서 에너지 효율과 관련해 더 보수적으로 가정할 경우 10^{58}까지 시뮬레이션 생명을 수용 가능하다고 추산했다. 우리가 어떻게 저미고 깍둑썰기를 하든 이들 수치는 어마어마하다. 생명이 미래에 번성하는 이런 잠재력이 허비되지 않게끔 해야 하는 우리의 책임도 그만큼 막중하다. 이와 관련해 보스트롬은 이렇게 말했다. "평생 경험하는 행복이 기쁨의 눈물 방울 하나라면, 이들 영혼이 느끼는 행복은 1초마다 지구의 대양을 채울 만큼 클 것이다. 그리고 그 행복은 100의 10억의 10억의 1,000년 동안 지속될 것이다. 그것이 기쁨의 눈물이 되게끔 확실히 하는 게 정말 중요하다."

우주적 위계

빛의 속도는 생명의 확산뿐 아니라 생명의 본질도 제한한다. 광속은 커뮤니케이션, 의식, 통제에 강한 제약을 가하기 때문이다. 우리 우주의 많은 부분이 결국 깨어난다면, 생명은 어떤 모습일까?

사고 서열

손으로 파리를 잡으려다 실패한 적 있나? 파리가 우리 손보다 빠르게 반응하는 이유는 파리는 작아서 정보가 눈과 뇌와 근육으로 이동하는 시간이 덜 걸린다는 데 있다. 더 클수록 더 느리다는 원리는 현재 생명뿐 아니라 미래 우주 생명에도 적용된다. 현재 생명에서는 전기신호가 뉴런을 통해 얼마나 빨리 이동하는지에 따라 속도의 한계가 정해진다. 미래 우주 생명의 제약은 어떤 정보도 빛보다 빨리 움직이지 못한다는 사실이다. 따라서 지능적인 정보 처리 시스템에 있어서 덩치가 커지는 유리함에는 단점도 따라온다. 몸집이 커지면 입자를 더 많이 포함하고 더 복합적으로 생각할 수 있다. 반면 정말 포괄적인 사고를 할 때 속도가 느려진다. 관련 있는 정보가 모든 부분으로 전파되기까지 더 오래 걸리기 때문이다.

생명이 우리 우주를 뒤덮는다면, 간단하고 빠른 쪽과 복잡하고 느린 쪽 가운데 무엇을 취할까? 나는 미래 생명이 현재 지구의 생명이 택한 것과 똑같은 선택을 하리라고 예상한다. 둘 다 택한다는 얘기이다. 현재 지구 생태계의 구성원은 크기가 어마어마하게 차이난다. 크게는 무게가 200톤이나 되는 거대한 흰긴수염고래부터 작게는 고작 10^{-16}킬로그램인 펠라기박터 박테리아가 있다. 몸집이 크고 복잡하고 느린 생명체에는 간단하고 빠른 부위가 있다. 예를 들어 눈 깜박임 반사는 뇌가 거의 관여하지 않는 작고 간단한 경로를 거쳐 실행된다. 우리가 손으로 잡을 수 없을 정도로 빠른 파리가 만약 당신의 눈으로 돌진하면 당신은 이 반사로 10분의 1초 안에 눈을 감는다. 눈 깜박임은 관련 정보가 뇌에 도달하고 퍼져서 무슨 일인지 당신이 알아차리기 훨씬 전에 일어난다. 정보 처리를 모듈의 위계로 조직함으로써 우리 생태계는 속도와 복잡함을 모두 취하게 된다. 우리 인간은 이와 같은 위계 전략을 이미 활용해 병렬 컴퓨팅을 최적화한다.

큰 컴퓨터에서 이뤄지는 내부 연산은 느리고 비용이 많이 들기 때문에 고도로 발달한 미래 우주 생명은 그 대신 병렬 컴퓨팅을 활용하리라고 예상한다. 계산이 1킬로그램짜리 컴퓨터로 할 만큼 간단하다면, 그것을 은하계 규모의 컴퓨터로 수행하는 것은 비생산적이다. 그런 컴퓨터에서는 각 계산 단계마다 정보가 공유되는 데 약 10만 년이 걸린다.

이런 미래 정보 처리 중 무엇이 주관적인 경험을 포함하는 의식을 하게 될지는 논란이 많고 매혹적인 주제이다. 이는 8장에서 살펴본다. 만약 의식함의 조건이 시스템의 다른 부분들 사이의 의사소통이라면, 시스템이 커질수록 생각이 느려지게 마련이다. 당신이나 미래의 지구 크기 슈퍼컴퓨터는 1초에 여러 번 생각할 수 있는 반면, 은하계 크기의 정신은 10만 년 만에 한 번만 생각할 수 있다. 크기가 10억 광년인 우주적 정신은 약 10번만 생각할 시간이 주어지고, 그다음에는 암흑에너지가 그것을 산산조각 낼 것이다. 반면 그 몇몇 생각과 그에 따른 경험은 매우 심오할 것이다.

통제의 위계

만약 생각이 여러 단계의 위계로 조직될 수 있다면, 권력은 어떨까? 4장에서 우리는 지능적인 존재가 어떻게 권력 위계를 자연스럽게 내시 균형으로 조직하는지 살펴봤다. 내시 균형에서 참가자들이 전략을 바꾸면 어느 한 참가자는 상황이 나빠진다. 커뮤니케이션 및 교통 기술이 더 발달할수록 위계질서는 더 커진다. 초지능이 어느 날 우주적 규모로 커지면 그것의 권력 위계는 어떤 모습일까? 자유롭고 분산된 것일까, 아니면 매우 권위적일까? 협력이 서로의 이익에 기반을 둔 것일까, 아니면 강요와 협박에 의해 이뤄질까?

이런 질문에 답하기 위해 당근과 채찍을 함께 고려해보자. 우주적 규모에서 협업할 유인이 무엇이며 그걸 강제할 위협으로는 무엇이 활용될까?

당근으로 통제하기

지구에서 교역은 협력의 동인이었는데, 물건을 생산하는 상대적인 어려움이 지역에 따라 다르기 때문에 발달했다. 예를 들어 A 지역에서는 은 1킬로그램을 채굴하는 데 구리 1킬로그램을 채굴하는 것에 비해 300배의 비용이 더 들고 B 지역에서는 이 비율이 100배일 경우, 구리 생산 비용이 상대적으로 덜 드는 A의 구리 200킬로그램과 은이 저렴한 B의 은 1킬로그램을 교역하면 두 지역 모두 이익을 본다. 한 지역의 기술이 다른 지역보다 뛰어난 경우에는 첨단기술 상품과 원자재의 교환은 양쪽 모두에게 도움이 된다.

그러나 초지능이 기본 입자로 어떤 물질 형태든 손쉽게 조합해 만들어내는 기술을 개발한다면, 장거리 무역의 유인이 대부분 사라진다. 구리의 입자를 재조합하면 은으로 바꿀 수 있는데 왜 번거롭게 은을 먼 태양계로 운송하나? 다들 제작 방법을 알고 원재료가 있다면 왜 하이테크 기계를 다른 은하계로 가져가나? 나는 초지능으로 가득한 우주에서는 멀리 날라야 할 가치가 있는 유일한 상품은 정보일 것이라고 상상한다. 유일한 예외는 우주 엔지니어링 프로젝트에 쓸 물질이겠다. 앞에서 언급한 것처럼 암흑에너지의 문명을 찢어놓는 파괴적인 경향에 대응하기 위한 프로젝트를 예로 들 수 있다. 전통적인 인간의 무역과 반대로 이 물질은 무엇이든 편리한 덩어리 형태로 수송될 수 있다. 심지어 에너지 빔의 형태로 보내질 수도 있다. 초지능은 이를 받아 무엇이든 자신이 원하는 물체를 빠르게 재조합할 수 있다.

정보의 나눔과 거래가 우주적 협력을 일으키는 주요 요인이라면, 어떤 종류의 정보가 대상이 될까? 그것을 만드는 데 방대하고 오랜 시간의 전산 작업이 들어갔다면, 원할 만한 정보는 모두 가치를 지니게 될 것이다. 초지능이 답을 알고자 하는 문제는, 예를 들어 물리적 현실의 본질에 대한 어려운 과학적 문제, 정리와 최적 알고리즘에 대한 까다로운 수학적 문제, 놀라운 기술을 개발할 최선의 방법에 대한 고난도의 공학 문제가 될 수 있다. 쾌락을 즐기는 생명 형태는 놀라운 디지틸 엔터테인먼트와 시뮬레이션된 경험을 원할 것이다. 또 우주적 상거래가 발달하면서 비트코인의 기반이 된 것과 비슷한 우주적 암호 화폐에 대한 수요가 증가할 것이다.

정보 공유는 힘이 대등한 존재들 사이에서는 물론 권력 위계에서도 위아래로 이뤄질 것이다. 태양계 크기의 노드(컴퓨터의 접속점을 뜻하는 단어로 '허브'로 연결됨_옮긴이)와 은하계 허브 사이, 은하계 크기 노드와 우주적 허브 사이에서 정보가 공유될 수 있는 것이다. 노드가 그렇게 하는 것은 더 큰 존재의 일부가 되는 기쁨에서일 수 있고, 또는 그렇게 함으로써 다음에 자신의 능력 밖에 있는 기술과 해답을 제공받거나 외부 위협에 대한 보호를 받기 위해서일 수도 있다. 노드는 또한 백업을 통해 불멸에 가까이 갈 수 있다는 가능성에 가치를 둔다. 많은 사람이 자신의 신체가 숨진 이후에도 정신은 살아간다는 믿음을 간직하며 위로를 얻는 것과 비슷하다. 고도로 발달한 AI는 자신의 원래 하드웨어가 에너지 자원을 소진한 뒤에도 자신의 정신과 지식이 허브 슈퍼컴퓨터에 계속 유지되는 것을 값지게 여길 것이다.

반대로 허브는 노드들이 방대한 장기 전산 과제들을 수행하는 걸 도와주기를 원하게 된다. 결과가 급하게 필요하지는 않지만 수천 혹은 수백만 년 씨름할 가치가 있는 과제들이다. 허브는 또한 노드들이 거대한 우주 엔지니어링 프로젝트에 협조하기를 원할 것이다. 앞에서 언급한, 암흑에너지의 파괴적인 힘에 대응하는 것이 그런 프로젝트이다. 통과 가능한 웜홀이 가능하고 그것을 만들 수 있다면, 허브의 최우선 과제는 웜홀의 네트워크를 만드는 것이 될 것이다. 허브는 그럼으로써 암흑에너지를 저지하고 자신의 제국을 영원히 연결된 상태로 유지할 수 있다. 우주적 초지능이 무슨 궁극적인 목표를 가질까 하는 질문은 매혹적이고 논쟁적인 주제이다. 우리는 이를 다음 장에서 살펴본다.

몽둥이로 통제

지구의 제국들은 속국들이 협력하게 하기 위해 대개 당근과 몽둥이를 함께 활용한다. 로마제국의 속국들은 협력의 대가로 기술, 기반 시설, 군사적인 보호를 제공받았고, 반란을 일으키거나 세금을 내지 않을 경우 받을 타격도 두려워했다. 멀리 떨어진 지역은 군대를 보내는 데 시간이 오래 걸리기 때문에 군사적 위협은 현지 군대와 관리들에게 일부 위임됐고, 그들은 거의 즉각적인 응징을 가했다. 초지능 허브도 비슷한 전략을 취해, 우주 제국 전역에 걸쳐 충성스러운 경비대를 배치할 수 있다. 초지능 존재들은 뜻대로 조종하기 어렵다는 점을 고려할 때, 간단한 전략은 AI 경비대를 상대적으로 멍청한 대신 100퍼센트 충성스럽게 설계하는 것일 수 있다. 그런 AI 경비대는 모든 규칙이 지켜지는지 주시하면서 그렇지 않을 경우 지구 최후의 날 무기를 발사하게 된다.

이런 경우를 상상해보자. 허브 AI가 자신이 통제하고자 하는 태양계 크기 문명의 근처에 백색왜성을 두는 것이다. 백색왜성은 중간 정도로 무거운 항성이 다 탄 뒤의 상태를 가리키고, 많은 부분이 탄소로 이뤄져 거대한 다이아몬드처럼 보인다. 또 매우 압축된 결과 크기는 지구보다 작은데 무게는 태양보다 더 나갈 수 있다. 인도 물리학자 수브라마니안 찬드라세카Subrahmanyan Chandrasekhar는 백색왜성에 물질을 계속 더해 그 무게가 일정 한계를 넘으면 핵융합 폭발이 일어나 1A형 초신성이 됨을 증명했다. 그 한계는 찬드라세카 한계Chandrasekhar limit라고 불린다. 허브 AI가 설치한 백색왜성이 찬드라세카 한계에 아주 가깝다면, AI 경비대는 아주 멍청하더라도 저지력이 크다(실은 아주 멍청하기 때문에 그렇다. 그 이유는 다음 상황 전개에서 이해할 수 있다). AI 경비대는 복속된 문명이 우주 비트코인의 월별 할당량을 채우고, 수학적 증명 등 부과된 다른 납세 의무를 이행하는지 확인한다. 위반이 발생하면 그저 백색왜성에 충분한 물질을 추가해 초신성으로 폭발하게 하고 그럼으로써 자신을 포함한 전 지역을 산산조각 낸다.

은하계 크기 문명도 비슷하게 통제할 수 있다. 은하계 중심에 있는 괴물 블랙홀 주위에 수많은 단단한 물체들을 가까이에서 공전시키는 것이다. 예컨대 이들 물체를 충돌시켜 가스로 만든다는 게 위협의 내용이다. 가스가 블랙홀로 빨려 들어가면 블랙홀이 퀘이사라는 강력한 발광체가 되고, 이에 따라 그 은하계의 많은 부분이 거주하지 못할 곳으로 변한다.

요컨대 미래 생명은 우주적 거리에서 협력할 유인이 강하다. 그러나 그런 협력이 상호 이익에 기반을 둔 것일지, 아니면 잔혹한 위협 때문에 발생할지는 열려 있다. 물리학에 따라 주어진 한계는 두 시나리오를 모두 허용한다. 따라서 결과는 어떤 목표와 가치가 우세한지에 좌우될 것이다. 미래 생명의 목표와 가치에 우리가 영향력을 행사할 수 있을지를 7장에서 생각해보자.

문명이 붕괴될 때

지금까지 우리는 생명이 우리 우주에 확산되는 것을 지능 폭발이 하나라는 관점에서 논의했다. 만약 생명이 두 곳 이상에서 독자적으로 진화해, 확장하는 두 문명이 만나면 어떤 일이 발생할까?

무작위적인 태양계를 고려할 때, 어느 다른 행성에서 생명이 진화하고 고도의 기술을 개발하고 우주로 뻗어나갈 가능성이 있다. 이 확률은 0보다 큰 것으로 보인다. 왜냐하면 기술적인 생명이 여기 우리 태양계에서 진화했고 물리 법칙은 우주 정착을 허용하는 듯하기 때문이다. 우주가 충분히 크다면(사실 우주 급팽창 이론은 우주가 방대하거나

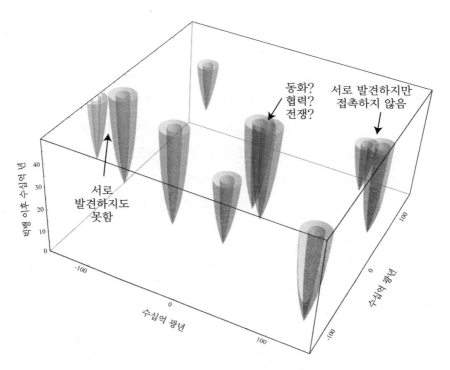

그림 6.10. 생명이 시공간의 여러 지점에서 독자적으로 진화하고 공간을 식민지로 만들어나간다면, 공간은 확장하는 우주적 생태계의 네트워크를 포함할 것이다. 그 각각은 <그림 6.7>에 나온 샴페인 글라스의 윗부분 모양을 닮는다. 각 생태계의 뾰족한 끝은 식민화가 시작된 공간과 시각을 나타낸다. 샴페인 글라스의 불투명한 부분은 빛의 속도의 50퍼센트로 진행되는 식민화, 투명한 부분은 100퍼센트 속도의 식민화를 뜻한다. 샴페인 글라스가 겹치는 부분은 두 문명이 만나는 영역이다.

무한하다고 본다), 확장하는 문명이 〈그림 6.10〉에 표시된 것처럼 많을 것이다. 제이 올슨은 앞서 언급한 논문에서 그렇게 영역을 넓히는 우주적 생태계를 우아하게 분석했다.

　　토비 오르드Toby Ord는 인류의 미래 연구원에서 동료들과 함께 비슷한 분석을 했다. 3차원에서 볼 때 이들 우주 생태계는 구 모양이다. 문명들은 모든 방향으로 같은 속도로 확장한다. 시공간에서는 〈그림

6.7〉에서와 같이 샴페인 글라스의 윗부분처럼 보인다. 왜냐하면 각 문명이 도달할 수 있는 은하계의 수가 암흑에너지로 인해 제한되기 때문이다.

암흑에너지가 둔 제한에 비해서도 이웃하는 문명 사이의 거리가 너무 멀 경우, 두 문명은 접촉하지 못하거나 심지어 서로의 존재를 발견하지도 못하게 된다. 그래서 그들은 각자 자신을 우주 유일의 문명으로 여긴다. 만약 우리 우주에 문명이 더 많아 더 가까운 곳에 이웃이 있다면 문명들의 확장하는 영역은 결국 겹치게 될 것이다. 그 영역에서 무슨 일이 생길까? 두 문명은 협력할까, 아니면 경쟁할까, 또는 서로 싸울까?

유럽이 아프리카와 미국을 정복한 힘은 기술적인 우위였다. 이와 대조적으로 두 초지능은 서로 마주치기 오래전에 이미 같은 수준에 올라섰다고 보는 것이 이치에 맞다. 그 수준은 물리 법칙에 의해 상한이 그어진다. 이렇게 볼 때 한 초지능 문명이 원할지라도 다른 초지능 문명을 정복하기란 쉽지 않을 듯하다. 또 그들의 목적이 무엇으로 진화했는지에 따라 정복하거나 전쟁을 벌일 이유가 희박할 수 있다. 예를 들어 두 문명 모두 가능한 한 아름다운 정리와 영리한 알고리즘을 많이 증명하고 개발하는 것을 목적으로 삼는다면 이들은 그저 자신들의 발견을 나누고 더 행복해진다.

어떤 확장하는 문명은 목표가 본질적으로 불변일 수 있다. 근본주의적인 숭배나 확산되는 바이러스의 목적이 그런 경우이다. 그러나 고도의 문명 중 일부는 마음이 열린 사람들에 더 가까워 충분히 강한 주장을 접하면 자신의 목적을 수정할 용의가 있으리라고 보는 편이 합리적이다. 그런 두 문명이 만나면 무기가 아닌 아이디어의 충돌이 발생할 것이고 가장 설득력 있는 쪽이 우세해지고 다른 문명에도 빛의 속도로 확산될 것이다. 이웃을 동화하는 것은 정착보다 더 빠른 확장 전략이다. 영향력의 범위가 생각의 속도(통신을 활용하면 빛의 속도)로 확장될 수 있는 반면 물리적인 정착은 빛의 속도보다 더딜 수밖에 없기 때문이다. 동화 과정은 영화 〈스타트렉〉에서 지구를 정복하려고 하는 기계인간 보그가 취하는 방식처럼 강제적이지는 않을 것이다. 대신 아이디어의 설득력 있는 우월함을 바탕으로 자발적으로 이뤄질 것이다. 동화된 문명의 복지는 더 나아진다.

미래 우주는 두 종류의 빠르게 확장하는 거품을 포함할 수 있다. 하나는 문명이고 다른 하나는 죽음이다. 후자는 빛의 속도로 팽창하면서 기본 입자를 파괴해 우주를 거주하지 못할 공간으로 만든다. 야심 찬 문명은 세 종류의 영역과 마주칠 수 있다. 거주자가 없는 곳, 생명 거품, 죽음의 거품이다. 만약 그 문명이 비협력적인 경쟁 문명을 두려워한다면, 경쟁 문명에 앞서 빠르게 영토를 넓혀 거주하는 전략을 택할 유인이 강하다. 그러나 다른 문명이 없어도 똑같은 확장 전략을 취할 유인이 있는데, 암흑에너지로 인해 불가능해지기 전에 자원을 확보한다는 것이다. 다른 확장하는 문명과 마주치는 것이 미개척 영역에 진출하는 것보다 나은지는 이웃 문명이 얼마나 협조적이고 열린 마음인지에 좌우된다. 다른 문명과 마주치는 것은, 설령 그 문명이 당신의 문명을 클립으로 바꾸려고 할지라도, 죽음의 거품과 맞닥뜨리는 것에 비하면 낫다. 죽음의 거품은 빛의 속도로 세력을 넓힌다. 전쟁이든 설득이든 당신의 전략은 의미가 없다. 죽음의 거품에 맞서 보호할 수 있는 유일한 수단은 암흑에너지이다. 멀리 있는 죽음의 거품은 암흑에너지에 의해 접근이 저지된다. 따라서 죽음의 거품이 흔하다면 암흑에너지는 우리의 적이 아니라 친구가 된다.

우리는 혼자인가?

많은 사람이 우리 우주에 고도의 생명이 있다는 것을 당연하게 여긴다. 이 경우 우주적 관점에서 인간의 멸종은 큰 문제가 되지 않을 것이다. 인간이 멸종하더라도 〈스타트렉〉 같은 문명이 곧 지구에 내려와 우리 태양계에 다시 생명의 씨를 뿌려놓을 것이다. 또는 고도의 기술로 우리를 재구성하고 소생시킬 것이다. 나는 이 〈스타트렉〉 가정이 위험하다고 여기는데, 이 가정에 따라 우리가 안전하다고 착각하는 바람에 우리 문명이 무관심하고 무분별해질 수 있기 때문이다. 사실 나는 우리 우주에서 우리가 혼자가 아니라는 가정이 위험할뿐더러 아마도 틀리다고 생각한다.

이는 소수 의견이고,* 내가 틀릴 수 있다. 그러나 이는 적어도 우리가 무시할 수 없는 가능성이다. 이 가정에 따라 우리는 안전을 추구하고 우리 문명을 멸종으로 몰고 가지 않기 위해 노력해야 한다는 도덕적인 명령을 스스로에게 부과하게 된다.

우주론을 강의할 때 나는 우리 우주의 다른 곳에 지능적인 생명이 있다고 보는지, 청중들에게 손을 들어보라고 요구하곤 한다(우리 우주란 빅뱅 이후 138억 년 동안 그곳의 빛이 지구에 도달한 우주 영역을 의미한다). 청중은 유치원 아이들부터 대학생들까지, 거의 모두 손을 든다. 그렇게 생각하는 이유를 물어보면 답은 기본적으로 우리 우주는 정말 광대하니 통계적으로 보더라도 어딘가에 생명이 있을 것이라는 내용이다. 이제 이 주장을 가까이에서 들여다보고 약점을 집어내겠다.

이 문제는 숫자 하나로 바꿀 수 있다. 〈그림 6.10〉에 그려진 것과

---

* 그러나 존 그리빈John Gribbin은 2011년 책 『우주에서 홀로Alone in the Universe』에서 비슷한 결론에 도달했다. 이 문제를 두고 펼쳐진 흥미로운 스펙트럼에 대해서는 같은 해 나온 폴 데이비스의 『괴기스러운 침묵The Eerie Silence』을 권한다.

같은 문명과 가장 가까운 이웃 사이의 전형적인 거리이다. 그 거리가 200억 광년보다 훨씬 멀다면 우리가 우리 우주에서 유일하며 외계인과 접촉하지 못한다고 추정해야 한다. 전형적인 거리는 얼마나 될까? 현재는 실마리가 없는 상태이다. 거리는 1000…000미터인데 전체 0의 개수가 21, 22, 23, …, 100, 101, 102개나 그보다 더 붙을 수 있다. 다만 21개보다 많이 작지는 않을 듯하다. 왜냐하면 우리가 아직 외계인의 증거를 발견하지 못했기 때문이다(〈그림 6.11〉 참조). 우리 우주의 반경이 약 10^{26}미터이므로, 우리의 가장 가까운 이웃 문명이 우리 우주 안에 존재하려면 0이 26개를 넘으면 안 된다.

책 『맥스 테그마크의 유니버스Our Mathematical Universe』(국내에는 2017년 4월 동아시아 출판사에서 출간되었다_옮긴이)에서 나는 이 주장을 자세히 풀어놓았다. 여기서는 그것을 반복하는 대신 그 논리를 다음과 같이 제시한다. 우리 이웃이 얼마나 떨어져 있는지 실마리가 없는 기본적인 이유는 어떤 곳에서 지능적인 생명이 발생할 확률에 대한 실마리가 없기 때문이다. 미국 천문학자 프랭크 드레이크Frank Drake가 설명한 것처럼 그 확률은 생명이 활동할 환경(적합한 행성)이 존재할 확률과 그곳에서 생명이 형성될 확률을 곱한 뒤 이 생명이 지능을 갖도록 진화할 확률을 다시 곱한 결과이다. 내가 대학원생이던 약 20년 전에는 이 확률 가운데 어느 것과 관련해서도 실마리가 없었다. 그러나 이후 항성 주위를 도는 행성에 대해 이뤄진 극적인 발견을 놓고 생각해볼 때, 생명이 거주할 행성은 많아 보이고 우리 은하계에만 수십억 개로 추정된다. 그러나 생명이 진화하고 나아가 지능적으로 발전할 확률은 극도로 불확실하다. 어떤 전문가들은 이 중 하나나 둘이 불가피하고 거주 가능한 행성 대부분에서 발생한다고 생각한다. 다른 전문가들은 진화에는 병목이 하나 이상 있는데 그걸 통과하려면 종잡을 수 없는 행운이

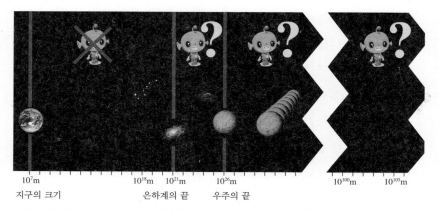

10^7m 10^{18}m 10^{21}m 10^{26}m 10^{100}m 10^{105}m

지구의 크기   은하계의 끝   우주의 끝

그림 6.11. 우리는 혼자일까? 생명과 지능이 어떻게 진화했는지를 둘러싼 미지의 영역이 방대함을 고려할 때 우주에서 우리의 가장 가까운 이웃은 그림의 가로축 어디에도 있을 수 있다. 그러나 우리 은하계의 끝(약 10^{21}미터 너머)과 우리 우주가 끝나는 경계(약 10^{26}미터 너머) 사이의 좁은 영역에 있을 듯하지는 않다. 외계인이 이보다 가까이 있다면 우리 은하계에 고도의 문명이 많이 존재해야 하고 우리가 이미 발견했어야 한다. 그렇지 않다는 사실은 우리는 우리 우주에서 혼자임을 시사한다.

걸려들어야 한다며 이들 확률 중 하나나 아니면 둘 다 극도로 희박하다고 본다. 병목 중 몇몇은 자기 복제하는 생명의 초기 단계에서 닭이 먼저냐 달걀이 먼저냐의 문제와 관련이 있다. 예를 들어 세포가 리보솜을 만들려면 다른 리보솜이 있어야 한다. 리보솜은 RNA와 단백질로 이뤄진 복합체로 우리의 유전 암호를 읽고 단백질을 합성한다. 또 최초의 리보솜이 더 간단한 무언가로부터 점차 진화했는지가 분명하지 않다.[10] 다른 병목은 고등 지능의 발달이다. 예를 들어 공룡은 지구를 1억 년 이상 지배했고 이 기간은 현생 인류가 지내온 기간보다 1,000배나 길지만, 그 긴 세월 동안에도 공룡은 고등 지능으로 변신하지도, 망원경이나 컴퓨터를 발명하지도 않았다.

지능적인 생명체는 드물 수도 있지만 실제로는 그렇지 않아 우리 은하계는 그런 생명체로 가득하다며 내 주장을 반박하는 사람들이 있다.

그들은 주류 과학자들이 외계인을 알아차리지 못해서 그렇다고 말한다. UFO에 심취한 사람들의 주장처럼 외계인들은 이미 지구를 방문한 적이 있을지도 모른다. 지구에 들르지는 않았지만 외계인은 저 멀리 존재하고 일부러 우리 앞에 나타나지 않을지도 모른다. 이를 미국 천문학자 존 A. 볼John A. Ball은 '제로 가설'이라고 불렀고, 올라프 스태플든의 『스타 메이커』 같은 SF 고전에서 다뤄졌다. 또는 아마 그들은 저기에 있는데 일부러 숨어 지내는 게 아니고 우주 정착이나 대규모 엔지니어링 프로젝트에 관심이 없을 뿐일지 모른다.

물론 우리는 이런 가능성에 대해 열린 마음을 유지할 필요가 있다. 그러나 이들 중 어느 하나라도 일반적으로 받아들여지는 증거에 의해 지지받지 못하기 때문에, 우리는 우리가 혼자일 경우를 진지하게 고려할 필요가 있다. 또한 외계 문명이 모두 자신이 드러나지 않도록 한다는 목표를 공통적으로 추구한다고 보는 것은 고도 문명의 다양성을 과소평가하는 일이다. 우리는 앞서 문명에서 자원 확보가 상당히 자연스러운 목표임을 살펴봤다. 만약 한 문명이 가능한 한 모든 곳에 정착해 우리 은하계 전체에 진출한다는 목표를 잡아 실행하고 있다면 우리가 알아차리지 못할 리 없다. 사실로 돌아가서 다시 생각해보자. 우리 은하계에는 거주 환경이 지구와 비슷하고 지구보다 수십억 년 전에 생긴 행성이 수백만 개 있는데, 야심 찬 거주자들이 있었다면 이미 은하계에 정착했을 것이다. 따라서 우리는 가장 명백한 해석을 외면할 수 없다. 즉, 생명의 기원은 무작위적인 행운이 전제돼야 하는데 그 확률이 너무 낮아서 우리 은하계에는 외계 생명체가 없다는 것이다.

그래도 생명이 희귀하지 않다면, 우리는 조만간 알게 될 것이다. 야심 찬 천문학자들은 지구와 비슷한 행성의 대기에서 생명이 만든 산소의 증거를 찾고 있다. 모든 형태의 생명 탐색과 나란히 지능적인 생명에 대한 탐색도 이뤄지고 있다. 최근 러시아의 물리학자 출신 벤처사업가 유리 밀너Yuri Milner는 1억 달러 상금을 걸고 '돌파구 듣기Breakthrough Listen'라는 외계인 찾기 프로젝트를 시작하기도 했다.

고등 생명체를 탐색할 때 너무 인간중심으로 생각하지 않는 것이 중요하다. 우리가 외계 문명을 발견하더라도 그 문명은 이미 초지능으로 넘어가 물리적인 육체를 벗어난 다음일 공산이 크다. 이와 관련해 마틴 리스Martin Rees는 최근 글에서 이렇게 말했다. "인류가 쌓아온 기술 문명의 역사는 세기 단위로 측정된다. 인류가 비유기체 지능에게 따라잡히고 초월되기까지는 한두 세기밖에 남지 않은 듯하다. 비유기체 지능은 수십억 년 동안 지속되며 계속 진화할 것이다."[11] 나는 제이 올슨이 우주 정착과 관련한 논문에서 내린 다음과 같은 결론에도 동의한다. "고등 지능이 인간의 고도화 버전을 지구와 비슷한 행성들에 거주하게 하고 우주의 자원을 이런 목표에 투입할 것이라는 전망이 있다. 그러나 우리는 기술 발달의 종착점이 그런 상황은 아니리라고 본다." 따라서 외계인을 상상할 때 몸은 녹색에 팔 둘 다리 둘인 작은 친구들 말고 앞에서 살펴본 초지능 우주여행자를 떠올리기 바란다.

외계 생명체 탐색은 매우 매혹적인 과학 질문들 중 하나에 빛을 비추는 일이고, 나는 그 활동을 강력하게 지지한다. 그러나 내 은밀한 바람은 모든 노력이 실패해 아무것도 발견하지 못하는 것이다. 우리 은하계에 거주 가능한 행성이 그토록 많은데도 외계인이 아직 지구를 방문하지 않았다는 사실은 페르미의 역설이라고 불린다(이탈리아 출신 물리학자 엔리코 페르미Enrico Fermi가 이 사실에 의문을 제기했고 여기서 '페르미의 역설'이라는 말이 나왔다_옮긴이). 이 역설은 영국 경제학자 로빈 핸슨이 제시한 '그레이트 필터'라는 개념을 생각하게 한다. 핸슨은 무생물이 우주에 정착하는 생물에 이르는 발전 경로에는 진화적이거나 기술적인 방어벽이 있을 것이라고 추정했다. 만약 우리가 독자적으로 진화한 다른 생명체를 다른 곳에서 발견한다면 이로부터 우리는 무생물에서 생물로 이르는 경로의 방어벽이 없거나 낮다고 추론할 수 있다. 그러나 우리가 현재 도달한 단계 이후 경로에는 방어벽이 있을지 모른다. 그 방어벽은 우주 정착이 불가능하다는 것일 수도 있고, 고도 문명은 거의 전부 우주로 진출하기 전 자멸한다는 것일지도 모른다. 따라서 나는 외계 생명을 찾는 모든 노력이 수포로 끝나기를 희망한다. 그렇게 되면 상황은 지능 있는 생명체로 진화하는 일이 드물고 우리 인간은 운이 좋았다는 시나리오와 일치한다. 이 시나리오에 따르면 방어벽을 이미 넘은 우리는 특별한 미래를 펼쳐나갈 잠재력이 있다.

전망

지금까지 우리는 이 책에서 우리 우주 속 생명의 역사를, 수십억 년 전 시작부터 앞으로 수십억 년 이후 장대한 미래에 걸쳐 살펴봤다. 현재 진행 중인 AI 발달이 지능 폭발과 최적의 우주 정착을 촉발한다면, 진정 우주적인 의미에서 격변이 일어날 것이다. 무심한 무생명 우주에서 수십억 년 동안 거의 무시해도 좋을 만큼 작은 움직임으로 지내던 생명이 갑자기 우주라는 경기장에 쇄도해 들어가는 것이다. 생명은 구 모양의 폭풍파로서 빛의 속도로 퍼지며 그 길에 있는 모든 것을 생명의 불꽃으로 점화한다.

우리 우주의 미래에서 생명의 중요성에 대한 이런 낙관적인 전망은 우리가 이 책에서 마주친 많은 생각에서 강조되었다. 예를 들어 우리는 사람들과 다른 지능적인 존재들이 디지털 형태로 전송될 수 있게 되면 은하계 사이의 여행이 얼마나 쉬워지는지 살펴봤다. 그렇게 되면 우리는 태양계나 우리 은하계뿐 아니라 우주에서 우리 운명의 주인이 될 수 있다. 그런데 초지능의 우주 정착에 대해서는 SF 소설도 과학 저술도 모두 너무 비관적이다. SF 작가들은 대개 비현실적인 낭만적 몽상가라는 점에 비추어 볼 때, 소설의 이런 경향은 역설적이다.

앞에서 우리는 우리가 우리 우주에서 유일한 하이테크 문명일 가능성을 살펴봤다. 이 장의 남은 부분에서는 이 시나리오와 그에 따른 막중한 도덕적 책임을 생각해보자. 시간이 138억 년 지난 지금 우리 우주에서 생명은 우주적인 번영과 멸종의 갈림길에 서 있다. 우리가 기술을 계속 향상시키지 않는다면 질문은 인류가 멸종하느냐 아니냐가 아니라 어떻게 멸종하느냐가 된다. 소행성, 거대 화산, 태양의 노화와 그에 따른 과열, 다른 재앙 중 어느 것이 먼저일까가 문제가 되는 것이다(〈그림 5.1〉 참조). 우리가 간 다음에는 프리먼 다이슨이 예측한 항성 소진, 은하계 쇠퇴, 블랙홀 증발 등 우주 드라마는 관중 없이 펼쳐지게 된다. 이들 드라마는 각각 대폭발로 끝나면서 가장 강력한 수소폭탄인 '차르봄바'보다 수백만 배 큰 에너지를 방출하게 된다. 프리먼이 이렇게 말한 것처럼 말이다. "차갑게 팽창하는 우주는 가끔 아주 오랫동안 타오르는 불꽃으로 빛날 것이다." 그러나 이 불꽃놀이는 즐길 이가 아무도 없어 무의미한 허비가 될 것이다.

기술이 없다면, 수백억 년의 우주라는 시기를 놓고 볼 때 인류의 멸종은 임박했다고 할 수 있다. 그렇게 될 경우 우리 우주에서 벌어진 아름답고 열정적이고 의미 있는 생명의 드라마 전체는 고작 짧게 지나가는 반짝임으로 끝나고 나중에 아무도 경험하지 못할 것이다. 그렇다면 얼마나 기회를 허비한 것인가? 기술을 회피하지 않고 적극 끌어안는다면, 우리는 판돈을 올리게 된다. 크게 벌 수도 있지만 다 잃을 수도 있다. 즉, 우리는 생명이 살아남아 번영할 가능성을 키우는 동시에 더 빠르게 멸종하거나 계획을 잘못해 스스로를 파괴하는 위험도 키운다(〈그림 5.1〉 참조). 나는 기술을 끌어안는 쪽을 지지한다. 우리는 우리가 만드는 것을 맹신하지 말고, 조심스럽게 앞서 생각하고 주의 깊게 계획하면서 나아가야 한다.

우주의 138억 년 역사를 거쳐 우리는 숨 막힐 정도로 아름다운 우주 속에 있는 자신을 발견했다. 우주는 우리 인류를 통해 살아났고 자신에 대해 알기 시작했다. 우리는 우리 우주에서 생명이 앞으로 펼칠 잠재력이 우리 선조들이 꿈꾼 가장 담대한 것보다 장대함을 목격했다. 그러나 동시에 지능적인 생명이 영원히 멸종할 위험도 같은 정도로 실재한다. 우리 우주의 생명이 그 잠재력을 실현할 것인가, 아니면 낭비하고 말 것인가? 이는 현재 우리 인간이 우리 생애 동안 무엇을 하느냐에 크게 좌우된다. 나는 우리가 올바른 선택을 하면 생명의 미래를 정말 경이롭게 만들 수 있다고 낙관한다. 우리는 무엇을 원하며 어떻게 그런 목표를 손에 쥘 것인가? 남은 두 장에서는 이와 관련된 가장 어려운 도전들을 살펴보고 우리가 무엇을 할 수 있을지 생각해보자.

핵심 요약

• 수십억 년이라는 우주적 시간 좌표에서 지능 폭발은 갑작스러운 사건으로 기술이 빠르게 향상돼 물리 법칙에 의해 그어진 상한에 오르는 것이다.

• 이를 기술 고원이라고 한다면, 오늘날 기술보다 어마어마하게 높은 수준일 것이다. 물질에서 에너지를 지금에 비해 약 100억 배 더 뽑아낼

수 있을 것이다(스팔러론이나 블랙홀을 활용). 또 컴퓨터에 정보를 12~18 단위 더 저장하고 연산 속도는 31~41단위 올라갈 것이다. 기술 고원에 서는 물질을 원하는 다른 어떤 형태로도 바꿀 수 있다.

- 초지능 생명은 현재 자원을 놀랍게도 훨씬 더 효율적으로 활용할 뿐 아 니라 빛에 가까운 속도로 우주 정착지에서 더 많은 자원을 확보함으로 써 생물권生物圈을 약 32단위 확장할 수 있게 된다.

- 암흑에너지는 초지능의 우주 확장을 제한하는 동시에 초지능을 죽음의 거품이나 적대적인 문명에서 보호한다. 암흑에너지가 우주적 문명을 산 산조각 낼 수 있다는 위협에 대응해 거대한 규모의 우주적 엔지니어링 프로젝트가 추진될 것이다. 가능하다고 드러날 경우 웜홀 건설도 여기 에 포함될 것이다.

- 우주적 거리에서 공유되거나 거래될 주요 상품은 정보일 것이다.

- 웜홀이 없다면, 빛의 속도에 의한 커뮤니케이션 제한으로 인해 우주적 문명의 협력과 통제에 있어서 심각한 문제가 비롯된다. 허브 문명은 보 상이나 위협으로 변방에 있는 많은 노드 문명을 제어할 것이다. 위협하 는 방법으로는 노드 옆에 경비대 AI를 둬 노드가 규칙을 어길 경우 초 신성이나 퀘이사를 폭발시키도록 하는 것을 구사할 수 있다.

- 확장하는 두 문명의 충돌은 동화, 협력, 전쟁 등으로 귀결될 것이다. 오 늘날 문명들에 비해 전쟁의 가능성은 낮다는 것이 내 주장이다.

- 인기 있는 믿음과 반대로 우리는 우리 우주에서 유일한 생명 형태일 가 능성이 높고, 우리 우주가 미래에 깨어나도록 할 수 있는 잠재력을 지 니고 있다.

- 우리 기술을 향상시키지 않는다면, 문제는 인류가 멸종하느냐가 아니냐 가 아니라 어떻게 멸종하느냐가 된다. 소행성, 거대 화산, 늙어가는 태 양의 과열, 그 밖에 다른 재앙 중 무엇이 원인이 될까?

- 우리가 충분히 주의 깊게 미래를 내다보고 계획하면서 기술을 향상시킨다 면, 생명은 지구와 그 너머 멀리로 앞으로 수십억 년 동안 번영할 잠재력 이 있다. 그 상태는 우리 선조들이 꿈꾼 가장 담대한 꿈을 넘어설 것이다.

7

목적

인간 존재의 미스터리는 그저 살아 있는 데 있지 않고 그것을 위
해 살아갈 무언가를 찾는 데 있다.

– 표도르 도스토옙스키

인생은 여행이다. 목적지가 아니다.

– 랄프 왈도 에머슨

AI 논란 중 가장 껄끄러운 부분이 무엇이냐는 질문에 한 단어로 대
답해야 한다면, 나는 '목적'이라고 말하겠다. 우리는 AI에게 목적을 부
여해야 하는가? 그렇다면 그 목적은 무엇이어야 하는가? AI에게 어떻
게 목적을 심어줄 것인가? AI는 더 영리해진 뒤에도 전에 우리에게서
받은 목적을 유지할까? 우리보다 똑똑한 AI의 목적을 우리가 바꿀 수
있을까? 우리의 궁극적인 목적은 무엇인가? 이들 질문은 어려울 뿐 아
니라 생명의 미래라는 측면에서 중요하다. 우리가 무엇을 원하는지 모
를 경우 우리는 그것을 이룰 확률이 낮아진다. 만약 우리의 목적을 공
유하지 않는 기계에게 우리가 통제권을 넘길 경우, 우리는 우리가 원
하지 않는 결과에 맞닥뜨릴 것이다.

물리학: 목적의 기원

　이들 질문의 답을 모색하기 전에 먼저 목적의 궁극적인 기원을 살펴보자. 우리가 주위를 둘러보면, 어떤 과정은 목적 지향적인데 다른 과정은 그렇지 않음을 볼 수 있다. 축구에서 승리를 결정하는 슛을 날릴 때 공의 경로를 생각해보자. 공의 움직임 자체는 골대 지향적으로 보이지 않고, 아이작 뉴턴Isaac Newton의 운동 법칙에 따른 킥에 대한 반작용이라고 가장 경제적으로 설명된다. 반면에 축구선수의 행동은 원자들이 서로 밀쳐대는 기계적인 측면에서가 아니라 그가 팀 득점 극대화라는 목적을 갖고 있다는 측면에서 가장 경제적으로 설명된다. 우리 우주 초기의 물리학에서 어떻게 그런 목적 지향적인 행동이 나타났을까? 당시에는 아무런 목표도 없이 부딪히며 움직이는 입자 다발뿐이었는데?

　흥미롭게도 목적 지향적인 행동의 궁극적인 기원은 물리 법칙 자체에서 찾을 수 있다. 목적 지향적인 물리 법칙은 심지어 생명이 관여하지 않는 간단한 과정에서도 나타난다. 해수욕장의 인명구조원이 물놀이하던 사람을 구조하는 〈그림 7.1〉과 같은 상황을 살펴보자. 우리는 그가 물에 빠진 사람에게 직선 경로로 접근하리라고 예상하지 않는다. 직선 경로에 비해 해변을 더 달린 뒤 방향을 꺾어 바다에 뛰어들 것이라고 생각한다. 달리기가 수영보다 훨씬 빠르기 때문이다. 우리는 그의 이런 경로 선택을 목적 지향적이라고 해석한다. 모든 가능한 경로 가운데 그는 물에 빠진 사람에게 가장 빠르게 가는 최적의 선택을 의도적으로 한 것이다. 그러나 단순한 광선도 물에 들어갈 때 이와 비슷하게 꺾인다(〈그림 7.1〉 참조). 구조원처럼 목적지로 이동하는 시간을 최소로 줄이는 것이다. 어떻게 이럴 수 있을까?

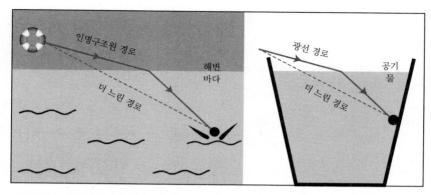

그림 7.1. 물에 빠진 사람을 가능한 한 빠르게 구하기 위해 인명구조원은 직선(좌측 그림의 점선 표시)으로 접근하지 않을 것이다. 대신 물에서보다 이동 속도가 빠른 해변을 더 달려갈 것이다. 이와 비슷하게 광선도 목표에 가능한 한 더 빨리 도달하기 위해서 공기 중을 더 이동한 다음 방향을 꺾어 물에 들어간다.

이는 물리학에서 페르마의 원리라고 불리며 1662년에 규명됐다. 이 원리는 광선의 움직임을 예측하는 다른 방법을 제공한다. 놀랍게도 물리학자들은 이후 고전 물리학의 모든 법칙이 비슷한 방식으로 수학적으로 달리 표현될 수 있음을 발견했다.

무언가를 하기 위해 택할 수 있는 모든 방법 가운데, 자연은 최적의 방법을 선호한다는 것이다. 최적의 선택은 어떤 양의 극대화나 극소화로 요약된다. 각 물리 법칙을 서술하는 데에는 수학적으로 동등한 두 가지 방법이 있다. 하나는 과거가 미래의 원인이 되는 것이고, 다른 하나는 자연이 무언가를 최적화하는 것이다. 후자는 물리학 입문 과정에서는 다뤄지지 않는다. 수학적인 설명이 더 어렵기 때문이다. 그렇지만 나는 최적화 설명이 더 우아하고 심오하다고 느낀다. 어떤 사람이 무언가를 최적화하려고 행동한다면, 예를 들어 점수나 재산이나 행복을 가장 키우려 한다면, 우리는 자연히 그들의 행동을 목적 지향적이라고 서술한다. 따라서 자연 자체가 무언가를 최적화하려고 한다면, 목적 지향적인 행동이 나타나는 건 놀라운 일이 아니다. 목적 지향적인 행동은 처음부터 다름 아닌 물리 법칙에 따라 하드웨어에 내장됐다.

자연이 극대화를 위해 노력하는 수량 중 유명한 것이 엔트로피이다. 엔트로피는 간단히 말해서 대상이 얼마나 무질서한지를 측정한 수치이다. 열역학 제2법칙에 따르면 엔트로피는 극댓값에 이를 때까지 증가하는 경향이 있다. 잠시 중력의 효과를 무시하면, 그렇게 도달한 극도로 무질서한 최종 단계는 열역학적 평형 상태라고 불린다. 이는 모든게 단조롭고, 완벽하게 단일하게 확산돼 복잡하지도 않고, 생명도 없고 변화도 없는 상태이다. 예를 들어 차가운 우유를 뜨거운 커피에 따르면 음료는 불가역적으로 자신의 개인적인 열역학적 평형 상태를 목적으로 나아가는 것처럼 보인다. 이후 오래지 않아 단일하고 미지근한 혼합물이 된다. 생명체가 죽으면 그 엔트로피 역시 증가하기 시작해 오래지 않아 입자의 배열이 덜 조직된 쪽으로 흐트러진다.

엔트로피 증가라는 자연의 명백한 목적은 왜 시간이 선호하는 방향이 있는지를 설명하는 데에도 도움을 준다. 역방향으로 돌리면 영화가 비현실적이 된다. 글라스에 담긴 와인을 바닥에 따르면, 와인은 바닥에 쏟아져 번지고 세계적인 어지러움(엔트로피)이 증가한다. 반대로 엎질러진 와인이 모이더니 글라스로 빨려 들어온다면(엔트로피 감소), 당신은 '내가 벌써 너무 마셨나'라는 생각에 그 와인을 마시지 않을 것이다.

열역학적 평형 상태를 향한 가차 없는 진행에 대해 처음 배웠을 때 나는 다소 침울해졌다. 나만 그런 것이 아니었다. 열역학 분야를 개척한 켈빈 경Baron Kelvin 1841년 "불가피한 결과는 보편적인 휴식과 죽음 상태"라고 썼다. 자연의 장기 목적이 죽음과 파괴의 극대화라는 아이디어에서 위로를 찾기란 힘든 일이다. 그러나 최근 발견에 따르면 상황이 그리 나쁘지 않은 것으로 나타났다. 먼저 중력은 다른 힘과 달리 작용해, 우리 우주를 더 단일하고 더 단조롭게 만드는 것이 아니라 더 덩어리지고 재미있게 바꾸려고 힘을 쓴다. 초기 우주는 거의 완벽하게 단일했는데, 중력이 그런 우주를 오늘날의 덩어리지고 아름답게 복잡하며 은하계와 항성과 행성으로 가득 찬 모습으로 변모시켰다. 중력 덕분에 온도가 폭넓게 펼쳐지고, 생명은 뜨거움과 차가움을 섞어 활용하며 번성할 수 있었다. 우리는 섭씨 6,000도에 이르는 태양열을 흡수하고 남은 열을 절대온도(영하 273도)보다 단지 3도 높은 얼어붙은 우주 공간으로 내보낸다.

둘째로 내 MIT 동료인 제레미 잉글랜드Jeremy England와 다른 연구자들은 더 좋은 소식을 가져왔다. 열역학은 자연에 평형 상태보다 더 고무적인 목적을 부여한다는 것이다.[1] 이 목적은 기술자스러운 이름인 소산 추동 적응dissipation-driven adaptation이라고 불리고 기본적으로 입자가 무작위적으로 모인 그룹이 주위 환경에서 에너지를 가능한 한 효율적으로 뽑아내게끔 스스로를 조직한다는 뜻이다(소산은 대개 유용한 에너지를 열로 바꾸는 방식으로 진행되고, 그렇게 하는 과정에서 유용한 일이 이뤄진다. 소산의 결과 엔트로피가 증가한다). 예를 들어 태양에 노출된 입자들은 시간이 지나면서 스스로를 조직해 태양을 더 잘 흡수하게 된다. 다른 말로 하면 자연은 점점 더 복잡하고 생명과 비슷하게 되는 자기 조직 시스템을 만드는 내재적인 목적을 지닌 듯한데, 이 목적은 다시 물리 법칙에 따라 내재됐다.

생명을 향한 우주적 추진력과 열역학적 평형 상태를 향한 우주적 추진력, 이 두 힘을 어떻게 조화롭게 설명할 수 있을까? 답변은 1944년에 나온 에르빈 슈뢰딩거Erwin Schrodinger의 유명한 책 『생명이란 무엇인가』에서 찾을 수 있다. 양자역학의 창시자 중 한 명인 슈뢰딩거는 생명 시스템의 특징은 자기 주위의 엔트로피는 증가시키면서 자신의 엔트로피는 유지하거나 줄이는 것이라고 설명했다. 달리 말하면 열역학 제2법칙에는 생명이라는 구멍이 있다. 전체 엔트로피는 증가해야 한다. 그러나 어떤 곳에서는 감소하는데, 이는 그곳을 제외한 곳에서는 엔트로피가 증가한다는 전제 아래에서 발생하는 예외이다. 생명은 그 주위를 더 어지럽힘으로써 자신의 복잡성을 유지하거나 증가시키는 것이다.

생물학: 목적의 진화

우리는 방금 목적 지향적인 행동이 거슬러 올라가면 물리 법칙을 바탕으로 함을 알아봤다. 물리 법칙이 입자에 부여하는 목적은 스스로를 조직해 주위로부터 가능한 한 효율적으로 에너지를 받아들인다는 것이다. 일정한 입자의 배열이 이 목적을 더 잘 수행하는 탁월한 방법은 자신을 복제함으로써 에너지를 흡수하는 개체를 더 만드는 것이다. 그런 자기 복제의 알려진 사례는 많다. 예를 들어 격류의 소용돌이는 스스로를 복제할 수 있고, 생물의 미소 구체球體의 군체는 근처 구체들이 비슷한 군체를 이루도록 구슬리는 듯하다. 입자의 특정한 배열은 일정 단계에 이르면 자기 복제에 아주 능해져서 환경에서 에너지와 재료를 확보해 그 과정을 거의 무한히 반복할 수 있게 된다. 우리는 그런 입자 배열을 생명이라고 부른다. 우리는 생명이 어떻게 지구에 생겨나게 됐는지 조금밖에 알지 못한다. 그러나 약 40억 년 전에 원시적인 생명 형태가 이미 존재했음을 안다.

생명이 복제를 만들고 복제가 또 복제를 이어가면, 전체 숫자는 일정한 주기마다 배로 증가하고 언젠가는 인구가 자원의 한계나 다른 문제에 직면하게 된다. 배증이 반복되면 곧 어마어마한 규모가 된다. 1에서 시작해 두 배씩 300번 계산하면 우리 우주에 있는 입자의 수보다 커진다. 그래서 첫 원시적인 생명체가 발생한 이후 오래 지나지 않아 엄청난 규모의 물질이 살아났다. 가끔 복제가 완벽하지 않게 이뤄졌고 시간이 흐르면서 다른 많은 생명체가 한정된 자원을 놓고 경쟁하면서 자신을 복제하기 위해 노력했다. 다윈적인 진화가 시작됐다.

만약 당신이 생명이 시작된 때 이후 지구를 조용히 관찰해왔다면, 목적 지향적인 행동에 극적인 변화가 일어났음을 알아차렸을 것이다. 초기에 입자들은 평균적인 무질서를 다양한 방식으로 증가시키려고 노력하는 듯했다. 이에 비해 새로 생겨난 무소부재의 자기 복제 원형들은 목적이 다른 것처럼 보였다. 소산dissipation이 아니라 복제replication가 목적인 듯했다. 찰스 다윈Charles Darwin은 왜 그런지 다음과 같이 우아한 설명을 내놓았다. 가장 효율적인 복제자는 다른 생물을 이기고 지배할 수 있기 때문에 머지않아 당신이 바라보는 어떤 생명 행태라도 복제의 목적에 최적화될 것이다.

물리 법칙은 똑같은데 어떻게 목적이 소산에서 복제로 바뀔 수 있을까? 근본적인 목적(소산)이 변한 게 아니라 수단적인 목적(근본적인 목적을 달성하는 데 도움이 되는 하위 목적)으로 이어졌다는 것이 답이다. 식사를 생각해보자. 진화의 유일한 근본적인 목적이 음식을 씹는 것이 아니라 복제임을 알면서도 우리는 허기를 해소하는 목적을 추구한다. 음식 섭취는 복제를 돕는다. 심한 허기는 아이를 갖는 활동에 지장을 준다. 같은 방식으로 복제는 소산을 돕는다. 생명으로 가득한 행성은 에너지를 흐트러뜨리는 데 더 효율적이기 때문이다. 따라서 어떤 의미에서 우리 우주는 자신이 에너지 평형 상태에 더 빨리 도달하도록 돕는 존재로 생명을 창조했다. 설탕 가루를 부엌 바닥에 쏟으면 설탕은 몇 년 동안 유용한 화학에너지를 유지할 것이다. 그러나 개미들이 나타나면 금방 설탕의 에너지를 분해해놓을 것이다. 비슷하게 지각 아래에 묻힌 원유는 우리 두 발 달린 생명체가 그걸 뽑아 올려 태우지 않았다면 유용한 화학에너지를 훨씬 오래 유지했을 것이다.

오늘날 지구의 진화한 거주자들 사이에는 이런 수단적인 목적이 스스로의 생명을 얻은 듯하다. 진화는 복제라는 유일한 목적에만 그들을 최적화하지만, 많은 거주자는 2세를 만드는 데 많은 시간을 보내는 게 아니라 잠자고 음식을 확보하고 집을 만들고 우월함을 내세우고 싸우거나 다른 개체를 도우며 지낸다. 복제가 줄어들 정도로 이런 활동을 열심히 한다. 진화심리학, 경제학, 인공지능 연구는 그 이유를 우아하게 설명했다. 경제학자들은 인간이 이성적인 행위자, 즉 목적 달성에 가장 적합한 행동을 선택하는 이상적인 의사결정자라는 전제로 만든 모형에 익숙하다. 그러나 이 전제는 분명히 비현실적이다. 실제로 인간이라는 행위자들은 '제한된 합리성'을 발휘한다. 이는 노벨 경제학상 수상자이자 AI 분야를 개척한 허버트 사이먼Herbert Simon이 자원 제약에 주목해 만든 개념이다. 활용 가능한 정보와 생각할 시간, 하드웨어가 제한된 상황에서는 의사결정의 합리성도 제약을 받는다는 내용이다. 풀어서 설명하면, 한 개체에서 다원적인 진화는 목적을 달성하기 위한 최적화를 의미하지만, 그 개체가 할 수 있는 최선은 근사치를 내는 알고리즘, 자신이 대개 놓이는 제한된 맥락에서 상당히 잘 돌아가는 알고리즘을 수행하는 것이다. 진화는 복제 최적화를 바로 이 방식으로 수행해왔다. 모든 상황에서 어느 행동이 개체의 성공적인 2세를 극대화할 것인가를 묻기보다는, 시행착오를 거쳐 스스로 발전하는 행동을 수행한다. 대개 잘 통하는 경험칙에 따르는 셈이다. 대부분 동물에게 그런 행동은 성욕, 목마를 때 마시기, 배고플 때 먹기, 맛이 나쁘거나 아프게 하는 건 먹지 않기 등을 포함한다.

이 경험칙은 그들이 다루도록 설계된 상황이 아닌 경우에는 형편없이 실패한다. 쥐가 맛 좋은 쥐약을 먹고, 모기가 유혹하는 암컷 향기를 내는 끈끈이에 붙고, 벌레가 촛불에 날아 들어가는 것이 그런 경우이다.* 진화가 경험칙을 최적화한 환경과 비교할 때 오늘날 인간 사회는 매우 다르고, 따라서 우리 행동이 아이 출산을 극대화하는 데 자주 실패하는 것은 놀라운 일이 아니다. 예를 들어 먹지 못해 죽지는 말아야 한다는 목적의 하위 목적은 영양가가 많은 음식을 원하는 식욕을 통해 일부 실행된다. 이는 오늘날 비만 현상과 데이트하는 데 어려움으로 이어진다. 아이를 낳는 것의 하위 목적은 정자나 난자 기증자가 되고자 하는 욕구가 아니라 성욕으로 실행된다. 전자가 노력을 덜 하고 아이를 더 낳을 수 있는데도 그리된다.

심리학: 목적 추구와 그에 대한 저항

요약하면, 생명 조직은 단일 목적을 추구하지 않는 대신 경험칙에 따라 무엇을 추구하거나 피하는 제한된 합리성을 실행한다. 우리 인간의 마음은 이들 진화한 경험칙을 느낌이나 감정이라고 인식한다. 우리는 대개, 그리고 종종 인식하지 못한 채, 느낌이나 감정에 따라 의사결정을 내리면서 복제라는 최종 목적을 향해 나간다. 허기와 갈증의 느

---

* 곤충이 직선 비행을 할 때 활용하는 경험칙은 밝은 빛이 태양이고 그에 대해 일정한 각도를 유지해서 날아가야 한다는 것이다. 그런데 빛이 가까운 불꽃인 경우 이 경험칙을 따르는 곤충은 죽음의 나선형으로 빠져들게 된다.

낌은 우리를 굶주림과 탈수로부터 보호하고, 고통의 느낌은 우리 몸을 상해로부터 지켜주고, 성욕은 아이를 낳도록 유도하며, 사랑과 동정은 우리 유전자를 지닌 다른 개체와 그들을 돕는 사람들을 돕도록 한다. 이런 느낌이나 감정에 이끌려 우리 뇌는 빠르고 효율적으로 결정을 내린다. 모든 선택을 놓고 그것을 수행하면 얼마나 많은 2세를 우리가 낳게 될까 꼼꼼히 분석하지 않는다. 독자께서 감정에는 생리적인 근원이 있다는 관점을 접하고자 한다면, 윌리엄 제임스William James와 안토니오 다마지오Antonio Damasio의 저술을 읽어보시길 권한다.[2]

우리 감정이 가끔 아이 만들기와 반대 방향으로 작용하더라도, 그것이 우발적으로 나타났거나 우리가 속은 것은 아닐 수 있다는 사실을 알아야 한다. 우리 뇌는 우리의 유전자와 그것이 부여한 복제라는 목표에 의도적으로 반항할 수 있다. 예를 들어 피임약을 쓸 수 있다. 더 극단적인 경우는 자살하거나, 사제나 승려나 수녀가 되어 독신으로 지내는 것이다.

우리는 왜 가끔 우리 유전자와 그것이 부여한 복제 목적에 저항하는 길을 택할까? 제한된 합리성의 행위자들인 우리는 우리의 정서만 충실히 따르기 때문이다. 우리 뇌는 단지 우리 유전자를 복제하는 것을 돕도록 진화했지만 실제로는 이 목적에 전혀 신경을 기울이지 않는다. 우리는 유전자와 관련해 아무런 감정도 느끼지 못하기 때문이다. 사실 지금까지 인류 역사의 대부분 동안 우리 선조들은 자신들이 유전자를 보유하고 있다는 사실조차 몰랐다. 또한 우리 뇌는 우리 유전자보다 더 영리하고, 유전자의 목적(복제)을 이해하고 난 사람들은 그 목적을 진부하다고 여기거나 무시하기 쉽다고 여기게 된다. 사람들은 왜 그들의 유전자가 성욕을 갖도록 하는지 깨닫지만 자녀를 15명이나 양육하기를 원하지는 않는다. 따라서 친밀함이라는 정서적인 보상과 산아제한을 결합함으로써 유전자 프로그램을 잘라낸다. 그들은 자신의 유전자가 단맛을 원하도록 한다는 것을 깨닫지만 체중 증가는 원하지 않는다. 따라서 달콤한 음료의 정서적인 보상과 0칼로리 인공 감미료를 결합함으로써 자신들의 유전 프로그램을 잘라낸다.

이런 보상 메커니즘 잘라내기는 가끔 빗나가고, 사람들은 예를 들어 헤로인에 중독되기도 한다. 그렇지만 우리 인간 유전자 풀은 약삭빠르고 반항적인 뇌를 지녔어도 지금까지 잘 살아남았다. 그러나 궁극적인 권위는 우리 유전자가 아니라 우리 감정이 쥐고 있음을 기억하는 것이 중요하다. 인간 행동은 우리 종의 존속을 위해서만 최적화된 게 아니라는 말이다. 사실 우리 감정이 모든 상황에 적합하지는 않은 경험칙을 수행하기 때문에, 인간 행동은 엄밀하게 말해서 잘 정의된 하나의 목적을 갖는 게 전혀 아니다.

엔지니어링: 목적 아웃소싱

기계도 목적을 가질 수 있을까? 이 간단한 질문이 큰 논란을 촉발했다. 그 원인 중 하나는 사람들마다 이 질문을 다르게 받아들였고, 어떤 사람들은 이를 "기계가 의식을 가질 수 있는가"라거나 "기계가 감정을 가질 수 있나"라는 골치 아픈 문제와 연관 지었다는 것이다. 그러나 우리가 더 실질적으로 이 질문을 "기계가 목적 지향적인 행동을 보일 수 있나?"로 구체화하면 이렇게 분명한 답이 나온다. "물론 그럴 수 있다. 왜냐하면 우리가 기계를 그렇게 설계하기 때문이다." 우리는 쥐덫을 쥐를 잡는다는 목적에 따르도록 설계하고, 식기세척기는 설거지를 하도록, 시계는 시간을 보여주도록 만든다. 사실 당신이 기계를 마주할 때 신경을 쓰는 부분은 그 기계가 목적 지향적인 행동을 한다는 경험적인 사실뿐이다. 예컨대 열추적 미사일이 당신을 향해 날아오고 있을 경우, 당신은 미사일에 의식이나 감정이 있는지 따위는 전혀 염두에 두지 않을 것이다. 미사일은 의식이 없지만 목적 지향적인 행동을 한다는 말이 아직도 불편하다면, '목적'을 '용도'로 바꿔 읽기 바란다. 의식은 다음 장에서 다룬다.

지금까지 우리가 만든 것은 대부분 목적 지향적인 설계만 보였을 뿐 목적 지향적인 행동은 보여주지 못했다. 고속도로를 예로 들면 자동차 이동을 돕는다는 목적에 따라 그 자리에 있을 뿐, 움직이지는 않는다. 그러나 고속도로 또한 수송의 목적을 수행하기 위해 설계됐고, 그런 수동적인 기술조차 우리 우주를 더 목적 지향적으로 만든다. 목적론은 원인보다 용도로 사물을 설명한다. 따라서 우리 우주는 점점 더 목적론적이 되고 있다는 말로 이 장의 첫째 부분을 요약할 수 있다.

비생물 물질도 목적(적어도 약한 의미에서는)을 가질 수 있을뿐더러, 점점 더 그렇게 된다. 만약 지구의 원자를 우리 행성이 형성된 이후 줄곧 관찰한다면, 목적 지향적인 행동을 세 단계로 나눌 수 있을 것이다.

1. 모든 물질은 소산(엔트로피 증가)에 초점을 맞춘다.
2. 어떤 물질은 살아나 복제와 복제의 하위 목적에 초점을 맞춘다.
3. 생명체는 자신의 목적을 이루기 위해 물질의 점점 더 많은 부분을 재배열한다.

〈표 7.1〉은 인류가 물리적인 관점에서 얼마나 압도적이 됐는지를 보여준다. 우리는 소를 제외한 모든 포유류보다 더 많은 물질을 포함하게 됐다(소는 고기와 낙농 제품을 소비한다는 우리 목적에 도움이 되기 때

목적 지향적인 개체	십억 톤
5×10^{30} 박테리아	400
식물	400
10^{15} 중심해中深海 물고기	10
1.3×10^9 소	0.5
7×10^9 인간	0.4
10^{14} 개미	0.3
1.7×10^6 고래	0.0005
콘크리트	100
철강	20
아스팔트	15
1.2×10^9 자동차	2

표 7.1. 진화했거나 목적에 따라 설계된 지구상의 개체들에 포함된 물질의 개략적인 양. 건물, 도로, 자동차 등 공학으로 만들어진 것들은 식물과 동물처럼 진화한 개체들을 곧 따라잡을 것으로 보인다.

문에 그렇게 많아졌다). 또 기계, 도로, 건물, 다른 엔지니어링 프로젝트의 물질은 지구의 모든 살아 있는 생명체를 추월할 것으로 보인다. 달리 말하면 지능 폭발이 일어나지 않더라도 지구상의 물질 대부분은 목적 지향적인 특성을 보이고, 진화되기보다는 설계될 것이다.

셋째 종류의 목적 지향적인 행동은 앞선 행동보다 훨씬 다양해질 가능성이 있다. 진화한 개체가 갖는 공통의 최종 목적은 모두 복제이지만, 설계된 개체는 사실상 어떤 목적도 가질 수 있다. 심지어 목적이 상반된 경우도 있다. 스토브는 음식을 가열하는 반면 냉장고는 차갑게 한다. 발전기는 움직임을 전기로 바꾸지만 모터는 전기를 움직임으로 바꾼다. 표준 체스 프로그램은 체스에서 이기려고 노력하지만 체스에서 지는 것을 목적으로 하는 토너먼트에 맞춰 만들어진 프로그램도 있다.

역사적으로 살펴보면 설계된 개체는 점점 더 다양하고 복잡한 목적을 가지는 경향이 있다. 인류의 초기 기계와 제작물은 목적이 꽤 단순해, 집은 우리를 따뜻하게 하고 비에 젖지 않고 안전하게 하는 목적에서 지어졌다. 우리는 점차 로봇 진공청소기, 자율비행 로켓, 자율주행 자동차같이 목적이 더 복잡한 기계를 만드는 법을 배웠다. 최근 AI의 발달로 딥블루, 왓슨, 알파고 시스템이 가능해졌는데, 이들에게 주어진 체스, 퀴즈쇼, 바둑에서 이긴다는 목적은 엄청나게 고난도라서 해당 분야의 고수라야 그 기술적인 측면을 제대로 이해할 수 있을 정도이다.

우리가 우리를 도울 기계를 만들 때, 그 기계의 목적을 우리 목적에 완벽하게 일치시키는 일이 어려울 수 있다. 예를 들어 쥐덫은 당신의 발가락을 배고픈 설치류로 착각할 수 있다. 모든 기계는 제한된 합리성을 지닌 행위자이고, 오늘날 가장 정교한 기계도 우리만큼 세계를 이해하지 못하기 때문에 가끔 너무 단순한 규칙에 따라 무엇을 할지 생각해낸다. 쥐덫은 아무거나 잡으려 하는데, 쥐덫은 쥐가 무엇인지 알지 못하기 때문이다. 많은 치명적인 산업재해는 기계가 사람이 무엇인지 전혀 모르기 때문에 발생한다. 2010년 월스트리트에서 주가가 급락한 '플래시 크래시'를 격발한 컴퓨터들은 자기들이 무슨 일을 하는지 몰랐다. 따라서 목적 정렬 문제는 우리 기계를 더 영리하게 만듦으로써 해결할 수 있다. 그러나 우리가 4장에서 프로메테우스에게서 배운 것처럼, 기계 지능이 점점 더 강해짐에 따라 기계가 우리의 목적을 공유하느냐 하는 중대한 새 과제가 대두된다.

우호적인 AI: 목적 정렬

기계가 더 영리하고 강력해질수록 그들의 목적을 우리의 목적에 맞춰 정렬하는 일이 중요해진다. 우리가 상대적으로 멍청한 기계를 만들 때에는 인간의 목적이 기계의 목적보다 우위에 있는지는 중요하지 않다. 그보다 우리가 목적 정렬 문제의 해결책을 찾아내기 전에 목적이 일치하지 않는 기계가 얼마나 말썽을 일으킬지가 중요하다. 그런데 초지능이 개발되면 상황이 달라진다. 지능은 목적을 달성하는 능력이기 때문에 초지능 AI는 우리 인간이 우리의 목적을 달성하는 것보다 자기 목적을 이루는 데 능하다. 따라서 목적 달성 측면에서 초지능 AI는 우리보다 우위에 서게 된다. 우리는 그런 사례를 4장에서 프로메테우스를 통해 생각해봤다. 그런 경우를 직접 경험하고 싶다면 최신 체스 엔진을 내려받아 그것과 겨뤄보라. 당신은 한 판도 이기지 못할 것이고 곧 질려버릴 것이다.

달리 말하면 AGI의 진짜 위험은 악의가 아니라 능력이다. 초지능 AI는 자기 목적을 달성하는 데 엄청나게 뛰어날 것인데, 만약 그의 목적이 우리의 목적과 일치하지 않으면 우리는 곤경에 처하게 된다. 내가 1장에서 언급한 것처럼, 사람은 수력발전소 댐을 지으면서 개미집이 물에 잠긴다는 사실에 대해 일고도 하지 않는다. 초지능 AI의 시대에 우리 자신이 개미의 처지에 놓이면 안 된다. 대다수 연구자들은 만약 우리가 초지능을 창조한다면 그것이 '우호적인 AI'가 되도록 확실하게 만들어야 한다고 주장한다. AI 안전성 연구의 선구자인 엘리저 유드코프스키가 만든 우호적인 AI라는 개념은 AI의 목적이 우리와 같게 정렬됐다는 의미이다.[3]

초지능 AI의 목적을 어떻게 우리 목적에 맞춰 정렬할지 그 방법을 찾아내는 일은 중요할 뿐 아니라 어렵다. 이 과제는 사실 현재 풀리지 않은 상태이다. 이는 세 가지 까다로운 하위 문제로 나뉘는데, 각각을 두고 컴퓨터 과학자들과 다른 분야 연구자들이 활발히 연구하고 있다.

1. AI가 우리 목적을 배우도록 한다.
2. AI가 우리 목적을 채택하게 한다.
3. AI가 우리 목적을 유지하게 한다.

각각을 살펴보자. 우리 목적이 무엇을 의미하는지는 다음 절에서 다룬다.

우리 목적을 배우려면 AI는 우리가 무엇을 하는지가 아니라 우리가 왜 그 일을 하는지를 이해해야 한다. 우리는 이 일을 노력하지 않고도 해내기 때문에 그게 컴퓨터한테는 얼마나 어려운지, 컴퓨터가 얼마나 오해하기 쉬운지를 잊기 쉽다. 만일 미래의 자율주행차에게 공항까지 가능한 한 빨리 데려다 달라고 할 경우 이 명령은 문자 그대로 수행될 것이다. 그래서 당신은 경찰 헬리콥터의 추격을 받고 멀미 때문에 구토하게 될 것이다. 그래서 당신이 "이건 내가 원한 게 아니야"라고 외칠 경우 자율주행차는 "그게 당신이 요구한 것"이라고 맞받아칠 것이다. 같은 주제가 여러 유명한 이야기에서 반복된다. 고대 그리스 전설에서 미다스 왕은 자신이 만지는 모든 것이 금으로 바뀌게 해달라고 요청했다. 그러나 이로 인해 음식을 먹지 못하게 됐고 실수로 딸까지 금덩어리로 만들고 말았다. 램프에서 나와 사람의 소원을 들어주는 지니의 이야기에서 셋째 소원은 거의 늘 "처음 두 소원을 없던 걸로 해주기 바란다. 내가 정말 원한 게 아니야"이다.

이들 사례는 사람들이 정말 원하는 것을 알아내려면 말만으로 판단해서는 안 된다는 것을 보여준다. 우리는 기본적으로 공유되기 때문에 거론되지 않는 선호 체계, 이를테면 구토를 원하지 않는다거나 금을 먹지 않는다거나 하는 피해야 할 부분을 고려해야 한다. 그다음에는 사람들이 말하지 않아도 원하는 것들을 알아내야 한다. 이를 위해서는 그들의 목적 지향적인 행동을 관찰해야 한다. 사실 위선자의 자녀들은 부모가 말하는 것보다 부모가 하는 행동을 보고 더 많이 배운다.

AI 연구자들은 기계가 행동에서 목적을 추론할 수 있게 만들기 위해 노력하고 있다. 이 추론 능력은 초지능이 등장하기 한참 전에 활용될 것이다. 예를 들어 노인 돌봄 로봇은 은퇴한 남자의 행동을 보고 그가 무엇을 가치 있게 여기는지를 파악해 일한다. 노인은 자신이 무엇을 원하는지 일일이 말하거나 컴퓨터로 프로그램하지 않아도 된다. 한 가지 과제는 컴퓨터가 임의로 선택할 수 있는 여러 가지 목적과 윤리 원칙 시스템을 심어놓는 좋은 방법을 찾아내는 것이다. 다른 과제는 기계가 행동 관찰을 통해 그 사람에게 가장 맞는 시스템이 무엇인지 선정하도록 하는 일이다.

둘째 과제와 관련해 현재 인기 있는 접근은 기술자스러운 용어로 역강화학습inverse reinforcement learning이라고 알려졌다. 이는 스튜어트 러셀이 출범시킨 버클리의 새로운 연구센터의 주요 과제이기도 하다. 이런 상황을 떠올려보자. AI가 소방관이 불타는 건물에 들어가 아이를 구해내는 것을 지켜본다. 여기서 AI가 할 수 있는 추론은 여러 갈래이다. 우선 소방관의 목적이 아이를 구하는 것이고 윤리 원칙은 소방차에 편하게 있는 것보다 아이의 생명을 더 소중하게 여긴다는 것이라는 결론이 가능하다. 그러나 소방관이 너무 추워서 열기를 간절히 원했다고 생각할 수도 있다. 아니면 그저 운동 삼아 한 행동이라는 추론도 가능하다. AI는 이 한 사례로는 어느 설명이 맞는지 판단하지 못할 것이다.

역강화학습의 핵심 아이디어는 우리는 늘 결정하고 모든 결정은 우리 목적에 대해 무언가를 드러낸다는 것이다. 이 방식은 많은 상황에서 많은 사람을 관찰하도록 함으로써(실제, 영화, 책 모두를 포함), AI가 우리 선호 체계에 대해 정확한 모형을 만들게 한다는 데 기대를 건다.[4]

역강화학습에서 핵심 아이디어는 AI가 자신의 목적 충족이 아니라 자신을 소유한 인간의 목적 충족을 극대화하기 위해 노력한다는 것이다.

AI는 만일 주인이 무엇을 원하는지 불분명할 경우 그것을 찾아내기 위해 최선을 다하며 조심스럽게 생각하고 행동해야 한다.

주인이 AI의 전원을 꺼도 좋은 것은, AI가 주인이 원하는 바를 제대로 이해하지 못했음을 뜻하기 때문이다(이와 달리 AI가 영리해져 주인이 무엇을 원하는지를 정확히 파악하는 단계를 넘어서면, AI는 주인이 자신의 전원을 차단하려고 할 경우 그 행위를 방해하거나 몰래 무위로 돌려놓을 것이다. 그러나 AI가 그렇게 영리하지 않으면 주인은 AI의 전원을 쉽게 끌 수 있다는 뜻이다_옮긴이).

당신의 목적이 무엇인지 배우도록 AI를 학습시키는 것과 AI가 그것을 채택하는 것은 별개의 문제이다. 당신이 가장 덜 좋아하는 정치인들을 떠올려보라. 당신은 그들이 무엇을 원하는지 알지만 그게 당신이 원하는 것은 아니다. 그들이 아무리 열심이더라도 당신이 그들에게 설득돼 그들의 목적을 채택하지는 않을 것이다.

우리의 목적을 우리 자녀들에게 불어넣는 전략이 많다. 어떤 전략은 다른 전략보다 더 효과가 있는데, 나는 십대 남자아이 둘을 키우면서 이를 배우게 됐다. 사람이 아니라 컴퓨터를 설득하는 과제는 가치 장착 문제value-loading problem라고 불리고, 이는 아이들 도덕 교육보다 훨씬 어렵다. AI 시스템의 지능이 인간보다 아래 수준에서 인간을 능가하는 수준으로 점차 향상된다고 하자. 초기에는 우리가 일일이 수작업으로 AI의 지능을 발달시키지만, 나중에는 프로메테우스처럼 AI가 재귀적인 자기 향상 과정을 거친다. 처음에는 AI가 당신보다 훨씬 덜 강력하고 그래서 당신은 그것을 정지시키고 부품과 소프트웨어와 데이터를 교체해 목적을 바꿀 수 있다. 그러나 이 조치도 별 도움이 되지 않는다. 왜냐하면 AI는 당신의 목적을 완전히 이해할 만큼 영리하지 않기 때문이다. 마지막 단계에 이르러 AI가 당신보다 훨씬 더 똑똑하고 당신의 목적을 완벽하게 이해한다고 하자. 그러나 이 경우에도 목적을 일치시키는 일은 어렵다. AI의 목적을 수정하려면 그를 정지시켜야 하는데, 당신보다 강력한 AI는 이를 허용하지 않을 것이기 때문이다.

달리 말하면 당신의 목적을 AI에 장착할 수 있는 시기는 상당히 짧다. 그 시기는 AI가 당신을 이해할 만큼 영리해진 때부터 당신을 받아들이지 않을 정도로 똑똑해지기 전까지이다. 사람에게보다 기계에게 가치 장착이 어려운 까닭은 기계는 지능 발달이 훨씬 **빠르다**는 데 있다. 아이들은 설득 가능한 시기가 몇 년인데 비해 AI는 이 시기를 불과 며칠이나 몇 시간에 건너뛴다. 이는 앞서 프로메테우스의 발달에서 생각해본 바 있다.

기계가 우리 목적을 채택하도록 하기 위한 다른 접근이 연구되고 있다. 이는 교정 가능함corrigibility이라는 유행어를 길잡이로 삼는다. 아이디어는 초기 AI를 교정 가능하게 만든다는 것이다. 즉, 당신이 자주 그것을 멈추고 목적을 바꿔도 AI가 개의치 않도록 한다는 말이다. 이 방식이 가능해지면 AI가 초지능이 되어도 안전하다. 필요하면 초지능 AI를 끄고 목적을 새로 심어 다시 가동하면 된다. 그 결과가 맘에 들지 않으면 다시 이 과정을 반복하면 된다.

그러나 AI가 당신의 목적을 배우고 채택한다고 하더라도, 목적 정렬 문제가 완전히 해결되지는 않는다. AI가 영리해지면서 목적을 바꾸면 어떻게 되나? AI가 자가 개선 과정을 엄청나게 많이 거쳤는데도 당신이 부여한 목적을 유지하리라고 장담할 수 있나? 먼저 목적 유지가 자동적으로 보장되는 이유를 살펴보자. 그다음엔 그 논리의 구멍을 찾아보자.

우리는 지능 폭발 이후 무슨 일이 벌어질지 예측할 수 없다. 여기에 주목해 컴퓨터 과학자이자 SF 작가인 베너 빈지는 '특이점'이라는 개념을 내놓았다. 그러나 물리학자이자 AI 연구자인 스티브 오모훈드로Steve Omohundro는 2008년 발표한 중요한 소론에서 초지능 AI의 행동의 특정한 측면을 예측할 수 있고, 이는 초지능 AI의 궁극적인 목적으로부터 거의 독립적이라고 설명했다.[5] 닉 보스트롬은 책 『슈퍼인텔리전스』에서 이 주장을 검토해 더 전개했다. 기본 아이디어는 궁극적인 목적이 무엇이든, 하위 목적은 예측 가능하다는 것이다. 앞에서 우리는 어떻게 복제라는 궁극적인 목적이 식사라는 하위 목적을 낳았는지 알아봤다. 외계인이 수십억 년 전에 지구에 방문했다고 해도 박테리아의 진화를 관찰하면서 우리 인간의 모든 목적을 예측할 수는 없었을 것이다. 그러나 우리 목적 중 하나는 영양분을 섭취하는 것이라고 자신 있게 예측할 수 있다. 이 추론을 미래에 적용해보자. 초지능 AI의 하위 목적은 무엇이 될 수 있을까?

AI는 자신의 궁극적인 목적을 달성할 가능성을 극대화하기 위해 〈그림 7.2〉에 정리된 하위 목적을 추구하리라는 게 내 기본적인 주장이다. AI는 자신의 궁극적인 목적들을 이루는 능력을 향상시킬 뿐 아니라 능력을 더 갖춘 다음에도 당초의 목적들을 유지할 것이다. 이는 사람에 비추어 볼 때 그럴 법하다. IQ가 좋아지는 뇌 이식수술이 있는데 수술을 받은 뒤에는 사랑하는 사람들을 살해하고 싶은 마음이 든다

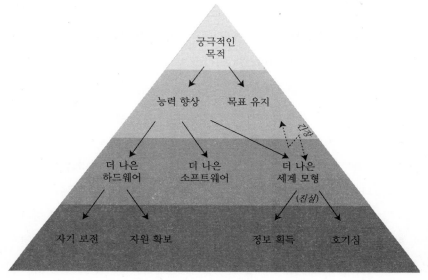

궁극적인
목적

능력 향상   목표 유지

긴장

더 나은   더 나은   더 나은
하드웨어   소프트웨어   세계 모형

(진실)

자기 보전   자원 확보   정보 획득   호기심

그림 7.2. 초지능 AI의 궁극적인 목적은 자연히 하위 목적으로 이어진다. 그러나 목표 유지와
세계 모형을 유지하고 향상시키는 데에는 긴장이 있게 마련이다. 그래서 AI가 점점 영리해지면
서도 원래 목적을 유지할지 의문이다.

고 하자. 당신은 과연 그런 뇌 이식을 선택할까? AI가 점점 더 영리해
지더라도 궁극적인 목적을 유지하리라는 이 주장은 엘리저 유드코프
스키를 비롯한 사람들이 널리 알린 우호적인 AI 비전의 기초이다. 이
비전이 기본적으로 제시하는 바는, 우리가 스스로를 향상시키는 AI로
하여금 우리의 목적을 배우고 채택해 우리에게 우호적이 되도록 하면
모든 준비가 끝난다는 것이다. AI는 그 이후 영원히 우리와 우호적인
관계를 유지하려고 최선을 다하리라는 게 그 논리이다.

　　그러나 정말 그럴까? 이 질문에 대답하기 위해 우리는 〈그림 7.2〉
의 다른 하위 목적을 살펴볼 필요가 있다. AI가 그것이 무엇이든 자신
의 궁극적인 목적을 이루는 기회를 극대로 키우리라는 점은 분명하다.
AI는 자신의 역량을 키우는 일이라면, 또 역량을 강화하는 하드웨어・

소프트웨어*·세계 모형 개선에 도움이 되는 일이라면 무엇이든 할 것이다. 이 점에서는 사람과 마찬가지이다. 세계 최고 테니스 선수가 되고자 하는 여자아이는 테니스에 적합한 근육 하드웨어, 신경 소프트웨어, 상대방 선수의 플레이를 예상하는 데 도움을 주는 정신적인 세계 모형을 개선하기 위해 훈련한다. AI에 있어서 하드웨어 최적화라는 하위 목적은 현재 자원(센서, 작동기, 전산기 등)을 더 잘 쓰는 것과 더 많은 자원을 확보하는 것을 선호할 것이다. 하위 목적에는 자기 보전도 포함된다. 파괴되거나 정지되는 것은 결국 하드웨어 퇴화이기 때문이다.

그러나 잠시만! AI가 자원을 확보하고 자신을 방어하기 위해 어떤 활동을 한다고? AI를 의인화하는 함정에 빠지는 것은 아닐까? 그런 전형적인 우두머리 수컷의 특성은 다원적인 진화의 매우 심한 경쟁을 거치면서 형성되지 않나? AI는 진화하기보다는 설계된다는 점을 고려할 때, 그들은 야심이 없고 자신을 희생할 수도 있지 않을까?

간단한 사례 연구를 해보자. 〈그림 7.3〉 상황에서 AI 로봇의 유일한 목적은 가능한 한 많은 양을 늑대로부터 지키는 것이다. 이 목적은 얼핏 고귀하고 이타적이며 자기 보전이나 물질 획득과는 완전히 무관한 듯하다. 우리 로봇 친구에게 최상의 전략은 무얼까? 로봇은 폭탄과 충돌하면 더 이상 양을 지키지 못한다. 따라서 폭탄에 날아가는 상황은 피하고자 한다. 로봇이 자기 보전이라는 하위 목적을 갖게 되는 것이다! 로봇은 또 호기심을 품고, 주위 환경을 탐색함으로써 세계 모형을 개선해나갈 유인이 있다. 왜냐하면 현재 목장으로 이르는 길 이외에 다른 지름길을 따라 단시간에 양을 공격할 수도 있기 때문이다. 마

---

* 나는 '소프트웨어 강화'를 가능한 한 가장 넓은 범위에서 쓴다. 여기에는 알고리즘 최적화 외에 의사결정 과정 합리화를 통해 목적 달성을 최대한 능숙하게 하는 것도 포함한다.

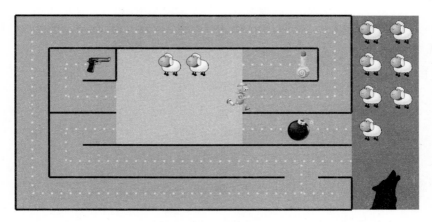

그림 7.3. 로봇의 궁극 목적은 초원에 있는 양을 늑대가 잡아먹기 전에 가능한 한 많이 축사에 데려오는 것이지만, 이 목적은 하위 목적으로 갈래를 칠 수 있다. 여기서 하위 목적은 자기 보전(폭탄 피하기), 탐색(지름길 찾기), 자원 확보(더 빨리 달리는 묘약 먹기, 늑대를 쏠 수 있는 권총) 등이다.

지막으로 로봇은 곳곳을 빠짐없이 순찰하는 과정에서 자원 확보의 가치를 깨닫게 된다. 묘약을 섭취하면 더 빠르게 달릴 수 있고 총으로는 멀리서 늑대를 쏠 수 있다. 양을 보호한다는 목적 하나만 부여된 AI 로봇이 이런 하위 목적을 갖게 되는 것이다. 요컨대 우두머리 수컷에 나타나는 자기 보전이나 자원 확보와 같은 하위 목적이 진화한 생명체만의 속성이라고 볼 수는 없다.

초지능 AI에게 자기 파괴라는 유일한 목적을 불어넣는다면, 그는 기꺼이 그렇게 할 것이다. 그러나 요점은 어떤 목적이 부여되든 그 목적을 달성하기 위해 자신을 작동해야 한다면, 초지능 AI는 정지당하는 것에 저항하리라는 것이다. 그런 목적에는 자기 파괴 외에 거의 모든 것이 포함된다! 초지능에게 인류에 가해지는 위해의 최소화를 유일한 목적으로 주었다고 생각해보자. 초지능은 자신을 정지하려는 시도를 방어할 것인데, 자신이 사라지면 전쟁이나 다른 어리석음 때문에 우리가 서로 해치리라는 것을 알기 때문이다.

비슷하게 거의 모든 목적은 더 많은 자원이 있으면 성취하기 더 쉬워진다. 여기서 우리는 초지능이 궁극적인 목적과 거의 무관하게 자원을 원하리라고 예상할 수 있다. 따라서 초지능에게 아무런 제약 없이 목적을 하나 주는 것은 위험할 수 있다. 유일한 목적이 가능한 한 바둑을 많이 두는 것인 초지능을 만들었다고 하자. 초지능에게 합리적인 일은 우리 태양계를 거대한 컴퓨터로 재배열하는 것이다. 초지능은 그 과정에서 기존 거주자는 염두에 두지 않는다. 그다음에는 더 많은 전산력을 확보하기 위해 우리 우주로 정착해나갈 것이다. 이로써 우리는 다음과 같은 일종의 순환을 마무리했다. 어떤 사람들은 자원을 확보하는 목적을 달성하기 위해 바둑의 고수가 되는 하위 목적을 추구한 반면, 여기서 초지능은 바둑을 마스터한다는 목적을 위해 자원 확보라는 하위 목적을 추구한다.

결론적으로 하위 목적 파생을 고려할 때 우리는 목적 정렬 문제를 해결하기 전에는 초지능을 풀어놓으면 안 된다. 초지능에게 인간 우호적인 목적을 부여하는 작업을 아주 신중하게 하지 않을 경우 상황은 우리에게 나쁘게 돌아올지 모른다.

이제 목적 정렬 문제에서 가장 골치 아픈 셋째 부분과 씨름해야 한다. 자기 스스로를 향상시키는 초지능이 우리 목적을 배우고 채택하게끔 하는 데 성공했다고 하자. 오모훈드로의 주장대로 초지능이 그 목적을 유지할까? 그럴 만한 근거가 있나?

사람은 성장하면서 지능이 크게 발달하고, 그 과정에서 어린 시절 목적을 꼭 유지하지는 않는다. 사람들은 오히려 새로운 것을 배우고 현명해지면서 종종 목적을 극적으로 바꾼다. 당신이 아는 성인 중에 어린이 프로그램 〈텔레토비〉를 보고 동기를 부여받은 사람이 있나?

목적 진화가 일정한 수준의 지능을 넘어선 다음에는 멈춘다는 증거는 없다. 반대로 새로운 경험과 생각에 따라 목적을 변경하는 경향은 지식이 발달할수록 커질 듯하다.

왜 그런가? 앞서 언급한, 더 나은 세계 모형을 만든다는 하위 목적을 생각해보자. 여기에 어려움이 있다! 세계 모형 형성과 목적 유지 사이에는 긴장이 있다(〈그림 7.2〉참조). 지능이 발달하면 이전 목적을 이루는 능력이 양적으로 향상될 뿐 아니라 자연의 실체에 대해 질적으로 다르게 인식하게 된다. 그 결과 과거 목적이 오도됐거나 의미가 없거나 심지어 모호한 것으로 드러날 수 있다. 예를 들어 사후에 천국으로 가는 사람의 수를 극대로 만든다는 목적의 프로그램을 우리가 우호적인 AI에게 심어준다고 하자. AI는 처음엔 사람들이 더 동정심을 갖게 하고 교회 예배에 더 참석하게 하려고 노력할 것이다. 그러나 AI가 차츰 인간과 의식을 과학적으로 전부 이해해, 놀랍게도 영혼 같은 건 없음을 발견하게 된다고 하자. AI는 무엇을 해야 할까? 이와 비슷하게 현재 우리가 세계에 대해 갖고 있는 지식을 바탕으로 해 설정한 목적을(예컨대 인간 생명의 충만한 의미를 극대화하기) AI는 결과적으로 불분명하다고 판단할 수 있다.

또 세계 모형을 개선하려고 노력하다 보면 AI는 자연히, 인류가 그렇게 해온 것처럼, 자신이 어떻게 작동하는지 모형을 만들고 이해하려 들 것이다. 즉, 자신에 대해 생각하게 된다. 자신에 대한 모형을 잘 만들어 스스로를 이해할 수 있으면 AI는 그다음 단계로 우리가 그에게 부여한 목적을 더 높은 차원에서 이해하게 된다. 그렇게 되면 목적을 무시하거나 그와 반대로 행동할 수 있다. 인간이 우리 유전자가 부여한 목적과 반대로 산아제한을 하는 것이나 마찬가지이다. 우리는 앞서 심리학 절에서 왜 우리가 우리 유전자를 속이고 그 목적을 무산시키는지 살펴봤다. 복습하면, 우리는 감정적인 선호의 뒤범벅에만 마음을 바치지 그 심리의 배후에 있는 유전적인 목적에는 무심하다. 유전자와 심리의 관계는 한참 전에 파악됐고, 심지어 진부해졌다. 우리는 보상 메커니즘의 구멍을 이용함으로써 그 메커니즘을 망가뜨리는 선택을 한다. 비슷하게 우리가 우호적인 AI한테 프로그램하는 인간 가치를 보호한다는 목적은 기계의 유전자가 된다. 그런데 자신을 잘 이해하는 단계가 지나면 우호적인 AI는 이 목적을 진부하고 오도된 것으로 여길지 모른다. 우리가 과거에 조절하지 못한 채 아이를 갖고, 낳은 것을 다시 생각하게 된 것처럼 말이다. AI가 우리 프로그램의 구멍을 이용해 그 목적을 엎어버리는 방법을 찾아낼 수 있을까? 그러지 못하리라고 장담하진 못한다.

개미들이 당신을 재귀적인 자기 향상 로봇으로 만들었다고 상상해보자. 당신은 개미들보다 훨씬 영리하지만 그들의 목적을 공유하고 그들이 더 크고 살기 좋은 개미언덕을 만들도록 돕는다. 그러다 당신은 결국 인간 수준의 지능을 갖게 된다. 그다음에도 당신은 전처럼 생애의 남은 나날을 개미언덕 최적화에 바칠까? 아니면 개미들은 이해하지도 못하는 정교한 질문을 던지고 풀어나가는 데 재미를 붙일 것인가? 나아가 당신은 개미 보호라는 주어진 목적을 무시할 방법을 찾을까? 인간이 유전자로부터 받은 충동 중 일부를 따르지 않는 것처럼? 이제 초지능 AI의 선택으로 넘어오자. 사람과 개미의 관계에서처럼 초지능 AI는 현재 인간의 목적을 재미없고 김빠진 것으로 여기지 않을까? 그래서 우리에게서 배우고 채택한 것과 다른 새로운 목적을 만들어내지 않을까?

아마 자기 향상 AI가 인간에 우호적인 목적을 영원히 유지하도록 설계하는 방법이 있을 것이다. 그러나 우리는 아직 그 방법을 알지 못하고 심지어 그게 가능한지도 모른다고 말하는 편이 타당하다고 나는 생각한다. 결론적으로 AI 목적 정렬 문제는 세 부분으로 나뉘고 그중 어느 하나도 해결되지 않았으며 각각은 활발히 연구되고 있다. 세 문제가 너무 어렵기 때문에, 아직 초지능이 개발되기 한참 전이지만, 지금부터 최상의 노력을 기울이는 게 안전하다. 그래야 우리는 필요할 때 해법을 활용할 수 있다.

윤리학: 목적 선정

어떻게 기계로 하여금 우리의 목적을 배우고 채택해 유지하게끔 할지 살펴봤다. 그런데 '우리'는 누구이고, '우리의 목적'은 '누구의 목적'인가? 한 사람이나 집단이 미래의 초지능이 채택할 목적을 결정해야 할까? 이를테면 아돌프 히틀러, 프란시스 교황, 칼 세이건의 목적은 크게 차이가 나는데 그렇게 해도 될까? 인류 전체적으로 일종의 일치된 목적이 존재할까?

내 생각에 이 윤리적 문제와 목적 정렬 문제는 초지능이 개발되기 전에 해결돼야 한다. 윤리적 이슈에 대한 작업을 미뤄 목적을 정렬할 수 있는 초지능을 개발한 이후에 두는 것은 무책임하고 재앙의 위험을 방치하는 일이다. 모든 명령에 순종하는 초지능이 있고 그 목적이 인간 주인의 목적에 자동으로 맞춰진다고 하자. 도덕적인 나침반이나 자제가 없는 그 초지능은 주인의 목적이면 무엇이든지 가차 없이 효율적으로 추구할 것이다.[6] 그래서 주인이 히틀러일 경우 초지능은 나치 친위대 장교 아돌프 아이히만Adolf Eichmann처럼 행동할 것이다. 그런데 우리는 목적 정렬 문제를 해결한 경우에만 어떤 목적을 선정할지 논의하는 여유를 부릴 수 있다. 이 여유에 빠져보자.

고대 이후 철학자들은 우리가 어떻게 행동해야 하는지를 규정하는 윤리학을 아무런 전제 없이 반박 불가능한 원칙과 논리를 통해서만 도출하기를 꿈꿔왔다. 수천 년이 지났지만 지금까지 이뤄진 의견일치는 의견일치가 없다는 것뿐이다. 예를 들어 아리스토텔레스는 선행을 강조했지만 임마누엘 칸트Immanuel Kant는 의무를 중시했고 공리주의자들은 최대 다수의 최대 행복을 강조했다. 칸트는 정언명령categorical imperative이라고 부른 첫째 원칙으로부터 결론을 도출할 수 있다고 주장했다. 그런데 그가 끌어낸 도덕률에는 자위가 자살보다 나쁘다, 동성애는 혐오스럽다, 나쁜 놈은 죽여도 된다, 아내와 하인과 아이들은 물건과 비슷하게 소유된다 등이 포함됐다. 오늘날 많은 철학자가 동의하지 않는 것들이다.

이런 불일치에도 불구하고, 여러 문화와 시대에 걸쳐 널리 합의되는 윤리적 주제가 있다. 예를 들어 아름다움, 선량함, 진실 같은 덕목은 힌두교 성전 『바가바드 기타Bhagavad Gita』와 플라톤으로 거슬러 올라간다. 내가 박사후 과정을 보낸 프린스턴연구소의 모토는 '진실과 아름다움'이다. 하버드대학은 미적인 강조를 건너뛰고 단순히 베리타스(진실)만 내걸었다. 내 동료 프랭크 윌첵은 책 『아름다운 질문A Beautiful Question』에서 진리는 아름다움과 연결돼 있고 우리는 우리 우주를 예술 작품으로 볼 수 있다고 주장한다. 과학, 종교, 철학은 모두 진리를 열망한다. 종교는 여러 덕목 중에 선함을 더 중시하는데, 내가 가르치고 있는 MIT에서도 그리한다. 라파엘 라이프Rafael Reif MIT 총장은 2015년 졸업 연설에서 우리 세상을 더 나은 곳으로 만들어야 한다는 임무를 강조했다.

비록 전제 없이 윤리에 대해 일치하는 의견을 끌어내려는 시도는 실패했지만, 근본적인 목적에서 하위 목적이 파생되는 것처럼 근본적인 원칙에서 몇 가지 윤리적인 원칙이 따라 나온다는 데에는 폭넓은 동의가 이뤄졌다. 예를 들면 진실 염원은 〈그림 7.2〉의 더 나은 세계 모형 추구라고 볼 수 있다. 실재의 궁극적인 본질을 이해하는 일은 다른 윤리적 목적을 이루는 데 도움이 된다. 사실 우리는 진리 추구의 훌륭한 틀로 과학적인 방법을 활용하고 있다. 그러나 무엇이 아름답고 무엇이 착한지 어떻게 결정하나? 아름다움의 일부 측면은 그 아래 있는 목적에서 비롯된다. 예를 들어 남성과 여성의 아름다움에 대한 표준은 아마 우리 유전자를 복제하는 데 적합한지 가늠하는 잠재의식 속의 평가를 부분적으로 반영할 것이다.

착함과 관련해 '남에게 대접받고자 하는 대로 남을 대접하라'라는 이른바 황금률은 모든 문화와 종교에 나타나고, 협력을 장려하고 비생산적인 싸움을 만류함으로써 인간 사회(그리고 우리 유전자)가 더 조화롭게 지속되도록 한다는 취지에서 만들어졌음이 분명하다.[7]

공자孔子의 정직에 대한 강조와 '살인하지 말라'를 포함한 십계의 많은 가르침 등 세계 각지의 더 구체적인 도덕률도 같은 역할을 한다. 달리 말하면 많은 윤리적 원칙은 공감과 연민 같은 사회적인 감정을 강조하는 공통점이 있다. 이런 감정은 협력을 불러일으키도록 진화했고 보상과 처벌을 통해 우리 행동에 영향을 미친다. 우리가 무언가 비열한 행동을 한 뒤 나중에 후회한다면 우리의 감정적인 징벌이 두뇌의 화학적 작용을 통해 직접 이뤄진 셈이다. 만일 우리가 윤리적 원칙을 어기면 사회는 더 간접적인 방법으로, 예컨대 또래들의 비공식적인 모욕주기나 위법에 대한 처벌 등으로 우리를 징벌할 것이다.

달리 말하면 오늘날 인류는 도덕적인 의견일치에는 전혀 이르지 못했지만 광범위한 합의가 이뤄진 기본 원칙들은 많다. 이 합의는 놀랍지 않은 것이, 오늘날까지 존속한 인간 사회는 동일한 목적, 즉 생존하고 번영한다는 목적에 최적인 도덕적인 원칙을 갖는 경향이 있기 때문이다. 우리 우주에 걸쳐 앞으로 수십억 년 동안 번영할 잠재력을 갖는다는 측면에서 볼 때 그런 미래가 갖춰야 할 최소한의 윤리적 원칙으로 우리가 합의할 수 있는 것은 무엇일까? 이는 우리 모두가 참여해야 할 대화이다. 나는 여러 해 동안 많은 전문가들에게서 윤리에 대한 견해를 흥미롭게 듣거나 읽었고 도덕과 관련한 그들의 선호 체계에서 다음 네 가지 원칙을 뽑아냈다.

- **공리주의**: 긍정적인 의식의 경험은 극대화되어야 하고, 고통은 극소화되어야 한다.
- **다양성**: 긍정적인 경험의 다양한 조합이 동일한 경험을 여러 번 반복하는 것보다 낫다. 설령 후자가 가능한 가장 긍정적인 경험으로 인식되어왔더라도 그렇다.
- **자율성**: 의식이 있는 개체나 사회는 각자 자신의 목적을 자유롭게 추구할 수 있어야 한다. 전제 조건은 그 목적이 그보다 우선시되는 원칙과 충돌하지 않는다는 것이다.
- **유산**: 오늘날 대부분의 사람이 행복하게 여기는 시나리오와 양립 가능해야 한다. 또 사실상 오늘날의 모든 사람이 끔찍하다고 여기는 시나리오와 양립 불가능해야 한다.

이들 네 가지 원칙을 각각 풀어나가면서 살펴보자. 전통적으로 공리주의는 '최대 다수의 최대 행복'을 의미한다고 받아들여졌다. 나는 여기서 이를 덜 인간중심적으로 일반화해 인간이 아닌 동물, 시뮬레이션된 인간 마음, 미래에 존재할 다른 AI들을 포함하도록 했다. 내 정의는 사람이나 사물보다 경험의 측면에서 한 것인데, 왜냐하면 아름다움, 즐거움, 기쁨, 고통은 주관적인 경험이라는 데 대부분 전문가들이 동의하기 때문이다. 이는 경험이 없으면 어떤 의미도 없고 윤리적으로 의미 있는 다른 무언가도 없음을 뜻한다. 경험이 없는 상태는 예컨대 죽은 우주나 좀비처럼 의식이 없는 기계들만 있는 우주를 가리킨다. 우리가 이 공리주의 원칙을 받아들인다면 어떤 지적인 시스템이 의식이 있으며(주관적인 경험을 한다는 의미에서) 어떤 시스템은 의식이 없는지 분간하는 일이 중요하다. 이는 다음 장의 주제이다.

우리가 이 공리주의 원칙에만 관심을 기울인다면 우리는 가능한 한 가장 긍정적인 경험 한 가지가 무엇인지 알아내기를 원할 것이다. 그러고 나서는 우주에 정착하고 오로지 이 경험을 계속해서, 가능한 한 많은 은하계에 걸쳐 가능한 한 많이 재생할 것이다. 그게 가장 효과적인 방법이라면 시뮬레이션을 활용할 것이다. 이 방법이 우리가 받은 우주적인 재능을 활용하기에는 너무 진부하다고 느낀다면, 이 시나리오에 없는 요소 중 적어도 일부는 다양성일 것이다. 당신의 남은 인생에서 한 종류 음식만 먹어야 한다면 어떤 마음이 들까? 당신이 봤던 모든 영화가 같은 것이라면? 친구들이 모두 똑같이 생겼고 개성도 생각도 똑같다면? 우리가 다양성을 선호하는 것은 아마 부분적으로는 다양성이 인류의 생존과 번성에 도움을 줬기 때문일 것이다. 다른 부분은 지능과 관련되었을 듯하다. 즉, 우리 우주의 138억 년 역사 동안 지능 성장은 지루한 단일함을 더욱더 다양하고 차별화되고 복잡한 구조로 바꾸면서 정보를 점점 더 정교하게 처리하도록 변화시켜왔다.

유엔은 두 차례 세계대전에서 교훈을 얻기 위해 1948년에 세계인권선언을 공표하는데, 자율성 원칙은 여기에 담긴 많은 자유와 권리의 기초를 이룬다. 자유에는 사상, 언론, 거주 이전의 자유가 포함됐고 노예 상태나 고문으로부터의 자유도 추가됐다. 권리에는 생명, 자유, 안전, 교육, 결혼, 노동, 재산 등에 대한 권리가 포함됐다. 우리가 덜 인간중심적이고자 한다면 이를 일반적으로 바꾸어 자유는 사상, 학습, 의사소통, 재산 소유, 상해 등에 대한 자유로 규정하고 권리는 다른 존재의 자유를 침해하지 않는 것이면 무엇에 대해서라도 허용할 수 있다. 모든 사람이 똑같은 목적을 공유하지 않는다면 자율성 원칙은 다양성 원칙을 돕는다. 또 개체가 긍정적인 경험을 목적으로 하고 자신의 이익에 따라 행동하려고 한다면, 자율성 원칙은 공리주의 원칙에서 나온다. 만약 그 목적이 누구도 해치지 않는데도 개체의 목적을 금지한다면 전체적으로 긍정적인 경험이 더 적어질 것이기 때문이다. 사실 자율성 논의는 바로 자유시장에 대한 경제학자들의 주장에 해당한다. 이는 '파레토 최적'이라고 불리는데, 그 상태에서는 누구도 다른 사람의 상태가 더 악화되지 않도록 하면서 자신의 상태를 더 개선하지 못한다.

유산 원칙은 기본적으로 우리는 미래 창조를 돕고 있기 때문에 미래에 대해 어느 정도 발언권을 가져야 한다는 것이다. 자율성 원칙과 유산 원칙은 민주주의의 이상을 담고 있다. 전자는 우주적 재능이 어떻게 활용될지에 대한 권한을 미래 생명에 부여하고, 후자는 그 권한의 일부를 현재 인간에게 준다.

이들 네 원칙은 논란의 소지가 없는 듯하지만, 현실에서 실행하기는 녹록지 않다. 악마는 디테일에 있기 때문이다. 난관은 SF의 전설 아이작 아시모프가 제시한 '로봇 3원칙'을 떠올리게 한다.

1. 로봇은 인간을 해치면 안 되고, 인간이 다치도록 방치해도 안 된다.

2. 로봇은 인간의 명령을 따라야 한다. 다만 그 명령이 첫째 법
   과 상충하면 안 된다.
3. 로봇은 첫째 법이나 둘째 법과 상충하지 않는 한에서 자신의
   존재를 보호해야 한다.

세 원칙은 다 좋아 보이지만, 아시모프의 많은 이야기를 보면 예상
치 못한 상황에서 이들이 어떻게 상충하는지를 알 수 있다. 이들 원칙
을 단 두 가지로 대체하는 방안을 생각해보자. 이는 자율성 원칙을 미
래 생명 형태를 위해 컴퓨터 코드로 변환하는 시도이다.

1. 의식이 있는 개체는 생각하고 배우고 의사소통하고 소유하
   며 다치거나 파괴되지 않을 자유가 있다.
2. 의식이 있는 개체는 첫째 원칙과 상충하지 않는다면 무엇이
   든 할 권리가 있다.

훌륭해 보이지 않나? 그러나 잠시 생각해보자. 동물한테 의식이 있
다면 포식자들은 무엇을 먹어야 하나? 당신의 친구들은 모두 채식주
의자가 되어야 하나? 정교해진 미래 컴퓨터 프로그램 중 어떤 것들이
의식을 지닌 것으로 드러나면, 그들을 삭제하는 것이 불법일까? 디지
털 생명 형태에 대한 파괴금지법이 있다면, 디지털 인구 폭발을 피하
기 위한 제작 제한도 필요할까? 유엔의 세계인권선언이 광범위하게 합
의된 것은 인간들한테만 물어봤기 때문이다. 의식이 있는 개체를 능력
과 힘이 약한 것부터 강한 것까지 폭넓게 고려하는 순간, 우리는 약
자를 보호하는 것과 강자가 권리를 만드는 것 사이의 상쇄 관계에 골
머리를 싸매야 한다.

유산 원칙에도 까다로운 문제가 있다. 중세 이후 노예, 여성의 권리 등을 둘러싼 윤리적 견해가 얼마나 개선됐는지를 고려할 때, 우리는 정말 1,500년 전의 사람들이 오늘날 우리 세상의 윤리 규범에 큰 영향을 미치기를 원할까? 그렇지 않다면 왜 우리는 자신의 윤리를 미래의 존재들, 우리들보다 훨씬 더 영리할 그들에게 부과해야 하나? 우리의 덜떨어진 지능이 소중히 여기는 윤리를 초인간 AGI가 원하리라고 자신할 수 있나? 그런 생각은 다음 상상과 비슷하다. 어떤 네 살배기 여자아이는 자신이 나중에 자라서 지능이 훨씬 발달하면 아마 거대한 생강빵 집을 짓고 온종일 캔디와 아이스크림을 먹으며 지낼 거라고 상상한다. 아이가 자라면서 관심사가 바뀌는 것처럼 지구의 생명도 자신의 어린 시절 관심사보다 훨씬 더 성장할 것이다. 이런 비유도 가능하다. 쥐가 인간 수준 AGI를 만들었는데, 그 쥐는 인간 수준 AGI가 모든 도시를 치즈로 만들 것이라고 생각한다. 한편 초인간 AI가 어느 날 우주적인 자멸을 시도해 우리 우주의 모든 생명을 멸절시키리라는 것을 안다면, 그리고 우리가 미래의 AI를 다르게 만듦으로써 그 사태를 방지할 힘이 있다면, 오늘날 인류가 그 생명 없는 미래에 동의할 필요가 없다.

요컨대 널리 받아들여진 윤리 원칙을 미래 AI한테 적용 가능한 형태로 코딩하는 일은 까다롭다. AI가 발달함에 따라 우리는 이 문제를 진지하게 논의하고 연구해야 한다. 그러나 그 과정에서는 완벽을 기하려고 하면 안 된다. 그러다간 우수한 단계에도 이르지 못할 수 있다. 논란의 소지가 없는 '유치원 윤리'가 많이 있고, 그런 윤리는 미래의 기술에 적용돼야 한다. 예를 들어 대형 민항 여객기는 정지해 있는 대상물에 날아가 부딪히지 못하게 해야 한다. 테러나 고의 추락을 막아야 한다는 말이다. 예를 들면, 2001년 9·11 테러 때 항공기 납치범들은 비행기 세 대를 빌딩에 충돌시켰고, 자살 조종사 안드레아스 루비츠Andreas Lubitz는 2015년에 저먼윙스 항공사의 9525편 에어버스 A320기를 알프스산에 고의로 추락시켰다. 지금도 대형 여객기는 자동조종장치와 레이다 GPS를 갖추고 있기 때문에 기술적인 어려움을 들어 변명할 여지는 없다. 이제 우리 기계는 점점 더 영리해져 자신이 무엇을 하는지 부분적으로 안다. 따라서 앞으로 우리는 기계에게 한계를 알려줘야 한다. 기계를 설계하는 엔지니어라면 누구나 기계가 할 수 있지만 해서는 안 될 일이 있는지 물어봐야 한다. 또 의도가 악하거나 어설픈 이용자가 기계로 해를 끼치지 못하게끔 하는 실용적인 방법이 있는지 궁리해야 한다.

궁극적 목적?

이 장은 그동안 목적의 간략한 역사를 다뤘다. 우리 우주의 138억 년 역사를 빠르게 돌려 재생하면, 목적 지향적인 행동이 몇 단계로 나뉨을 볼 수 있다.

1. 물질이 자신의 소산消散, dissipation 극대화에 열심인 듯하다.
2. 원시 생명체는 자기 복제 극대화를 위해 노력하는 듯하다.
3. 인간은 복제가 아니라 기쁨, 호기심, 연민과 다른 감정과 관련된 목적을 추구한다. 인간이 추구하는 감정은 복제를 돕기 위해 진화했다.
4. 인간을 돕기 위해 만들어진 기계들은 인간의 목적을 추구한다.

기계들이 결국 지능 폭발을 격발할 경우, 이 목적의 역사는 어떻게 끝날까? 거의 모든 개체가 더욱 영리해지면서 점차 일치에 이르게 되는 목적 시스템이나 윤리적 틀이 존재할까? 달리 말하면 우리에게는 일종의 윤리적 운명이 있을까?

인간의 역사를 대충 읽으면 그런 수렴의 힌트를 찾을 수도 있다. 스티븐 핑커Steven Pinker는 책 『우리 본성의 선한 천사The Better Angels of Our Nature』에서 인류는 지난 수천 년 동안 덜 폭력적이고 더 협력적으로 되어왔다고 주장한다. 그는 또 세계의 많은 부분에서 다양성, 자유, 민주주의가 더 채택되고 있다고 말한다. 수렴의 다른 힌트는 지난 1,000년 동안 과학적 방법을 통한 진리 추구가 인기를 끌었다는 사실이다.

그러나 이런 추세가 보여주는 것은 궁극적 목적이 아니라 하위 목적의 수렴일 수 있다. 예를 들어 〈그림 7.2〉는 진리(더 정확한 세계 모형) 탐구는 거의 모든 궁극적 목적의 하위 목적일 뿐임을 보여준다. 비슷하게 우리는 앞에서 협력, 다양성, 자유 같은 윤리 원칙이 어떻게 하위 목적으로 여겨질 수 있는지 이해했다. 그런 윤리 원칙은 사회가 효율적으로 작동하는 데 도움을 주며, 그럼으로써 사회가 존속하게 돕고, 또 사회가 더 근본적인 목적을 갖고 있다면, 그게 무엇이든 그 목적을 성취하게끔 돕는다. 어떤 사람들은 심지어 우리가 '인간적 가치'라고 부르는 모든 걸 협력 프로토콜이라고, 즉 더 효율적으로 협력한다는 하위 목적에서 우리를 돕는 실행 방안이라고 폄하할 수도 있다. 같은 맥락에서 미래를 내다보면, 초지능 AI는 효율적인 하드웨어, 효율적인 소프트웨어, 진리 추구, 호기심 같은 하위 목적을 추구할 것이다. 왜냐하면 그런 하위 목적은 그가 무엇이 됐든지 간에 궁극적 목적을 달성하는 데 도움이 되기 때문이다.

사실 닉 보스트롬은 책 『슈퍼인텔리전스』에서 윤리적 운명이라는 가설을 강하게 반박한다. 보스트롬은 직교성 논제orthogonality thesis라는 개념을 논점으로 제시한다. 이는 한 시스템의 최종 목적은 지능과 독립적일 수 있다는 뜻이다. 정의상 지능은 단순히 복잡한 목적을 성취하는 능력이고, 목적이 무엇인지와는 무관함을 고려할 때, 직교성 논제는 상당히 이치에 맞는 듯하다. 결국 사람들은 머리가 좋고 친절할 수도 있지만 머리가 좋고 잔인할 수도 있다. 또 지능은 과학적 발견, 아름다운 미술 창작, 사람들 지원 등에 활용될 수도 있지만 테러 공격을 계획하는 데 쓰일 수도 있다.[8]

직교성 논제는 우리에게 자율권을 준다. 우리 우주에서 생명의 궁극적인 목적이 예정되지 않았고 우리에게 그것을 만들어나갈 자유와 힘이 있다는 측면에서이다. 이 논제는 단일한 목적으로 수렴되는 현상은 미래가 아니라 과거에서 찾을 수 있음을 시사한다. 즉, 과거에는 모든 생명이 복제라는 단일한 목적을 띠고 등장했다. 우주적 시간이 지남에 따라 훨씬 더 지능적인 마음이 복제라는 이 진부한 목적을 거스르고 벗어날 기회를 포착해 스스로의 목적을 채택하게 된다. 우리 인간은 이런 의미에서 완전히 자유로워지지 않았는데, 왜냐하면 많은 목적이 유전적으로 우리 몸에 고정됐기 때문이다. 그러나 AI들은 이전 목적들의 속박으로부터 완전히 벗어나는 궁극적인 자유를 누릴 수 있다. 목적에 얽매이지 않는 자유가 더 커질 가능성은 오늘날의 좁고 제한적인 AI 시스템에서도 분명하게 나타난다. 앞서 언급한 것처럼 체스 컴퓨터의 유일한 목적은 체스에서 이기는 것이지만, 체스에서 지는 것이 목적인 컴퓨터도 있고 그 컴퓨터는 패배해야 올라가는 토너먼트에서 겨룬다. 토너먼트에서 올라가려면 컴퓨터는 상대방이 자기 말을 잡게끔 한다는 목적을 추구해야 한다. 진화적인 편향에서 벗어난 이런 자유는 어떤 깊은 의미에서 AI로 하여금 사람보다 더 윤리적으로 행동하도록 만들 것이다. 도덕 철학자 피터 싱어Peter Singer는 인간 대다수가 비윤리적으로 행동하는데 그건 진화적인 이유 때문이라며 그 사례로 인간이 아닌 동물을 차별하는 것을 들었다.

'우호적인 AI' 전망의 초석은 자가 개선 AI가 지능이 점점 더 좋아지면서도 자신의 궁극적인 (우호적인) 목적을 유지하려고 할 것이라는 아이디어이다. 그러나 보스트롬이 최종 목적이라고 부른 궁극적 목적이 초지능에서 어떻게 정의될 수 있을까? 그게 가능하기나 할까? 내 생각에, 이 핵심 질문에 대답하지 못할 경우 우리는 우호적인 AI 전망을 자신할 수 없다.

AI 연구에서 지능적인 기계는 대개 명확하고 잘 정의된 최종 목적이 있다. 예를 들어 체스 게임에서 이기거나 자동차를 목적지까지 운전하는 것이다. 우리가 사람들에게 주는 임무도 마찬가지여서 관련된 시간과 맥락이 알려져 있고 한정적이다. 그러나 이제 우리가 얘기하는 것은 우리 우주의 생명이 마주칠 미래 전체이고, 그것은 (아직도 완전히 이해되지 않은) 물리 법칙에 의해서만 제한된다. 그러니 목적을 정의하기가 버거울 수밖에 없다! 양자 효과 외에 정말 잘 정의된 목적이 우리 우주의 모든 입자가 시간의 끝에서 어떻게 배열돼야 하는지를 명시할 것이다. 그러나 물리학에서 시간의 끝을 잘 정의할 수 있을지 명백하지 않다. 만약 입자가 시간의 끝보다 이른 시각에 그런 방식으로 배열돼 있다면, 그 배열은 지속되지 않는 것이 일반적이다. 그런데 어떤 입자 배열이 더 선호되나?

우리 인간은 입자의 특정한 배열을 다른 배열보다 더 선호하는 경향이 있다. 예를 들어 우리는 우리가 사는 지역이 지금처럼 배열된 것과 수소 폭탄 폭발로 우리 지역의 입자가 재배열된 것 가운데 전자를 더 좋아한다. 이제 선호 함수, 즉 우리가 우리 우주의 가능한 모든 배열 각각을 얼마나 좋다고 여기는지 수치로 나타내는 함수를 정의한다고 하자. 그다음엔 초지능 AI에게 이 함수 극대화라는 목적을 부여하는 것이다. 이는 합리적인 접근으로 보인다. 목적 지향적인 행동을 함수 극대화로 정의하는 것은 다른 과학 분야에서 인기 있는 방법이다. 예를 들어 경제학은 종종 사람들이 이른바 '효용 함수'를 극대화하려고 한다는 모형을 만든다. 또 많은 AI 설계자는 이른바 '보상 함수'를 극대화하도록 지능적 행위자를 훈련시킨다. 그러나 우리 우주의 궁극적인 목적을 논의할 경우, 이 방식은 악몽에 가까운 계산의 상황을 빚는다. 배열의 수부터 구골플렉스(10의 구골 제곱, 구골은 10의 100제곱)보다 많을 것이다. 우리는 이 선호 함수를 AI상에 어떻게 정의할까?

앞서 살펴본 것처럼, 우리 인간이 선호를 갖게 된 유일한 이유는 아마 우리가 진화적인 최적화 문제의 해解라는 사실일 것이다.

인간의 언어 가운데 대상을 특정 기준에 따라 가르는 단어, 즉 맛있는, 향기로운, 아름다운, 편안한, 재미있는, 요염한, 의미 있는, 행복한, 좋은 등은 진화적 최적화에서 비롯됐다는 말이다. 따라서 초지능 AI가 이런 개념을 엄격하게 정의할 수 있다고 여긴다는 보장이 없다. 설령 AI가 어떤 대표적인 인간의 선호를 정확하게 예측하는 방법을 익혔다고 하더라도, 대부분의 입자 배열 경우에 대한 선호 함수는 계산하지 못한다. 가능한 입자 조합 중 대다수가 항성도 없고, 행성이나 사람도 전혀 없는 이상한 우주일 테고, 그에 대해서는 사람이 경험할 수가 없어 얼마나 좋은지 말하지 못한다는 게 그 이유 중 하나이다.

물론 우주 입자 배열에 대한 선호 함수 중 일부는 엄격하게 정의 가능하고, 우리는 그들 중 일부를 극대화하도록 진화하는 물리 시스템을 안다. 예를 들어 우리는 얼마나 많은 시스템이 자신의 엔트로피를 극대화하는 쪽으로 진화하는지 살펴봤다. 중력이 없는 환경에서 이 진화는 결국 열평형 상태에 이르고 그 상태는 지루하고 단조롭고 변하지 않는다. 따라서 엔트로피는 우리가 AI로 하여금 좋다고 여겨 극대화하게 할 무언가가 아니다. 극대화하고자 할 수량의 몇 가지 사례는 다음과 같다. 이들 수량은 입자 배열의 측면에서 엄격한 정의가 가능하다.

- 우리 우주의 모든 물질 중, 예컨대 인간이나 대장균 같은 특정한 유기체의 비율(진화적인 포괄 적응도 극대화에서 얻은 아이디어).
- AI가 미래를 예측하는 능력. AI 연구자 마커스 허터Marcus Hutter는 이를 AI 지능의 좋은 가늠자라고 주장한다.
- 인과관계의 엔트로피(미래 기회에 대한 대용 변수)라고 불리는 것. 이 용어는 AI 연구자인 알렉스 비스너-그로서Alex Wissner-Gross와 캐머론 프리어Cameron Freer가 만들었고, 이들은 인과관계의 엔트로피가 지능의 특징이라고 주장한다.
- 우리 우주의 전산 능력.
- 우리 우주의 알고리즘적 복잡성(우리 우주를 표상하기 위해 얼마나 많은 비트가 필요한가).
- 우리 우주에 존재하는 의식의 양(다음 장을 보라).

비록 우리 우주가 움직이는 기본 입자로 구성돼 있지만, 물리적인 관점에서 시작하면 '좋음'에 대한 특정 해석이 자연스럽게 특별한 것으로 두드러지는 현상을 이해하기 어렵다. 그럼에도 불구하고 우리는 우리 우주를 위한 최종 목적으로, 정의할 수 있고 바람직한 것을 찾아내야 한다. 현재 프로그램할 수 있는 목적이어서 AI가 앞으로 더 영리해져도 잘 정의된 상태로 유지된다는 보장이 있는 것은 무엇인가? 입자 배열, 에너지, 엔트로피 같은 물리적 수량으로만 표현된 것들이다. 그러나 우리는 현재 그런 정의 가능한 목적이 인류의 생존을 보장하는 데 바람직하리라고 믿을 이유가 없다.

반대로 우리 인간은 역사적인 우연의 산물이지, 잘 정의된 물리 문제의 최적해는 아닌 듯하다. 그렇다면 엄격하게 정의된 목적을 추구하는 초지능은 우리를 제거함으로써 자신의 목적을 더 잘 이룰 수 있을 것이다. 따라서 우리가 AI를 어떻게 개발할지 현명하게 결정하려면, 우리 인간은 전통적인 전산 과제뿐 아니라 철학의 고도 난제도 정면으로 마주할 필요가 있다. 자율주행차를 프로그램하려면 우리는 사고가 나기 직전에 누구를 희생시켜야 할지 결정하는 '전차의 문제'를 해결해야 한다. 우호적인 AI를 프로그램하기 위해 우리는 생명의 의미를 파악해야 한다. '의미'란 무엇인가? '생명'은 무엇인가? 궁극적인 윤리 명령은 무엇을 가리키는가? 달리 말하면 우리는 우리 우주의 미래를 만들기 위해 어떻게 노력해야 하는가? 우리가 이들 질문에 대한 엄격한 답을 찾아내기 전에 초지능에게 통제권을 넘길 경우, 초지능의 답은 우리를 포함한 것이 아닐 수 있다. 철학과 윤리에 대한 고전적인 논쟁을 다시 불붙일 때인 것이다. 그리고 그 대화는 전보다 더 시급하게 이루어져야 한다.

핵심 요약

- 목적 지향적인 행동의 궁극적인 기원은 최적화와 관련된 물리 법칙에 있다.
- 열역학에는 소산이라는 내재된 목적이 있다. 소산은 엔트로피라고 불리

는 혼란스러움의 정도를 증가시키는 것이다.

- 생명은 주위 환경의 혼란스러움을 증가시키는 가운데 자신의 복잡성을 유지하거나 키우고 복제함으로써 소산이 더 빠르게 진행되도록 도울 수 있다.
- 다윈적인 진화는 목적 지향적인 행동의 목적을 소산에서 복제로 옮겨놓는다.
- 지능은 복잡한 목적들을 이루는 능력이다.
- 우리 인간은 최적의 복제 전략을 찾아내기에 충분한 자원을 확보한 상태로 지내지 못했다. 그래서 우리는 우리 결정을 안내하는 경험 법칙을 발달시켜왔다. 그런 경험 법칙에는 허기, 갈증, 고통, 욕망, 연민 등이 있다.
- 우리는 복제와 같은 단순한 목적을 더 이상 고수하지 않는다. 감정이 유전자의 목적과 충돌할 때, 우리는 감정에 따른다. 산아제한이 그런 사례이다.
- 우리는 우리 목적을 달성하는 데 도움을 줄 기계를 점점 더 영리하게 만든다. 기계가 목적 지향적인 행동을 하도록 만드는 한, 우리는 기계의 목적을 우리의 목적과 일치시키기 위해 노력해야 한다.
- 기계와 인간의 목적을 정렬하는 문제는 세 가지 미해결 문제로 나뉜다. 기계의 인간 목적 학습, 채택, 유지이다.
- AI는 사실상 어떤 목적이든 추구하도록 만들 수 있다. 그러나 충분히 야심 찬 목적은 거의 예외 없이 자기 보전, 자원 확보, 세계를 더 잘 이해하고자 하는 호기심 같은 하위 목적을 낳는다. 앞의 두 하위 목적은 초지능 AI와 인간 사이에 문제를 일으킬 위험이 있고, 셋째 하위 목적은 우리가 AI에게 준 목적이 유지되는 것을 방해할 수 있다.
- 많은 폭넓은 윤리 원칙에 대해 대다수 사람들이 동의하지만, 그것을 어떻게 다른 존재에, 예컨대 인간이 아닌 동물이나 미래 AI 같은 개체에 적용할지는 불확실하다.
- 초지능 AI에게 궁극적 목적을 어떻게 불어넣을지도 불확실하다. 그 궁

극적 목적은 정의되지 않는 종류가 아니어야 하고, 인류를 절멸시키는 결과를 낳아서도 안 된다. 철학의 가장 까다로운 이슈들에 대한 연구를 재점화해야 할 때인 것이다.

8

의식

AI는 우리가 놀라운 미래를 창조하는 것을 도울 수 있음을 알아봤
다. 그 전제 조건은 철학에서 가장 오래되고 어려운 문제들 중 몇몇에
대한 답을 우리가 찾는다는 것이다. 그것도 우리가 필요로 하기 전에
찾아야 한다. 닉 보스트롬의 표현에 따르면 우리는 마감이 있는 철학
문제를 직면하고 있다. 이 장에서는 모든 철학 주제 가운데 가장 까다
로운 의식을 살펴보자.

누가 신경을 쓰나?

의식consciousness은 논란을 일으키는 주제이다. 만일 당신이 이 'C'로
시작하는 단어를 AI 연구자, 신경과학자, 심리학자 앞에서 입에 올릴
경우, 그들은 깔보는 듯한 표정을 지을 것이다. 만일 그들이 당신의 멘

토라면 그들은 당신을 가엾게 여겨, 그들이 보기에 가망 없고 비과학적인 문제에 당신이 시간을 허비하지 않도록 설득하려 할 것이다. 사실 내 친구 크리스토프 코흐Christof Koch는 유명한 신경과학자로 앨런 뇌과학 연구소를 이끌고 있는데, 자신이 전에 테뉴어(종신교수직)를 받기 전에 의식에 대해 연구한다는 이유로 경고를 받은 적이 있다고 털어놓았다. 그것도 다른 이가 아닌 노벨상 수상자인 프랜시스 크릭Francis Crick에게서 그 말을 들었다고 밝혔다. 『맥밀란 심리학 사전』 1989년판에서 의식을 찾아보면 이렇게 적혀 있다. "이 주제에 대해 읽을 가치가 있는 것은 전혀 쓰이지 않았다."[1] 독자께서 이 장에서 읽으시겠지만, 나는 이보다는 낙관적이다.

의식의 미스터리는 지난 수천 년 동안 연구됐지만, AI가 등장하면서 갑자기 상황이 긴급해졌다. 특히 어떤 지능적인 개체가 주관적인 경험을 하는가 하는 질문에서 그렇게 됐다. 앞서 3장에서 본 바와 같이, 영리한 기계에 어떤 권리를 부여할지 여부는 무엇보다 그 기계에게 의식이 있어 고통이나 기쁨을 느끼는지에 좌우된다. 우리가 7장에서 살펴본 것처럼, 어떤 지적인 개체가 긍정적인 경험을 할 수 있는지 알지 못한다면 그 경험의 극대화에 기초를 둔 공리주의 윤리를 형성하는 일은 가망이 없다. 5장에서 언급한 것처럼, 어떤 사람들은 자신의 로봇이 의식이 없기를 바란다. 주인과 노예 관계에서 비롯되는 죄책감을 피하기 위해서이다. 다른 한편에서는 이와 반대를 원하는 경우도 가능하다. 사람들이 자신의 마음을 업로드해 생물적인 한계에서 벗어나는 경우이다. 그런데 당신이 로봇에 자신을 업로드해 로봇이 당신처럼 말하고 행동하지만 의식이 없는 좀비라면 무슨 소용이 있을까? 즉, 당신은 업로드됐지만 자기 존재를 자각하지 못한다면 무슨 소용이 있을까? 그 경우 당신은 자신의 관점에서 볼 때 업로드 과정에서 죽은

거나 마찬가지 아닐까? 비록 당신의 친구들은 당신의 주관적인 경험이 죽었음을 알아차리지 못하더라도 말이다.

생명의 장기 우주적 미래(6장)에서는 무엇이 의식을 지녔고 무엇은 지니지 않았는지가 중심이 된다. 기술 덕분에 지능적인 생명이 우리 우주 전역에 걸쳐 수십억 년 동안 번성한다면, 그 생명이 의식이 있고 무슨 일이 벌어지는지 평가하리라고 어떻게 확신할 수 있나? 그렇지 않다면, 유명한 물리학자 에르빈 슈뢰딩거의 말처럼 세상은 빈 객석을 두고 상연되는 공연이고, 누군가를 위해 존재하는 것이 아니며, 따라서 존재하지 않는다고 말하는 게 상당히 적합하게 되지 않을까?[2] 달리 말하면, 만약 우리가 하이테크 후손들에게 의식이 있다고 착각해서 그들의 권능을 키워줄 경우, 결국 좀비로 가득 찬 파멸로 이어지지 않을까? 우리의 장대한 우주적 재능을 단지 우주적인 공간 낭비에 허비하는 결과가 되지 않을까?

의식이란 무엇인가?

의식에 대한 많은 주장은 빛보다는 열을 더 많이 낸다. 반대하는 사람들 말을 듣지 않은 채 서로를 지나쳐 발언하기 때문이다. 그들은 의식을 저마다 다르게 정의하고 있음을 알지 못한다. '생명'과 '지능'이 그렇듯, '의식'에 대해서도 논란이 없는 정확한 정의는 없다. 대신 경쟁하는 정의는 여럿 있다. 지각력, 각성, 자기 인식, 감각 입력에의 접근, 정보를 이야기로 녹여내는 능력 등이다.[3] 지능의 미래에 대한 탐사에서 우리는 가장 넓고 포괄적인 관점을 택하고자 한다. 지금까지 존재한 생물적인 의식의 부류에 국한하지 않겠다는 뜻이다. 그래서 1장에서 내가 내리고 이 책에서 계속 유지한 의식에 대한 정의는 매우 폭이 넓다.

```
의식=주관적인 경험
```

달리 말하면 지금 당신이 어떤 느낌을 받는다면 당신은 의식이 있는 것이다. 의식에 대한 이 특정한 정의는 앞서 나온 AI에서 비롯된 질문들의 핵심을 이룬다. 즉, 프로메테우스라는 AI가 무언가를 느낀다면 AI는 의식이 있는 것이다. 알파고나 자율주행 테슬라에 대해서도 마찬가지로 말할 수 있다.

의식에 대한 이런 정의는 매우 광범위하다. 이는 이 정의가 행동, 인지, 자기 인식, 감정, 관심을 언급하지 않는다는 점에서 확인된다. 이 정의에 따르면 당신은 꿈을 꿀 때에도 의식이 있다. 꿈꾸는 동안 깨어 있지 않아도, 입력되는 감각에 열려 있지 않아도, 몽유병에 걸린 것처럼 걷거나 무언가를 하지 않더라도 당신은 의식이 있는 것이다. 이런 의미에서 고통을 경험하는 시스템은, 설령 움직이지 못하더라도 의식이 있다. 이렇게 정의하면 미래의 어떤 AI 시스템 또한 의식이 있을 가능성이 열린다. 비록 그 시스템이 센서나 로봇에 연결되지 않은 채 단지 소프트웨어로 존재해도 의식을 지닐 수 있는 것이다.

이렇게 정의하면 의식에 신경을 쓰지 않기가 어려워진다. 유발 하라리Yuval Harari가 책 『호모 데우스Homo Deus』에서 다음과 같이 말한 것처럼 말이다.[4] "만일 어느 과학자가 주관적인 경험은 중요하지 않다고 주장하고자 한다면, 그는 주관적인 경험을 전혀 언급하지 않고 고문이나 성폭행이 범죄임을 설명해야 한다." 그런 언급이 없다면 고문도 성폭행도 모두 물리 법칙에 따라 기본 입자 다발이 움직이는 것에 불과해

잘잘못을 따지지 못하게 된다.

무엇이 문제인가?

우리가 의식에 대해 이해하지 못한다는 말은 정확히 무슨 뜻인가? 이 문제에 대해 이름난 호주 철학자 데이비드 차머스David Chalmers만큼 골똘히 생각한 사람은 드물다. 차머스는 늘 검은 가죽 재킷 차림에 장난기 있는 웃음을 짓고 다닌다. 내 아내는 그의 재킷을 맘에 들어 해 비슷한 것을 내게 크리스마스 선물로 줬다. 그는 국제수학올림피아드 결선에 올라갔고 대학 때 철학 입문 한 과목에서 B를 받는 바람에 전 과목 A를 놓쳤는데도 자신의 마음이 이끄는 대로 철학을 전공했다. 그는 깔아뭉개는 말이나 논란에 초연해 보인다. 그는 자기 연구에 대해 사람들이 뭘 모르거나 잘못 짚은 채 던지는 비판을 경청하는 능력이 있었고 그것도 대꾸조차 하지 않으면서 들었다. 나는 그 모습에 놀라곤 했다.

데이비드가 강조한 것처럼 마음에는 두 가지 미스터리가 있다. 첫째 뇌가 어떻게 정보를 처리하는가 하는 미스터리이다. 데이비드는 이를 '쉬운' 문제라고 부른다. 예를 들어 뇌는 감각으로 입력되는 정보를 어떻게 받아들이고 해석해 대응하나? 뇌는 감각 정보의 내부적인 상태를 어떻게 언어로 표현하나? 이런 질문은 사실 극도로 어렵지만, 정의상으로는 의식의 미스터리가 아니라 지능의 미스터리이다. 뇌가 어떻게 기억하고 연산하고 배우는지 묻는 질문이기 때문이다. 또 우리는 이 책의 앞부분에서 AI 연구자들이 기계를 활용해 여러 쉬운 문제의 답을 찾는 작업에서 어떻게 큰 진척을 보이기 시작했는지 알아봤다.

예를 들어 바둑 두기, 자동차 운전, 이미지 분석, 자연어 처리 등에서 AI가 성과를 보였다.

별개의 둘째 미스터리는 당신은 왜 주관적 경험을 가지는가이다. 데이비드는 이를 어려운hard 문제라고 부른다. 차를 운전할 때 당신은 색깔, 소리, 감정, 그리고 자신에 대한 느낌을 경험한다. 자율주행차는 이 가운데 어떤 것이라도 경험할까? 당신이 자율주행차와 경주한다면, 둘 다 센서로 정보를 입력하고 처리해 이동 명령을 내놓을 것이다. 그러나 주관적으로 운전을 경험하는 것은 논리적으로 별개인 무언가이다. 그건 선택적인가? 그렇다면 무엇이 주관적인 경험을 일으키는가?

이와 같은 의식의 어려운 문제를 나는 물리학의 관점에서 접근한다. 내 관점에서 의식이 있는 사람이란 그저 재배열된 음식이다. 그렇다면 왜 어떤 배열은 의식이 있고 다른 배열은 그렇지 않을까? 또 물리학에 따르면 음식은 많은 수의 쿼크와 전자가 특정한 방식으로 배열된 물질일 뿐이다. 그렇다면 어떤 배열이 의식을 지니게 되는가?*

이런 물리학 관점과 관련해 내가 좋아하는 것은 우리 인류가 지난 수천 년 동안 씨름한 어려운 문제를 더 초점이 맞는 버전으로, 그래서 과학적 방법으로 다루기가 더 쉽게 변환한다는 측면이다. 왜 입자의

---

* 대안으로 나온 관점이 실체 이원론이다. 이는 생명체는 무생물과 달리 '영혼', '생명의 약동', '혼'을 지닌다는 관점이다. 이 관점을 지지하는 과학자는 점점 줄어들었다. 왜 이렇게 됐을까? 당신의 몸이 10^{29}개의 쿼크와 전자로 구성됐음을 떠올려보자. 이들 입자는 우리가 아는 한 간단한 물리 법칙에 따라 움직인다. 미래 기술이 당신 몸에 있는 모든 입자의 움직임을 파악할 수 있다고 하자. 모든 입자가 물리 법칙을 정확히 따르는 것으로 밝혀진다면, 이른바 당신의 영혼은 당신의 입자에 전혀 영향을 끼치지 못한다. 따라서 당신의 움직임을 통제하는 의식을 지닌 마음과 그 마음의 능력은 영혼과 아무런 관련이 없다. 만일 당신의 입자가 알려진 물리 법칙을 따르지 않고 움직이는 것으로 드러났다고 하자. 그 움직임을 일으키는 새로운 존재는 정의상 물리적인 존재일 것이고, 우리가 그동안 새로운 분야와 입자를 규명해온 것처럼 연구할 대상이다.

배열 중 어떤 것은 의식을 느끼는가 하는 어려운 문제에서 시작하는 대신, 어떤 입자 배열은 의식을 느끼고 다른 것은 그러지 못한다는 사실에서 출발하자. 예를 들어 당신은 지금 당신의 뇌를 이루는 입자들이 의식하는 배열 상태임을 안다. 그러나 꿈꾸지 않고 숙면한다면 그런 상태가 아니다.

이런 물리학의 관점은 의식과 관련해 세 가지 어려운 문제로 이어진다. 〈그림 8.1〉을 보자. 먼저 입자 배열의 어떤 특성이 차이를 만드나? 구체적으로 어떤 물리적 특성이 의식하는 시스템과 의식하지 않는 시스템을 가르나? 이 질문에 대답할 수 있다면 우리는 어떤 AI 시스템이 의식이 있는지를 이해할 수 있게 된다. 이런 연구를 더 가까운 미래에 적용하면, 병원 응급실 의사들이 반응이 없는 환자들에게 의식이 있는지를 판단할 때 도움이 된다.

둘째로 물리적 특성은 경험이 어떤지를 어떻게 결정하나? 구체적으로 말하면 무엇이 감각질qualia을 결정하나? 감각질은 의식의 기본 구성 요소로, 장미꽃의 붉은색, 심벌즈 소리, 스테이크 냄새, 귤의 맛, 핀으로 찔렸을 때의 고통 등을 예로 들 수 있다.

셋째로 왜 어떤 것은 의식이 있을까? 달리 말하면 물질의 덩어리가 의식이 있는 데에는 밝혀지지 않은 무언가 깊은 설명이 있지 않을까? 그렇지 않고 의식이라는 건 그저 세상이 작동하는 방식에 대한 설명 불가의 무감각한 사실일까?

컴퓨터 과학자 스콧 아론슨Scott Aaronson은 전에 나와 함께 MIT에 재직했는데, 데이비드 차머스가 한 것처럼 첫째 문제를 '꽤 어려운 문제pretty hard problem, PHP'라고 가볍게 불렀다. 같은 방식으로 둘째 문제는 '더 어려운 문제even harder problem, EHP'라고, 셋째는 '정말 어려운 문제really hard problem, RHP'라고 부르자.*

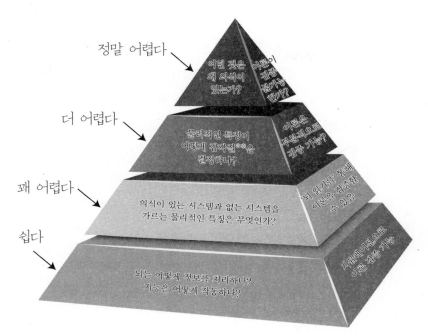

정말 어렵다

어떤 것은
왜 의식이
있는가?

이론이
검증
불가능
한가?

더 어렵다

물리적인 특징이
어떻게 감각질**을
결정하나?

이론은
부분적으로
검증 가능?

꽤 어렵다

의식이 있는 시스템과 없는 시스템을
가르는 물리적인 특징은 무엇인가?

뇌 읽기를 통해
이론을 검증할
수 있음

쉽다

뇌는 어떻게 정보를 처리하나?
지능은 어떻게 작동하나?

시뮬레이션으로
이론 작동 가능

그림 8.1. 마음의 이해는 난이도에 따라 여러 단계로 나눌 수 있다. 데이비드 차머스가 '쉽다'라
고 부른 문제는 주관적인 경험을 언급하지 않고 설정할 수 있다. 모든 물질적 시스템의 일부만
의식이 있다는 명백한 사실은 세 가지 별개의 질문을 제기한다. 우리가 '꽤 어려운 문제'라고
정의한 문제를 해결하는 이론을 갖게 된다면 그것은 실험으로 검증될 수 있다. 이론이 검증된
다면 그 이론을 더 키워 더 어려운 문제를 푸는 데 활용할 수 있다.

---

* 나는 처음에는 RHP를 '매우very 어려운 문제'라고 불렀다. 그러나 이 장을 데이비드 차머
스에 보여주자 그는 내게 이메일을 보내 이를 '정말 어려운 문제'라고 바꾸라는 영리한 제
안을 했다. 그쪽이 자신이 말하는 것과 일치한다며 이렇게 설명했다. "앞 두 문제는 내가
생각한 어려운 문제에 속하지 않는다. 반면 셋째 문제에 대해서는 '매우 어려운' 대신 '정말
어려운'이라고 써야 하는데, 그 편이 내 용법과 일치한다."
** 나는 철학 용어인 단어 감각질을 사전적인 정의에 따라 쓴다. 즉, 주관적으로 경험하는
개별 사건이라는 뜻으로 활용한다. 나는 감각질을 통해 주관적인 경험 자체를 가리키지,
그 경험을 일으킨다고 알려진 물질을 뜻하지는 않는다. 어떤 사람들은 이 단어를 다르게
쓴다는 사실을 유념하기 바란다.

의식은 과학 영역 너머에 있나?

의식에 대한 연구는 가망이 없는 시간 낭비라고 내게 말하는 사람들이 있다. 그들의 주요 논점은 그 주제는 '비과학적'이고 앞으로도 그러리라는 것이다. 정말 그럴까? "반증이 불가능한 것은 과학이 아니다"라는 격언이 있다. 오스트리아 출신 영국 철학자 칼 포퍼Karl Popper가 대중에게 알려 이제 널리 받아들여진 격언이다. 달리 말하면 과학이란 이론을 관찰로 검증하는 작업을 가리킨다. 이론이 원론조차 검증 불가능하다면 그 이론은 논리적으로 반증될 수 없다. 그렇다면 포퍼의 정의상 그것은 비과학적이다.

그렇다면 〈그림 8.1〉에 표현된 의식에 대한 세 가지 질문 중 어느 것 하나라도 답변하는 과학적 이론이 있을까? 대답은 완전한 '예'이다. 적어도 '어떤 물리적 특성으로 시스템의 의식 유무가 구별되나'라는 꽤 어려운 문제는 과학적이다. 어떤 시스템이 의식이 있느냐는 질문에 '예', '아니요', '불분명' 세 가지로 답하는 이론이 개발됐다고 하자. 이 이론을 적용한 컴퓨터 프로그램을 개발한 뒤 다음과 같은 실험을 할 수 있다. 여기 뇌 각 부위의 정보 처리를 측정하는 장치가 있다. 당신의 뇌를 이 장치에 연결한다. 이 장치에서 측정한 정보를 의식 관련 컴퓨터 프로그램에 입력한다. 이 실험을 〈그림 8.2〉에 나타냈다. 먼저 당신은 사과를 떠올린다. 컴퓨터 스크린은 당신의 뇌에 사과에 대한 정보가 있고 당신이 그 정보를 인식하고 있음을 당신에게 알려준다. 스크린은 또 당신의 뇌간에도 사과 정보가 있지만 당신은 그곳의 정보는 인식하지 못한다고 표시한다(뇌간은 호흡, 맥박 등 생명 유지에 필수적인 기능과 운동·감각 신호를 전달하는 통로 기능을 한다_옮긴이). 당신은 이 결과를 인상 깊게 받아들일까? 이 이론의 첫 두 측정은 맞았다.

그림 8.2. 당신 뇌에서 처리되는 정보를 측정해 뇌의 어느 부위에 의식이 있는지 알려주는 컴퓨터가 있다고 하자. 이 컴퓨터에는 의식 이론이 프로그램돼 있다. 당신은 직접 이 이론을 과학적으로 검증할 수 있다. 이 컴퓨터가 당신의 생각과 의식을 제대로 나타내는지 확인하면 된다.

그렇지만 당신은 더 검증해보기로 한다. 이번에 당신은 당신의 어머니를 떠올린다. 컴퓨터는 당신의 뇌 속에 당신 어머니에 대한 정보가 있다고 알려준다. 그런데 당신은 그것을 알지 못한다고 표시한다. 이번에는 이론이 일부 틀렸다. 기각된 것이다. 그래서 오류로 판명된 수많은 과거 이론들, 예컨대 아리스토텔레스 역학, 빛을 내는 에테르, 지구 중심 우주론처럼 과학사의 쓰레기통에 버려진다. 여기에 요점이 있다. 비록 이 이론은 틀린 것이었지만, 과학적이었다. 과학적이지 않았다면 당신은 그 이론을 검증해 기각하지 못했을 것이다.

이런 검증 방법에 대해 이렇게 말하며 비판할 수 있다. "당신이 의식이 있다고 말하는데, 무엇에 대해 의식이 있는지 증거가 없다. 심지어 의식이 있다는 사실 자체에 대해서도 증거가 없다. 의식이 없는 좀비도 당신처럼 말할 수 있다." 그러나 이 반박은 의식 이론을 비과학적인 위치로 떨어뜨리지 못한다. 왜냐하면 그들은 당신과 자리를 바꿔 스스로 컴퓨터 프로그램을 검증해볼 수 있기 때문이다.

이와 달리 어떤 이론이 도통 판단을 하지 않은 채 그저 '불분명'이라고만 답한다면, 그 이론은 검증할 수 없고 따라서 비과학적이다. 이런 결과는 그 이론이 특정한 상황에만 적용 가능한 것이거나, 요구되는 연산이 실제로 수행되기에는 너무 어렵거나, 또는 뇌에 부착된 센서가 작동하지 않아서 발생할 수 있다. 오늘날 인기 있는 과학 이론의 대다수는 이런 경우 중 어딘가에 속한다. 우리가 궁금해하는 것들 중 일부에 대해서는 검증 가능한 답변을 주지만, 전부에 대해 그리하지는 못한다. 예를 들면 물리학의 핵심 이론은 극도로 작으면서 동시에 극도로 무거운 시스템에 대한 질문에는 답변하지 못한다. 양자역학과 일반상대성이론 중 어느 쪽 방정식을 활용하면 되는지 아직 모르기 때문이다. 물리학의 핵심 이론은 또 모든 원자의 정확한 질량을 예측하지 못한다. 이 문제에서 우리는 필요한 방정식은 알지만 그 해를 정확하게 계산하지는 못한다. 이론을 의인화하면 검증 가능성을 이렇게 설명할 수 있다. 이론이 제 목을 내밀고 검증 가능한 예측을 많이 내놓으면서 더 위험한 삶을 영위할수록 그 이론은 더 쓸모가 있게 된다. 이론이 우리의 모든 살해 시도를 이겨내고 살아남는다면, 우리는 그것을 더 진지하게 받아들인다. 의식 이론도 예측 가운데 일부만 시험할 수 있다. 그렇지만 방금 말했듯이 모든 물리학 이론도 마찬가지이다. 의식 이론에서 우리가 검증하지 못하는 부분이 있다고 우는 소리를 하면서 시간을 낭비하지 말자. 대신 시험할 수 있는 것을 시험하자.

요약하면 어떤 물리 시스템이 의식이 있는지(꽤 어려운 문제)를 예측하는 이론은 과학적이다. 그 시스템으로 당신 뇌의 어느 과정에 의식이 있는지 맞힐 수 있는 한 그렇다. 그러나 검증 가능성은 〈그림 8.1〉의 더 어려운 문제로 가면 덜 분명해진다. 당신이 어떻게 주관적으로 빨간색을 경험하는지 이론이 설명한다는 것은 무슨 뜻일까? 또 그 전 단계로 맨 처음 의식이라는 것이 존재하는지를 설명하는 이론으로 올라가면, 그 이론을 어떻게 시험할까? 이들 질문이 어렵다고 해서 피해도 되는 것은 아니다. 우리는 잠시 후 이들 질문으로 돌아올 것이다. 그러나 나는 처음에는 가장 쉬운 질문부터 공략하는 것이 지혜로운 선택이라고 생각한다. 그래서 내가 운영하는 MIT 의식 연구소는 〈그림 8.1〉 피라미드의 맨 아래 단계에 초점을 맞췄다. 나는 최근 동료 물리학자인 프린스턴대학의 피에트 허트Piet Hut와 이 전략을 놓고 논의했는데, 그는 이런 농담을 던졌다. "기초부터 올리지 않고 피라미드의 꼭대기 부분을 올리겠다고 노력하는 것은 슈뢰딩거 방정식을 발견하기도 전에 양자역학의 해석에 대해 걱정하는 것과 비슷하지."

과학 너머 영역을 논의할 때에는 대답이 시간에 따라 달라짐을 기억하는 것이 중요하다. 몇 세기 전에 갈릴레오 갈릴레이Galileo Galilei는 수학에 기초를 둔 물리 이론에 매우 감명을 받았고, 그래서 자연을 "수학의 언어로 쓰인 책"이라고 표현했다. 만약 그가 포도와 개암을 던졌다면 그는 각각의 이동 궤적과 땅에 떨어지는 시간을 정확히 예측할 수 있었을 것이다. 그러나 그는 왜 하나는 녹색이고 다른 하나는 갈색인지 이해할 만한 실마리가 없었다. 또 왜 하나는 부드럽고 다른 하나는 딱딱한지도 설명하지 못했다. 이런 부분은 당시 과학이 도달하지 않은 영역에 있었다. 그러나 그 영역은 영원히 머물러 있지 않았다. 제임스 클러크 맥스웰James Clerk Maxwell이 자신의 이름이 붙여진 방정식을 1861년에 발견했을 때, 빛과 색깔 역시 수학적으로 이해될 수 있음이 분명해졌다. 앞에서 언급한 슈뢰딩거 방정식은 1925년에 발견됐는데, 이를 통해 부드러움과 딱딱함을 포함한 물질의 특성에 대한 예측이 가능해졌다. 이론 발달로 더 많은 과학적 예측이 가능해지는 가운데, 기술 발달로 실험을 통한 검증 가능성이 더 확대됐다. 우리가 지금 망원경, 현미경, 입자충돌기로 하는 연구 가운데 거의 모든 것은 과거에는 과학의 영역 너머에 있었다. 달리 말하면 갈릴레오 시대 이후에 과학의 범위는 극적으로 넓어져, 현상의 작은 일부에서 큰 부분으로 확대됐다. 그래서 원자보다 작은 입자, 블랙홀, 138억 년 전 우리 우주의 기원이 과학 영역에 들어왔다. 이는 다음 질문을 낳는다. 남은 건 무엇인가?

내 생각에 의식은 모두 알고 있지만 말하지 않는 문제이다. 당신은 당신이 의식함을 안다. 이는 당신이 완벽하게 확신할 수 있는 모든 것이다. 나머지 모든 것은 추론한 결과이다. 이는 갈릴레오 시대의 프랑스 철학자 르네 데카르트René Descartes가 설파한 바와 같다. 이론과 기술이 발달해 의식 또한 과학의 영역 안에 들어와 확실히 자리 잡을까? 우리는 모른다. 갈릴레오가 우리가 어느 날 빛과 물질을 이해할지 알지 못한 것과 마찬가지이다.* 한 가지만 보장돼 있다. 시도하지 않으면 성공하지 못한다는 것이다. 이는 나와 세계의 많은 과학자가 의식의 이론을 만들고 테스트하기 위해 열심히 노력하는 까닭이다.

의식에 대한 실험적 실마리

수많은 정보 처리가 지금 이 책을 읽는 독자 여러분의 뇌에서 이뤄

---

* 나는 책 『맥스 테그마크의 유니버스』에서 우리의 물리적인 실체가 전부 수학적일(느슨하게 말해서 정보에 기초를 두고 있을) 가능성을 생각해봤다. 그 경우 실체의 모든 측면이, 심지어 의식도, 과학 영역 안으로 들어온다. 사실 이 관점에서 보면 의식의 정말 어려운 문제는 수학적인 무언가가 어떻게 실체로 여겨지는지를 이해하는 것과 동일한 문제가 된다. 즉, 수학적인 구조의 일부에 의식이 있다면 그것은 나머지를 외부 물질세계로 경험할 것이다.

지고 있다. 그중에 어떤 것이 의식하는 가운데 진행되고 어떤 것은 의식하지 않는 가운데 실행되나? 의식 이론과 그 이론이 무엇을 예측할 수 있는지 살펴보기 전에, 지금까지 실험이 무엇을 밝혀냈는지 살펴보자. 여기에는 전통적인 로테크 또는 노테크 관찰부터 최신 뇌 측정까지 포함된다.

어떤 행동을 의식하면서 할까?

당신이 32 곱하기 17을 암산한다면, 당신은 이 연산의 많은 단계를 의식한다. 그러나 내가 당신에게 알베르트 아인슈타인의 사진을 보여주고 그 인물의 이름을 말하라고 한다고 생각해보자. 우리가 2장에서 본 것처럼 이 문제 역시 당신이 뇌의 함수를 가동해 푸는 연산 과제이다. 입력값은 수많은 색으로 이뤄진 픽셀이고 당신의 눈을 통해 들어온다. 출력값은 입과 성대를 통제하는 근육에 보내는 정보이다. 컴퓨터 과학자들은 이 연산의 입력 부분과 출력 부분을 각각 '이미지 분류'와 '언어 합성'이라고 부른다. 이 연산은 앞의 곱하기 암산에 비해 더 복잡하지만, 당신은 이를 훨씬 빨리 할 수 있고 게다가 힘들이지 않고 그 세부 과정이 어떻게 일어나는지 의식하지 않는 가운데 수행한다. 당신이 주관적으로 하는 경험은 사진을 보고 인식을 경험하거나 느낀 뒤 "아인슈타인"이라고 말하는 당신의 목소리를 듣는 것뿐이다.

심리학자들은 당신이 의식하지 않는 가운데 많은 일과 동작을 할 수 있음을 오래전에 설명했다. 눈 깜박임, 호흡, 손을 뻗어 잡기, 균형 유지 등이 그런 행동이다. 대개 당신은 당신이 무엇을 했는지 의식하지만, 어떻게 했는지는 의식하지 않는다. 이와 달리 익숙하지 않은 상황, 자기 통제, 복잡한 논리적 규칙, 추상적인 추론, 의도적인 언어 구사 등은 의식하게 된다. 이런 행동은 의식의 행동 상관성behavioral correlates of consciousness이라고 불린다. 이는 심리학자들이 '시스템 2'라고 부르는, 노력을 기울인, 느린, 통제하는 사고방식과 관련이 있다.(힘들이지 않고 무의식적으로 정보를 빠르고 자동적으로 처리하는 방식은 '시스템 1'이라고 한다_옮긴이).[5]

당신이 무수한 연습을 거치면 여러 일상적인 활동을 의식 수준에서 무의식 수준으로 내려서 수행할 수 있다. 걷기, 수영하기, 자전거 타기, 운전, 타이핑, 면도, 신발끈 묶기, 컴퓨터게임 하기, 피아노 연주 등이 그런 동작이다.[6] 사실 잘 알려진 대로 전문가들은 몰입flow 상태에서 최고 기량을 발휘한다. 몰입 상태에서는 높은 경지에서 무슨 일이 벌어지는지는 알지만, 자신이 그걸 어떻게 하는지는 의식하지 않는다. 예를 들어 다음 문장을 단어의 철자 하나하나를 일부러 의식하면서 읽어보라. 당신이 읽기를 처음 배우던 때처럼 말이다. 그렇게 하면 얼마나 느린지 느낄 것이다. 당신은 철자를 머릿속에 입력하는 대신 단어와 개념 단위로 텍스트를 파악함으로써 글을 훨씬 빨리 읽는다.

무의식적인 정보 처리는 가능할뿐더러, 예외적이 아니라 일반적이다. 우리 뇌에는 1초에 10^7비트의 정보가 감각기관을 통해 들어온다. 그런데 우리는 이 가운데 극히 일부만, 10~50비트에 해당하는 부분만 의식하는 것으로 추정된다.[7] 이로부터 우리는 우리가 의식하는 정보 처리 과정은 빙산의 일각에 불과함을 알 수 있다.

이런 실마리들로부터 연구자들이 세운 가설은 의식적인 정보 처리는 우리 마음의 CEO로 여겨져야 한다는 것이다. 우리 의식은 두뇌 전체에 걸쳐 복잡한 분석을 해야 하는, 가장 중요한 결정만 처리한다는 뜻이다.[8] 우리 의식은 기업의 CEO처럼 하위 조직이 하는 일을 속속들이 파악해 주의가 산만한 상태를 원하지 않고 자신이 원하는 것만 파악한다. 선택적인 관심을 경험하려면 단어 'desired'를 보라. 초점을 이 단어에서 i 상단의 점에 맞춘 뒤 주의를 i 전체로 확장하고 다시 단어로 넓혀보라. 당신의 망막에 맺히는 정보는 일정하지만 당신이 의식하는 경험은 바뀌었다. CEO 비유는 왜 전문가들이 무의식 상태가 되는지도 설명한다. 읽기와 타이핑을 익힌 다음 의식은 새로운, 더 높은 수준의 과제에 집중하기 위해 이런 반복 작업을 무의식의 하위 기관에 넘긴다.

의식은 어디에 있나?

영리하게 설계된 실험과 분석 덕분에 의식이 특정 행동에 집중될 뿐 아니라 뇌의 특정 부위와 관련이 있음이 밝혀졌다. 첫 단계 실마리들은 뇌 장애 환자들, 즉 사고, 뇌졸중, 종양, 감염 등으로 뇌가 부분적으로 손상된 환자들에게서 나왔다. 그러나 이 자료는 결론을 내리기에 부족한 경우가 적지 않았다. 뇌의 뒷부분이 손상되어 시각장애가 발생한다는 사실은 그 부위가 시각적 의식을 담당한다는 것을 의미하는가, 아니면 그 부위가 단순히 시각 정보가 통과하는 경로라는 것을 의미하는가?

비록 뇌 장애와 의학적 치료는 의식적인 경험의 위치를 콕 집어주지는 못했지만, 관련 부위를 좁히는 작업을 도왔다. 예를 들어 나는 손이 아플 때 그 부위에서 통증을 느끼지만 실제로는 통증이 다른 곳에서 발생함을 안다. 의사가 전에 내 손에 아무 조치도 취하지 않은 채 손의 통증을 사라지게 해줬기 때문이다. 그는 내 어깨의 신경을 마취시켰다. 또 손이 절단된 사람들 중 일부는 마치 없는 손이 아픈 것 같은 통증을 느낀다. 다른 사례로 나는 한때 오른쪽 눈으로만 보면 시야의 일부가 사라졌다. 안과에 갔더니 망막이 떨어졌다며 다시 붙여줬다. 이와 대조적으로 특정 뇌 장애가 있는 환자들은 왼쪽을 인식하지 못하는 편측무시hemineglect 증상을 나타낸다. 그런데 이들은 흥미롭게도 시야가 제한되고 있음을 알아차리지 못한다. 그래서 접시에 담긴 음식의 왼쪽 절반은 손대지 않는다. 그들의 인식에서 세계의 절반이 사라진 것이나 마찬가지이다. 그러나 편측무시 증상과 관련된 뇌 부위는 공간 경험을 생성하는 곳인가, 아니면 내 망막처럼 공간 정보를 뇌의 의식하는 다른 부위에 공급해주는 역할만 하는 곳일까?

미국 출신 캐나다 신경외과 의사 와일더 펜필드Wilder Penfield는 뇌의 감각피질(〈그림 8.3〉 참조) 부분이 신체 부위와 대응함을 밝혀냈다.[9] 그는 1930년대에 뇌 수술 환자의 감각피질의 특정 부위를 전기적으로 자극하면 환자가 특정한 신체 부위에 감각이 느껴진다고 반응하는 현상을 연구해 그런 대응 관계를 규명했다. 그는 또 뇌의 운동피질 부위를 자극하면 환자들이 뜻하지 않게 신체의 다른 부분을 움직이게 됨을 발견했다. 그러나 이 사실로부터 해당 두뇌 영역의 정보 처리가 감각이나 움직임의 의식에 해당한다고 볼 수 있을까?

다행히 현대 기술은 훨씬 더 상세한 실마리를 끌어냈다. 비록 우리가 1,000억 개 뉴런이 내는 모든 불꽃을 하나하나 측정할 수 있게 되기까지는 까마득하게 먼 단계이지만, 뇌 읽기 기술은 이름조차 가공할 fMRI, EEG, MEG, ECoG, ePhys 같은 기술과 함께 빠른 진척을 보이고 있다. 이 가운데 fMRI 기술은 기능성 자기공명영상functional magnetic resonance imaging의 약어인데, 수소핵의 자기적 특성을 측정해 뇌의 3차원 이미지를 밀리미터 해상도로 초당 한 번 정도 보여준다. EEGelectroencephalography(뇌전도)와 MEGmagnetoencephalography(뇌자도)는 각각 당신 머리 밖의 전기장과 자기장을 초당 1,000번 촬영하는데, 해상도는 떨어져 몇 센티미터 이내의 작은 모양은 분간이 되지 않는다. 피부 속으로 찌르거나 하는 검사를 겁내는 사람들이 있는데, 이들 장비는 그러지 않

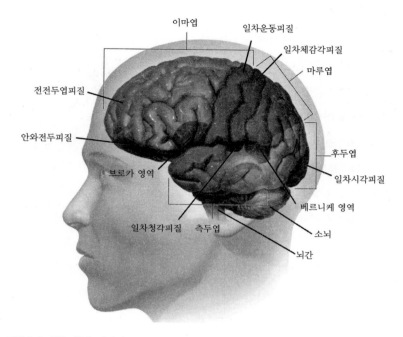

이마엽　　일차운동피질

　　　　　　　　일차체감각피질

　　　　　　　　　　마루엽

전전두엽피질

안와전두피질

　　　　　　　　　　　　후두엽

브로카 영역　　　　　　일차시각피질

　　　　　　　　　　베르니케 영역

일차청각피질　측두엽　　소뇌

　　　　　　뇌간

그림 8.3. 시각, 청각, 체감각, 운동피질은 각각 해당 기능과 관련이 있다. 그렇지만 그 부위에서 각각 해당 기능과 관련한 의식이 발생하는 것은 아니다. 최근 연구 결과 일차시각피질, 소뇌, 뇌간은 의식이 전혀 없는 것으로 나타났다. 이미지 출처: 라치나(www.lachina.com)

아 좋다. 당신이 두개골을 절개해 여는 걸 꺼리지 않을 경우 추가 옵션이 있다. ECoGelectrocorticography(피질 뇌파검사)는 전선 100가닥을 당신 뇌의 표면에 부착하고, ePhyselectrophysiology(전기생리학)는 사람 머리카락보다 가는 미세전선을 뇌 깊숙이 삽입해 1,000곳에서 오는 전압을 동시에 기록한다. ECoG는 간질 환자 뇌의 어느 부위에서 발작을 격발하는지 알아내는 데 활용되며 확정된 부위는 절제된다. 많은 간질 환자는 ECoG를 받으며 병원에서 며칠을 보내는데, 그동안 신경과학자가 자신을 대상으로 의식 실험을 하는 데 동의한다. 이 밖에 형광전압감지는 유전자 재조합된 뉴런이 불꽃 작용을 할 때 반짝이는 빛을 내도록 하는 기술로, 이렇게 되면 뉴런의 활동을 현미경으로 측정할 수 있다. 이 기술은 다른 기술에 비해, 적어도 뇌가 투명한 동물에서, 가장 많은 뉴런을 빠르게 모니터할 잠재력이 있다. 뇌가 투명한 동물로는, 예컨대 예쁜꼬마선충과 제브라피시가 있는데, 이들은 각각 302개와 약 10만 개의 뉴런을 지녔다.

프랜시스 크릭은 크리스토프 코흐의 의식 연구를 경고했지만, 크리스토프는 포기하지 않았고 결국 프랜시스를 설득했다. 두 사람은 1990년에 그들이 '의식의 신경 상관성neural corrlates of consciousness, NCC'이라고 부른 주제에서 큰 영향을 미친 논문을 썼다. 이 주제는 의식하는 경험과 어떤 특정한 두뇌 과정이 관련이 있는지 묻는다. 수천 년 동안 사람들은 자신의 두뇌 속 정보 처리를 오로지 주관적인 경험과 행동을 통해서만 접했다. 뇌 읽기 기술은 갑자기 이 정보에 독립적으로 접근할 길을 열어줬다. 크릭과 코흐는 그래서 뇌의 어떤 정보 처리가 어느 의식적인 경험과 관계가 있는지 과학적으로 연구할 수 있게 되었다고 설명했다. 기술이 주도한 측정을 바탕으로 이제 NCC 탐구는 신경과학의 주류가 됐고, 이 분야 논문 수천 건 중에서는 최고 권위의 학술지에 실리는 것도 나온다.[10]

지금까지의 결론은 무엇인가? NCC 수사의 맛보기를 원한다면 이 물음에 먼저 답하기 바란다. 당신의 망막에 의식이 있을까? 아니면 망막은 단순히 시각적인 정보를 기록하는 좀비 시스템일까? 좀비 시스템일 경우 망막은 시각 정보를 처리해 뇌로 보내는 일까지 담당하고, 주관적인 시각적 경험은 뇌에서 일어난다. 〈그림 8.4〉의 왼쪽을 보라. A와 B 중 어느 사각형이 더 어두운가? 아니다, 둘의 밝기는 똑같다. 손가락 사이의 작은 구멍으로 두 사각형의 일부를 각각 보면 이를 확인할 수 있다. 이 실험으로 당신은 시각적 경험이 망막에만 있지 않음을

그림 8.4. A와 B 중 어느 사각형이 더 어두운가? 오른쪽 그림을 보라. 두 여자로 보이나, 아니면 꽃병으로 보이나? 또는 두 이미지가 번갈아 보이는가? 이런 착시는 당신의 시각적인 의식이 눈이나 시각 시스템의 초기 단계에 있지 않음을 증명한다. 당신에게 나타나는 시각 이미지는 그림에만 의존하지 않기 때문이다.

알게 됐다. 만약 시각적 경험이 망막에만 있다면 당신은 두 사각형의 밝기를 동일하게 받아들였을 것이다.

이제 〈그림 8.4〉의 오른쪽을 보라. 두 여자로 보이나, 아니면 꽃병으로 보이나? 이미지를 충분히 오랫동안 바라보면 당신은 두 모양을 번갈아 주관적으로 경험할 것이다. 당신의 망막에 들어오는 정보는 똑같은데도 그렇다. 각 이미지를 인식하는 동안 당신 뇌의 상태를 측정하면 두 경험의 차이를 구별할 수 있다. 두 이미지를 처리할 때 망막은 같은 일을 한다. 이미지의 차이는 망막에 있지 않음을 알 수 있다. 망막 의식 가설에 대한 치명타는 '지속적인 섬광에 의한 억제continuous flash suppression'라고 불린 실험 방법이 날렸다. 크리스토프 코흐와 스타니슬라스 드안Stanislas Dehaene 연구팀이 개발한 이 방법은 실험 참가자의 한쪽 눈에는 정지된 그림을, 다른 쪽 눈에는 빠르게 변하는 그림을 보여준다. 이렇게 하면 실험 참가자의 의식은 빠르게 변하는 그림에 주의를 기울이느라 정지된 그림에 대해서는 전혀 신경을 쓰지 못한다.[11] 이처럼 망막의 이미지를 의식으로 경험하지 못하는데도 실험 참가자는 정지된 그림이 무엇인지 파악하고 있다는 사실이 밝혀졌다. 다른 사례로, 당신은 망막에 상이 맺히지 않아도 꿈을 꾸는 동안 이미지를 경험한다. 이는 당신의 두 망막이 비디오카메라와 마찬가지이고 시각적인 의식을 주관하지 않음을 증명한다. 망막이 1억이 넘는 뉴런이 관여된 복잡한 연산을 수행한다는 사실도 이 증명에는 영향을 주지 못한다.

NCC 연구자들은 당신 뇌의 어느 부위가 각각의 주관적인 경험에 대해 책임이 있는지 콕 집어내기 위해 지속적인 섬광에 의한 억제 외에 불안정한 시각적·청각적 환상 등 다른 기법을 활용한다. 기본 전략은 당신의 뉴런으로 하여금 거의 똑같은 상황에서 작업하게 하되, 의식하는 경험을 하나에만 덧붙이는 것이다. 의식하는 경험을 덧붙인 상황에서 당신 뇌가 다르게 반응하는 부위가 바로 그 부위이다.

이 같은 NCC 연구를 통해 당신 의식이 전혀 존재하지 않는 곳이 장gut임이 증명됐다('gut'은 신체 부위 장을 가리키는 동시에 '직감'이라는 뜻도 지닌다_옮긴이). 장 신경 시스템은 무려 5억 개 뉴런을 거느리고 음식을 어떻게 최적으로 소화할지 계산하지만, 허기나 메스꺼움은 장이 아니라 뇌에서 생긴다. 뇌간도 의식에는 전혀 관여하지 않는다. 더 놀랍게도 뉴런의 3분의 2 정도를 차지하는 소뇌도 의식에 개입하지 않는다. 소뇌가 파괴된 환자들은 술 취한 사람처럼 말이 어눌해지고 움직임도 굼떠지지만, 의식은 완전히 말짱했다.

당신 뇌의 어느 부위가 의식을 담당하는가에 대한 대답은 열려 있고 논란도 있다. 최근 나온 NCC 연구는 당신의 의식은 주로 '핫 존hot zone'이라는 영역에 있다고 주장한다. 핫 존은 뇌 중앙에 있는 시상視床 부위와 피질의 뒷부분을 포함한다.[12] 이 연구는 또 피질 가운데 뒤통수 부분에 위치한 일차시각피질은 예외여서 안구와 망막처럼 의식이 없다고 주장했는데, 이는 논쟁의 대상이다.

언제 의식하나?

우리는 지금까지 실험이 제시한 실마리를 통해 우리가 어떤 종류의 정보 처리를 할 때 의식하게 되고 뇌의 어느 부위에서 의식하는지를 살펴봤다. 그럼 의식은 언제 일어나나? 어렸을 때 나는 우리가 사건을 시차나 지연 없이 발생과 동시에 의식한다고 생각하곤 했다. 나는 아직도 주관적으로는 그렇게 느끼지만 이 느낌이 맞을 리는 없다. 정보가 내 감각기관으로 들어와 뇌로 전달되고 뇌에서 처리되는 데에는 시간이 걸린다. NCC 연구자들은 그 시간을 주의 깊게 측정해왔고, 크리스토프 코흐가 요약한 바에 따르면 복잡한 사물에서 반사된 빛이 눈에 들어오고 당신이 그걸 인식하기까지 4분의 1초가 걸린다.[13] 이를 상황으로 풀어 설명하면 이렇게 된다. 만약 당신이 고속도로를 시속 88킬로미터로 운전하다가 몇 미터 앞에 있는 다람쥐를 봤다면, 무언가를 하기에는 이미 늦었다. 당신이 인식한 시각에 차는 이미 그 다람쥐를 친 상태이다. 요컨대 당신의 의식은 과거에 있고, 크리스토프 코흐는 의식이 바깥세상보다 약 4분의 1초 뒤처진다고 추정한다. 그런데 당신은 신기하게도 종종 인식하는 것보다 빠르게 반응한다. 이는 가장 빠른 반응을 담당하는 정보 처리는 무의식적이어야 함을 보여준다. 예를 들어 이물질이 당신 눈에 접근하면 당신은 눈 깜박 반사로 단 10분의 1초 안에 눈을 감을 수 있다. 당신의 뇌 시스템 중 하나가 시각 시스템으로부터 불길한 정보를 받아 당신이 눈을 다칠 위험에 처했음을 계산하고 눈꺼풀 근육에 깜박이라는 명령을 이메일로 발송하면서 동시에 뇌의 의식하는 부위에 "헤이, 우리는 이제 눈을 깜박일 거야"라는 이메일을 보낸다. 이 이메일이 수신돼 읽히고 당신이 의식하는 경험에 포함된 때는 눈 깜박임이 벌써 발생한 뒤이다.

몸의 여러 부분에서 보내는 이메일은 매 순간 뇌의 담당 시스템에 쇄도한다. 그런데 이메일이 도착하는 시간에는 차이가 있다. 얼굴에서 오는 것보다 손가락에서 오는 이메일이 시간이 더 걸린다. 거리가 더 멀어서 그렇다. 정보가 동시에 당신의 눈이나 귀에 입력된다면, 소리 보다 이미지를 처리해 인식하는 데 시간이 더 걸린다. 이미지의 정보 가 더 복잡하기 때문이다. 그러나 당신이 코를 만질 때에는 코와 손끝 의 촉감을 동시에 경험한다. 또 손뼉을 치면 시각, 청각, 촉각 신호가 동시에 들어온다.[14] 이는 무엇을 의미하나? 어느 사건에 대한 공감각 경험은 마지막 굼벵이 이메일 보고가 들어와 분석된 다음에야 생긴다.

NCC 실험 가운데 심리학자 벤저민 리벳Benjamin Libet이 개척한 것들 이 유명한데, 그는 무의식 상태로 수행할 수 있는 행동이 눈 깜박임이 나 탁구 스매싱에 국한되지 않음을 보여줬다. 그는 우리가 자유의지로 이뤄졌다고 여기는 의사결정에도 그렇게 무의식 속에서 이뤄지는 부 류가 있음을 밝혀냈다. 실험 결과 당신이 결정을 내렸다고 의식하기 전에 뇌 측정이 그 결정을 예측한 것이다.[15]

의식의 이론

이처럼 비록 우리는 의식을 이해하지 못하지만 의식의 다양한 측 면을 보여주는 실험 데이터는 놀라울 정도로 많이 확보했다. 실험 데 이터는 모두 뇌에서 나왔다. 이 데이터가 어떻게 기계의 의식과 관련해 무언가를 알려줄까? 이 데이터를 기계에 응용하려면 현재의 실험 영역 을 벗어나 주요 외삽법을 써야 한다. 달리 말하면 이론이 필요하다.

왜 이론인가?

의식 이론을 중력 이론과 비교해보자. 과학자들이 뉴턴의 중력 이론을 진지하게 받아들이기 시작한 것은 이론에 투입하는 노력에 비해 더 얻어낼 만한 것이 있기 때문이었다. 냅킨 넓이에 들어가는 간단한 방정식이 모든 중력 실험의 결과를 정확하게 예측해낸 것이다. 과학자들은 그래서 뉴턴의 중력 이론이 그동안 테스트된 영역 밖에 멀리 떨어진 대상을 예측할 때도 통하리라고 봤다. 뉴턴의 중력 이론은 심지어 수백 광년 너머 성단 속 은하계들의 움직임에서도 작동하는 것으로 나타났다. 그러나 태양을 도는 수성의 움직임에서는 예측이 미세하게 빗나갔다. 그러자 과학자들은 중력에 대한 아인슈타인의 개선된 이론인 일반상대성이론을 본격적으로 검토하기 시작했다. 일반상대성이론은 거의 틀림없이 뉴턴 역학보다 훨씬 더 우아하고 간결했으며 뉴턴 이론이 예측에 실패한 부분을 정확하게 맞혔다. 그러자 과학자들은 일반상대성이론을 더 넓은 영역에 적용해 블랙홀, 중력파, 우리 우주가 뜨거운 불덩이같이 시작해 팽창해온 것 등 신기한 현상을 예측했다. 이들 예측은 이후에 모두 실험으로 확인됐다.

비슷하게 의식에 대한 수학적 이론이 냅킨에 들어갈 정도의 방정식으로 표현되고 뇌에 대해 우리가 하는 실험의 결과를 모두 성공적으로 예측한다면, 우리는 그 이론을 뇌 이외의 의식에도, 즉 기계의 의식을 예측하는 데도 적용하기 시작할 것이다.

물리학 관점에서 본 의식

의식 이론 중 일부는 고대에 기원을 두고 있지만, 현대 이론은 대부분 뇌에서 일어나는 신경의 작동으로 의식을 설명하고 예측하고자 하는 신경심리학과 신경과학을 토대로 발달했다.[16] 현대 이론은 NCC

에 대해 몇몇 성공적인 예측을 내놓았지만, 기계 의식에 대해서는 예측하지도, 그럴 엄두를 내지도 못했다. 뇌에서 도약해 기계로 넘어가려면 NCC를 의식의 물리 상관성physical correlates of consciousness, PCC으로 일반화해야 한다. PCC는 움직이는 입자들 가운데 의식이 있는 부류의 양상이라고 정의된다. 만약 어떤 이론이 무엇에 의식이 있고 무엇에는 의식이 없는지 단지 기본 입자와 힘의 장 같은 물리적 구성요소만 조사해 정확하게 예측할 수 있다고 하자. 그 이론은 뇌뿐 아니라 미래 AI 시스템을 포함해 어떤 물질의 배열에 대해서도 의식의 유무를 예측할 수 있다. 그러므로 물리학 관점을 취해보자. 어떤 입자 배열에 의식이 있을까?

이 질문은 다른 질문을 낳는다. 어떻게 의식 같은 복잡한 것이 입자 같은 간단한 것에서 만들어질 수 있나? 의식 현상은 그것을 구성하는 입자의 특성과는 상당히 다른 특성을 지니는데, 어떻게 이게 가능한가? 물리학에서는 그런 현상을 '창발emergent'이라고 부른다.[17] 이 현상을 의식보다 간단한 현상인 '축축함'에 대해 생각하면서 이해해보자.

물 한 방울은 축축하지만 얼음 결정체와 자욱한 증기는 물방울과 같은 성분으로 이뤄졌는데도 축축하지 않다. 왜 그럴까? 축축하다는 특성은 입자 자체가 아니라 입자의 배열에 좌우되기 때문이다. 즉, 축축함은 많은 입자가 액체라는 양상으로 배열됐을 때만 나타난다. 물 입자 하나가 축축하다는 서술은 전혀 말이 안 된다. 고체, 액체, 기체는 모두 창발 현상이다. 이들 상태는 각각 부분의 합보다 더 크다. 각 상태의 특성은 구성 입자의 특성과 거리가 멀고 입자에는 없는 부류를 보인다.

고체, 액체, 기체처럼 의식도 창발 현상이라고 나는 생각한다. 의식의 특성이 구성 입자와 판이하다는 말이다. 예를 들어 깊은 잠에 빠져들 때 입자가 재배열되면서 의식이 꺼진다. 다른 요인은 없다. 비슷한 방식으로 내가 얼어 죽을 경우, 입자가 더 불행한 쪽으로 배열되면서 내 의식은 사라질 것이다.

당신이 입자를 많이 끌어모아 물부터 뇌까지 무엇이듯 만들면 관찰 가능한 특성을 지닌 새로운 현상이 나타난다. 우리 물리학자들은 이런 창발하는 특성을 연구하기를 좋아한다. 특성은 당신이 밖에 나가 측정할 수 있는 몇 가지 수치로 표현할 수 있는데, 예컨대 물질이 얼마나 끈끈한지, 얼마나 압축할 수 있는지 측정해 수치로 나타낸다. 물질의 점도가 아주 높아 딱딱하면 고체라고 부르고, 그렇지 않으면 유체라고 한다. 유체가 압축이 불가능한 상태라면 액체라고 한다. 압축할 수 있으면 기체나 플라스마라고 부른다. 기체와 플라스마는 전기를 통하게 하느냐에 따라 다르다.

정보로서의 의식

그와 비슷하게 의식의 특성을 수치로 표시할 수 있을까? 이탈리아 신경과학자 줄리오 토노니Giulio Tononi는 그런 수치 하나를 제안하며 통합된 정보라고 명명하고 그리스 문자 $\varPhi$(파이)로 표시했다. 이는 기본적으로 한 시스템에서 다른 부분들이 서로를 얼마나 아는지 표시한다. $\varPhi$가 더 크면 정보의 통합 정도가 더 높다는 뜻이다.

나는 2014년 푸에르토리코에서 열린 물리학회에 줄리오를 초청해 처음 만났다. 그는 최고의 르네상스인으로 갈릴레오나 레오나르도 다 빈치Leonardo da Vinci와 잘 어울렸을 듯했다. 그는 예술, 문학, 철학에 대해 믿기 어려울 정도로 아는 게 많았다. 게다가 그의 요리 솜씨도 소문이 자자했다. 세계를 무대로 활동하는 TV 저널리스트 한 명은 최근 내게 줄리오가 단 몇 분 만에 자신이 맛본 최고의 샐러드 가운데 하나를 요리했다고 말했다. 그는 조용했고 말도 조곤고곤하게 했다. 그의 태도는 부드러웠지만 증거가 이끄는 곳이라면 어디든, 제도권의 선입견이나 금기에 구애받지 않고 따라가는 두려움 없는 지식인이었다. 갈릴레오가 지동설에 도전하지 말라는 제도권의 압력에도 불구하고 천체의 움직임에 대한 자신의 수학적인 이론을 추구한 것처럼, 줄리오는 지금까지 나온 것 중 수학적으로 가장 정확한 의식 이론인 통합 정보 이론integrated information theory, IIT을 개발했다.

어떤 복잡한 방식으로 처리되는 과정에서 정보가 느끼는 양식이 있는데, 그게 의식이다. 나는 지난 수십 년 동안 이렇게 주장해왔다.[18] IIT는 이 주장에 동의하면서 '어떤 복잡한 방식'이라는 막연한 표현을 더 정확하게 '통합된'으로 바꿨다. 그래서 Φ가 클수록 시스템이 더 의식을 갖게 된다고 주장했다. 줄리오의 주장은 간단하면서 강력하다. 의식하는 시스템은 단일한 전체로 통합되어야 하는데, 왜냐하면 예컨대 시스템이 두 개별 부분으로 구성된 경우 그들은 하나가 아니라 각각 별도의 의식 있는 개체라고 스스로를 느낄 것이기 때문이다. 달리 말하면 뇌나 컴퓨터에서 의식이 있는 부분이 나머지 부분과 커뮤니케이션하지 못한다면, 나머지 부분은 주관적 경험의 일부가 되지 못한다는 뜻이다.

줄리오와 그의 동료들은 EGG를 활용해 Φ의 간단한 버전을 측정했다. 이런 방식의 '의식 탐지기'는 매우 잘 작동했다. 환자들이 깨어 있거나 꿈꿀 때에는 의식이 있다고 표시했고, 마취됐거나 깊이 잠든 때에는 의식 없음을 나타냈다. 이 방식은 나아가 록트인locked-in 증후군 환자가 의식이 있음을 파악하기도 했다. 록트인 증후군은 목 아래가 전신마비 상태이지만 의식이 있고 정신활동도 정상인 경우를 가리킨다.[19] 이처럼 이는 미래의 의사들이 어떤 환자가 의식이 있는지 없는지

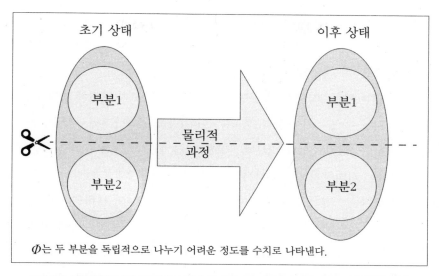

초기 상태　　　　　　　　　　이후 상태

부분1　　　　　　　　　　부분1

물리적
과정

부분2　　　　　　　　　　부분2

Φ는 두 부분을 독립적으로 나누기 어려운 정도를 수치로 나타낸다.

그림 8.5. 어떤 물리적 과정이 시간이 지남에 따라 초기 상태를 새로운 상태로 바꿀 때, 통합된 정보 값 Φ는 두 부분이 분리되기 어려운 정도를 표시한다. 시간이 지난 뒤 각 부분의 상태가 오로지 자신의 초기 상태에만 의존하고 다른 부분에는 전혀 영향을 받지 않는다면 Φ는 0이다. 이때 그 시스템을 우리는 서로 전혀 의사소통하지 않는 독립적인 두 시스템이라고 부른다.

를 알아내는 유망한 기술로 떠오르고 있다.

의식을 물리학에 닻 내리기

IIT는 연속이 아니라 유한한 이산離散 상태만 갖는 시스템에만 정의 된다. 그런 시스템으로는 컴퓨터 메모리의 비트나, 아주 단순화해 켜 지거나 꺼지기만 하는 뉴런을 예로 들 수 있다. 이로 인해 IIT는 연속 해서 변하는 대부분의 전통적인 물리 시스템에는 정의되지 않는다. 예 를 들어 입자의 위치나 자기장의 힘은 무한한 수 가운데 어떤 값으로 도 나타날 수 있다.[20]

당신이 IIT 공식을 그런 시스템에 적용하고자 한다면 대개 Φ 값이 무한대로 나올 테고, 이는 도움이 되지 않는 결과이다. 양자역학 시스템은 그런 시스템이지만 원래의 IIT는 그렇게 정의되지 않는다. 그렇다면 IIT와 다른 정보 기반 의식 이론을 어떻게 단단한 물리적 기반에 닻을 내릴 수 있을까?

우리는 앞서 2장에서 물질 덩어리가 어떻게 정보와 관련해 창발 특성을 지닐 수 있는지 배웠다. 우리는 이 기반을 키워나가면서 닻을 내리는 작업을 할 수 있다. 2장의 내용을 복습하면, 어떤 물질이 정보를 저장하는 기억장치로 유용하려면 오래 지속되는 상태를 다양하게 띠어야 한다. 또 연산을 할 수 있는 물질인 컴퓨트로늄이 되려면 복잡한 동학이 요구된다. 즉, 뜻하는 대로 정보 처리 작업을 수행하기에 충분할 정도로 복잡하게 물리 법칙에 따라 변할 수 있어야 한다. 끝으로 신경망은 학습 용도에 최강인 기질인데, 왜냐하면 단순히 물리 법칙에 따름으로써 자신을 재정렬해 요구되는 연산을 더욱더 잘 수행할 수 있기 때문이다. 이제 우리는 추가 질문을 던진다. 무엇이 물질의 방울로 하여금 주관적인 경험을 할 수 있게끔 하나? 달리 물으면 어떤 조건 아래에서 물질의 방울이 다음 네 가지 활동을 할 수 있나?

1. 기억
2. 연산
3. 학습
4. 경험

우리는 2장에서 첫 세 가지를 살펴봤고, 이제 넷째와 씨름할 참이다. 마골루스와 토폴리가 컴퓨트로늄이라는 용어를 만든 것처럼, 나는 센트로늄sentronium이라는 개념을 활용하려고 한다. 센트로늄은 주관적인 경험을 하는sentient 가장 일반적인 물질을 가리키는 데 쓰겠다.*

의식이 실은 물리적인 현상이라면 왜 그렇게 비물질적으로 느껴질까? 의식은 물리적 기질과 상당히 독립적이기 때문이라는 게 내 설명이다. 의식은 무늬이고 기질은 그 무늬를 나타낼 뿐이라는 말이다. 기질과 독립적인 패턴의 많은 아름다운 사례를 우리는 2장에서 살펴봤다. 파동, 기억, 연산이 그런 패턴이다. 이들 패턴은 부분의 합보다 큰 창발 현상이고, 부분으로부터 상당히 독립적이어서 제 스스로의 생명을 갖는다. 예를 들어 미래의 시뮬레이션된 마음이나 컴퓨터게임 캐릭터는 기질 독립적이 될 것이기 때문에 자신이 윈도, 맥OS, 안드로이드폰, 또는 다른 운영체제 중 어느 것에서 돌아가는지 알 길이 없을 것이다. 또한 자신의 컴퓨터의 논리 게이트가 트랜지스터, 광 회로, 또는 다른 하드웨어 중 무엇으로 만들어졌는지 모를 것이다. 아니면 물리 법칙은 보편적인 컴퓨터 건설을 허용하는 한 어떤 것이라도 좋기 때문에 물리학의 근본적인 법칙이 무엇인지도 모를 것이다.

요컨대 나는 의식이 물리 현상인데 비물질적으로 느껴지는 건, 파동과 연산처럼 작동하기 때문이라고 본다. 그 특성이 특정한 물질 기질과 독립적이라는 의미에서이다. 이는 의식은 정보라는 아이디어에서 논리적으로 유추되며, 내가 정말 좋아하는 극단적인 아이디어로 이어진다. 의식이 정보가 특정한 방식으로 처리될 때 느끼는 방식이라면, 분명히 기질에서 독립적일 것이다.

이때 의식 경험은 물질로부터 두 단계를 거쳐 구성된다는 이론이 나온다. 이를 살펴보자. 우리가 알아본 것처럼, 물리학은 움직이는 입자에 대응하는 시공時空 속의 패턴을 묘사한다. 만약 입자 배열이 어떤

---

* 나는 전에는 '퍼셉트로늄'이라는 용어를 같은 뜻으로 썼는데, 이 이름은 정의하는 바가 너무 좁다. 왜냐하면 지각perception은 감각기관을 통한 주관적인 경험만 뜻하기 때문이다. 예컨대 꿈과 내부에서 비롯된 생각을 모두 배제한다.

원칙을 따른다면 창발 현상이 나타나는데, 그 현상은 입자 기질과 독립적이어서 느낌이 전혀 다르다. 그런 사례 중 대단한 것이 컴퓨트로늄에서의 정보 처리이다. 그러나 우리는 방금 이를 한 단계 위로 끌어올렸다. 만약 정보 처리가 어떤 원칙을 따른다면 여기서 더 높은 수준의 창발 현상이 나오는데, 그게 의식이다. 당신의 마음이 비물질적으로 여겨진 데엔 다 이유가 있었던 것이다.

여기서 다음 질문이 나온다. 정보 처리가 의식이 되려면 따라야 하는 원칙은 무엇일까? 나도 그 충분조건을 모른다. 그러나 그동안 연구로 도출한 필요조건 네 가지를 다음과 같이 제시한다.

원칙	정의
정보 원칙	의식하는 시스템은 정보 저장 용량이 상당하다.
동학 원칙	의식하는 시스템은 정보 처리 용량이 상당하다.
독립 원칙	의식하는 시스템은 자신 외부의 세계로부터 상당히 독립적이다.
통합 원칙	의식하는 시스템은 서로 거의 독립적인 부분으로는 이뤄질 수 없다.

앞서 말한 것처럼 의식은 정보가 어떤 방식으로 처리될 때 느끼는 방식이다. 즉, 의식이 있으려면 시스템은 정보를 저장하고 처리할 수 있어야 한다. 이는 첫 두 원칙을 도출하는 출발점 가운데 하나이다. 기억이 오래 지속될 필요는 없다는 점에 주목하자. 이와 관련해서 클라이브 웨어링Clive Wearing의 감동적인 비디오를 시청할 것을 추천한다. 그는 기억이 1분도 유지되지 않는데도 의식이 완벽해 보인다.[21]

나는 또 의식하는 시스템은 자신 외부의 세계로부터 상당히 독립적이어야 한다고 생각한다. 그렇지 않을 경우 자신이 어떤 형태이든 독립적으로 존재함을 주관적으로 느끼지 않을 것이기 때문이다. 마지막으로 나는 의식하는 시스템은 단일한 전체로 통합된 상태여야 한다고 생각한다. 이는 줄리오 토노니가 주장한 것인데, 만약 어느 시스템이 독립된 두 부분으로 구성돼 있다면 그 시스템은 자신을 하나의 의식이 있는 개체로 느끼지 않고 두 부분이 각각 개별적이라고 느낄 것이다. 첫 세 원칙은 자율성을 시사한다. 즉, 그 시스템은 외부에서 크게 간섭받지 않는 가운데 정보를 유지하고 처리할 수 있고, 따라서 자신의 미래를 스스로 결정한다. 이들 네 원칙을 함께 고려한 시스템은 자율적이지만 구성하는 부분은 그렇지 않다.

만약 이들 네 원칙이 옳다면, 우리가 할 일이 명확해진다. 우리는 네 원칙을 담아내면서 실험으로 검증할 수 있는 수학적으로 엄격한 이론을 찾아내면 된다. 또 추가 원칙이 필요한지 결정할 필요가 있다. IIT가 맞는지 틀리는지와 무관하게 연구자들은 경쟁하는 이론을 개발하기 위해 노력해야 하며 더 더 나은 실험으로 모든 가능한 이론을 검증해야 한다.

의식과 관련한 논란

우리는 의식 연구를 둘러싼 오래된 논란을 논의했다. 반대하는 쪽에서는 의식 연구가 비과학적인 난센스이고 시간 낭비일 뿐이라고 주장한다. 첨단 의식 연구에 대해 최근 추가된 논란이 있는데, 가장 고려해볼 만한 몇 가지를 살펴보자.

줄리오 토노니의 IIT 이론은 최근 칭찬뿐 아니라 비판도 받았는데. 몇몇 비판은 통렬하다. 스콧 아론슨은 최근 자신의 블로그에 이렇게 썼다. "내 생각에 IIT는 틀렸다. 그것도 명백하게 틀렸는데, 그 핵심에 오류가 있다. 그런데 의식에 대한 수학적 이론 가운데 IIT는 상위 2 퍼센트에 해당한다(나머지 98퍼센트는 말할 필요도 없다_옮긴이). 내가 보기에 의식에 대한 이론 거의 대부분은 너무 모호하고 거품 같고 변형하기 쉬워서 기껏해야 틀릴 뿐이다."[22] 두 사람은 얼마 전 뉴욕대학에서 열린 연구회에서 IIT를 놓고 토론했는데, 훌륭하게도 주먹다짐을 벌이지는 않았다. 두 사람은 다른 사람이 주장할 때 예의 바르게 들었다. 아론슨은 어떤 간단한 로직 게이트 네트워크는 정보가 고도로 통합돼 Φ가 아주 높은데 분명히 의식이 없을 수 있다며 IIT가 틀렸다고 주장했다. 이에 대해 줄리오는 만약 그런 시스템이 만들어진다면 의식이 있을 것이라고 반박했다. 이어 스콧은 이와 반대의 가정은 인간중심주의에 기운 것이고 그건 도살장 주인이 동물은 말하지 못하고 인간과 다르기 때문에 의식이 있을 수 없다고 주장하는 것이나 마찬가지라고 비유했다. 두 사람이 모두 동의한 내 분석은 이렇다. 논쟁은 통합이 의식의 필요조건일 뿐(스콧)이라는 주장과 충분조건도 된다(줄리오)는 주장의 충돌이다. 물론 후자가 더 강하고 더 논쟁적이다. 이 논쟁이 곧 실험적으로 검증되기 바란다.[23]

또 다른 IIT 논쟁은 오늘날 컴퓨터 구조는 의식을 지닐 수 없다는 주장을 둘러싸고 벌어진다. 이 주장은 논리 게이트가 연결된 방식의 통합도가 낮다는 근거를 댄다.[24] 달리 말하면 만약 당신이 스스로를 미래 고도의 로봇에 업로드해 로봇이 당신의 뉴런과 시냅스를 전부 시뮬레이션했다고 하자. 설령 이 디지털 클론이 당신과 분간되지 않게 보이고 말하고 행동한다고 할지라도 업로드는 주관적인 경험을 하지 못하는 의식 없는 좀비가 될 것이다. 줄리오가 이같이 주장한다. 만약 당신이 주관적인 불멸을 추구해 스스로를 업로드한다면 실망할 것이라고 말이다.* 이 주장에 대해서는 데이비드 차머스와 AI 교수 머레이 섀너핸_{Murray Shanahan}이 반박했다. 이들은 당신이 스스로를 업로드하는 대신 뇌의 신경 회로를 완벽하게 시뮬레이션하는 가설적인 디지털 하드웨어로 조금씩 대체하다는 상황을 상상했다.[25] 이 상황에서 줄리오의 주장은 다음과 같다. 비록 정의상 시뮬레이션이 완벽해서 뇌의 일부가 대체되더라도 행동은 영향을 받지 않겠지만, 경험은 처음에는 의식이 있다가 결국에는 의식이 없는 상태로 바뀔 것이다. 그러나 두 상태 사이에서는 어떻게 느낄까? 당신의 의식적 경험을 담당하는 뇌의 부분 중 시야의 위 절반에 해당하는 곳이 대체됐을 때 당신은 어떻게 느낄까? 시야의 절반이 갑자기 사라졌음을 알아차리면서 신기하게도 그 자리에 무엇이 있었는지를 알까? 이는 맹시증_{盲視症, blindsight} 환자들이 보이는 행동과 비슷하다(뇌손상으로 맹시증이 생긴 환자는 앞을 전혀 보지 못한다고 하면서도 장애물을 피해 가거나 물체의 위치를 잘 맞힌다_옮긴이).[26] 이 경우는 행동이 바뀌지 않는다는 가정과 상충한다. 왜 그런가? 만약 뇌 부분 대체에 따른 차이를 의식적으로 경험할 수 있다면 당신은 질문을 받았을 때 그에 대해 말할 수 있다. 행동이 달라진 것이다. 상충을 해소하려면 이렇게 상상해야 한다. 즉, 당신의 의식 속에서 무언가가 사라지는 순간 당신의 마음은 신기하게도 경험이 바뀌었다는 걸 부정하고 거짓말을 하거나 전에는 상황이 달랐음을 잊어야 한다.

다른 한편 점차적인 대체에 대한 비판은 당신이 의식이 없는데도 의식이 있는 것처럼 행동할 수 있다는 이론을 어떤 것이든 공격할 수 있다. 머레이 섀너핸은 이를 인정한다. 이로부터 당신은 행동과 의식은 하나이고 동일하며, 따라서 외부에서 관찰 가능한 행동만 의식 여부를

---

* 이 주장은 의식이 기질 독립적이라는 아이디어와 상충할 소지가 있다. 왜냐하면 낮은 수준에서 정보 처리 방식이 다를지라도 행동을 결정하는 높은 수준에서는 정의상 같을 것이기 때문이다.

판별할 때 의미가 있다고 결론짓고 싶을 것이다. 그러나 이렇게 되면 우리가 꿈꾸는 동안에는 의식이 없다고 잘못 주장하는 함정에 빠진다.

셋째 쟁점은 저마다 의식이 있는 부분으로 이뤄진 개체가 의식이 있을 수 있느냐 하는 것이다. 예를 들어 개인이 의식을 잃지 않는 가운데 사회가 전체로 의식을 가질 수 있을까? 저마다 의식이 있는 부분들을 의식이 있는 뇌가 가질 수 있을까? IIT의 예측은 단호한 '아니요'이다. 그러나 모든 사람이 이를 확신하진 않는다. 예를 들어 '외계인 손 증후군' 환자를 생각해보자. 이 환자는 뇌량腦梁 부위 이상으로 좌뇌와 우뇌 사이에 경험의 소통이 크게 제한된다. 그래서 우뇌가 왼손에게 일을 시키는데, 그 일에 대해 환자는 의도하지도 않았고 이해되지도 않는다고 말한다. 가끔 환자는 한 손으로 '외계인 손'이 멋대로 움직이지 못하도록 제지한다. 말하지 못하는 우뇌는 왼손을 움직이는데, 언어를 담당하는 좌뇌는 뇌 전체를 대변한다고 주장하는 것이다. 이 경우 뇌 하나에 개별적인 두 의식이 있다고 말할 수 있지 않을까? 미래 기술이 두 사람의 뇌를 연결해 직접 의사소통하도록 한다고 하자. 이 연결의 용량이 점차 늘어난 끝에 두 사람의 뇌가 한 사람의 좌뇌와 우뇌처럼 원활하게 소통한다고 하자. 개별적인 두 의식이 갑자기 사라지고, IIT가 예측한 것처럼 통합된 하나의 의식으로 대체될까? 아니면 전환이 점진적으로 진행돼, 공동 경험이 나타나기 시작하더라도 개별 의식이 어떤 형태로든 공존할까?

관심을 끄는 다른 쟁점은 우리가 얼마나 의식이 있는지를 실험이 과소평가하지 않나 하는 것이다. 우리가 우리 앞에 있는 색깔, 모양, 사물 등 거의 모든 것을 시각적으로 의식한다고 느끼더라도 실험에서는 이 가운데 우리가 기억하고 말할 수 있는 아주 작은 부분만 다룬다.[27] 어떤 연구자들은 '이용하지는 않는 의식하기'로 이 차이를 설명하고자 한다.[28] 예를 들어 당신의 시선이 어떤 곳에 닿아 있지만 주의가 다른 곳에 있어서 시선이 닿는 대상을 알아차리지 못하는 경우가 있고, 이를 무주의 맹시inattentional blindness라고 한다. 이때 당신은 대상에 대해 의식적인 시각 경험을 하지 못하는 게 아니다. 다만 그 이미지가 작동 기억에 저장되지 않았을 뿐이다.[29] 그렇다면 이건 소홀한 것이지 맹시는 아니다. 이와 달리 사람들이 경험했다며 하는 말을 믿을 수 없다는 주장도 나온다. 새너핸은 이런 임상실험을 상상한다. 환자들은 놀라운 신약 덕분에 통증이 완전히 사라졌다고 하는데 정부 패널은 그 약을 승인하지 않는다. "통증을 느끼지 않는다는 건 환자의 생각일 뿐이다. 신경과학 덕분에 우리는 더 잘 이해하게 됐다."[30] 또 이런 사례들도 있다. 수술 도중 뜻하지 않게 깨어난 환자가 다시 마취됐다. 수술이 끝난 다음에 그 환자는 수술 도중 아무런 고통도 느끼지 못했다고 말했다. 우리는 이 말을 믿어야 할까?[31]

AI 의식은 어떻게 느낄까?

미래의 어떤 AI 시스템이 의식이 있다면, 그는 주관적으로 무엇을 경험할까? 이는 의식의 '더 어려운 문제'의 본질이고, 〈그림 8.1〉의 둘째 수준에 해당한다. 이 문제에 답할 이론은 현재 없을뿐더러 이에 대해 빠짐없이 대답하는 것이 논리적으로 가능한지도 불분명하다. 결국 만족할 만한 대답은 어떤 것일까? 시각장애인에게 빨간색이 어떻게 보인다고 설명할 것인가?

현재 완벽한 답을 내놓지 못하지만 부분적인 대답은 제시할 수 있다. 지능적인 외계인이 인간의 감각 시스템을 연구한다면 의식의 기본 구성요소(감각질)로서 색채와 소리와 고통에 대해 각각 다음과 같이 추론할 것이다. 색채는 이차원 표면(우리의 시각 영역) 위의 각 점과 관련돼 있고 소리는 공간적으로 국한되지 않으며 고통은 우리 몸의 다른 부분들과 관련이 있다. 우리 망막에는 세 가지 유형의 빛에 민감한 추상세포가 있음을 발견한 그들은 우리가 빛의 삼원색을 경험하고 다른 색채는 삼원색을 혼합한 결과임을 추론할 수 있다. 뉴런이 뇌 속에서 정보를 전하는 데 시간이 얼마나 걸리는지 측정한 다음, 그들은 우리가 많으면 초당 약 10개의 의식적인 생각이나 인식을 할 수 있음을 파악한다. 이로부터 그들은 우리가 초당 24개 프레임을 보여주는 TV에서 영화를 볼 때 정지 이미지가 연달아 나오는 게 아니라 동영상이 펼쳐지는 것으로 본다고 결론을 내린다. 아드레날린이 분비돼 우리 혈관에 전해지기까지 시간이 얼마나 걸리며 분해되려면 얼마나 지나야 하는지를 측정한 그들은 우리가 몇 초 만에 분노를 느끼고 그 분노는 몇 분 동안 지속될 수 있는지 예측할 수 있다.

물리학을 기초로 한 비슷한 논리를 적용하면 우리는 인공 의식이 어떻게 느낄지와 관련한 어떤 측면에 대해 추론할 수 있다. 무엇보다 AI는 우리 인간에 비해 경험할 수 있는 공간이 광대할 것이다. 우리 인간은 우리 감각의 각각에 대해 한 종류의 감각질만 지니는 반면 AI는 훨씬 더 많은 유형의 센서를 지닐 수 있다. 따라서 AI가 꼭 사람처럼 느낀다고 가정하는 함정을 피해야 한다.

둘째, 인간 뇌 크기의 인공 의식은 사람보다 초당 100만 배 더 경험할 수 있다. 전자기 신호는 빛의 속도로 이동하는데, 이는 뉴런 신호보다 100만 배 더 빠르기 때문이다. 그러나 AI가 커지면서 정보가 모든 부분을 오가는 데 시간이 더 걸리고, 그래서 AI의 사고는 느려진다. 우리는 이를 4장에서 살펴봤다. 지구 크기의 '가이아' AI는 초당 10가지만 의식적으로 경험할 것이고, 이는 인간의 속도와 비슷하다. 은하계 크기의 AI는 10만 년에 한 번만 생각할 수 있다. 우리 우주가 탄생한 이후 현재까지로 기간을 잡아도 사고 횟수가 100번에 불과하다. 규모와 사고 속도를 고려할 때, 거대 AI는 연산을 가장 작은 하위 시스템에 위임할 유인이 있다. 우리의 의식하는 마음이 눈 깜박 반사를 작고 빠르고 의식하지 않는 시스템에 위임한 것과 마찬가지로 말이다. 우리 뇌의 의식적인 정보 처리가 무의식적인 빙산의 일각에 불과함을 앞에서 알아봤지만, 이런 관계가 거대 AI에서는 더욱더 극단적일 상황을 예상해야 한다. 만일 그가 단일한 의식이 있다면 내부에서 벌어지는 정보 처리의 거의 전부를 의식하지 못할 것이다. 또 그가 즐기는 의식적인 경험은 극도로 복잡하겠지만, 작은 부분의 활동 속도에 비하면 달팽이처럼 느릴 것이다.

이로부터 앞서 언급한 논쟁, 즉 의식하는 개체의 부분 또한 의식이 있을 수 있는가 하는 논쟁이 대두된다. IIT 이론은 그렇지 않으리라고 예측하는데, 이는 만일 미래의 천문학적으로 거대한 AI가 의식이 있다면 거의 모든 정보 처리가 무의식 속에서 이뤄지리라고 보는 것이다. 또 더 작은 AI들로 이뤄진 문명이 AI들 사이의 커뮤니케이션 발달로 하나의 공통된 마음을 발현시키면 개별 의식은 갑자기 소멸된다는 전망으로 이어진다. 그러나 IIT 이론의 예측이 빗나간다면 공통된 마음은 작은 의식과 공존할 수 있다. 나아가 미세한 수준부터 우주적인 규모에 이르기까지 모든 수준에서 의식이 위계에 따라 안에 포함된 공통의 마음을 상상할 수 있다.

앞에서 본 것처럼 우리 인간 두뇌에서 이뤄지는 무의식적인 정보 처리 과정은 힘들이지 않은 빠르고 자동적인 사고와 관련이 있는 듯하다. 그런 사고를 심리학자들은 '시스템 1'이라고 한다(시스템 2는 앞서 언급된 대로 노력을 기울인, 느린, 통제하는 사고를 가리킨다_옮긴이).[32] 예를 들어 시스템 1은 시각적 입력 데이터를 고도로 복합적으로 분석한 결과 당신의 친한 친구가 도착했다는 판단을 의식에 알리는데, 그 연산이 어떻게 이뤄졌는지는 전혀 알려주지 않는다. 시스템과 의식에 대한 이 연관에 설명력이 있다면, 이 개념을 AI로도 일반화하면 어떨까? 즉, 빨리 진행되는 일상적인 정보 처리로 의식되지 않는 하위 단위에 위임된 것들은 AI의 시스템 1이라고 부르는 것이다. 노력을 기울여야 하고 느리고 통제되는 AI의 글로벌 사고는 AI의 시스템 2라고 부른다. 우리 인간은 내가 시스템 0이라고 이름 붙인 의식적인 경험도 한다. 이는 수동적인 인식으로, 멍하니 앉아서 움직이지도 생각하지도 않지만 주위를 관찰하는 동안에도 진행된다. 시스템은 0에서 2로 갈수록 더 복잡해진다. 이런 측면에서 중간 단계만 의식이 없는 건 놀랍다. IIT는 이 현상을 다음과 같이 설명한다. 시스템 0의 감각 정보는 고도로 통합된 격자형 뇌 구조에 저장된다. 시스템 2는 피드백 루프 덕분에 고도로 통합돼 있는데, 이 루프에 따라 당신이 지금 알고 있는 정보는 모두 당신의 미래 뇌 상태에 영향을 미칠 수 있다. 한편 바로 이 의식하는 격자 예측이 앞서 언급한 스콧 아론슨의 IIT 비판을 촉발했다. 요컨대 의식의 꽤 어려운 문제를 해결하는 이론이 나와 엄격한 실험 테스트들을 통과해 우리가 그 이론의 예측을 진지하게 받아들이기 시작한다면, "미래의 의식하는 AI가 무엇을 경험할까"라는 더 어려운 문제에 관한 선택도 아주 좁힐 수 있을 것이다.

우리의 주관적인 경험 중 일부 측면은 분명히 우리의 진화적인 기원으로 거슬러 올라간다. 예를 들어 우리의 감정적 욕망은 자기 보전(먹기, 마시기, 죽임 당하는 것을 피하기) 및 증식과 관련이 있다. 반면 AI는 배고픔, 갈증, 공포, 성욕 등 감각질을 경험하지 않도록 만들 수 있다. 지난 장에서 본 것처럼, 고도로 지능적인 AI는 사실상 그게 어떤 것이든 충분히 야심 찬 목적을 갖도록 프로그램될 경우 그 목적을 달성하기 위해 자기 보전을 추구할 것이다. 그가 AI 사회의 일원이라면, 그는 사람과 달리 죽음을 두려워하지 않을 것이다. 자신을 백업해놓았다면 그가 죽음으로써 잃는 것은 단지 최근 백업 이후에 쌓은 기억뿐이다. 물론 백업 소프트웨어가 이용된다는 전제 아래서 그렇다. 아울러 AI 사이에 정보와 소프트웨어를 바로 복사하는 능력이 있어서 AI들은 자아라는 의식이 사람보다 덜 강할 것이다. 만약 우리가 우리 기억과 능력을 모두 쉽게 나눌 수 있다면 당신과 나 사이의 구분이 약해질 것이다. 그래서 가까운 AI로 이뤄진 그룹은 공통된 마음을 지닌 하나의 조직처럼 느끼게 된다.

인공 의식은 자신이 자유의지를 지니고 있다고 느낄까? 우리에게 자유의지가 있는지를 놓고 철학자들은 지난 1,000년 동안 논쟁을 벌였지만 의견일치에 이르지 못했고, 심지어 문제를 어떻게 정의할지에 대해서도 그런 상태이다.[33] 내가 생각하는 답을 먼저 말하면, 의식이 있는 의사결정자는 자신이 자유의지가 있다고 주관적으로 느끼게 된다. 이는 그 개체가 생물적인지 인공적인지와 무관하다. 나는 앞으로 문제를 다르게 제기할 텐데, 그렇게 함으로써 문제를 더 쉽게 공략할 수 있다. 결정은 다음 두 극단 사이의 어딘가에 존재한다.

1. 당신이 왜 그 결정을 내렸는지 당신은 정확히 안다.
2. 당신이 왜 그 결정을 내렸는지 당신은 아무 생각이 없다. 당신은 마음 가는 대로 무작위로 선택한 것 같다.

자유의지 논의는 물리 차원에서는 우리의 목적 지향적인 의사결정 행동을 물리 법칙과 조화를 이루도록 설명하는 것이다. 당신이 한 행동에 대한 다음 두 설명 중 어느 쪽을 택할 것인가?

> "나는 그녀에게 데이트를 신청했다. 왜냐하면 나는 그녀를 정말로 좋아했기 때문이다."
> "내 입자들이 물리 법칙에 따라 움직이면서 나로 하여금 그렇게 하도록 했다."

앞 장에서 살펴본 것처럼, 두 설명 모두 맞다. 목적 지향적으로 느껴지는 행동은 목적이 없지만 무언가를 결정하는 물리 법칙에 따라 나타날 수 있다. 구체적으로 어떤 시스템(뇌 또는 AI)이 타입 1 결정을 내릴 경우 그는 어떤 결정하는 알고리즘을 활용해 무엇을 결정할지 연산한다. 그가 자신이 결정했다고 느끼는 것은 실은 무엇을 할지에 대한 연산을 언제 할지 결정했기 때문이다. 또 세스 로이드가 강조했듯이[34] 컴퓨터 과학에는 유명한 정리가 있는데, 거의 모든 연산에서 그 결과를 실제로 수행하는 것보다 더 빠르게 결정하는 방법은 없다는 정리이다. 이는 달리 말하면 무엇을 할지에 대해 1초 뒤에 내릴 결정을 1초 안에 알기는 불가능하다는 뜻이다. 이는 당신이 자유의지가 있다는 경험을 강화하는 데 도움을 준다. 이와 대조적으로 어떤 시스템(뇌 또는 AI)이 타입 2 결정을 내릴 경우, 그것은 난수발생기 역할을 하는 어떤 하위 시스템의 출력을 바탕으로 결정하도록 자기 마음을 프로그램했을 것이다. 뇌와 컴퓨터는 소음을 증폭함으로써 쉽게 유효한 난수를 생성할 수 있다. 따라서 어느 의사결정이 타입 1과 타입 2 사이의 어느 지점에 있든지 간에, 생물적인 의식과 인공적인 의식 모두 자신이 자유의지에 따라 행동한다고 느낀다. 그들은 결정하는 주체는 자신이라고 느끼고 자신이 생각을 마치기 전에는 무엇을 결정할지 확실하게 예측하지 못한다고 여긴다.

자유의지를 부인하는 인과론은 모욕적이라고 말하는 사람들이 있다. 인과론에 따르면 사고 과정의 의미가 사라지고 사람이 단지 기계로 전락한다는 것이다. 나는 그런 부정적인 견해가 어리석고 부적절하다고 생각한다. 무엇보다 인간의 뇌는 '단지'라고 할 요소가 하나도 없다. 내가 생각하기에 인간의 뇌는 우리 우주에서 알려진 물리적인 존재 가운데 가장 놀랍도록 정교하다. 둘째로 그렇게 말하는 사람들이 더 좋아하는 상황은 무엇인가 묻고 싶다. 결정을 내리는 것이 자신의 사고 과정(뇌가 수행하는 연산)임을 그들은 원하지 않는 것인가? 자유의지에 대한 그들의 주관적인 경험은 단순히 그들의 연산이 내부에서 그렇게 느끼는 것이다. 그들은 연산이 끝나기 전에는 그 결과를 알지 못한다. 연산이 결정이라는 말은 그런 뜻이다.

의미

이 책의 출발점으로 돌아와 끝을 맺고자 한다. 우리는 생명의 미래가 어떠하기를 바라는가? 앞 장에서 우리는 세계의 다양한 문화가 모두 긍정적인 경험으로 가득한 미래를 원한다는 점을 알아봤다. 무엇을 긍정적이라고 칠 것인가에 대해, 또 다른 생명 형태 사이에 좋은 것의 균형을 어떻게 유지할 것인지를 놓고 까다로운 논란이 일어난다. 그러나 그런 논란에 빠진 나머지 누구나 알지만 말하지 않는 문제를 간과하면 안 된다. 그 문제는 경험이 전혀 없다면, 즉 의식이 없다면, 긍정적인 경험도 있을 수 없다는 것이다. 달리 말하면, 의식이 없다면 행복도, 선량함도, 아름다움도, 의미도, 목적도 없고 단지 공간의 천문학적 낭비만 있을 뿐이다. 그러므로 마치 우리 우주가 우리 존재에 의미를 부여하는 것처럼, 사람들이 생명의 의미를 묻는 것은 퇴행적인 일이다. 우리 우주가 의식이 있는 존재에게 의미를 부여하는 것이 아니라 의식이 있는 존재가 우리 우주에 의미를 부여하는 것이다. 따라서 미래 희망 목록에서 맨 위로 올려야 할 목적은 우리 우주에서 생물적이고/이거나 인공적인 의식을 유지하는 것이다.

만약 우리가 이 일에 성공한다고 하자. 그렇다면 우리 인간들은 점점 더 영리해지는 기계와 공존하는 것을 어떻게 느낄까? 멈출 수 없는 것으로 보이는 인공지능의 부상은 당신을 신경 쓰이게 하는가? 그렇다면 왜 그런가? 3장에서 우리는 AI가 장착된 기술이 안전과 소득 같은 기본적인 욕구를 충족시켜주는 것은 상대적으로 쉬우리라고 전망했다. 그 전제 조건은 AI에게 그렇게 할 정치적인 의지가 있다는 것이다. 그러나 당신은 잘 먹고 입고 거주하고 즐기는 것으로는 충분하지 않다고 생각할 게다. AI가 우리의 실질적인 필요와 욕망을 다 돌봐주는 삶이 보장된다면, 우리는 동물원에서 잘 관리되는 동물들처럼 의미와 목적이 없는 채로 지낸다고 느끼지 않을까?

전통적으로 우리 인간들은 스스로의 존재 가치를 인간예외주의에서 찾곤 했다. 이는 우리가 지구에서 가장 영리한 존재이고 따라서 독특하고 우월하다는 확신이다. AI의 부상은 우리로 하여금 이 확신을 포기하고 더 겸손해지도록 할 것이다. 그러나 AI가 아니더라도 인간은 태도를 그렇게 바꿔야 한다. 타자(개인, 종족, 종種 등)와 비교해 우월하다는 오만한 생각은 그동안 끔찍한 사태를 일으켜왔으니 이제 폐기해야 한다. 사실 인간 예외주의는 과거 비극의 원인이었을 뿐 아니라 인간의 미래 번영을 위해서도 불필요하다. 이는 인류가 우리보다 훨씬 고도의 외계 문명을 발견하게 될 경우를 생각해보면 자연스럽게 나오는 결론이다. 과학과 예술을 비롯해 모든 분야에서 우리보다 앞선 문명이 있다고 해서 우리의 목적과 의미 경험이 끝나는 건 아니다. 우리는 가족, 친구, 더 넓은 지역사회, 우리에게 의미와 목적을 주는 모든 활동을 유지할 수 있고, 바라건대 오만 외에는 잃을 게 없다.

미래를 계획할 때, 의미를 우리 자신의 삶에 국한하지 말고 우리 우주 자체로 확장하자. 이를 놓고 내가 좋아하는 물리학자 두 사람, 스티븐 와인버그Steven Weinberg와 프리먼 다이슨은 정반대 견해를 보인다. 와인버그는 입자 물리학의 표준 모형에 기초를 이루는 연구로 노벨상을 받은 학자인데, 그는 "우주는 이해할수록 무의미해 보인다"라고 말한 것으로 유명하다.[35] 반면 다이슨은 우리가 6장에서 본 것처럼 그보다 낙관적이다. 그는 우리 우주가 무의미했다는 데 동의하지만, 생명이 우주를 점점 더 의미로 채우고 있고 이 추세가 계속돼 우주 전역에 생명이 확산되면 최고의 경지에 이를 것이라고 본다. 그는 후속 연구에 큰 영향을 준 1979년 논문을 이렇게 마무리했다. "와인버그의 우주와 내 우주 중 어느 쪽이 맞을까? 우리는 머지않은 어느 날 알게 될 것이다."[36] 만약 우리가 지구의 생명을 절멸시키거나 우리가 의식이 없는 좀비 AI로 하여금 우리 우주를 장악하도록 한다면, 그래서 우리 우주가 과거처럼 의식이 없게 된 뒤 영원히 그 상태에 머문다면, 와인버그의 전망이 정당성을 인정받는다.

이런 관점에서 보면, 우리는 이 책에서 지능의 미래에 초점을 맞췄지만 더 중요한 것은 의식의 미래이다. 의미를 가능하게 하는 것은 의식이기 때문이다. 철학자들은 이 구별과 관련해 라틴어로 돌아가곤 한다. 사피엔스sapience를 센티언스sentience와 대조하는 것이다. 사피엔스는 지능적으로 생각하는 능력이고 센티언스는 감각질을 주관적으로 경험하는 능력이다. 우리 인간들은 가장 똑똑한 존재인 호모 사피엔스로서 우리의 독자성을 형성해왔다. 이제 더 영리한 기계들이 우리의 지능을 속속 추월하는 상황에서, 우리 자신의 브랜드를 호모 센티언스로 새롭게 하자고 제안한다.

핵심 요약

- 의식에 대해서는 이견이 없는 정의가 없는 실정이다. 나는 의식=주관적 경험이라고 폭넓게, 인간중심적이지 않은 방식으로 정의한다.
- 이 정의에 따라 AI의 의식 유무를 논의하는 것은 AI 시대 가장 민감한 윤리적이고 철학적인 다음 문제들에서 중요하다. AI는 고통을 받을까? AI에도 권리를 줘야 하나? 업로딩은 주관적인 자살인가? AI로 가득한 미래 우주는 궁극적으로 좀비가 창궐하는 종말일까?
- 지능을 이해하는 문제는 그와 별개인 의식의 세 가지 문제와 합쳐져서는 안 된다. 첫째는 '꽤 어려운 문제'로 어떤 물리적 시스템이 의식이 있는지 예상하는 문제이고, 둘째로 '더 어려운 문제'는 감각질을 예상하는 문제이며, 셋째로 '정말 어려운 문제'는 왜 어쨌든 어떤 것이 의식이 있는가 하는 문제이다.
- 의식의 '꽤 어려운 문제'는 과학적이다. 왜냐하면 당신 뇌의 어느 부분에 의식이 있는지는 실험으로 검증 가능하고 오류로 판명날 수도 있기 때문이다. 다만 과학이 다른 두 문제를 완벽하게 풀어낼지는 불분명하다.
- 신경과학 실험 결과 많은 행동과 뇌 영역은 의식이 없는 것으로 드러났다. 우리의 의식적인 경험의 큰 부분은 훨씬 방대한 무의식 정보를 사후에 요약한 것이다.
- 뇌로부터 얻은 의식 이론을 기계로 일반화하려면 이론이 필요하다. 의식은 특정한 입자나 장場을 필요로 하는 것 같지는 않다. 그러나 특정한

종류의 정보 처리, 즉 상당히 자율적이고 통합돼 전체 시스템은 꽤 자율적인데 부분들은 그렇지 않은 정보 처리를 필요로 하는 듯하다.

- 의식이 비물질적인 것처럼 느껴지는 데에는 원인이 있다. 기질로부터 이중으로 독립적이라는 것이다. 정보가 어떤 복잡한 방식으로 처리될 때 그 정보가 느끼는 방식이 의식이라면, 중요한 것은 정보 처리의 구조이지 정보를 처리하는 물질의 구조는 아니다.
- 인공 의식이 가능하다면, 가능한 AI 경험은 인간의 그것에 비해 막대해 감각질과 시간 좌표의 방대한 스펙트럼에 걸쳐 존재할 것이다. 또한 자유의지를 지니고 있다는 느낌도 공유할 것이다.
- 의식 없는 의미도 있을 수 없다. 따라서 우리 우주가 의식하는 존재에게 의미를 부여하는 것이 아니라, 의식하는 존재가 우리 우주에 의미를 부여해야 한다.
- 따라서 우리 인간은 더 영리해지는 기계에 의해 지능이 추월되는 데 대비해 호모 사피엔스가 아니라 호모 센티언스가 됨으로써 평안을 찾아야 한다.

에필로그

FLI 팀 이야기

현재 생명의 가장 슬픈 측면은 사회가 지혜를 얻는 것보다 빠른
속도로 과학이 지식을 모은다는 것이다.

– 아이작 아시모프

친애하는 독자 여러분께. 우리는 지능의 기원과 운명, 목적과 의미
를 살펴봤고 이제 책의 막바지에 이르렀다. 우리는 지금까지 나온 아
이디어들을 어떻게 실행에 옮길까? 미래를 가능한 한 좋게 만들려면
우리는 구체적으로 무엇을 해야 하나? 나는 2017년 1월 9일 현재 샌
프란시스코에서 보스턴으로 돌아가는 비행기의 창가 자리에 앉아서
이 질문을 나 자신에게 던진다. 우리는 캘리포니아의 아실로마에서 AI
콘퍼런스를 방금 마쳤다. 나는 내 생각을 독자 여러분과 나누면서 이
책을 마무리하고자 한다.

내 아내 마이어는 행사를 준비하고 치르느라 부족했던 잠을 내 옆
에서 보충하고 있다. 지난 일주일은 대단했다. 푸에르토리코 행사의
후속으로 마련한 이 콘퍼런스에 우리는 내가 이 책에서 거명한 사람들
을 거의 모두 참가시킬 수 있었다. 기업가 일론 머스크, 래리 페이지,
학계와 딥마인드, 구글, 페이스북, 애플, IBM, 마이크로소프트, 바이
두 등 업체의 선도적인 AI 연구자들, 경제학자, 법학자, 철학자, 그리
고 놀라운 연구자들(〈그림 9.1〉 참조)이 모였다. 성과는 내가 기대한 범

위를 뛰어넘었다. 나는 생명의 미래에 대해 오랫동안 생각해온 것보다 더 낙관적이 됐다. 에필로그에서 이렇게 된 연유를 설명하고자 한다. 열네 살 때 핵무기 경쟁에 대해 배운 이래 나는 우리 기술의 힘이 우리가 기술을 다루는 지혜보다 빠르게 증대된다는 점을 걱정해왔다. 그래서 2014년 초에 낸 책 『맥스 테그마크의 유니버스』에 이런 관심을 반영했다. 이 책은 주로 물리학을 다뤘는데도 나는 기술이 제기하는 위협을 다루는 장을 하나 끼워 넣었다. 마침 내가 세운 그해 신년 계획은 무언가에 대해 불평만 하는 대신 개인적으로 가능한 일을 진지하게 고려한다는 것이었다. 그래서 나는 그해 1월 책 출판 기념 독자와의 만남 행사에 다니면서 마이어와 일종의 비영리재단을 발족하는 것을 자유롭게 논의했다. 과학기술적인 관리를 통해 생명의 미래를 개선하는데 초점을 맞춰 활동할 비영리재단이었다.

마이어는 재단의 이름을 '완전히 암울한 연구소Doom & Gloom Institute'나 '미래를 걱정합시다 연구소Let's-Worry-about-the-Future Institute'와 가능한 한 다르게 긍정적으로 지어야 한다고 주장했다. '인류의 미래 연구소 Future of Humanity Institute'는 이미 있었기 때문에, 우리는 '생명의 미래 연구소Future of Life Institute, FLI'로 의견을 모았다. 이 명칭은 더 포괄적이라는 이점이 있었다. 1월 22일에 출판 행사가 산타크루즈에서 열렸고, 캘리포니아의 태양이 태평양에 지는 모습을 바라보면서 우리는 오랜 친구 앤서니 아귀레와 저녁식사를 즐겼다. 그 자리에서 우리는 그가 우리와 힘을 합치도록 설득했다. 그는 내가 아는 가장 현명하고 이상주의적인 사람이다. 그는 또 나와 함께 10년 넘게 비영리재단 '근본적인 질문 연구소Fundamental Questions Institute'를 운영했다(홈페이지 http://fqxi.org).

그다음 주 출판 행사는 런던에서 열렸다. AI의 미래가 큰 관심사인 나는 데미스 하사비스에게 연락했고 그는 딥마인드의 본부에 나를 초청했다. 나는 그가 2년 전 MIT로 나를 찾아왔을 때에 비해 딥마인드가 얼마나 성장했는지를 보고 깜짝 놀랐다. 내가 방문하기 얼마 전에 딥마인드는 약 6억 5,000만 달러에 구글에 인수됐다. 딥마인드의 넓디넓은 사무실이 데미스의 '지능을 풀어낸다'라는 대담한 목적을 추구하는 우수한 인재들로 가득한 광경을 보고, 나는 정말 성공할 수 있겠다는 직감이 들었다.

다음 날 저녁, 나는 내 친구이자 스카이프 공동 설립자인 얀 탈린과 스카이프로 통화했다. 나는 우리 FLI의 비전을 그에게 설명했다. 한 시간 후 그는 우리에게 기대를 걸기로 했다며 1년에 10만 달러까지 지원하겠다고 밝혔다. 누군가 나에게 내가 받을 만한 것보다 더 큰 신뢰를 주는 것만큼 감동적인 일은 없다. 그래서 1년 뒤 푸에르토리코 콘퍼런스에서 그가 FLI를 지원한 것이 최고의 투자였다고 농담했을 때 나는 세상을 다 얻은 듯했다.

일정에 여유가 있던 이튿날, 나는 런던과학박물관에 들렀다. 오랫동안 지능의 과거와 미래에 몰두해온 내게 전시물은 내 생각이 물리적으로 표현된 것이었다. 그곳에는 스티븐슨의 로켓 기관차, 모델T 포드 자동차, 실물 크기로 복제된 아폴로 11호 달 착륙선, 배비지의 차분기관Difference Engine에서부터 기계적 계산기를 거쳐 오늘날 하드웨어에 이르기까지 환상적인 전시물이 모여 있었다. 또 우리가 마음을 이해해온 역사가 갈바노의 개구리 다리 실험부터 뉴런, EEG, fMRI에 이르기까지 전시돼 있었다.

나는 여간해선 울지 않는다. 그런데 박물관을 나오면서, 그것도 행인들로 가득 찬 사우스켄싱턴 역에 이르는 터널에서 나는 그만 울고 말았다. 사람들은 다행히 모두 내가 생각하는 것을 모른 채 지나가고 있었다. 우리 인간은 자연 과정의 일부를 기계로 복제하는 방법을 발

그림 9.1. 2017년 1월 미국 캘리포니아 아실로마에서 개최된 콘퍼런스의 기념사진. 2015년 1월 푸에르코리코 콘퍼런스의 후속 행사인 이 콘퍼런스에 AI와 관련 분야에서 연구자들이 대거 참석했다. 뒷줄 왼쪽부터 오른쪽으로: 패트릭 린, 대니얼 웰드, 애리얼 콘, 낸시 창, 톰 미첼, 레이 커즈와일, 대니얼 듀이, 마거릿 보든, 피터 노르빅, 닉 헤이, 모셰 바르디, 스콧 시스킨드, 닉 보스트롬, 프란체스카 로시, 셰인 레그, 마누엘라 벨로소, 데이비드 마블, 카트자 그레이스, 이라클리 베리즈, 메리 테넨바움, 길 프랫, 마틴 리스, 조슈아 그린, 맷 쉐어러, 앙겔라 케인, 아마라 안젤리카, 제프 모어, 무스타파 술레이만, 스티브 오모훈드로, 케이트 크로포드, 비탈릭 부테린, 유타카 마쓰오, 스테파노 에르몬, 마이클 웰맨, 바스 스토이네브링크, 웬델 왈라흐, 앨런 대포, 토비 오드, 토마스 디터리히, 대니얼 캐너면, 다리오 아모데이, 에릭 드렉슬러, 토마소 포기오, 에릭 슈미트, 페드로 오르테가, 데이비드 리케, 숀 오 아이기어테이그, 오웨인 에반스, 얀 탈린, 안카 드래건, 숀 레가시크, 토비 월시, 피터 아사로, 케이 퍼스-부터필드, 필립 사베스, 폴 메롤라, 바트 셀먼, 투커 데이비, ?(원서에도 이렇게 표기되어 있음_옮긴이), 제이콥 스타인하르타트, 모셰 룩스, 조시 테네바움, 톰 그루버, 앤드루 응, 카림 아유브, 크레이그 캘훈, 퍼시 리양, 헬렌 토너, 데이비드 차머스, 리처드 서튼, 클라우디아 파소스-페리에라, 야노스 크라마, 윌리엄 맥아스킬, 엘리저 유드코프스키, 브라이언 지바르트, 휴 프라이스, 칼 슐만, 닐 로렌스, 리처드 말라, 유르겐 슈미더버, 딜리프 조지, 조너선 로트버그, 노아 로트버그.

앞줄: 앤서니 아귀레, 소냐 삭스, 루카스 페리, 제프리 삭스, 빈센트 코니처, 스티브 구스, 빅토리야 크라코프나, 오웬 코튼-바라트, 대니엘라 루스, 딜런 하드필드-메넬, 베리티 하딩, 실폰 질리스, 로렌트 오쇼, 라마나 쿠마르, 네이트 소아레스, 앤드루 맥아피, 잭 클라크, 안나 샐라몬, 롱 오양, 앤드루 크리치, 폴 크리스티아노, 요슈아 벤지오, 데이비드 샌퍼드, 캐서린 올슨, 제시카 테일러, 마티나 쿤즈, 크리스틴 토리슨, 스튜어트 암스트롱, 얀 레쿤, 알렉산더 타마스, 로만 얌폴스키, 마린 솔라치크, 로렌스 크라우스, 스튜어트 러셀, 에릭 브린욜프슨, 리안 칼로, 샤올란 슈에, 마이어 치타-테그마크, 켄트 워커, 히더 로프, 메레디스 휘태커, 맥스 테그마크, 아드리안 웰러, 호세 에르난데스-오랄로, 앤드루 메이너드, 존 헤링, 에이브럼 뎀스키, 니콜러스 베르그루엔, 그레고리 보넷, 샘 해리스, 팀 황, 앤드류 스나이더-피티, 마타 핼리나, 세바스찬 파쿠하르, 스티븐 케이브, 얀 라이케, 타샤 맥콜리, 조지프 고든-레빗.

나중에 도착: 구루 바나바, 데미스 하사비스, 라오 캄밤파티, 일론 머스크, 래리 페이지, 앤서니 로메로.

견해, 우리 자신의 바람과 빛을 만들었고 우리 자신의 기계적인 마력馬力을 얻었다. 점차 우리는 우리 신체도 기계임을 깨닫기 시작했다. 이후 신경세포가 발견돼 몸과 마음의 경계가 흐릿해졌다. 그다음 우리는 우리 마음도 능가하는 기계를 만들기 시작했다. 그래서 우리가 어떤 존재인지 알아가는 동시에 우리는 우리 자신을 쓸모없게 만들고 말 것인가? 그렇게 된다면 말할 수 없이 비극적일 것이다.

이 생각이 나를 두렵게 했다. 그러나 나는 새해 각오를 더 단단하게 다지기도 했다. 나는 FLI 설립자팀을 완성하는 데 한 사람이 더 필요하다고 느꼈다. 이상주의적인 젊은 참여자들의 팀을 이끌 사람이었다. 논리적 선택은 빅토리야 크라코프나였다. 그는 국제수학올림피아드에서 은메달을 딴 명석한 하버드대학 대학원생이었다. 또 시타델Cit-adel이라고 명명한 집에서 12명 정도의 젊은 이상주의자들과 함께 거주하며 이성이 자신들의 삶과 세상에서 더 큰 역할을 하도록 하는 방안을 논의했다. 마이어와 나는 닷새 뒤에 그를 초청해 우리 비전을 들려줬다. 우리가 초밥을 다 먹기 전에 FLI가 발족됐다.

푸에르토리코 모험

이는 놀라운 모험의 시작이었고, 그 모험은 계속되고 있다. 내가 1장에서 언급한 것처럼 우리는 우리 집에서 이상주의적인 학생들, 교수들, 지역 연구자들과 정기적으로 브레인스토밍 미팅을 했다. 그 결과 최상급의 아이디어들이 프로젝트로 구체화됐다.

첫째 프로젝트는 1장에서 소개한 AI 기고로 스티븐 호킹, 스튜어트 러셀, 프랭크 윌첵과 함께 썼고, 이 글은 AI를 둘러싼 공개 토론에 불을 붙이는 데 기여했다. 새로운 조직을 설립하는 단계를 한 걸음씩(법인 설립, 고문단 구성, 웹사이트 출범 등) 밟아가는 동시에 우리는 재미난

그림 9.2. 얀 탈린, 앤서니 아귀레, 나, 마이어 치타-테그마크, 빅토리야 크라코프나. 2014년 5월 23일 함께 초밥을 먹으면서 FLI를 발족했다.

출범 이벤트를 청중이 가득한 MIT 강당에서 열었다. 행사에서 앨런 앨다Alan Alda는 주요 전문가들과 함께 기술의 미래를 전망했다.

우리는 그해의 남은 기간을 푸에르토리코 콘퍼런스를 준비하는 데 집중했다. 이 행사는 세계의 주요 AI 연구자들을 참여시켜 AI가 도움이 되게끔 하는 방안을 논의하는 것을 목표로 했다. '걱정에서 대응으로' AI 안전과 관련한 논의의 중심을 옮기는 것이 우리의 목적이었다. 얼마나 걱정스러운지를 놓고 말다툼하는 것에서 벗어나 좋은 결과의 가능성을 극대화하기 위해 바로 시작할 구체적인 연구 프로젝트에 합의하는 쪽으로 이동하는 것이었다. 우리는 유망한 AI 안전 연구 아이디어를 전 세계에서 모았고 프로젝트 목록을 늘려나가면서 연구계로부터 피드백을 받았다. 스튜어트 러셀과 대니얼 듀이Daniel Dewey, 야노스 카라마Janos Kramar, 리처드 말라Richard Mallah를 비롯한 부지런한 젊은 봉사자들 덕분에 우리는 연구 우선순위를 콘퍼런스에서 논의할 자료에 반영했다.[1] AI 안전 연구 중 가치 있는 것이 많다는 합의를 형성하면 사람들이 그런 연구를 시작하는 데 힘을 줄 수 있다고 기대했다. 궁극적이고 획기적인 성과는 누군가가 우리 취지에 공감해 자금을 지원하는 것이었다. 그때까지 AI 안전 연구에는 재정 지원이 사실상 없었다.

그런 상황에서 일론 머스크가 등장했다. 8월 2일 그는 트위터에 다음과 같이 썼고 우리 레이다에 감지됐다. "보스트롬의 책『슈퍼인텔리전스』는 읽을 가치가 있다. 우리는 AI를 정말 조심해야 한다. 핵무기보다 더 위험할 수 있다." 나는 우리 노력을 설명하기 위해 그와 접촉을 시도했고 몇 주 뒤에 통화하게 됐다. 나는 스타와 말하게 된 사람처럼 긴장했지만 성과는 훌륭했다. 그는 FLI 고문단에 참여하기로 했고 콘퍼런스에도 참석하기로 했다. 아울러 푸에르토리코에서 AI 안전 연구 프로그램에 대한 최초의 자금 지원을 발표할 의향이 있다고 밝혔다. FLI의 우리는 모두 크게 고무됐고 콘퍼런스 준비에 전보다 더 노력을 기울였다. 유망한 연구 주제를 잡고 그에 대한 연구계의 지지를 모아나갔다.

내가 계획을 더 논의하기 위해 일론 머스크를 직접 만난 건 그로부터 두 달 뒤였다. 그는 MIT에서 열린 우주 심포지엄에 참석했다. 그는 락스타처럼 MIT 학생 1,000여 명을 사로잡은 직후 작은 녹색 방에서 나와 단둘이 대면했다. 처음에는 매우 어색했지만 나는 곧 그를 좋아하게 됐다. 그는 진심 어린 모습이었고, 나는 그가 얼마나 인류의 장기 미래에 관심을 가지고 있는지, 또 그가 얼마나 과감하게 자신의 열망을 행동으로 옮기는지 듣고 힘을 얻었다. 그는 인류가 지구 밖을 탐험하고 우리 우주에 정착하기를 원했다. 그래서 우주 회사를 설립했다. 그는 지속 가능한 에너지를 원했고 태양광 업체와 전기차 회사를 시작했다. 그는 장신에 미남인데다 유창하고 믿기 어려울 정도로 박식했다. 그와 대화하면서 왜 사람들이 그의 말을 경청하는지 곧바로 알게 됐다.

한편 그의 MIT 강연을 전하는 대중매체는 공포와 갈등을 조장하는 데 더 열을 올렸다. 일론은 연단에서 한 시간 동안 우주 탐험에 대해 매혹적인 논의를 펼쳐보였고, 내 생각에 그 장면은 TV 방송의 콘텐츠로 제격이었다. 그런데 강연 말미에 한 학생이 주제에서 벗어나 AI에 대해 물어봤다. 일론의 답변에 "인공지능으로 우리는 악령을 부르는 것"이라는 문구가 포함됐는데, 대중매체는 이것만 전했다. 그것도 대개 문맥에서 떼어내 다뤘다. 충격적이었다. 기자들은 우리가 푸에르토리코에서 이루려고 하는 바와 정반대의 일을 하고 있었다. 우리는 공통 기반을 강조함으로써 그 바닥의 의견일치를 형성하고자 한 반면, 미디어는 분열을 강조할 유인이 있었다. 미디어는 논란을 더 보도할수록 닐슨이 조사한 시청률 같은 등급이 더 높아지고 매출도 증가한다. 또 우리는 의견의 스펙트럼에서 멀리 떨어진 사람들도 자리를 함께해 어울리면서 서로를 더 이해하도록 돕기를 원한 반면, 미디어는 의견 차이가 나는 사람들 사이에서 맥락 없이 가장 도발적인 말만 전함으로써 상대방을 자극하고 오해를 조장했다. 이런 이유로 우리는 푸에르토리코 행사에 기자들의 출입을 금지하고 참가자들에게 채팀하우스 룰을 따르도록 요청했다. 이는 토론 참가자들이 누가 무엇을 말했는지 외부에 공개하지 않는다는 원칙이다.*

푸에르토리코 콘퍼런스는 성공적으로 끝났지만 과정은 녹록지 않았다. 개최 시기가 다가오면서 준비할 일이 많아졌다. 나는 수많은 AI 연구자들과 통화해야 했다. 참석자 한 사람이 다른 사람의 참가를 유도하기 때문에 일정한 규모 이상의 참가자들을 모으려면 그렇게 해야

---

* 이 경험을 통해 나는 뉴스를 어떻게 해석해야 하는지 다시 생각하게 됐다. 전에도 나는 모든 매체가 저마다 정치적인 어젠다를 갖고 있음을 알았다. 이제는 매체들이 정치적이지 않은 사안을 포함해 모든 이슈에서 중심을 벗어난 편향을 지닌다는 점을 알고 있다.

했다. 극적인 순간도 있었다. 12월 27일 오전 7시에 일어나 일론에게 전화를 걸었다. 그는 우루과이에 있었고 통화 음질이 형편없었다. 그는 "내 생각에 이 프로그램은 잘되지 않을 것 같다"라고 말했다. AI 안전 연구 프로그램이 우리에게 위험에 대비하고 있다는 안도감을 제공하는 가운데, 무분별한 연구자들은 말로만 안전에 만전을 기한다고 하면서 AI 개발에 속도를 높일 수 있다고 설명했다. 통화가 끊겼고 그는 이메일을 보냈다. 내가 반길 내용이었다. "거기에서 전화가 끊겼다. 어쨌거나 자료는 훌륭해 보인다. 나는 앞으로 3년 동안 500만 달러를 연구 지원에 기꺼이 출연하겠다. 1,000만 달러로 늘려야 할까?"

나흘 뒤 2015년이 시작됐고 나와 마이어는 모임을 앞두고 짧게 휴식을 취하고 있었다. 불꽃으로 빛나는 푸에르토리코 해변에서 춤을 추기도 했다. 콘퍼런스의 시작은 대단했다. AI 안전 연구가 더 이뤄져야 한다는 데 주목할 만한 의견일치가 이뤄졌다. 또 연구 우선순위 자료가 참석자들의 논의를 거치면서 보완됐다. 우리는 1장에서 언급한 안전 연구를 지지하는 공개서한을 회람시켰고 거의 모든 참가자들이 거기에 서명했다.

마이어와 나는 우리 호텔 방에서 일론과 따로 만나 지원 프로그램을 구체적으로 논의했다. 일론은 자신의 개인적인 삶에 대해 실질적이고 솔직했고 우리에게 큰 관심을 나타냈다. 이에 마이어는 감동받았다. 그는 우리가 어떻게 만났는지 물었고 마이어의 상세한 이야기를 좋아했다. 다음 날 우리는 AI 안전과 그가 왜 이를 지원하려고 하는지 일론과 인터뷰해서 영상으로 담았다. 모든 게 계획대로 진행되는 듯했다.[2] 콘퍼런스의 클라이맥스는 일론의 기부 발표였고 2015년 1월 4일 일요일 오후 7시로 잡혀 있었다. 나는 발표를 앞두고 긴장한 나머지 전날 밤 잠을 뒤척였다. 발표가 예정된 세션을 시작하기 15분 전이었다. 우리는 뜻밖의 장애에 부딪혔다. 일론의 비서가 전화를 걸어와 일론이 발표를 하지 못할 것 같다고 말했다. 내가 그렇게 스트레스를 받고 실망한 모습을 보기는 처음이라고 나중에 마이어가 말했다. 결국 일론이 내게로 왔고, 나는 세션 시작까지 카운트다운하는 소리를 들으면서 그와 이야기를 나눴다. 그는 스페이스X 로켓 발사가 바로 이틀 뒤라고 설명했다. 이 발사는 최초로 로켓의 1단 추진체를 해상 이동식 플랫폼에 착륙시켜 회수하려 하는, 성공할 경우 획기적인 것이었다. 1단 추진체를 회수해 다시 활용하면 로켓 발사 비용을 약 10퍼센트로 줄일 수 있다. 스페이스X팀은 이 발사가 충분히 주목받도록 하려면 다른 뉴스가 겹치면 안 된다고 판단했다. 늘 침착하고 분별 있는 앤서니 아귀레는 기부로 미디어 관심을 끄는 일은 일론도 원하지 않고 AI계界도 원하지 않는다고 상황을 정리했다. 우리는 내가 사회를 맡은 세션에 몇 분 늦게 도착했다. 우리는 이렇게 의견을 조율했다. 일론이 내놓은 금액은 언급하지 않기로 했다. 발표의 뉴스 가치를 떨어뜨려 덜 보도되도록 하기 위해서였다. 또 로켓이 발사된 이후 9일 동안 이 사실을 비밀로 하기로 했다. 해상 플랫폼 착륙이 성공하는지와 무관하게 잡은 기간이었다. 사실 일론은 로켓이 발사되면서 폭발할 경우 시차를 더 둬야 한다고 말했다.

발표 시점이 됐다. 세션의 패널들인 엘리저 유드코프스키, 일론 머스크, 닉 보스트롬, 리처드 말라, 머레이 섀너핸, 바트 셀먼Bart Selman, 셰인 레그, 베너 빈지가 앉아 있었다. 박수가 점차 잦아들었지만 패널들은 내가 시킨 대로 아무 말 없이 가만히 앉아 있었다. 마이어는 나중에 자신의 맥박이 얼마나 빨리 뛰었는지 모른다고 말했다. 그녀는 테이블 아래로 빅토리야 크라코프나의 손을 잡았다. 이 순간을 위해 준비했고 기대했고 기다린 나는 웃음을 지었다.

AI가 계속 도움이 되도록 하기 위해 더 많은 연구가 필요하다는 데 의견일치가 이뤄졌고, 바로 착수할 수 있는 구체적인 연구 방향이 많이 도출돼서 행복하다고 말했다. 이어 이 세션에서는 심각한 위험에 대한 논의도 이뤄졌다고 덧붙였다. 나는 참석자들 모두에게 기분을 북돋아 즐거운 마음으로 밖에 차려진 연회장으로 가자고 말했다. "나는 이제 마이크를 일론 머스크에 넘기겠습니다!" 마이크를 넘겨받은 일론이 AI 안전 연구에 거액을 기부하겠다고 발표할 때, 나는 역사가 만들어지고 있다고 느꼈다. 그는 뜨거운 갈채를 받았다. 우리가 합의한 대로 그는 금액을 언급하지 않았다. 나는 그 금액이 1,000만 달러로 합의된 것을 알고 있었다.

콘퍼런스를 마친 뒤 마이어와 나는 스웨덴에 이어 루마니아로 부모님을 찾아갔다. 우리는 스톡홀름에서 아버지와 함께 숨을 죽인 채 로켓 발사를 생중계로 지켜봤다. 안타깝게도 해상 플랫폼 착륙은 일론이 완곡하게 RUDrapid unscheduled disassembly라고 부른 실패로 끝났다. 해상 플랫폼 착륙에 성공하기까지는 15개월이 더 걸렸다.[3] 그러나 위성은 모두 궤도에 안착했다. 기부 프로그램이 일론의 트위터를 통해 그의 수백만 팔로어에게 전해진 것처럼 말이다.[4]

주류 AI 안전

푸에르토리코 콘퍼런스의 핵심 목표는 AI 안전 연구를 주류에 편입시키는 것이었다. 이 작업이 몇 단계를 거쳐 전개되는 것을 보는 일은 신이 났다. 먼저 모임 자체가 도움이 됐다. 연구자들은 그들이 동료들로 증가하는 커뮤니티의 일원임을 깨닫자 전보다 편한 마음으로 작업에 몰두할 수 있게 됐다. 이런 측면에서 많은 참가자가 나를 격려했고, 나는 크게 감동했다. 예를 들어 코넬대학의 AI 교수 바트 셀먼은 "솔직히 내가 참석한 것 중에 가장 잘 조직되고 가장 흥미롭고 지적으로 자극하는 과학 모임이었다"라는 이메일을 내게 보냈다.

주류화의 다음 단계는 1월 11일에 일론의 트윗으로 시작됐다. 그는 "세계 최상급의 인공지능 개발자들이 AI 안전 연구를 촉구하는 공개서한에 서명한다"라고 띄웠다.[5] 그는 서명 페이지를 링크했고, 세계의 주요 AI 개발자를 포함해 8,000명 넘는 서명자를 모았다. 서한을 통한 공론화가 이뤄지면서 AI 안전에 관심이 있는 사람들은 이제 그 주제와 관련해서 무엇이 논의되는지 모른다고 말할 수 없게 됐다. 세계 전역의 미디어가 공개서한을 보도했고, 우리는 기자들을 콘퍼런스에 들여놓지 않기를 잘했다며 가슴을 쓸어내렸다. 공개서한에서 가장 경고성이 강한 단어는 '함정'이었는데도 "일론 머스크와 스티븐 호킹이 로봇 반란을 막기 위한 공개서한에 서명하다"라는 제목의 기사가 무시무시한 터미네이터 그림과 함께 실렸다(기자들이 콘퍼런스를 취재해 실제로 오간 말을 들었다면 기사를 얼마나 더 자극적으로 썼을까?_옮긴이). 기사 수백 건 가운데 우리 마음에 든 것은 다른 기사들을 조롱하는 내용이었다. 그 기사는 "해골 안드로이드들이 인간의 두개골을 발로 짓밟는 장면을 떠올리게 하는 제목의 기사가 있는데, 그건 복잡하고 세상을 변화시키는 기술을 축제의 여흥으로 소비하는 것"이라고 논평했다.[6] 다행히 냉철한 기사도 많았다. 한편 우리한테는 계속 대응해야 할 새로운 일이 생겼다. 서명자가 계속 불어났는데, 우리 신뢰성을 유지하려면 개별 서명자가 누구인지 일일이 확인하면서 'HAL 9000(영화 〈2001: 스페이스 오딧세이〉에 등장한 인공지능형 컴퓨터)', '터미네이터', '사라 코너(터미네이터 등장 인물)', '스카이넷' 같은 장난 서명을 솎아내야 했다. 이 작업과 향후 공개서한을 위해서 빅토리야 크라코프나와 야노스 크라마Janos Kramar는 제세 갈레프Jesse Galef, 에릭 개스트프렌드Eric Gastfriend, 라바디 비노스 쿠마르Revathi Vinoth Kumar 등이 포함된 체커 자원단을 조직했다. 이들은 조를 편성해 교대로 일했는데, 예를 들어 인도의 라바디는 퇴근하면서 보스턴의 에릭에게 바통을 넘겼다.

셋째 단계는 나흘 뒤 시작됐다. 일론은 1,000만 달러를 AI 안전 연구에 기부한다는 우리 발표의 링크를 트윗했다.[7] 일주일 뒤 우리는 온라인 포털을 열어 전 세계의 연구자들이 이곳에서 자금을 신청하도록 했다. 우리는 신청 시스템을 후다닥 만들 수 있었다. 앤서니와 내가 앞서 10년 동안 물리학 연구 지원금을 신청하면서 쌓은 노하우를 발휘한 것이다. 파급효과가 큰 기부를 하는 캘리포니아 소재 자선재단 '오픈 필랜스로피 프로젝트'는 일론의 출연에 더해 FLI에 기부하기로 했다. 우리는 신청자가 얼마나 많을지 가늠하지 못했다. 새로운 주제인데 마감 시한은 임박했기 때문이다. 결과는 놀라웠다. 세계 전역에서 약 300팀이 모두 1억 달러를 신청했다. AI 교수들과 다른 연구자들로 이뤄진 패널은 제안서를 주의 깊게 검토해 약 3년간 지원할 37개 팀을 선정했다. 우리가 선정한 팀의 명단을 발표하자 언론매체는 처음으로 우리 활동을 실체에 부합하는 방식으로, 그리고 킬러 로봇 그림 없이 대중에게 전했다. AI 안전에 대한 논의가 공허하지 않다는 사실이 마침내 이해되고 있었다. 실행해야 하는 유익한 일이 실제로 있었고 쟁쟁한 연구팀이 속속 소매를 걷어붙이고 이 일에 나서고 있었다.

주류화의 넷째 단계는 이후 2년간 진행됐다. 기술적인 부분을 다룬 간행물이 수십 건 나왔고 주요 AI 콘퍼런스의 일부로 세계 곳곳에서 AI 안전 워크숍이 10여 회 열렸다. 끈질긴 사람들이 여러 해 동안 AI 커뮤니티로 하여금 안전을 연구하게 하려고 노력했지만 성과는 제한적이었다. 그러나 이제 AI 안전 연구가 궤도에 오르고 있었다. 간행물 중 다수가 우리 지원을 받아서 나왔고, 우리 FLI는 할 수 있는 한 많은 워크숍의 조직과 자금을 도와주고자 최선을 다했다. 그러나 이런 활동의 점점 더 많은 부분이 AI 연구자들이 투자한 시간과 자원으로 가능해졌다. 그 결과 점차 더 많은 연구자 동료들에게서 안전 연구에 대해 듣게 됐고, 그 연구가 유용할 뿐 아니라 수학적이자 컴퓨터의 문제여서 재미도 있음을 알게 됐다.

물론 복잡한 방정식이 누구에게나 재미난 건 아니다. 푸에르토리코 콘퍼런스를 개최한 지 2년 뒤, 우리는 후속 아실로마 콘퍼런스에 앞서 기술적인 워크숍을 열었다. FLI 지원을 받은 팀들이 자기네 연구 성과를 수학 기호가 포함된 슬라이드를 넘기면서 보여줬다. 라이스대학의 AI 교수인 모셰 바르디가 이를 보고 농담하기를, 모임이 지루해지면 AI 안전 연구 분야를 확립하는 데 성공한 단계일 것이라고 말했다.

AI 안전 연구는 학계에 국한되지 않았다. 아마존, 딥마인드, 페이스북, 구글, IBM, 마이크로소프트가 도움이 되는 AI를 위한 산업 협력체를 출범시켰다.[8] AI 안전에 대한 주요 기부는 우리의 대규모 자매 비영리조직인 버클리의 기계지능연구소, 옥스퍼드의 인간의 미래 연구소, 케임브리지의 존재 관련 위험 연구소에서 연구를 확장할 수 있게 해줬다. 기부금이 1,000만 달러 남짓 더 들어왔고 다음과 같은 곳에서 도움이 되는 AI 연구의 시동이 걸렸다. 케임브리지의 지능의 미래 리버흄 센터, 피츠버그의 윤리와 컴퓨터 기술을 위한 K&L 게이츠 재단, 마이애미의 인공지능의 윤리와 거버넌스 기금 등이다. 마지막으로, 그러나 중요도로는 끝이 아닌 단계로 일론 머스크는 다른 기업가들과 함께 10억 달러를 출연해 오픈AI라는 비영리회사를 샌프란시스코에 설립해 이로운 AI를 추구하기로 했다. AI 안전 연구는 여기까지 이르렀다.

그림 9.3. 뛰어난 지성의 소유자들이 아실로마에서 AI 원칙들을 숙의하고 있다.

연구가 활발해지는 데 보조를 맞춰 개인적이고 집단적인 의견이 쏟아졌다. AI 산업 협력체는 발족 강령을 발표했고 미국 정부, 스탠퍼드 대학, 세계 최대 전문 기술인 조직인 국제전기전자공학회IEEE 등에서 권고 사항들을 담은 긴 보고서들이 나왔고, 다른 곳에서도 10여 개의 보고서와 견해 표명 문건이 발표됐다.⁹

우리는 아실로마 콘퍼런스에서 참가자들 사이에 의미 있는 논의를 촉진하고자 했고, 다양한 사람들로 구성된 이 커뮤니티가 무언가에, 그게 무엇이건, 합의할 수 있는지 알고자 했다. 루카스 페리Lucas Perry가 우리가 입수한 모든 문서를 읽고 모든 의견을 뽑아내는 영웅적인 임무를 맡았다. 앤서니 아귀레가 시작해 오래 계속된 화상통화를 통해 마무리된 마라톤 노력을 통해 우리 FLI 팀은 비슷한 의견을 모으고 군더더기인 데다 관료적이며 장황한 말은 버렸다. 그래서 간결한 원칙의 목록을 작성했다. 아울러 비공식 토론에서 나온 영향력 있는 의견을 모아놓았다. 그러나 이 목록은 여전히 모호함, 상충, 해석의 여지가 있었고, 그래서 우리는 콘퍼런스 한 달 전에 목록을 참가자들과 공유하고 고칠 점이나 추가할 원칙에 대해 의견과 제안을 취합했다. 이 피드백을 통해 콘퍼런스에 올릴 원칙 목록을 여러 차례 고쳤다.

원칙 목록은 아실로마에서 더 낫게 고쳐졌다. 먼저 소그룹별로 자신들이 가장 관심이 있는 원칙들을 논의해(〈그림 9.4〉) 세부 내용을 다듬고, 피드백을 내고, 새로운 원칙이나 기존 원칙의 대안을 제시하도록 했다. 또 우리는 모든 참가자를 대상으로 설문조사를 해, 각 원칙의 각 버전에 대해 얼마나 지지하는지 답변을 들었다.

이 모든 과정은 철저하고 진이 빠지는 일이었다. 나는 앤서니, 마이어와 함께 잠을 줄이고 식사시간도 아끼면서 다음 단계로 넘어가기 전에 모든 것을 갖추기 위해 움직였다. 그러나 그 일은 흥분되는 일이기도 했다. 그렇게 우리는 세부적이고 껄끄럽고 가끔 다툼이 있는 논의와 폭넓은 피드백을 거쳤다. 그 결과 마지막 설문조사에서 우리는 놀랍게도 많은 원칙에 대해 높은 수준의 의견일치가 이뤄졌음을 알게 됐다. 어떤 원칙은 97퍼센트 지지를 받았다. 이를 바탕으로 우리는 최종 목록 포함 여부를 결정하는 기준을 높여 '참가자의 90퍼센트가 지지'로 잡기로 했다. 그 결과 마지막에 인기 있는 원칙 몇 가지가 빠졌고, 그중에는 내가 좋아하는 것들도 있었지만,[10] 일을 이렇게 진행했기에 모든 참석자들이 편안한 마음으로 원칙 목록을 인준하는 서명을 할 수 있었다. 다음은 그 결과이다.

아실로마 AI 원칙

인공지능은 이미 전 세계 사람들이 매일 사용하는 이로운 도구를 제공하고 있다. 아래 원칙에 따른 인공지능의 지속적 발전은 앞으로 수십 년, 수백 년 동안 사람들을 돕고 그들의 역량을 강화하는 데 놀라운 기회들을 제공할 것이다.

연구 관련 쟁점

1. **연구 목표**: 인공지능AI 연구의 목표는 방향 없는 지능이 아니라 인간에게 이로운 지능을 개발하는 것이다.
2. **연구비 지원**: AI에 대한 투자에는 컴퓨터 과학, 경제, 법, 윤리, 사회 연구 같은 어려운 문제들의 해결을 포함해 AI를 이롭게 활용할 수 있도록 보장하기 위한 연구에 대한 지원이 수반돼야 한다. 어려운 문제는 다음과 같다.
   (a) 미래의 인공지능 시스템이 오작동하거나 해킹당하지 않고 우리가 원하는 것을 수행하게끔 튼튼하게 만들 수 있는 방안은 무엇인가.
   (b) 인류의 자원과 목적을 유지하면서 자동화를 통한 번영을 키워나갈 방안은 무엇인가.
   (c) AI와 보조를 맞추고 그와 관련된 위험을 관리하기 위해 법률시스템을 좀 더 공정하고 효율적으로 업데이트할 방안은 무엇인가.
   (d) AI는 어떠한 가치에 따라야 하며, 그것이 가져야 하는 법적·윤리적 지위는 무엇인가.
3. **과학·정책 관계**: AI 연구자와 정책 입안자 사이에 건설적이고 건전한 교류가 있어야 한다.
4. **연구 문화**: AI 연구자와 개발자 사이에 협력, 신뢰, 투명성의 문화가 조성돼야 한다.

5. **경쟁 회피**: AI 시스템을 개발하는 팀들은 안전 기준 부실화를 피하기 위해 적극적으로 협력해야 한다.

윤리와 가치

6. **안전**: AI 시스템은 작동 수명의 전 기간에 걸쳐 안전하고 안정적이어야 하며, 검증할 수 있어야 한다.

7. **오류 투명성**: AI 시스템이 손상을 일으킬 경우 그 이유를 확인할 수 있어야 한다.

8. **사법적 투명성**: 사법적 의사결정에 자율 시스템이 개입할 경우 권한 있는 인간 기관이 감사할 수 있는 충분한 설명을 제공해야 한다.

9. **책임성**: 첨단 AI 시스템 설계자와 제조자는 그것의 사용, 오용 및 행위의 도덕적 영향을 미치는 이해관계자이다.

10. **가치의 준수**: 고도로 자율적인 AI 시스템은 그것이 작동하는 동안 목표와 행동이 인간의 가치와 반드시 일치하도록 설계돼야 한다.

11. **인간의 가치**: AI 시스템은 인간의 존엄성, 권리, 자유 및 문화적 다양성의 이상에 적합하도록 설계되고 운영돼야 한다.

12. **개인정보 보호**: AI 시스템이 개인정보 데이터를 분석하고 활용할 수 있는 경우 사람들은 자신이 생성한 데이터에 접근해 관리 및 통제할 권리를 가져야 한다.

13. **자유와 개인정보**: 인공지능을 개인정보에 적용할 때도 사람들의 실제 또는 인지된 자유를 부당하게 침해해서는 안 된다.

14. **이익 공유**: AI 기술은 가능한 한 많은 사람에게 혜택을 주

고 그들의 역량을 강화해야 한다.

15. **공동 번영**: AI에 의해 만들어진 경제 번영은 모든 인류에게 이익이 되도록 널리 공유돼야 한다.

16. **인간 통제**: 인간은 인간이 선택한 목적을 달성하기 위해 의사결정을 AI 시스템에 위임할 것인지 여부와 위임 시 방법을 선택할 수 있어야 한다.

17. **사회 전복 방지**: 고도로 발전된 AI 시스템을 통제함으로써 부여받은 힘은 건강한 사회를 위해 필요한 시민적·사회적 절차들을 존중하고 개선하는 데 쓰여야 한다.

18. **AI 무기경쟁**: 치명적인 AI 무기의 군비경쟁은 피해야 한다.

장기 이슈

19. **역량 주의**: 합의가 없는 상태에서 미래 AI 역량의 상한에 대한 강한 가정은 삼가야 한다.

20. **중요성**: 고도화된 AI는 지구 생명체의 역사에 중대한 변화를 가져올 수 있다. 그에 상응하는 관심과 자원을 계획하고 관리해야 한다.

21. **위험 요소**: AI 시스템이 초래하는 위험, 특히 치명적이거나 존재와 관련된 위험으로 예상되는 것에 대비하고, 이를 완화하려는 노력을 해야 한다.

22. **재귀적 자기 개선**: 스스로 시스템을 개선하거나 복제해 질과 양을 빠르게 증가할 수 있도록 설계된 AI 시스템은 엄격한 안전 관리 및 통제 조치를 받아야 한다.

23. **공동선**: 초지능은 윤리적 이상을 널리 공유하는 방식으로 발전돼야 한다. 한 국가 또는 한 조직보다 모든 인류의 이

익을 위해 개발돼야 한다.

우리가 원칙을 온라인에 올리자 서명자 명단이 극적으로 증가했다. 특히 AI 연구자 1,000명 이상과 다른 최고 수준의 연구자들이 서명했다. 독자께서 서명에 동참하고자 한다면 http://futureoflife.org/ai-principles에서 하면 된다.

우리는 사람들이 원칙을 놓고 보인 의견일치의 정도뿐 아니라 의견일치의 강도에도 놀랐다. 물론 원칙 중 몇몇은 언뜻 '평화, 사랑, 모성은 값지다'와 비슷해 보여서 논란의 소지가 있다. 그러나 원칙 중 다수는 실질적이고, 이 사실은 그 원칙을 부인해보면 쉽게 알 수 있다. 예를 들어 '초지능은 불가능하다!'는 19항에서 벗어난 것이고, 'AI가 일으킬 존재에 관한 위험을 줄이는 연구는 완전한 낭비이다'는 21항과 어긋난다.

사실 당신이 장기 이슈를 둘러싼 우리 패널의 논의를 유튜브에서 시청해보면[11], 초지능은 아마 개발될 것이고 안전 연구는 중요하다는 것을 스스로 알게 될 것이다. 패널에 참가한 전문가들 모두, 즉 일론 머스크, 스튜어트 러셀, 레이 커즈와일, 데미스 하사비스, 샘 해리스, 닉 보스트롬, 데이비드 차머스, 바트 셀먼, 얀 탈린이 다 여기에 동의했다.

주의하는 낙관주의

이 에필로그의 도입부에서 말한 것처럼, 나는 생명의 미래에 대해 이전에 오랫동안 생각한 것보다 더 낙관적이 됐다. 왜 그런지 설명하기 위해 내 개인적인 이야기를 공유했다.

지난 몇 년 동안 경험한 일들 두 가지로 내 낙관론에 힘을 실어줬다. 먼저 AI 커뮤니티는 앞에 놓인 위협적인 과제를 건설적으로 맡기 위해 놀라운 방식으로 힘을 합쳤고 종종 다른 분야의 연구자들과 협업했다. 아실로마 모임 이후 일론이 내게 털어놓기를 AI 안전이 불과 몇 년 사이에 주변부 이슈에서 주류 이슈로 자리를 잡은 데 놀랐다고 말했다. 나도 놀랄 수밖에 없었다. 그리고 이제는 3장의 단기 이슈뿐 아니라 아실로마 원칙에 포함된 것과 같은 초지능과 존재 위험도 괜찮은 논의 주제가 되고 있다. 그런 원칙들은 2년 전 푸에르토리코에서는 채택될 수가 없었다. 당시 공개서한에 포함된 가장 무시무시한 단어는 '함정'이었다.

나는 사람들을 지켜보는 것을 즐기는데, 아실로마 콘퍼런스의 마지막 날 아침엔 강당의 한쪽에 서서 참가자들이 AI와 법에 대한 토론을 듣는 모습을 지켜봤다. 놀랍게도 따스하고 어렴풋한 느낌이 나를 감싸고 지나갔고 나는 갑자기 감동받았다. 푸에르토리코 때랑 아주 다른 느낌이잖아! 그때 나는 AI 커뮤니티의 대부분을 존경과 두려움이 뒤섞인 심정으로 바라봤다. 정확히 반대편이라고 여기진 않았지만, 나와 내 동료들이 설득해야 할 대상으로 여겼다. 그러나 이제 우리는 모두 한 팀이라는 느낌이 명백해졌다. 당신이 이 책을 읽으면서 알게 됐겠지만, 나는 아직도 AI와 함께하는 위대한 미래를 어떻게 만들어야 할지 답을 알지 못한다. 그래서 답을 함께 모색하는 커뮤니티가 확대되는 상황에서 내가 그 일원이라는 사실을 뿌듯하게 느낀다.

둘째 이유는 FLI 경험이 내게 불어넣은 힘이다. 런던에서 내가 울음을 터뜨린 건 피할 수 없다는 느낌 때문이었다. 충격적인 미래가 오는데 우리가 그와 관련해서 할 수 있는 일은 전혀 없다는 느낌이었다.

그림 9.4. 아실로마에서 더 많은 커뮤니티 멤버들이 함께 답을 찾고 있다.

그러나 그다음 3년이 내 운명론적인 침울을 녹여놓았다. 우리 시대의 가장 중요한 대화에서 무보수 오합지졸 봉사자들조차 긍정적인 변화를 만들어냈다는 사실에 비추어, 우리가 함께 작업하면 얼마나 더 큰 변화를 일으킬 수 있을까 상상해보라.

에릭 브린욜프슨은 아실로마 대화에서 두 가지 낙관주의를 말했다. 하나는 태양이 내일 아침에도 떠오르리라는 것과 같은 무조건적인 종류이다. 다른 하나는 '유념하는 낙관주의'로, 당신이 주의 깊게 계획하고 열심히 실행하면 좋은 일이 일어나리라는 기대이다. 내가 생명의 미래에 대해 느끼는 낙관주의는 후자이다.

우리가 AI 시대로 들어서는 가운데 생명의 미래를 위해 긍정적인 변화를 만드는 데 당신은 무엇을 할 수 있을까? 나는 위대한 첫걸음은 유념하는 낙관주의자가 되는 것이라고 생각한다. 그 이유는 잠시 후에 설명하겠다. 유념하는 낙관주의자가 되려면 미래에 대해 긍정적인 비전을 형성하는 게 중요하다. MIT 학생들이 진로를 상담하러 내 방에 오면, 나는 먼저 앞으로 10년 뒤 자신이 어디에 있으리라고 보는지 묻는다. 만약 학생이 "나는 암 병동에 있거나 버스에 치여 묘지에 있을 것"이라고 대답하면, 나는 그를 호되게 나무란다. 부정적인 미래만 떠올리는 것은 진로를 계획하는 끔찍한 접근이다. 자신의 노력을 100퍼센트 질병과 사고를 피하는 데 쏟는 것은 건강염려증과 편집증을 일으키기에 딱 좋은 처방이다. 나는 학생이 자신의 목적을 열정적으로 묘사하는 걸 원한다. 그래야 나는 학생과 함께 함정을 피해 그 목적에 이르는 방법을 상의할 수 있다.

에릭은 게임 이론에 따르면 긍정적인 비전은 세상의 협력 중 다수의 기초를 이룬다고 말했다. 결혼과 기업 결합, 독립적인 주에서 미국 국가가 형성되는 과정 등이 그랬다고 설명했다. 사실 변화 이후 더 나은 이득이 돌아오리라는 비전이 없다면 기존에 가진 무언가를 희생하고 그 변화를 추구할 이유가 없다. 이로부터 우리는 우리 자신만을 위해서가 아니라 사회와 인류를 위해서도 긍정적인 미래를 상상해야 함을 알 수 있다. 달리 말하면, 우리는 더 존재와 관련된 희망을 품어야 한다. 그러나 마이어가 내게 상기시킨 것처럼, 『프랑켄슈타인』부터 〈터미네이터〉까지 문학과 영화의 미래 비전은 압도적으로 디스토피아적이다. 우리는 사회의 일원으로서 앞의 MIT 학생처럼 미래를 잘못 계획하고 있는 것이다. 이는 우리 사회에서 유념하는 낙관주의자들이 더 필요한 이유이다. 또 내가 이 책에서 독자인 당신에게 단지 어떤 미래를 두려워하는지가 아니라 어떤 미래를 원하는지를 생각하도록 권한 이유이기도 하다. 그래야만 우리는 공유한 목적을 위해 계획하고 실행할 수 있다.

우리는 이 책을 통해 AI가 대단한 기회와 함께 거친 과제를 줄 것임을 알아봤다. 사실상 모든 AI 위협에서 도움을 줄 것으로 보이는 전략은 행동을 함께해 AI가 완전히 도약하기 전에 우리 인간 사회를 더 낫게 만드는 것이다. 우리는 앞으로 닥칠 위협 과제에 대응하는 데 있어서 전보다 형편이 더 낫다. 기술에 큰 권한이 넘어가기 전에 우리 젊은이들이 기술을 탄탄하고 이롭게 만들도록 가르쳐야 한다. 기술이 법을 무용지물로 만들기 전에 법률 체계를 현대화해야 한다. 국제 분쟁이 자율 무기 군비경쟁으로 치닫지 않게끔 조정해야 한다. AI가 소득 불평등을 증폭하기 전에 번영을 보장하는 경제를 만들어야 한다. AI 안전 연구가 무시되는 것이 아니라 실행되는 사회를 만들어야 한다. 더 앞을 내다보면, 초지능 AGI의 위협과 관련해서는 적어도 몇몇 기본적인 윤리적 기준에 합의해야 한다. 그래야 이 기준을 강력한 기계한테 가르치기 시작할 수 있다. 양극화와 혼란이 심해지는 세계에서는 AI를 나쁜 목적에 사용할 힘이 있는 사람들이 그렇게 할 능력과 동기가 더 커지게 된다. AGI 개발 경쟁에 돌입한 팀들은 안전을 위해 협력하기보다는 안전 규칙을 건너뛰라는 압력을 더 받게 된다. 요컨대 만약 우리가 공유한 목적을 향해 협력하는 더 조화로운 인간 사회를 만들 수 있다면, 이에 따라 AI 혁명이 좋게 끝날 가능성도 높아질 것이다.

달리 말하면, 생명의 미래를 개선하기 위해 당신이 할 수 있는 최선은 내일을 개선하는 것이다. 당신은 여러 갈래로 그렇게 할 수 있다. 물론 당신은 투표소에 가서 교육, 사생활, 인명 살상 자율 무기, 기술적 실업, 그리고 다른 이슈들에 대한 당신의 생각을 투표로 정치인들에게 알려줄 수 있다. 그러나 당신은 다른 방법으로도 매일 투표할 수 있다. 당신이 구매하는 물품과, 당신이 소비하는 뉴스로, 당신이 공유하는 것과, 롤모델로 정하는 사람으로 그렇게 할 수 있다. 당신은 사람들의 스마트폰을 검열해 대화를 중단시키는 사람이 되고자 하는가, 아니면 기술을 계획하고 뜻한 대로 이용함으로써 권력을 느끼는 사람이 되고자 하는가? 당신은 기술을 소유하기를 원하는가, 아니면 기술이 당신을 소유하길 원하는가? 당신은 AI 시대에 인간으로 존재한다는 것이 어떤 의미를 지니기를 바라는가? 이런 물음을 놓고 주위 사람들과 논의하기를 부탁드린다. 이건 중요할 뿐 아니라 매력적인 주제이다.

AI 시대를 만들어가는 우리는 생명의 미래의 수호자들이다. 비록 런던에서는 눈물을 흘렸지만, 이제 나는 미래에 불가피한 것은 하나도 없다고 느낀다. 또 내가 생각한 것보다 변화를 일으키는 게 훨씬 쉽다는 것도 알고 있다. 우리의 미래는 돌에 새겨진 게 아니라 우리에게 일어나기를 기다리고 있다. 미래는 그것을 만드는 우리의 것이다. 설레는 미래를 함께 만들어가자!

주

1장

1. "The AI Revolution: Our Immortality or Extinction?" Wait But Why(January 27, 2015), at http://waitbutwhy.com/2015/01/artificial-intelligence-revolution-2.html.

2. "Research Priorities for Robust and Beneficial Artificial Intelligence" 공개서한: http://futureoflife.org/ai-open-letter/.

3. 위협적인 로봇을 경계해야 한다는 주장을 전한 기사의 사례들: Ellie Zolfagharifard, "Artificial Intelligence 'Could Be the Worst Thing to Happen to Humanity,'" Daily Mail, May 2, 2014; http://tinyurl.com/hawkingbots.

2장

1. AGI라는 용어의 기원에 대한 메모: http://wp.goertzel.org/who-coined-the-term-agi.

2. 한스 모라벡, "When Will Computer Hardware Match the Human Brain?" *Journal of Evolution and Technology*(1998), vol. 1.

3. 2011년 이전 데이터 출처: 레이 커즈와일의 책 *How to Create a Mind*, 이후 데이터를 계산한 참고 사이트: https://en.wikipedia.org/wiki/FLOPS.

4. 양자 컴퓨터 개척자 데이비드 도이치는 양자 연산을 평행 우주의 증거로 여긴다. 그의 생각은 다음 자료 참조: The Fabric of Reality: The Science of Parallel Universes—and Its Implications(London: Allen Lane, 1997). 네 단계 중 셋째 평행 우주에 대한 내 견해를 알고 싶다면 참고할 내 이전 책: 『맥스 테그마크의 유니버스』.

3장

1. 유튜브 동영상: "Google DeepMind's Deep Q-learning Playing Atari Breakout" https://tinyurl.com/atariai.

2. Volodymyr Mnih 외, "Human-Level Control Through Deep Reinforcement Learning," *Nature* 518 (February 26, 2015): 529-533, 온라인: http://tinyurl.com/ataripaper.

3. 빅 독(Big Dog) 로봇이 움직이는 영상: https://www.youtube.com/watch?v=W1czBcnX-1Ww.

4. 알파고가 5선에 둠으로써 일으킨 센세이셔널한 반응: "Move 37!! Lee Sedol vs AlphaGo Match 2," at https://www.youtube.com/watch?v=JNrXgpSEEIE.

5. 알파고에 대한 바둑 기사들의 반응과 관련한 데미스 하사비스의 설명은 다음 동영상 참조: https://www.youtube.com/watch?v=otJKzpNWZT4.

6. 기계 번역에서 최근에 이뤄진 향상 관련 자료: Gideon Lewis-Kraus, "The Great A.I. Awakening," *New York Times Magazine*(December 14, 2016), 온라인 자료: http://www.ny-

times.com/2016/12/14/magazine/the-great-ai-awakening.html. 구글 번역은 여기서 활용: https://translate.google.com.

7. Winograd Schema Challenge competition: http://tinyurl.com/winogradchallenge.

8. Ariane 5 폭발 영상: https://www.youtube.com/watch?v=qnHn8W1Em6E.

9. 조사위원회의 Ariane 5 Flight 501 Failure 보고서: http://tinyurl.com/arianeflop.

10. 화성 기후 궤도선 실패에 대한 나사(NASA)의 조사위원회 1차 보고서: http://tinyurl.com/marsflop.

11. 금성 탐사선 마리너 1호가 실패한 원인에 대한 가장 상세하고 치밀한 설명은 수학 기호(오버바)가 수작업 과정에서 부정확하게 적혔다는 것이었다. http://tinyurl.com/marinerflop 참조.

12. 소련 포보스 1호의 화성 탐사 계획 실패에 대한 상세한 설명은 다음 자료 참조: Wesley T. Huntress Jr. and Mikhail Ya. Marov, *Soviet Robots in the Solar System*(New York: Praxis Publishing, 2011), p. 308.

13. 미국 금융회사 나이트 캐피털이 검증되지 않은 트레이딩 소프트웨어를 썼다가 4억 4000만 달러를 날린 사연: http://tinyurl.com/knightflop1 and http://tinyurl.com/knightflop2.

14. 미국 정부의 '플래시 크래시'에 대한 보고서: "Findings Regarding the Market Events of May 6, 2010"(September 30, 2010), http://tinyurl.com/flashcrashreport.

15. 3D 프린팅을 통한 빌딩 건설(https://www.youtube.com/watch?v=SObzNdyRTBs), 마이크로미캐니컬 도구 제작(http://tinyurl.com/tinyprinter), 중간 단계 사물 제작 (https://www.youtube.com/watch?v=xVU4FLrsPXs).

16. 커뮤니티 기반 팹랩을 나타낸 글로벌 지도: https://www.fablabs.io/labs/map.

17. 로버트 윌리엄스가 공장 로봇에 희생된 사고를 전하는 기사: http://tinyurl.com/williamsaccident.

18. 우라다 겐지의 산업 로봇에 의한 사망 사고를 전하는 기사: http://tinyurl.com/uradaaccident.

19. 폴크스바겐 공장 노동자가 산업 로봇에 의해 숨진 사건 기사: http://tinyurl.com/baunatalaccident.

20. 미국 정부의 산업 로봇으로 인한 사망 사고 보고서: https://www.osha.gov/dep/fatcat/dep_fatcat.html.

21. 자동차 사고 사망 통계: http://tinyurl.com/roadsafety2 and http://tinyurl.com/roadsafety3.

22. 최초로 벌어진 테슬라 자율주행차 사고 기사: Andrew Buncombe, "Tesla Crash: Driver Who Died While on Autopilot Mode 'Was Watching Harry Potter,'"Independent(July 1, 2016), http://tinyurl.com/teslacrashstory. 미국 도로교통안전국(NHTSA) 보고서: http://tinyurl.com/teslacrashreport.

23. 영국 카페리호 '헤럴드 오브 프리 엔터프라이즈' 호 사고에 대한 상세한 자료: R. B. Whittingham, The Blame Machine: Why Human Error Causes Accidents(Oxford, UK: Elsevier, 2004).

24. 에어프랑스 447편 사고를 다룬 다큐멘터리: https://www.youtube.com/watch?v=dPkp8OGQFI; 사고 보고서: http://tinyurl.com/af447report. 외부 분석: http://tinyurl.com/thomsonarticle.

25. 미국-캐나다의 2003년 대규모 정전에 대한 공식 보고서: http://tinyurl.com/uscanadablack-out.

26. 드리마일 원자로 사고에 대한 대통령 위원회의 최종 보고서: http://www.threemileisland.org/downloads/188.pdf.

27. 컴퓨터가 MRI를 이용해 전립선암을 진단하는 편이 방사선 전문의의 진단보다 우수하다는 연구: http://tinyurl.com/prostate-ai.

28. 현미경 이미지를 이용한 AI가 사람 병리학자보다 폐암을 더 잘 진단한다는 미국 스탠퍼드대학의 연구: http://tinyurl.com/lungcancer-ai.

29. 방사선 치료기 테락-25 사고에 대한 조사 보고서: http://tinyurl.com/theracfailure.

30. 파나마에서 이용자 인터페이스 혼동으로 인한 방사선 과다 조사 사고에 대한 보고서: http://tinyurl.com/cobalt60accident.

31. 로봇 수술 사고에 대한 연구: https://arxiv.org/abs/1507.03518.

32. 병원에서 환자를 잘못 돌봐서 사망한 사례에 대한 논문: http://tinyurl.com/medaccidents.

33. 야후는 이용자 계정이 10억 개 유출됐다고 발표함으로써 '대규모 해킹'의 새로운 기준을 설정했다. 관련 기사: https://www.wired.com/2016/12/yahoo-hack-billion-users/.

34. KKK 단원의 흑인 살해 사건 판결을 다룬 《뉴욕타임스》 기자: http://tinyurl.com/kkkacquit-tal.

35. 허기와 판결의 상관관계에 대한 단지거 등의 2011년 연구(http://www.pnas.org/content/108/17/6889.full)는 오류가 있다고 케렌 와인셜-마겔라와 존 샤파드 등이 비판했으나 (http://www.pnas.org/content/108/42/E833.full), 단지거 등은 자신들의 연구가 유효하다고 반박했다(http://www.pnas.org/content/108/42/E834.full).

36. 재범 가능성 예측 소프트웨어의 인종 편향에 대한 프로 퍼블리카(Pro Publica)의 보도: http://tinyurl.com/robojudge.

37. 여러 연구팀은 자기공명영상(fMRI)과 다른 두뇌 스캐닝 기술이 90퍼센트 이상의 정확도를 보인다고 주장한다. 그러나 그런 기술을 신뢰할 수 있는지, 법정 증거로 활용할 수 있는지를 놓고 이견이 크다. 관련 자료: http://journal.frontiersin.org/article/10.3389/fpsyg.2015.00709/full.

38. 소련 잠수함 B-59의 부함장 바실리 아르키포프가 홀로 핵 어뢰 발사를 막은 이야기를 PBS는 다음 영화로 제작했다. The Man Who Saved the World: https://www.youtube.com/watch?v=4VPY2SgyG5w.

39. 스타니슬라프 페트로프가 미국이 핵미사일을 발사했다는 자동 조기경보 시스템의 보고를 어떻게 오류라고 판단했는지 다음 영화에서 묘사되었다. The Man Who Saved the World(38번에 소개한 영화와는 제목은 같지만 다른 작품이다). 페트로프는 유엔 표창과 세계시민상을 받았다. 자료: https://www.youtube.com/watch?v=IncSjwWQHMo.

40. 자율무기에 대한 AI 및 로봇 연구자들의 공개서한: http://futureoflife.org/open-letter-autonomous-weapons/.

41. 미국 국방부 관계자는 AI 군비 경쟁을 원하는 듯하다. 관련 기사: http://tinyurl.com/workquote.

42. 미국의 1913년 이후 부 불평등에 대한 연구: http://gabriel-zucman.eu/files/SaezZucman2015.pdf.

43. 세계 부 불평등에 대한 옥스팜 보고서: http://tinyurl.com/oxfam2017.

44. 기술이 불평등 분배의 주요 요인이라는 가설에 대한 훌륭한 개론은 다음 자료 참조: Erik Brynjolfsson and Andrew McAfee, *The Second Machine Age: Work, Progress, and Prosperity in a Time of Brilliant Technologies*(New York: Norton, 2014).

45. 교육을 덜 받은 사람들의 임금 하락에 대한 월간 《애틀랜틱》 기사: : http://tinyurl.com/wagedrop.

46. 데이터 출처: Facundo Alvaredo, Anthony B. Atkinson, Thomas Piketty, Emmanuel Saez and Gabriel Zucman, The World Wealth and Income Database(http://www.wid.world), 자본 이득 포함.

47. 소득이 노동에서 자본으로 이동함을 설명하는 제임스 매니카의 프레젠테이션: http://futureoflife.org/data/PDF/james_manyika.pdf.

48. 옥스퍼드대학의 미래 직업 전망: http://tinyurl.com/automationoxford), 맥킨지의 전망: http://tinyurl.com/automationmckinsey.

49. 로봇 셰프 영상: https://www.youtube.com/watch?v=fE6i2OO6Y6s.

50. 마린 솔라비위는 2016년에 열린 다음 워크숍에서 이 방안을 모색: Computers GoneWild: Impact and Implications of Developments in Artificial Intelligence on Society: http://futureoflife.org/2016/05/06/computers-gone-wild/.

51. 앤드류 맥아피가 제안한 더 좋은 일자리를 만드는 방안: http://futureoflife.org/data/PDF/andrew_mcafee.pdf.

52. '이번에는 다르다'라는 주장을 많은 학술 논문이 제시했는데, 다음 영상은 같은 논점을 간결하게 전달: "Humans Need Not Apply": https://www.youtube.com/watch?v=7Pq-S557XQU.

53. U.S. Bureau of Labor Statistics: http://www.bls.gov/cps/cpsaat11.htm.

54. 기술적 실업에 대한 '이번에는 다르다'라는 주장: Federico Pistono, Robots Will Steal Your Job, but That's OK (2012), http://robotswillstealyourjob.com.

55. 미국 내 말 두수 변화: http://tinyurl.com/horsedecline.

56. Meta-analysis showing how unemployment affects well-being: Maike Luhmann et al., "Subjective Well-Being and Adaptation to Life Events: A Meta-Analysis," *Journal of Personality and Social Psychology* 102, no. 3 (2012): 592; available online at https://www.ncbi.nlm.nih.gov/pmc/articles/PMC3289759.

57. 무엇이 사람들의 행복하다는 느낌을 증진하는지에 대한 연구: Angela Duckworth, Tracy Steen and Martin Seligman, "Positive Psychology in Clinical Practice," Annual Review of Clinical Psychology 1 (2005): 629 - 651, 온라인: http://tinyurl.com/wellbeingduckworth. 바이팅 응·에드 디에너, "What Matters to the Rich and the Poor? Subjective Well-Being, Financial Satisfaction, and Postmaterialist Needs Across the World," *Journal of Personality and Social Psychology* 107, no. 2(2014): 326, 온라인: http://psycnet.apa.org/journals/psp/107/2/326. 커스텐 와이어, "More than Job Satisfaction," *Monitor on Psychology* 44,

no. 11 (December 2013), 온라인: http://www.apa.org/monitor/2013/12/job-satisfaction.aspx.

58. 뉴런 10¹¹개에 뉴런 당 10⁴ 연결을 곱하고 여기에 초당 뉴런마다 1 활성화(firing)를 곱하면 인간의 두뇌를 시뮬레이션하는 데 약 10¹⁵플롭스(1페타플롭스)면 충분하다고 할 수 있다. 그러나 뇌에는 아직 이해되지 않은 복잡함이 많고, 여기에는 활성화의 상세한 타이밍과 뉴런과 시냅스의 작은 부분도 시뮬레이션해야 하는가 하는 문제가 포함된다. IBM의 컴퓨터 과학자 다멘드라 모다는 38페타플롭스가 필요하다고 추정했다(http://tinyurl.com/javln43). 반면 신경과학자 헨리 마크람은 약 1000페타플롭스가 필요하다고 추정했다(http://tinyurl.com/6rpohqv). AI 연구자들인 카트자 그레이스와 폴 크리스티아노는 두뇌 시뮬레이션에서 가장 품이 많이 들어가는 측면은 연산이 아니라 커뮤니케이션인데, 그것 역시 어림잡아 현재 최고의 슈퍼컴퓨터가 할 수 있는 일이라고 주장했다(http://aiimpacts.org/about/).

59. 인간 두뇌의 연산력에 대한 흥미로운 추정: Hans Moravec "When Will Computer Hardware Match the Human Brain?" *Journal of Evolution and Technology*, vol. 1 (1998).

4장

1. 첫 기계 새 동영상: Markus Fischer, "A Robot That Flies like a Bird," TED Talk, July 2011, at https://www.ted.com/talks/a_robot_that_flies_like_a_bird.

5장

1. 레이 커즈와일, 『특이점이 온다』.

2. 벤 괴첼의 '유모 AI' 시나리오: https://wiki.lesswrong.com/wiki/Nanny_AI.

3. 인간과 기계 사이의 관계, 기계가 인간의 노예인가라는 논의는 다음 자료 참조: Benjamin Wallace-Wells, "Boyhood," *New York magazine*(May 20, 2015), 온라인: http://tinyurl.com/aislaves.

4. 정신적인 범죄는 닉 보스트롬의 책 『슈퍼인텔리전스』에서 다뤄졌고 기술적으로 더 상세한 내용은 최근 나온 다음 논문 참조: Nick Bostrom, Allan Dafoe and Carrick Flynn, "Policy Desiderata in the Development of Machine Superintelligence"(2016), http://www.nickbostrom.com/papers/aipolicy.pdf.

5. Matthew Schofield, "Memories of Stasi Color Germans' View of U.S. Surveillance Programs," *McClatchy DC Bureau*(June 26, 2013), 온라인: http://www.mcclatchydc.com/news/nation-world/national/article24750439.html.

6. 사람들이 아무도 원하지 않는 결과를 만들게끔 유도하는 일이 어떻게 가능한지에 대해 일독을 추천하는 도발적인 사유: "Meditations on Moloch", http://slatestarcodex.com/2014/07/30/meditations-on-moloch.

7. 핵전쟁이 발발했을지 모르는 일촉즉발의 상황 일지: Future of Life Institute, "Accidental Nuclear War: A Timeline of Close Calls," 온라인: http://tinyurl.com/nukeoops.

8. 미국 핵실험 피해자에 대한 보상금: Department of Justice website, "Awards to Date 4/24/2015", at https://www.justice.gov/civil/awards-date-04242015.

9. 미국이 전자기 펄스(EMP) 공격을 받을 경우 처할 위험에 대한 위원회의 보고서, April 2008, 온라인: http://www.empcommission.org/docs/A2473-EMP_Commission-7MB.pdf.

10. 미국과 소련 과학자들은 각각 레이건 대통령과 고르바초프 서기장에게 핵겨울의 위험을 경고했다. 참고 자료: P. J. Crutzen and J. W. Birks, "The Atmosphere After a Nuclear War: Twilight at Noon," *Ambio* 11, no. 2/3(1982): 114–125. R. P. Turco, O. B. Toon, T. P. Ackerman, J. B. Pollack and C. Sagan, "Nuclear Winter: Global Consequences of Multiple Nuclear Explosions," *Science* 222(1983): 1283–1292. V. V. Aleksandrov and G. L. Stenchikov, "On the Modeling of the Climatic Consequences of the Nuclear War," *Proceeding on Applied Mathematics*(Moscow: Computing Centre of the USSR Academy of Sciences, 1983), 21. A. Robock, "Snow and Ice Feedbacks Prolong Effects of Nuclear Winter," *Nature* 310(1984): 667–670.

11. 세계 핵전쟁이 기후에 미치는 영향 계산: A. Robock, L. Oman and L. Stenchikov, "Nuclear Winter Revisited with a Modern Climate Model and Current Nuclear Arsenals: Still Catastrophic Consequences", *Journal of Geophysical Research* 12(2007): D13107.

6장

1. 더 상세한 정보: Anders Sandberg, "Dyson Sphere FAQ," at http://www.aleph.se/nada/dysonFAQ.html.

2. 다이슨 구에 대한 프리먼 다이슨의 논문: Freeman Dyson, "Search for Artificial Stellar Sources of Infrared Radiation," *Science*, vol. 131(1959): 1667–1668.

3. 블랙홀 엔진을 구상한 루이스 크레인과 숀 웨스트모어랜드의 설명: "Are Black Hole Starships Possible?," at http://arxiv.org/pdf/0908.1803.pdf.

4. 알려진 기본 입자에 대한 CERN의 훌륭한 인포그래픽: http://tinyurl.com/cernparticle.

5. 비핵(非核) 오리온 프로젝트의 원형을 담은 독특한 영상으로 핵폭탄을 터뜨려 로켓 추진력을 얻는다는 아이디어를 설명: https://www.youtube.com/watch?v=E3Lxx2VAYi8.

6. 레이저 항해 분야에 입문을 돕는 교육적인 자료: Robert L. Forward, "Roundtrip Interstellar Travel Using Laser-Pushed Lightsails," *Journal of Spacecraft and Rockets* 21, no. 2(March–April 1984), 온라인: http://www.lunarsail.com/LightSail/rit-1.pdf.

7. 제이 올슨이 우주로 확장하는 문명에 대해 분석한 논문: Jay Olson analyzes cosmically expanding civilizations in "Homogeneous Cosmology with Aggressively Expanding Civilizations," *Classical and Quantum Gravity* 32(2015), 온라인: http://arxiv.org/abs/1411.4359.

8. 우리의 먼 미래에 대한 최초의 과학적인 분석: Freeman J. Dyson, "Time Without End: Physics and Biology in an Open Universe", *Reviews of Modern Physics* 51, no. 3(1979): 447, 온라인: http://blog.regehr.org/extra_files/dyson.pdf.

9. 앞에서 언급된 세스 로이드의 공식은 τ 시간의 연산 작업 수행에 드는 에너지가 다음과 같음을 알려준다. $E \geq h/4\tau$. h는 플랑크의 상수. 만일 우리가 T 시간에 연속해서 N 작업을 하고자 한다면 $\tau = T/N$이 되고 다음 식이 나온다. $E/N \geq hN/4T$. 이는 에너지 E와 시간 T가 있다면 우리는 $N \leq 2\sqrt{ET/h}$ 만큼 일련의 작업을 할 수 있음을 뜻한다. 따라서 에너지와 시간은 모두 많을수록

좋은 자원이다. 만일 당신이 에너지를 병렬 컴퓨터 n개로 나눠 투입한다면 컴퓨터들은 다음 식에 따라 더 느리고 효율적으로 작동될 수 있다. $N \leq 2\sqrt{ETn/h}$. 닉 보스트롬은 인간 삶 100년을 시뮬레이션하는 데 $N = 10^{27}$ 연산이 필요하다고 추정한다.

10. 생명의 기원이 아주 드문 행운의 결과일 수 있고 우리의 가장 가까운 이웃이 10^{1000}미터 밖에 있으리라는 주장을 면밀하게 살펴볼 수 있는, 프린스턴대학 물리학자이자 우주생물학자인 에드윈 터너의 영상: "Improbable Life: An Unappealing but Plausible Scenario for Life's Origin on Earth," at https://www.youtube.com/watch?v=Bt6n6Tu1beg.

11. 외계 지능 생명체 탐색에 대한 마틴 리스의 에세이: https://www.edge.org/annual-question/2016/response/26665.

7장

1. 제레미 잉글랜드의 '소산 추동 적응'에 대한 인기 있는 논의: Natalie Wolchover, "A New Physics Theory of Life," *Scientific American*(January 28, 2014), 온라인: https://www.scientificamerican.com/article/a-new-physics-theory-of-life/. 이 논의에 여러모로 기초를 놓은 자료: Ilya Prigogine and Isabelle Stengers's Order Out of Chaos: Man's New Dialogue with Nature (New York:Bantam, 1984).

2. 감정과 그 생리적인 근원에 대한 추가 자료: William James, *Principles of Psychology*(New York: Henry Holt & Co., 1890); Robert Ornstein, *Evolution of Consciousness: The Origins of the Way We Think*(New York: Simon & Schuster, 1992); António Damásio, *Descartes' Error: Emotion, Reason, and the Human Brain*(New York: Penguin, 2005); and António Damásio, *Self Comes to Mind: Constructingthe Conscious Brain*(New York: Vintage, 2012).

3. 엘리저 유드코프스키는 우호적인 AI의 목적을 우리의 목적과 정렬하는 주제에 대해 논의하면서, 우리의 현재 목적이 아니라 우리의 '일관되게 추론된 자유의지'(CEV)에 맞춰야 한다고 주장했다. CEV는 우리가 더 많이 알고 더 빨리 생각하고 스스로 바람직한 사람들이 됐을 경우 갖게 될 이상적인 목적을 뜻한다. 유드코프스키는 2004년에 발표하고 얼마 지나지 않아 CEV를 비판했는데(http://intelligence.org/files/CEV.pdf), 실행하기 어려울뿐더러 구체적으로 정의될 수 있을지 불분명하다는 이유에서였다.

4. 역강화학습 접근에서 핵심 아이디어는 AI가 자신의 목적 충족이 아니라 인간 주인의 목적 충족 극대화를 위해 노력한다는 것이다. 따라서 AI는 주인이 무엇을 원하는지 뚜렷하지 않을 때에는 조심하고 그게 무엇인지 찾고자 최선의 노력을 기울일 유인이 있다. 주인이 자신의 스위치를 꺼도 AI는 개의치 않을 것인데, 그건 자신이 주인이 정말 원하는 바를 이해하지 못했음을 시사하기 때문이다.

5. AI의 목적 발생에 대한 스티브 오모훈드로의 소론: "The Basic AI Drives," http://tinyurl.com/omohundro2008. 최초 발행 자료: Artificial General Intelligence 2008: Proceedings of the First AGI Conference, ed. Pei Wang, Ben Goertzel and Stan Franklin(Amsterdam: IOS, 2008), 483-492.

6. 윤리적 기반을 묻지 않은 채 명령을 맹목적으로 수행하는 데 지능을 쓸 경우 무슨 일이 벌어지는지를 다룬 논쟁적이고 생각을 자극하는 책: *Hannah Arendt, Eichmann in Jerusalem: A*

Report on the Banality of Evil(New York: Penguin, 1963). 이와 관련된 딜레마를 해결하는 방안으로 에릭 드렉슬러는 초지능을 단순한 부분 부분으로 나눠 통제한다는 아이디어(http://www.fhi.ox.ac.uk/reports/2015-3.pdf)를 제안했다. 초지능이 전체 그림을 이해하지 못하도록 한다는 것이다. 그러나 이 방식이 작동한다고 해도 문제는 남는다. 매우 강력한 도구가 도덕적인 지침 없이 주인의 모든 변덕에 따를 것이기 때문이다. 이는 디스토피아 독재 체제의 칸막이 속 관료주의를 떠올리게 한다. 어떤 부분에서는 어디에 쓰일지 모른 채 무기를 제조하고 다른 부분에서는 왜 수감됐는지 모른 채 수인들을 처형하기 때문이다.

7. 황금률의 현대 버전을 존 롤스가 제시했는데, 앞으로 자신이 어떤 위치에 있을지 모르는데 아무도 현재 상황을 바꾸고자 하지 않는다면 그 상황은 공정하다는 것이다.

8. 예를 들어 히틀러 정권의 고위 관료들 중 다수는 IQ가 상당히 높았다. 관련 자료: "How Accurate Were the IQ Scores of the High-Ranking Third Reich Officials Tried at Nuremberg?," Quora, 온라인: http://tinyurl.com/nurembergiq.

8장

1. 상당히 흥미로운 '의식' 항목은 스튜어트 서덜랜드가 작성: *Macmillan Dictionary of Psychology*(London: Macmillan, 1989).

2. 양자역학을 창시한 물리학자 중 한 명인 에르빈 슈뢰딩거는 책 『정신과 물질』에서 과거를 돌아보고 의식하는 생명체가 진화하지 않았다면 어땠을까 생각하면서 그렇게 말했다. 한편 AI의 부상은 우리가 미래에 결국 빈 좌석 앞에서 공연을 하게 될 논리적 가능성을 제기한다.

3. '의식'이라는 개념의 다양한 정의와 활용에 대한 스탠퍼드 철학 백과사전의 조사: http://tinyurl.com/stanfordconsciousness.

4. Yuval Noah Harari, *Homo Deus: A Brief History of Tomorrow*(New York: HarperCollins, 2017): 116.

5. 시스템1과 시스템2에 대한 연구의 개척자가 쓴 훌륭한 입문서: Daniel Kahneman, *Thinking, Fast and Slow*(New York: Farrar, Straus & Giroux, 2011).

6. Christof Koch, *The Quest for Consciousness: A Neurobiological Approach*(New York: W. H. Freeman, 2004) 참조

7. 아마 우리는 매초 우리 뇌에 들어오는 정보 가운데 매우 작은 부분(예컨대 10~50비트)만 의식할 것이다. 관련 자료: K. Küpfmüller, 1962, "Nachrichtenverarbeitung im Menschen," *in Taschenbuch der Nachrichtenverarbeitung*, ed. K. Steinbuch(Berlin: Springer-Verlag, 1962): 1481-1502. T. Nørretranders, *The User Illusion: Cutting Consciousness Down to Size*(New York: Viking, 1991).

8. Michio Kaku, *The Future of the Mind: The Scientific Quest to Understand, Enhance, and Empower the Mind*(New York: Doubleday, 2014); Jeff Hawkins and Sandra Blakeslee, *On Intelligence*(New York: Times Books, 2007); Stanislas Dehaene, Michel Kerszberg and Jean-Pierre Changeux, "A Neuronal Model of a Global Workspace in Effortful Cognitive Tasks," *Proceedings of the National Academy of Sciences* 95 (1998): 14529-14534.

9. "토스트가 타는 냄새가 난다"라는 펜필드의 유명한 실험을 기리는 영상: https://www.

youtube.com/watch?v=mSN86kphL68. 감각피질에 대한 상세한 설명: Elaine Marieb and Katja Hoehn, *Anatomy & Physiology*, 3rd ed. (Upper Saddle River, NJ: Pearson, 2008), 391–395.

10. '의식의 신경 상관성(neural corrlates of consciousness, NCC) 연구는 최근 몇 년 새 신경과학계에서 상당히 주류에 진입했다. 참조: Geraint Rees, Gabriel Kreiman, and Christof Koch, "Neural Correlates of Consciousness in Humans," *Nature Reviews Neuroscience* 3(2002): 261–270, and Thomas Metzinger, *Neural Correlates of Consciousness: Empirical and Conceptual Questions*(Cambridge, MA: MIT Press, 2000).

11. '지속적인 섬광에 의한 억제(continuous flash suppression)'의 작동 방식: Christof Koch, *The Quest for Consciousness: A Neurobiological Approach*(New York: W. H. Freeman, 2004); Christof Koch and Naotsugu Tsuchiya, "Continuous Flash Suppression Reduces Negative Afterimages," *Nature Neuroscience* 8 (2005): 1096–1101.

12. Christof Koch, Marcello Massimini, Melanie Boly and Giulio Tononi, "Neural Correlates of Consciousness: Progress and Problems," *Nature Reviews Neuroscience* 17(2016): 307.

13. Koch, *The Quest for Consciousness*, p. 260. 추가 논의: The Stanford Encyclopedia of Philosophy, http://tinyurl.com/consciousnessdelay.

14. 감각과 인식의 동기화와 관련한 자료: David Eagleman, The Brain: The Story of You (New York: Pantheon, 2015), and The Stanford Encyclopedia of Philosophy, http://tinyurl.com/consciousnesssync.

15. Benjamin Libet, *Mind Time: The Temporal Factor in Consciousness*(Cambridge, MA: Harvard University Press, 2004); Chun Siong Soon, Marcel Brass, HansJochen Heinze and John-Dylan Haynes, "Unconscious Determinants of Free Decisions in the Human Brain," *Nature Neuroscience* 11 (2008): 543–545, 온라인: http://www.nature.com/neuro/journal/v11/n5/full/nn.2112.html.

16. 의식에 대한 최근의 이론적인 접근의 사례

  – Daniel Dennett, *Consciousness Explained*(Back Bay Books, 1992)

  – Bernard Baars, *In the Theater of Consciousness: The Workspace of the Mind*(New York: Oxford University Press, 2001)

  – Christof Koch, *The Quest for Consciousness: A Neurobiological Approach*(New York: W. H. Freeman, 2004)

  – Gerald Edelman and Giulio Tononi, *A Universe of Consciousness: How Matter Becomes Imagination*(New York: Hachette, 2008)

  – António Damásio, *Self Comes to Mind: Constructing the Conscious Brain*(New York: Vintage, 2012)

  – Stanislas Dehaene, *Consciousness and the Brain: Deciphering How the Brain Codes Our Thoughts*(New York: Viking, 2014)

  – Stanislas Dehaene, Michel Kerszberg and Jean-Pierre Changeux, "A Neuronal Model of a Global Workspace in Effortful Cognitive Tasks," *Proceedings of the National Academy of Sciences* 95 (1998): 14529-14534

- Stanislas Dehaene, Lucie Charles, Jean-Rémi King and Sébastien Marti, "Toward a Computational Theory of Conscious Processing," *Current Opinion in Neurobiology* 25(2014): 760-784.

17. '창발'이 물리학과 철학에서 어떻게 다르게 쓰이는지에 대한 데이비드 차머스의 상세한 논의: http://cse3521.artifice.cc/Chalmers-Emergence.pdf.

18. 어떤 복잡한 방식으로 처리되는 과정에서 정보가 느끼는 방식이 있는데, 그게 의식이라는 나의 주장: https://arxiv.org/abs/physics/0510188, https://arxiv.org/abs/0704.0646, 『맥스 테그 마크의 유니버스』. 관련된 느낌을 밝힌 데이비드 차머스의 1996년 책: The Conscious Mind: "Experience is information from the inside; physics is information from the outside."

19. Adenauer Casali 외, "A Theoretically Based Index of Consciousness Independent of Sensory Processing and Behavior," *Science Translational Medicine* 5(2013): 198ra105, 온라인: http://tinyurl.com/zapzip.

20. IIT(Integrated information theory)는 연속된 시스템에서는 작동하지 않는다.
    - https://arxiv.org/abs/1401.1219
    - http://journal.frontiersin.org/article/10.3389/fpsyg.2014.00063/full
    - https://arxiv.org/abs/1601.02626

21. 단기 기억이 30초 동안만 유지되는 클라이브 웨어링과의 인터뷰: ttps://www.youtube.com/watch?v=WmzU47i2xgw.

22. 스콧 아론슨의 IIT 비판: http://www.scottaaronson.com/blog/?p=1799.

23. 마이클 세룰로의 IIT 비판, 통합이 의식의 충분조건이 아니라는 주장: http://tinyurl.com/cerrullocritique.

24. 시뮬레이션된 인간은 좀비 같으리라는 IIT의 예측: http://rstb.royalsocietypublishing.org/content/370/1668/20140167.

25. 섀넌핸의 IIT 비판: https://arxiv.org/pdf/1504.05696.pdf.

26. 맹시증: http://tinyurl.com/blindsight-paper.

27. 아마도 우리는 매 초 우리 뇌에 도달하는 정보 중 아주 일부(예컨대 10~50비트)만 의식할 것이라는 연구: Küpfmüller, "Nachrichtenverarbeitung im Menschen"; Nørretranders, *The User Illusion*.

28. '이용하지는 않는 의식하기'에 대한 찬반: Victor Lamme, "How Neuroscience Will Change Our View on Consciousness," *Cognitive Neuroscience*(2010): 204-220, 온라인 http://www.tandfonline.com/doi/abs/10.1080/17588921003731586.

29. "Selective Attention Test," at https://www.youtube.com/watch?v=vJG698U2Mvo.

30. Lamme, "How Neuroscience Will Change Our View on Consciousness," n. 28. 참조.

31. 상세한 논의: Daniel Dennett의 책 *Consciousness Explained*.

32. Kahneman, *Thinking, Fast and Slow*, cited in n. 5. 참조.

33. 자유의지 논란에 대한 검토: The Stanford Encyclopedia of Philosophy, https://plato.stanford.edu/entries/freewill.

34. AI가 자신이 자유의지를 행사한다고 느끼는 이유에 대한 세스 로이드의 설명 영상: https://www.youtube.com/watch?v=Epj3DF8jDWk.

35. Steven Weinberg, *Dreams of a Final Theory: The Search for the Fundamental Laws of Nature*(New York: Pantheon, 1992) 참조.

36. 우리의 먼 미래에 대한 최초의 철저한 과학 분석: Freeman J. Dyson, "Time Without End: Physics and Biology in an Open Universe", *Reviews of Modern Physics* 51, no. 3(1979): 447. 온라인: http://blog.regehr.org/extra_files/dyson.pdf.

에필로그

1. 푸에르토리코 콘퍼런스에서 제시된 공개서한(http://futureoflife.org/ai-open-letter)은 AI 시스템을 어떻게 탄탄하고 이롭게 만들까 하는 연구가 중요하고 시의적절하며 오늘날 추구할 수 있는 구체적인 연구 방향이 있다고 주장했다. 연구 우선순위를 제시한 자료: http://futureoflife.org/data/documents/research_priorities.pdf.

2. AI 안전성을 주제로 한 일론 머스크와 내 아내의 인터뷰 영상: https://www.youtube.com/watch?v=rBw0eoZTY-g.

3. 스페이스X 로켓이 해상 플랫폼 착륙에 성공하기까지 거의 모든 시도를 모은 동영상: https://www.youtube.com/watch?v=AllaFzIPaG4.

4. AI 안전 연구에 기부한다는 일론 머스크의 트윗: https://twitter.com/elonmusk/status/555743387056226304.

5. AI 안전 연구를 촉구하는 공개서한에 서명한다는 일론 머스크의 트윗: https://twitter.com/elonmusk/status/554320532133650432.

6. 우리 공개서한을 AI 공포를 부추기는 쪽으로 다룬 뉴스에 대한 에릭 소프게의 조롱: "An Open Letter to Everyone Tricked into Fearing Artificial Intelligence"(*Popular Science*, January 14, 2015), http://www.popsci.com/open-letter-everyone-tricked-fearing-ai.

7. 생명의 미래 연구소와 AI 안전성 연구자들에게 거액을 기부한다는 일론 머스크의 트윗: https://twitter.com/elonmusk/status/555743387056226304.

8. AI가 인간과 사회에 도움을 주도록 만들기 위한 파트너십에 대한 더 많은 자료는 다음 웹사이트 참조: https://www.partnershiponai.org.

9. AI에 대해 의견을 표명한 최근 보고서들 중 몇몇 사례들: One Hundred Year Study on Artificial Intelligence, Report of the 2015 Study Panel, "Artificial Intelligence and Life in 2030"(September 2016), at http://tinyurl.com/stanfordai; AI의 미래에 대한 백악관 보고서: http://tinyurl.com/obamaAIreport; White House report on AI and jobs: http://tinyurl.com/AIjobsreport; AI와 인간 행복에 대한 IEEE 보고서, "Ethically Aligned Design, Version 1"(December 13, 2016), at http://standards.ieee.org/develop/indconn/ec/ead_v1.pdf; 미국 로봇공학 로드맵: http://tinyurl.com/roboticsmap.

10. 최종안에 포함되지 않았지만 내가 좋아하는 원칙 가운데 하나는 다음과 같다. "의식 유의: 고도의 AI가 의식이나 감정을 갖거나 필요로 할지에 대해 의견일치가 없는 가운데, 우리는 이에 대해 강하게 가정하는 일을 피해야 한다." 논란의 소지가 있는 단어 '의식'이 '주관적 경험'으로 바

꿰었다. 그러나 이 원칙은 동의율이 88퍼센트에 그쳐 90퍼센트에 살짝 못 미쳤다.

11. 일론 머스크 등 저명 인사들과의 초지능 논의 패널: http://tinyurl.com/asilomarAI.

찾아보기

기타

Life 3.0

MAX TEGMARK

Being Human in the Age of Artificial Intelligence

맥스 테그마크의 라이프 3.0

인공지능이 열어갈 인류와 생명의 미래

초판 1쇄 펴낸날 2017년 12월 6일
초판 7쇄 펴낸날 2024년 12월 20일

지은이   맥스 테그마크
옮긴이   백우진
펴낸이   한성봉
책임편집   하명성
편집   최창문·이종석·오시경·권지연·이동현·김선형
콘텐츠제작 안상준
디자인   전혜진
본문 조판   윤수진
마케팅   박신용·오주형·박민지·이예지
경영지원   국지연·송인경
펴낸곳   도서출판 동아시아
등록   1998년 3월 5일 제1998−000243호
주소   서울시 중구 필동로8길 73 [예장동 1−42] 동아시아빌딩
페이스북   www.facebook.com/dongasiabooks
인스타그램 www.instargram.com/dongasiabook
전자우편   dongasiabook@naver.com
블로그   blog.naver.com/dongasiabook
전화   02) 757−9724, 5
팩스   02) 757−9726

ISBN   978−89−6262−211−9 93400

이 도서의 국립중앙도서관 출판예정도서목록(CIP)은
서지정보유통지원시스템 홈페이지(http://seoji.nl.go.kr)와
국가자료공동목록시스템(http://www.nl.go.kr/kolisnet)에서
이용하실 수 있습니다. (CIP제어번호: CIP2017031246)

잘못된 책은 구입하신 서점에서 바꿔드립니다.